中文版

Cinema 4D R21
完全自学教程

任媛媛 编著

人民邮电出版社

北 京

图书在版编目（CIP）数据

中文版Cinema 4D R21完全自学教程 / 任媛媛编著
. -- 北京 : 人民邮电出版社, 2021.1
ISBN 978-7-115-55001-9

Ⅰ. ①中… Ⅱ. ①任… Ⅲ. ①三维动画软件－教材
Ⅳ. ①TP391.414

中国版本图书馆CIP数据核字(2020)第196578号

内 容 提 要

这是一本全面介绍 Cinema 4D R21 基本功能及实际运用的书。本书完全针对零基础读者编写，是入门级读者快速而全面地掌握 Cinema 4D R21 的参考书。

本书从 Cinema 4D R21 的基本操作入手，结合大量的可操作性实例（136 个实例），全面而深入地阐述了 Cinema 4D 的建模、摄像机、灯光、材质与纹理、标签与环境、渲染、运动图形、毛发、体积和域、动力学、粒子和动画等方面的知识。另外，还向读者讲解使用 Cinema 4D 进行商业海报和动画等制作的方法，让读者学以致用。

本书共 16 章，每章介绍一个技术板块的内容，讲解详细，实例丰富。通过丰富的实例，读者可以轻松而有效地掌握软件技术。

本书讲解模式新颖，非常符合读者学习新知识的思维习惯。本书附带大量的学习资源，内容包括本书所有实例的场景文件、实例文件、教学视频（共 136 集）及演示视频（包含 118 集的 Cinema 4D R21 常用工具及与行业技术相关的专业教学视频）。本书所有的教学视频均支持在线播放。同时，还附赠 10 个场景模型、1500 张经典位图贴图、80个高动态范围贴图、170 个单体模型和 120 个光域网文件。另外，我们还为读者精心准备了 Octane for Cinema 4D 渲染技术、Cinema 4D 快捷键索引、常见材质参数设置表和三维制作速查表，以方便读者学习。

本书非常适合作为初级和中级读者，尤其是零基础读者的入门及提高参考书。另外，请读者注意，本书所有内容均基于中文版 Cinema 4D R21 进行编写。

◆ 编　　著　　任媛媛
　　责任编辑　　张丹丹
　　责任印制　　马振武

◆ 人民邮电出版社出版发行　　北京市丰台区成寿寺路 11 号
　　邮编　100164　　电子邮件　315@ptpress.com.cn
　　网址　https://www.ptpress.com.cn
　　北京九州迅驰传媒文化有限公司印刷

◆ 开本：880×1092　1/16　　　　彩插：12
　　印张：25.5　　　　　　　　　2021 年 1 月第 1 版
　　字数：978 千字　　　　　　　2024 年 7 月北京第 16 次印刷

定价：129.00 元

读者服务热线：(010)81055410　印装质量热线：(010)81055316
反盗版热线：(010)81055315
广告经营许可证：京东市监广登字 20170147 号

Valentine's Day
C4D R21

2.14

LOVE

Hang Cheng Studio
Designed by Zurako

体素风格：情人节电商海报

技术掌握：掌握体素风格场景的制作方法
难易指数：★★★★★　　所在页：316

趣味网页办公场景
体素风格

体素风格：趣味网页办公场景

技术掌握：掌握体素风格场景的制作方法

难易指数：★★★★★　　所在页：325

機械風格：霓虹燈效果圖

技術掌握：掌握機械風格場景的製作方法

難易指數：★★★★★　　　所在頁：335

機械風格："雙十二"海報

技術掌握：掌握機械風格場景的製作方法

難易指數：★★★★★　　　所在頁：341

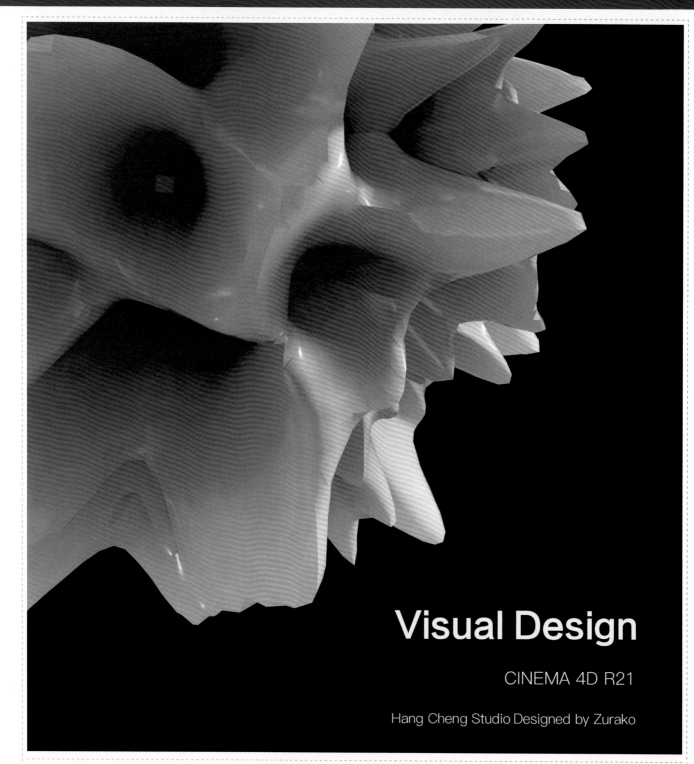

Visual Design

CINEMA 4D R21

Hang Cheng Studio Designed by Zurako

视觉风格：渐变噪波球

技术掌握：掌握视觉风格场景的制作方法

难易指数：★★★★★　　所在页：354

低多边形风格：电商促销海报

技术掌握：掌握低多边形风格场景的制作方法

难易指数：★★★★★　　　所在页：347

视觉风格：抽象花朵

技术掌握：掌握视觉风格场景的制作方法

难易指数：★★★★★　　　所在页：359

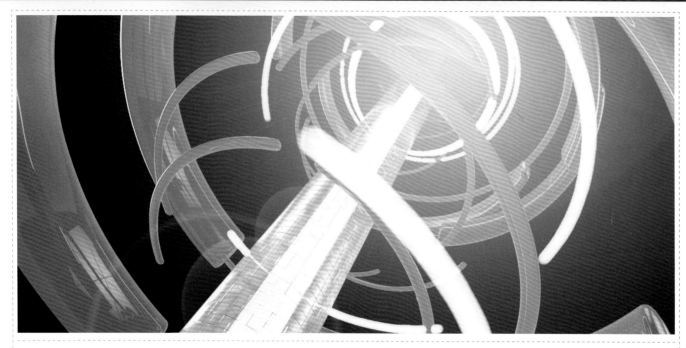

科幻风格：发光能量柱

技术掌握：掌握科幻风格场景的制作方法

难易指数：★★★★★　　所在页：366

科幻风格：科技芯片

技术掌握：掌握科幻风格场景的制作方法

难易指数：★★★★★　　所在页：373

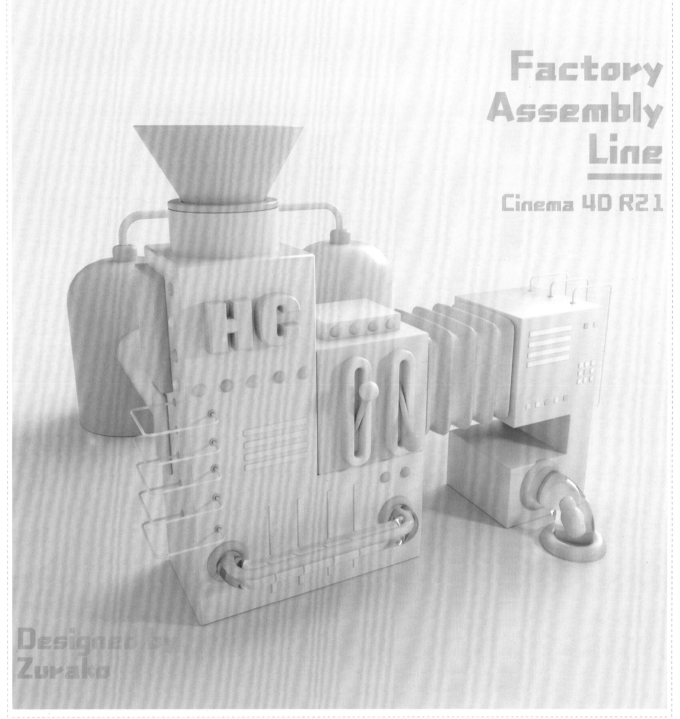

流水线风格：工厂流水线

技术掌握：掌握流水线风格场景的制作方法

难易指数：★★★★★　　所在页：380

  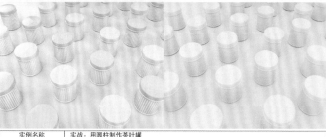

实例名称	实战：用立方体制作俄罗斯方块		
技术掌握	学习立方体的创建方法，了解模型拼凑的思路		
难易指数	★★☆☆☆	所在页	51

实例名称	实战：用圆柱制作茶叶罐		
技术掌握	学习圆柱的创建方法，了解模型拼凑的思路		
难易指数	★★☆☆☆	所在页	52

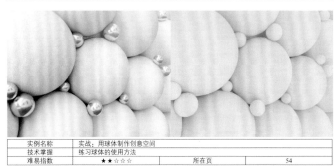 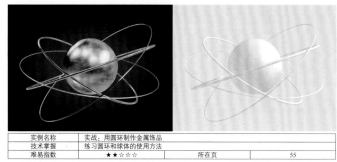

实例名称	实战：用球体制作创意空间		
技术掌握	练习球体的使用方法		
难易指数	★★☆☆☆	所在页	54

实例名称	实战：用圆环制作金属饰品		
技术掌握	练习圆环和球体的使用方法		
难易指数	★★☆☆☆	所在页	55

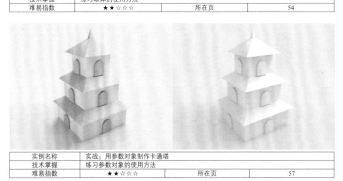 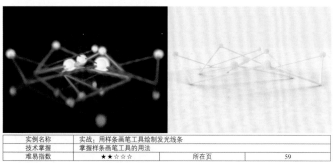

实例名称	实战：用参数对象制作卡通塔		
技术掌握	练习参数对象的使用方法		
难易指数	★★☆☆☆	所在页	57

实例名称	实战：用样条画笔工具绘制发光线条		
技术掌握	掌握样条画笔工具的用法		
难易指数	★★☆☆☆	所在页	59

 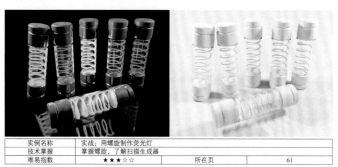

实例名称	实战：用文本工具制作立体字		
技术掌握	掌握文本工具，了解挤压生成器		
难易指数	★★☆☆☆	所在页	60

实例名称	实战：用螺旋制作荧光灯		
技术掌握	掌握螺旋，了解扫描生成器		
难易指数	★★★☆☆	所在页	61

实例名称	实战：用矩形工具制作相框		
技术掌握	掌握矩形工具，了解挤压生成器和样条布尔生成器		
难易指数	★★★☆☆	所在页	62

实例名称	实战：用齿轮工具制作齿轮模型		
技术掌握	掌握齿轮工具，了解挤压生成器		
难易指数	★★★☆☆	所在页	64

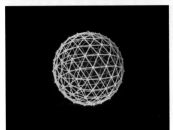

实例名称	实战：用融球生成器制作云朵		
技术掌握	学习融球生成器的使用方法		
难易指数	★★☆☆☆	所在页	67

实例名称	实战：用晶格生成器制作抽象网格		
技术掌握	学习晶格生成器的使用方法		
难易指数	★★☆☆☆	所在页	68

实例名称	实战：用布尔生成器制作Cinema 4D标志		
技术掌握	学习布尔生成器的使用方法		
难易指数	★★★☆☆	所在页	69

实例名称	实战：用布尔生成器制作骰子		
技术掌握	学习布尔生成器的使用方法		
难易指数	★★★☆☆	所在页	70

实例名称	实战：用减面生成器制作低多边形小景		
技术掌握	学习减面生成器的使用方法		
难易指数	★★★☆☆	所在页	71

实例名称	实战：用挤压生成器制作卡通树		
技术掌握	学习挤压生成器的使用方法		
难易指数	★★★☆☆	所在页	73

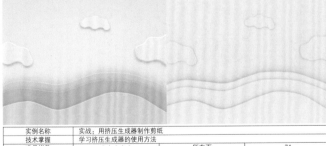

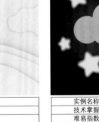

实例名称	实战：用挤压生成器制作剪纸		
技术掌握	学习挤压生成器的使用方法		
难易指数	★★★☆☆	所在页	74

实例名称	实战：用样条布尔生成器制作卡片		
技术掌握	学习样条布尔生成器和挤压生成器的使用方法		
难易指数	★★★☆☆	所在页	75

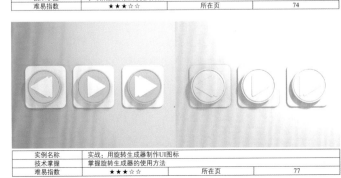

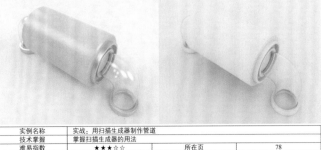

实例名称	实战：用旋转生成器制作UI图标		
技术掌握	掌握旋转生成器的使用方法		
难易指数	★★★☆☆	所在页	77

实例名称	实战：用扫描生成器制作管道		
技术掌握	掌握扫描生成器的用法		
难易指数	★★★☆☆	所在页	78

实例名称	实战：用扫描生成器制作霓虹灯字		
技术掌握	掌握扫描生成器的用法		
难易指数	★★★☆☆	所在页	80

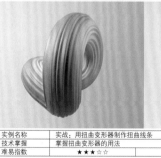 

实例名称	实战：用扭曲变形器制作扭曲线条		
技术掌握	掌握扭曲变形器的用法		
难易指数	★★★☆☆	所在页	82

实例名称	实战：用样条约束制作螺旋元素		
技术掌握	掌握样条约束变形器的用法		
难易指数	★★★☆☆	所在页	83

实例名称	实战：用锥化变形器制作甜筒		
技术掌握	掌握锥化变形器的用法		
难易指数	★★★☆☆	所在页	85

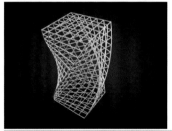 

实例名称	实战：用螺旋变形器制作旋转网格		
技术掌握	掌握螺旋变形器的用法		
难易指数	★★☆☆☆	所在页	86

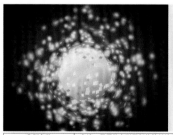 

实例名称	实战：用爆炸变形器制作散射效果		
技术掌握	掌握爆炸变形器的用法		
难易指数	★★☆☆☆	所在页	87

实例名称	实战：用置换变形器制作噪波球		
技术掌握	掌握置换变形器的用法		
难易指数	★★☆☆☆	所在页	88

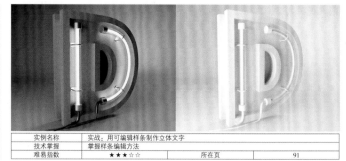

实例名称	实战：用可编辑样条制作立体文字		
技术掌握	掌握样条编辑方法		
难易指数	★★★☆☆	所在页	91

实例名称	实战：用可编辑样条制作抽象线条		
技术掌握	掌握样条编辑方法		
难易指数	★★★☆☆	所在页	93

实例名称	实战：用可编辑对象制作卡通房子		
技术掌握	掌握可编辑对象建模		
难易指数	★★★☆☆	所在页	96

实例名称	实战：用可编辑对象制作摩天轮		
技术掌握	掌握可编辑对象建模		
难易指数	★★★☆☆	所在页	98

实例名称	实战：用可编辑对象制作低多边形树木		
技术掌握	掌握可编辑对象建模		
难易指数	★★★☆☆	所在页	100

实例名称	实战：用可编辑对象制作机械光柱		
技术掌握	掌握可编辑对象建模		
难易指数	★★★☆☆	所在页	102

实例名称	实战：用可编辑对象制作卡通角色		
技术掌握	掌握可编辑对象建模		
难易指数	★★★★☆	所在页	105

实例名称	实战：用可编辑对象制作创意模型		
技术掌握	掌握可编辑对象建模		
难易指数	★★★★☆	所在页	106

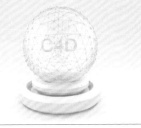 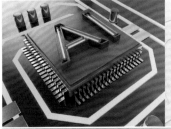

实例名称	实战：用可编辑对象制作智能芯片		
技术掌握	掌握可编辑对象建模		
难易指数	★★★★☆	所在页	108

实例名称	实战：用可编辑对象制作音乐播放器		
技术掌握	掌握可编辑对象建模		
难易指数	★★★★☆	所在页	110

实例名称	实战：用雕刻工具制作甜甜圈		
技术掌握	掌握常用的雕刻工具		
难易指数	★★★★☆	所在页	114

 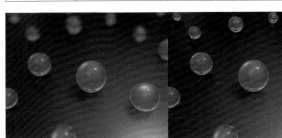

实例名称	实战：用雕刻工具制作糖果		
技术掌握	掌握常用的雕刻工具		
难易指数	★★★★☆	所在页	116

实例名称	实战：用摄像机制作景深效果		
技术掌握	掌握摄像机制作景深效果的方法		
难易指数	★★★☆☆	所在页	123

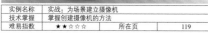

实例名称	实战：为场景建立摄像机	
技术掌握	掌握创建摄像机的方法	
难易指数	★★☆☆☆	所在页	119

实例名称	实战：为电商场景创建摄像机	
技术掌握	掌握创建摄像机的方法	
难易指数	★★☆☆☆	所在页	120

实例名称	实战：用摄像机制作场景的景深效果	
技术掌握	掌握用摄像机制作景深效果的方法	
难易指数	★★★☆☆	所在页	124

实例名称	实战：用摄像机制作运动模糊	
技术掌握	掌握用摄像机制作运动模糊的方法	
难易指数	★★★☆☆	所在页	125

实例名称	实战：用摄像机制作隧道的运动模糊	
技术掌握	掌握用摄像机制作运动模糊的方法	
难易指数	★★★☆☆	所在页	126

实例名称	实战：用灯光制作灯箱	
技术掌握	掌握灯光的用法	
难易指数	★★★☆☆	所在页	131

实例名称	实战：用灯光制作展示灯光	
技术掌握	掌握灯光的用法	
难易指数	★★★☆☆	所在页	131

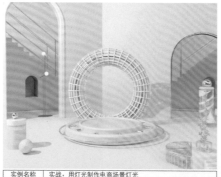

实例名称	实战：用灯光制作电商场景灯光	
技术掌握	掌握灯光的用法	
难易指数	★★★☆☆	所在页	132

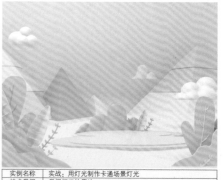

实例名称	实战：用灯光制作卡通场景灯光	
技术掌握	掌握灯光的用法	
难易指数	★★★☆☆	所在页	133

实例名称	实战：用区域光制作简约休闲室	
技术掌握	掌握区域光的使用方法	
难易指数	★★★☆☆	所在页	134

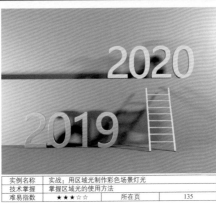

实例名称	实战：用区域光制作彩色场景灯光	
技术掌握	掌握区域光的使用方法	
难易指数	★★★☆☆	所在页	135

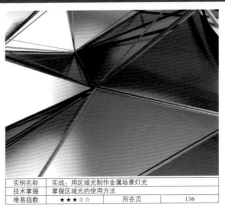

实例名称	实战：用区域光制作金属场景灯光	
技术掌握	掌握区域光的使用方法	
难易指数	★★★☆☆	所在页	136

实例名称	实战：用无限光工具模拟阳光	
技术掌握	掌握无限光的使用方法	
难易指数	★★★☆☆	所在页	137

实例名称	实战：用无限光制作夕阳灯光	
技术掌握	掌握无限光的使用方法	
难易指数	★★★☆☆	所在页	138

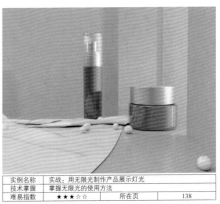

实例名称	实战：用无限光制作产品展示灯光	
技术掌握	掌握无限光的使用方法	
难易指数	★★★☆☆	所在页	138

实例名称	实战：制作纯色塑料材质	
技术掌握	掌握塑料材质的设置方法	
难易指数	★★☆☆☆	所在页	146

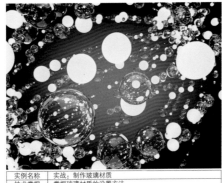

实例名称	实战：制作玻璃材质	
技术掌握	掌握玻璃材质的设置方法	
难易指数	★★★☆☆	所在页	147

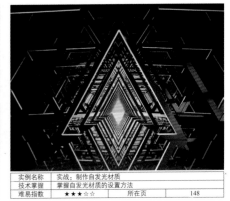

实例名称	实战：制作自发光材质	
技术掌握	掌握自发光材质的设置方法	
难易指数	★★★☆☆	所在页	148

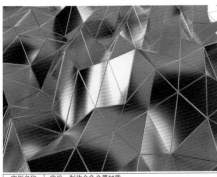

实例名称	实战：制作金色金属材质	
技术掌握	掌握有色金属材质的制作方法	
难易指数	★★★☆☆	所在页	149

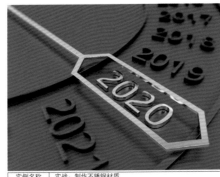

实例名称	实战：制作不锈钢材质	
技术掌握	掌握不锈钢材质的制作方法	
难易指数	★★★☆☆	所在页	150

实例名称	实战：制作水材质	
技术掌握	掌握水材质的制作方法	
难易指数	★★★☆☆	所在页	151

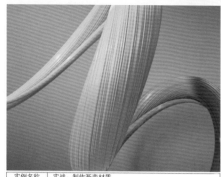

实例名称	实战：制作渐变材质	
技术掌握	掌握渐变贴图的使用方法	
难易指数	★★★★☆ 所在页	155

实例名称	实战：制作绒布材质	
技术掌握	掌握绒布材质的制作方法	
难易指数	★★★★☆ 所在页	156

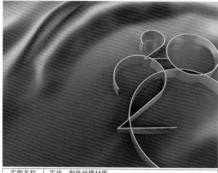

实例名称	实战：制作丝绸材质	
技术掌握	掌握丝绸材质的制作方法	
难易指数	★★★★☆ 所在页	157

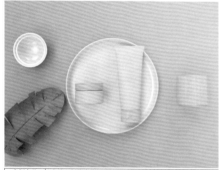

实例名称	实战：制作木纹材质	
技术掌握	掌握木纹材质的制作方法	
难易指数	★★★★☆ 所在页	158

实例名称	实战：为摄像机添加保护标签	
技术掌握	掌握保护标签的使用方法	
难易指数	★★☆☆☆ 所在页	161

实例名称	实战：为摄像机添加目标标签	
技术掌握	掌握目标标签的使用方法	
难易指数	★★★☆☆ 所在页	163

实例名称	实战：为场景添加合成标签	
技术掌握	掌握合成标签和分层渲染的方法	
难易指数	★★★☆☆ 所在页	162

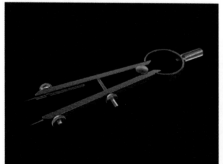

实例名称	实战：为场景添加环境光	
技术掌握	掌握为场景添加环境光的方法	
难易指数	★★★☆☆ 所在页	166

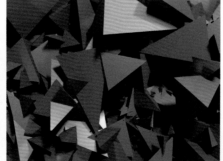

实例名称	实战：为抽象空间添加环境光	
技术掌握	掌握为场景添加环境光的方法	
难易指数	★★★☆☆ 所在页	166

实例名称	实战：为场景添加无缝背景	
技术掌握	掌握背景工具和合成标签的使用方法	
难易指数	★★★☆☆ 所在页	169

实例名称	实战：抗锯齿不同类型效果		
技术掌握	熟悉抗锯齿的不同类型		
难易指数	★★☆☆☆	所在页	173

实例名称	实战：为场景添加全局光照		
技术掌握	熟悉常见的全局光照引擎组合		
难易指数	★★☆☆☆	所在页	175

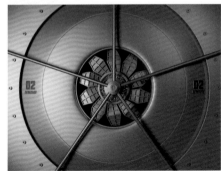

实例名称	实战：场景的测试渲染		
技术掌握	掌握场景测试渲染的参数		
难易指数	★★★☆☆	所在页	177

实例名称	实战：场景的最终渲染		
技术掌握	掌握场景最终渲染的参数		
难易指数	★★★☆☆	所在页	179

实例名称	实战：渲染光泽纹理场景效果图		
技术掌握	掌握效果图的渲染流程		
难易指数	★★★★☆	所在页	179

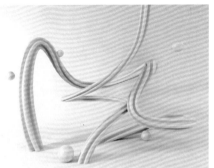

实例名称	实战：渲染律动曲线场景效果图		
技术掌握	掌握效果图的渲染流程		
难易指数	★★★★☆	所在页	180

实例名称	实战：渲染视觉效果图		
技术掌握	掌握效果图的渲染流程		
难易指数	★★★★☆	所在页	182

实例名称	实战：渲染机械霓虹灯效果图		
技术掌握	掌握效果图的渲染流程		
难易指数	★★★★☆	所在页	185

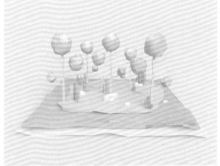

实例名称	实战：渲染卡通风格效果图		
技术掌握	掌握效果图的渲染流程		
难易指数	★★★★☆	所在页	188

实例名称	实战：渲染清新风格的效果图		
技术掌握	掌握效果图的渲染流程		
难易指数	★★★★☆	所在页	190

实例名称	实战：用克隆工具制作小方块堆叠文字		
技术掌握	掌握克隆工具的使用方法		
难易指数	★★★☆☆	所在页	193

实例名称	实战：用破碎工具制作破碎的玻璃杯		
技术掌握	熟悉破碎工具的使用方法		
难易指数	★★★★☆	所在页	200

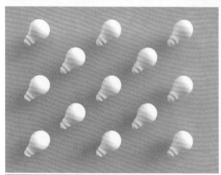

实例名称	实战：用克隆工具制作创意灯泡场景	
技术掌握	掌握克隆工具的使用方法	
难易指数	★★★☆☆	所在页	195

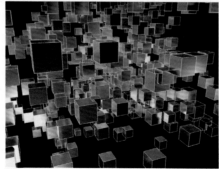

实例名称	实战：用矩阵制作科幻方块	
技术掌握	熟悉矩阵、克隆和随机效果器的使用方法	
难易指数	★★★★☆	所在页	197

实例名称	实战：用文本工具制作发光文字	
技术掌握	掌握文本工具的使用方法	
难易指数	★★★☆☆	所在页	204

实例名称	实战：用随机效果器制作穿梭隧道	
技术掌握	掌握克隆和随机效果器的使用方法	
难易指数	★★★★☆	所在页	207

实例名称	实战：用随机效果器制作黑金背景	
技术掌握	掌握克隆和随机效果器的使用方法	
难易指数	★★★★☆	所在页	209

实例名称	实战：用样条效果器制作霓虹灯牌	
技术掌握	掌握样条效果器的使用方法	
难易指数	★★★★☆	所在页	212

实例名称	实战：用毛发工具制作毛绒文字	
技术掌握	掌握毛发工具的使用方法	
难易指数	★★★★☆	所在页	220

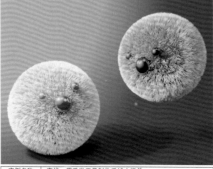

实例名称	实战：用毛发工具制作毛绒小怪兽	
技术掌握	掌握毛发工具的使用方法	
难易指数	★★★★☆	所在页	223

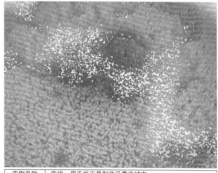

实例名称	实战：用毛发工具制作马赛克城市	
技术掌握	掌握毛发工具的使用方法	
难易指数	★★★★☆	所在页	226

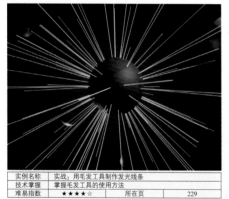

实例名称	实战：用毛发工具制作发光线条	
技术掌握	掌握毛发工具的使用方法	
难易指数	★★★★☆	所在页	229

实例名称	实战：用毛发工具制作草地	
技术掌握	掌握毛发工具的使用方法	
难易指数	★★★★☆	所在页	231

实例名称	实战：用毛发工具制作心形挂饰	
技术掌握	掌握毛发工具的使用方法	
难易指数	★★★★☆	所在页	234

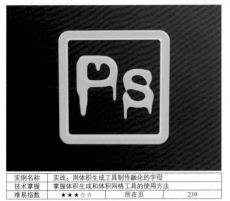

实例名称	实战：用体积生成工具制作融化的字母	
技术掌握	掌握体积生成和体积网格工具的使用方法	
难易指数	★★★☆☆　　所在页	239

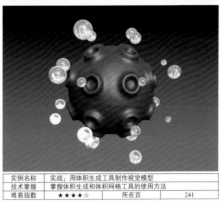

实例名称	实战：用体积生成工具制作视觉模型	
技术掌握	掌握体积生成和体积网格工具的使用方法	
难易指数	★★★★☆　　所在页	241

实例名称	实战：用体积生成工具制作冰块模型	
技术掌握	掌握体积生成和体积网格工具的使用方法	
难易指数	★★★★☆　　所在页	245

实例名称	实战：用线性域制作消失的文字	
技术掌握	掌握线性域的使用方法，了解随机域的使用方法	
难易指数	★★★★☆　　所在页	248

实例名称	实战：用随机域制作奶酪	
技术掌握	掌握随机域的使用方法	
难易指数	★★★★☆　　所在页	251

实例名称	实战：用随机域制作饼干	
技术掌握	掌握随机域的使用方法	
难易指数	★★★★☆　　所在页	254

实例名称	实战：用动力学制作小球弹跳动画	
技术掌握	练习刚体标签的使用方法	
难易指数	★★★★☆	所在页　　257

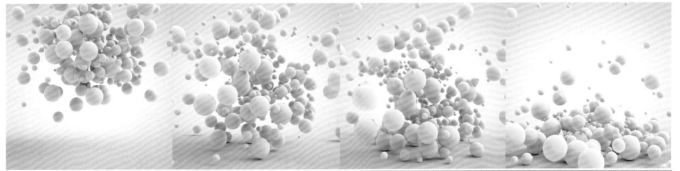

实例名称	实战：用动力学制作小球坠落动画	
技术掌握	掌握刚体标签的使用方法	
难易指数	★★★★☆	所在页　　258

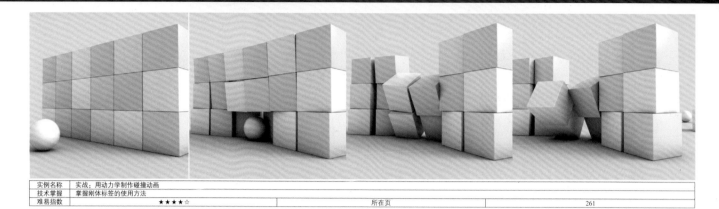

实例名称	实战：用动力学制作碰撞动画		
技术掌握	掌握刚体标签的使用方法		
难易指数	★★★★☆	所在页	261

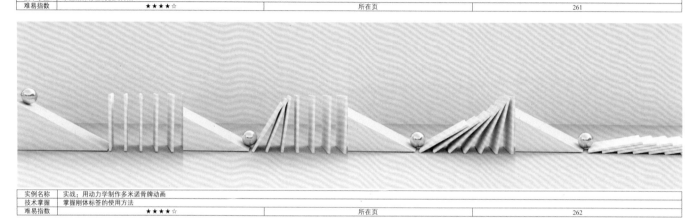

实例名称	实战：用动力学制作多米诺骨牌动画		
技术掌握	掌握刚体标签的使用方法		
难易指数	★★★★☆	所在页	262

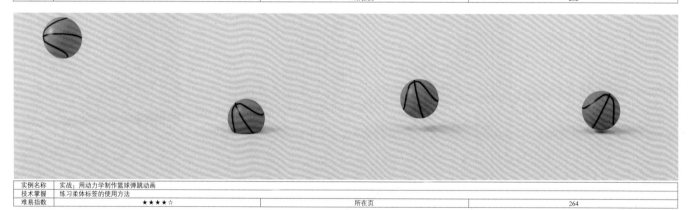

实例名称	实战：用动力学制作篮球弹跳动画		
技术掌握	练习柔体标签的使用方法		
难易指数	★★★★☆	所在页	264

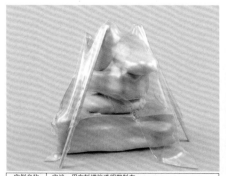

实例名称	实战：用布料模拟透明塑料布	
技术掌握	掌握布料标签的使用方法	
难易指数	★★★★☆	所在页 267

实例名称	实战：用布料模拟撕裂的布条		
技术掌握	掌握布料标签的使用方法，了解风力的使用方法		
难易指数	★★★★☆	所在页	271

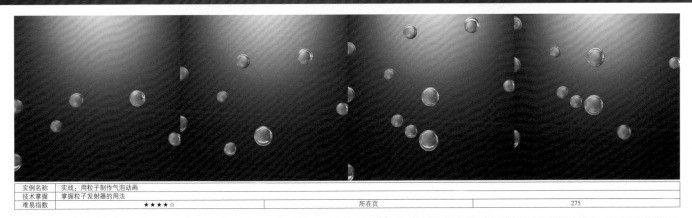

实例名称	实战：用粒子制作气泡动画		
技术掌握	掌握粒子发射器的用法		
难易指数	★★★★☆	所在页	275

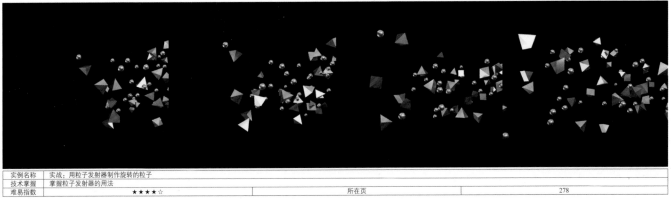

实例名称	实战：用粒子发射器制作旋转的粒子		
技术掌握	掌握粒子发射器的用法		
难易指数	★★★★☆	所在页	278

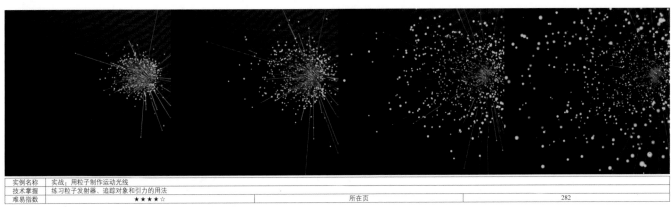

实例名称	实战：用粒子制作运动光线		
技术掌握	练习粒子发射器、追踪对象和引力的用法		
难易指数	★★★★☆	所在页	282

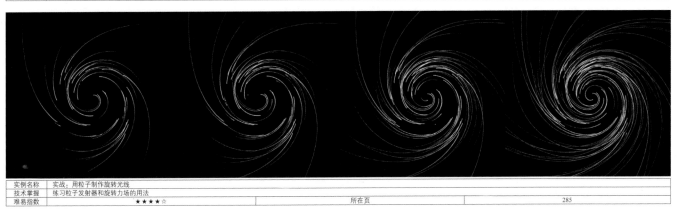

实例名称	实战：用粒子制作旋转光线		
技术掌握	练习粒子发射器和旋转力场的用法		
难易指数	★★★★☆	所在页	285

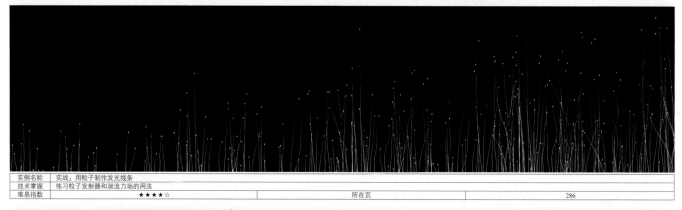

实例名称	实战：用粒子制作发光线条		
技术掌握	练习粒子发射器和湍流力场的用法		
难易指数	★★★★☆	所在页	286

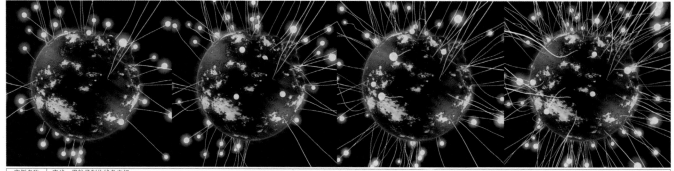

实例名称	实战：用粒子制作线条空间		
技术掌握	练习粒子发射器和湍流力场的用法		
难易指数	★★★★☆	所在页	288

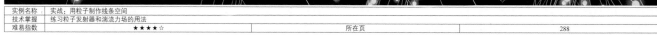

实例名称	实战：用粒子制作抽象线条		
技术掌握	练习粒子发射器和旋转力场的用法		
难易指数	★★★★☆	所在页	292

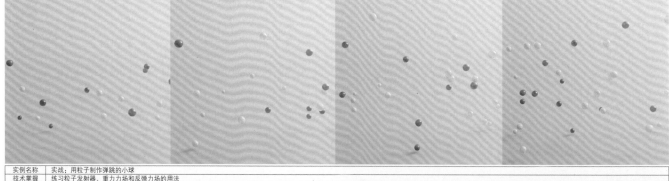

实例名称	实战：用粒子制作弹跳的小球		
技术掌握	练习粒子发射器、重力力场和反弹力场的用法		
难易指数	★★★★☆	所在页	295

实例名称	实战：制作齿轮转动动画		
技术掌握	掌握旋转关键帧动画		
难易指数	★★★★☆	所在页	300

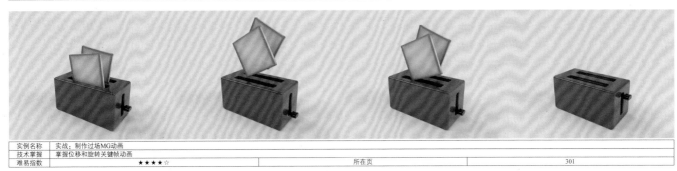

实例名称	实战：制作过场MG动画		
技术掌握	掌握位移和旋转关键帧动画		
难易指数	★★★★☆	所在页	301

实例名称	实战：制作游乐场动画		
技术掌握	掌握旋转关键帧动画		
难易指数	★★★★☆	所在页	303

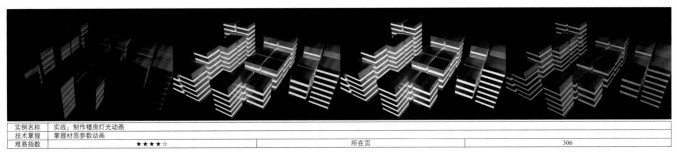

实例名称	实战：制作小球弹跳动画		
技术掌握	掌握点级别动画		
难易指数	★★★★☆	所在页	304

实例名称	实战：制作楼房灯光动画		
技术掌握	掌握材质参数动画		
难易指数	★★★★☆	所在页	306

实例名称	实战：制作走廊灯光动画		
技术掌握	掌握材质参数动画		
难易指数	★★★★☆	所在页	307

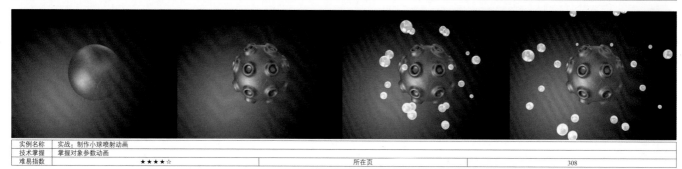

实例名称	实战：制作小球喷射动画		
技术掌握	掌握对象参数动画		
难易指数	★★★★☆	所在页	308

实例名称	实战：制作旋转的隧道动画		
技术掌握	掌握对象参数动画		
难易指数	★★★★☆	所在页	310

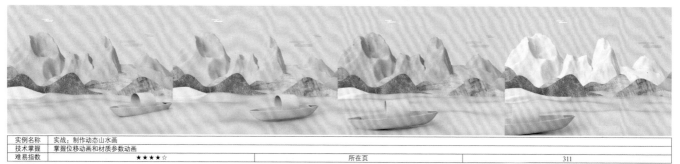

实例名称	实战：制作动态山水画		
技术掌握	掌握位移动画和材质参数动画		
难易指数	★★★★☆	所在页	311

NEW YEAR

实例名称	实战：制作电量动画		
技术掌握	掌握位移动画和材质参数动画		
难易指数	★★★★☆	所在页	313

材质展示

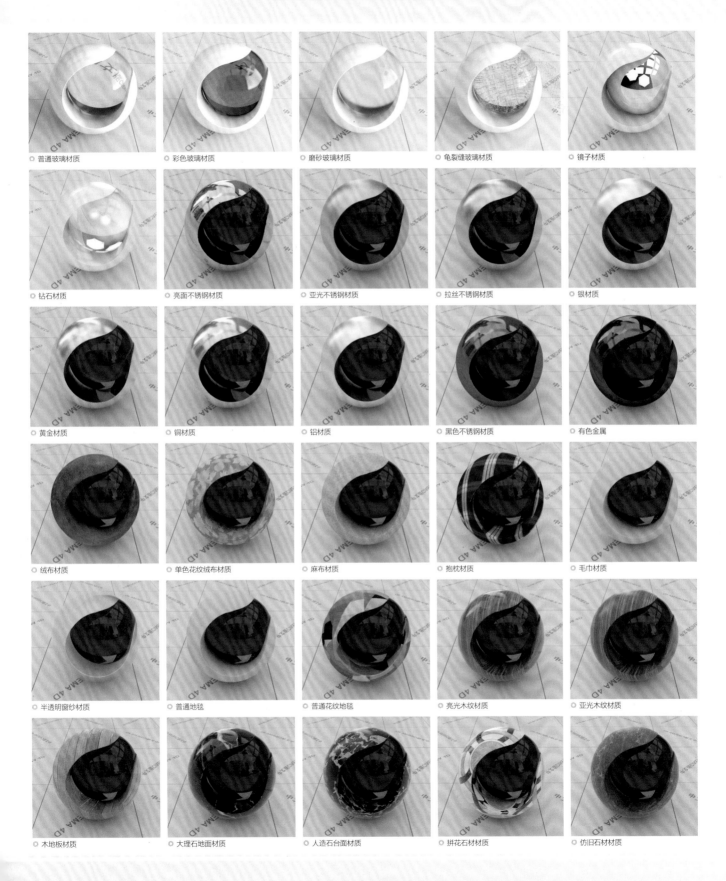

◎ 普通玻璃材质　　◎ 彩色玻璃材质　　◎ 磨砂玻璃材质　　◎ 龟裂缝玻璃材质　　◎ 镜子材质

◎ 钻石材质　　◎ 亮面不锈钢材质　　◎ 亚光不锈钢材质　　◎ 拉丝不锈钢材质　　◎ 银材质

◎ 黄金材质　　◎ 铜材质　　◎ 铝材质　　◎ 黑色不锈钢材质　　◎ 有色金属

◎ 绒布材质　　◎ 单色花纹绒布材质　　◎ 麻布材质　　◎ 抱枕材质　　◎ 毛巾材质

◎ 半透明窗纱材质　　◎ 普通地毯　　◎ 普通花纹地毯　　◎ 亮光木纹材质　　◎ 亚光木纹材质

◎ 木地板材质　　◎ 大理石地面材质　　◎ 人造石台面材质　　◎ 拼花石材质　　◎ 仿旧石材质

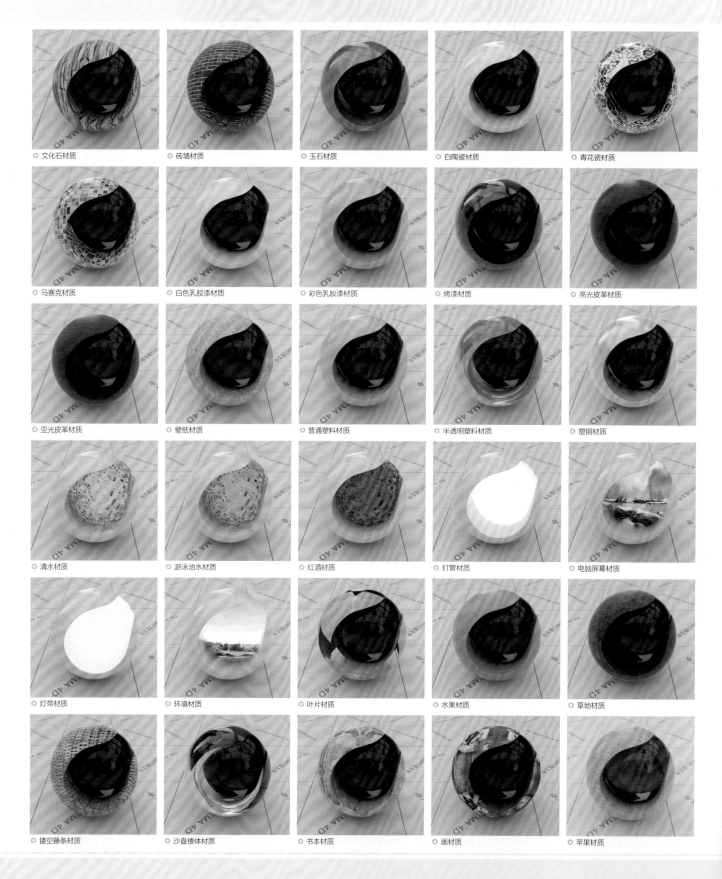

◇ 文化石材质　　◇ 砖墙材质　　◇ 玉石材质　　◇ 白陶瓷材质　　◇ 青花瓷材质

◇ 马赛克材质　　◇ 白色乳胶漆材质　　◇ 彩色乳胶漆材质　　◇ 烤漆材质　　◇ 亮光皮革材质

◇ 亚光皮革材质　　◇ 壁纸材质　　◇ 普通塑料材质　　◇ 半透明塑料材质　　◇ 塑钢材质

◇ 清水材质　　◇ 游泳池水材质　　◇ 红酒材质　　◇ 灯管材质　　◇ 电脑屏幕材质

◇ 灯带材质　　◇ 环境材质　　◇ 叶片材质　　◇ 水果材质　　◇ 草地材质

◇ 镂空藤条材质　　◇ 沙盘楼体材质　　◇ 书本材质　　◇ 画材质　　◇ 苹果材质

《《 前 言 》》

Cinema 4D 是一款由德国 MAXON 公司出品的三维软件,拥有强大的功能和较强的扩展性,且操作简单。随着功能的不断加强和更新,Cinema 4D 的应用范围越来越广,涉及影视制作、平面设计、建筑包装和创意图形等多个领域。近年来,越来越多的设计师运用 Cinema 4D 为行业带来了众多不同风格的作品。

本书是初学者自学中文版 Cinema 4D R21 的**应备用书**。全书从实用角度出发,全面、系统地讲解了**中文版 Cinema 4D R21 的常用功能**,基本上涵盖了中文版 Cinema 4D R21 常用的**工具、面板、对话框和菜单命令**,并对所有重要工具和行业重要**技术录制了教学视频,共 118 集**。本书在介绍软件功能的同时,还精心安排了 **126 个具有针对性的实战**和 **10 个综合实例**,帮助读者轻松掌握软件的使用技巧和具体应用,做到学用结合。**全部实例都配有多媒体教学视频(共 136 集)**,详细演示了实例的制作过程。此外,**还提供了 Octane for Cinema 4D 渲染技术的学习手册**,为读者更深入地学习 Cinema 4D 提供必要的技术保障。同时,还为初学者配备了 **Cinema 4D 快捷键索引、常见材质参数设置表**及三维制作速查表。

本书的结构与内容 《《《《《

本书共分为 16 章,从最基础的 Cinema 4D R21 的应用领域开始讲起,先介绍软件的界面和操作方法,然后讲解软件的功能,包含 **Cinema 4D R21 的基本操作、建模技术、摄像机技术、灯光技术、材质与纹理技术、标签与环境、渲染技术**,以及**运动图形、毛发技术、体积和域、动力学技术、粒子技术和动画技术**等高级功能。书中内容涉及各种实用模型制作、场景布光、摄像机景深和构图、场景材质与纹理设置、场景环境和效果设置、渲染参数设置、运动图形动画、粒子动画、动力学刚体动画、毛发效果、关键帧动画、变形动画和参数动画等。

本书的版面结构说明 《《《《《

为了达到让读者轻松自学,以及深入地了解软件功能的目的,本书专门设计了"**实战**""**技巧与提示**""**疑难问答**""**技术专题**""**知识链接**""**演示视频**""**视频扫码**""**综合实例**"等项目,简要介绍如下。

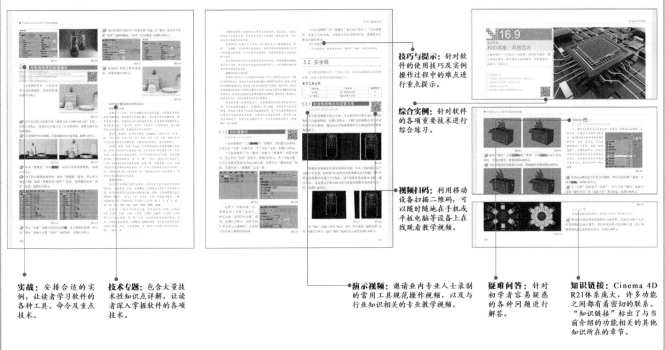

实战:安排合适的实例,让读者学习软件的各种工具、命令及重点技术。

技术专题:包含大量技术相关知识点详解,让读者深入掌握软件的各项技术。

演示视频:邀请业内专业人士录制的常用工具规范操作视频,以及与行业知识相关的专业教学视频。

视频扫码:利用移动设备扫描二维码,可以随时随地在手机或平板电脑等设备上在线观看教学视频。

疑难问答:针对初学者容易疑惑的各种问题进行解答。

知识链接:Cinema 4D R21体系庞大,许多功能之间都有着密切的联系。"知识链接"标出了与当前介绍的功能相关的其他知识所在的章节。

技巧与提示:针对软件的使用技巧及实例操作过程中的难点进行重点提示。

综合实例:针对软件的各项重要技术进行综合练习。

本书检索说明

为了让读者更加方便地学习 Cinema 4D，同时在学习本书内容时能轻松查找到本书的重要内容，本书的最后提供了 4 个附录，分别是"**附录 A Octane for Cinema 4D 渲染技术**""**附录 B Cinema 4D 快捷键索引**""**附录 C 常见材质参数设置表**""**附录 D 三维制作速查表**"，简要介绍如下。

附录A： 介绍Octane for Cinema 4D渲染器的渲染面板、灯光、材质和环境的参数及使用方法等。

附录B： 介绍Cinema 4D的常用快捷键。

附录C： 包含常见材质的参数设置表。

附录D： 包含三维制作中常用的光源色温对照表和计算机配置参考等。

本书学习资源简介

本书附带大量的学习资源，内容包括本书所有实例的**场景文件**、**实例文件**、**教学视频**（共 **136** 集）及演示视频（包含一套 **118** 集的 Cinema 4D R21 常用工具及与行业技术相关的专业教学视频）。同时，还附赠 **10** 个场景模型、**1500** 张经典位图贴图、**80** 个高动态范围贴图、**170** 个单体模型和 **120** 个光域网文件。读者在学完本书内容以后，可以调用这些资源进行深入练习。

◎ 场景模型 ◎ 位图贴图

学习资源获取方式

本书所有学习资源均可在线获取。扫描封底或资源与支持页上的二维码，关注"数艺设"的微信公众号，即可得到资源文件获取方式。

由于编者水平有限，书中难免会有一些疏漏之处，希望读者能够谅解，并欢迎读者批评指正。

编者

2020 年 7 月

本书学习资源内容介绍 ◀◀◀◀◀

　　本书附带一个海量学习资源包，内容包含**"场景文件""实例文件""教学视频""演示视频""附赠资源"**5 个文件夹，这些资源均可在线获取（视频可在线观看），扫描封底或资源与支持页上的二维码，关注"数艺设"的微信公众号，即可得到资源文件获取方式。其中"场景文件"文件夹中包含本书所有实例用到的场景文件；"实例文件"文件夹中包含本书所有实例的源文件、效果图和贴图；"教学视频"文件夹中包含本书 **126 个实战、10 个综合实例**的多媒体教学视频，共 136 集；"演示视频"是我们专门为初学者而开发的，针对中文版 Cinema 4D R21 的各种常用工具、行业中的常用技术与常见疑难问题录制的一套多媒体教学视频，**共 118 集**；"附赠资源" 文件夹中是额外赠送的学习资源，其中包含 **10 个场景模型、1500 张经典位图贴图、80 个高动态范围贴图、170 个单体模型**和 **120 个光域网文件**。读者可以在学完本书内容以后，继续用这些资源进行练习，让自己彻底将 Cinema 4D "一网打尽"！

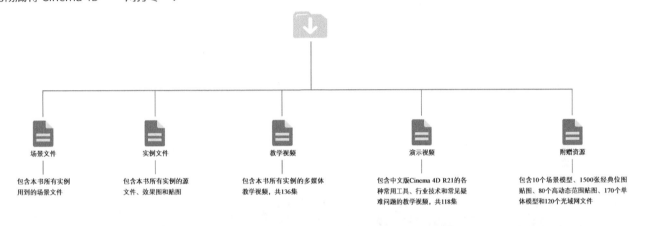

场景文件	实例文件	教学视频	演示视频	附赠资源
包含本书所有实例用到的场景文件	包含本书所有实例的源文件、效果图和贴图	包含本书所有实例的多媒体教学视频，共136集	包含中文版Cinema 4D R21的各种常用工具、行业技术和常见疑难问题的教学视频，共118集	包含10个场景模型、1500张经典位图贴图、80个高动态范围贴图、170个单体模型和120个光域网文件

136集大型多媒体超清教学视频 ◀◀◀◀◀

视频观看方式：登录"数艺设"在线观看/扫描书中对应的二维码，可以在手机或平板电脑上在线观看

　　为了更方便大家学习 Cinema 4D R21，我们特别录制了本书所有实例的多媒体教学视频，全部是 1920 像素 ×1080 像素的高清 MP4 格式，分为 **126 集实战**和 **10 集综合实例**两个部分，**共 136 集**。其中实战视频专门针对 **Cinema 4D R21 软件的各种工具、命令及实际工作中经常要用到的各种重要技术**进行讲解；综合实例视频专门针对**在实际工作中经常遇到的各项核心技术（建模、灯光、材质、渲染、动画）**进行全面的讲解，读者可以边观看视频，边学习本书的内容。

实战：用参数对象制作卡通墙.mp4	实战：用置换变形器制作鹅卵波.mp4	实战：制作玻璃材质.mp4	实战：渲染清新风格的效果图.mp4	实战：用粒子制作运动光线.mp4
实战：用立方体制作俄罗斯方块.mp4	实战：用锥化变形器制作甜筒.mp4	实战：制作不锈钢材质.mp4	实战：渲染视觉效果图.mp4	实战：用粒子制作abc曲线条.mp4
实战：用齿轮工具制作齿轮模型.mp4	实战：用可编辑对象制作低多边形树木.mp4	实战：用无限光制作产品展示灯光.mp4	实战：渲染绚丽曲线场景效果图.mp4	实战：用动力学制作小球坠落动画.mp4
实战：用矩形工具制作相框.mp4	实战：用可编辑对象制作创意模型.mp4	实战：用区域光制作夕阳灯光.mp4	实战：用摄影机器制作摄像机抖.mp4	实战：用粒子制作飞舞空间.mp4
实战：用螺旋制作荧光灯.mp4	实战：用可编辑对象制作霓虹灯柱.mp4	实战：用无限光制作夕阳灯光.mp4	实战：用克隆制作小方块堆盘文字.mp4	实战：用粒子制作弹跳的小球.mp4
实战：用样条画笔工具绘制发光线条.mp4	实战：用可编辑对象制作卡通房子.mp4	实战：制作安安材质.mp4	实战：用样条效果器制作霓虹灯牌.mp4	实战：制作齿轮动画.mp4
实战：用文本工具制作立体字.mp4	实战：用可编辑对象制作卡通角色.mp4	实战：制作木纹材质.mp4	实战：用破碎制作破碎的玻璃杯.mp4	实战：用粒子发射器制作旋转的粒子.mp4
实战：用球体制作创意空间.mp4	实战：用可编辑对象制作音乐播放器.mp4	实战：制作金色金属材质.mp4	实战：用文本制作发光文字.mp4	实战：制作流动山水画.mp4
实战：用圆环制作金属饰品.mp4	实战：用可编辑对象制作智能芯片.mp4	实战：制作丝绸材质.mp4	实战：用毛发制作发光线条.mp4	实战：制作小球摆渡动画.mp4
实战：用圆柱制作茶杯.mp4	实战：用可编辑对象制作立体文字.mp4	实战：为场景添加合成标签.mp4	实战：用毛发制作马赛克城布.mp4	实战：制作旋转的隧道通道.mp4
实战：用爆炸变形器制作散射效果.mp4	实战：用可编辑样条制作抽象线条.mp4	实战：制作发光材质.mp4	实战：用毛发制作毛绒小怪物.mp4	实战：制作旋转房门光动画.mp4
实战：用布尔工具制作西瓜.mp4	实战：为电商场景创建摄像机.mp4	实战：为场景添加无缝背景.mp4	实战：用毛发制作毛绒字.mp4	实战：制作电卷动画.mp4
实战：用减面变形器制作低多边形小黑.mp4	实战：用摄像机制作景深效果.mp4	实战：为摄像机添加物理标签.mp4	实战：用机械制作饼干.mp4	实战：制作入场MG动画.mp4
实战：用挤压生成器制作剪纸.mp4	实战：为场景建立摄像机.mp4	实战：为场景添加环境光.mp4	实战：用机械制作奶酪.mp4	实战：制作小水珠破裂动画.mp4
实战：用布尔生成器制作CINEMA 4D标志.mp4	实战：用摄像机制作景深效果.mp4	实战：场景的测试渲染.mp4	实战：用体生成制作消失的文字.mp4	流水线风格：工厂流水线.mp4
实战：用挤压生成器制作卡通画.mp4	实战：用摄像机制作隧道的运动模糊.mp4	实战：渲染V成就灯灯光效果图.mp4	实战：用体生成制作视觉模型.mp4	实战：用游乐场动画.mp4
实战：用晶格生成器制作抽象网格.mp4	实战：用摄像机制作运动模糊.mp4	实战：渲染灯光风格场景效果图.mp4	实战：用线性制作消失的文字.mp4	机械风格：双十二海报.mp4
实战：用扭曲生成器制作曲线效果.mp4	实战：用灯光制作电商场景景灯光.mp4	实战：道动光泽纹理场景效果图.mp4	实战：用布料模拟下摆拽的布条.mp4	科幻风格：科技芯片.mp4
实战：用融球生成器制作云朵.mp4	实战：用灯光制作卡通场景灯光.mp4	实战：渲染立体风格效果图.mp4	实战：用布料模拟简单蓝布料.mp4	低多边形风格：电商促销海报.mp4
实战：用螺旋变形器制作旋转网格.mp4	实战：用区域光制作彩色场景光.mp4	实战：抗皱过不同类型效果.mp4	实战：用动力学制作多米诺骨牌.mp4	体量风格：趣味办公公.mp4
实战：用旋转生成器制作UI图标.mp4	实战：用区域光制作金属场景灯光.mp4	实战：制作炫彩科幻方块.mp4	实战：用动力学制作篮球砸跳动画.mp4	爱情风格：情人节电商海报.mp4
实战：用扫描生成器制作霓虹灯文字.mp4	实战：用区域光制作展示灯光.mp4	实战：用无限光工具模拟阳光.mp4	实战：用动力学制作小球运动动画.mp4	体量风格：抽象花朵.mp4
实战：用扫描生成器制作管道.mp4	实战：用样条约束制作螺旋元素.mp4	实战：制作玻璃材质.mp4	实战：用动力学制作超绝动画.mp4	视错风格：渐变螺波.mp4
实战：用样条约束制作螺旋元素.mp4	实战：用样条布尔生成器制作卡片.mp4			
实战：用雕刻工具制作糖果.mp4	实战：制作纯色塑料材质.mp4			
实战：用雕刻工具制作甜甜圈.mp4				

共136集

118集软件常用工具教学视频 ◁◁◁◁◁◁

视频观看方式：登录"数艺设"在线观看/扫描书中对应的二维码，可以在手机或平板电脑上在线观看

这套教学视频是我们邀请有多年 Cinema 4D 使用经验的专业人士录制的，**共 118 集**。其中工具运用的视频不仅介绍了书中讲到的常用方法，还介绍了在实际工作中需要掌握的大量"冷技术"，这部分视频相当重要，对于读者巩固基础相当有用。

- 001：启动CINEMA 4D.mp4
- 002：CINEMA 4D的操作界面.mp4
- 003：菜单栏.mp4
- 004：工具栏.mp4
- 005：模式工具栏.mp4
- 006：视图窗口.mp4
- 007：立方体.mp4
- 008：圆锥.mp4
- 009：圆柱.mp4
- 010：平面.mp4
- 011：球体.mp4
- 012：圆环.mp4
- 013：管道.mp4
- 014：角锥.mp4
- 015：宝石.mp4
- 016：宝石.mp4
- 017：样条圆弧.mp4
- 018：星型.mp4
- 019：圆环.mp4
- 020：文本.mp4
- 021：螺旋.mp4
- 022：矩形.mp4
- 023：多边.mp4
- 024：齿轮.mp4
- 025：细分曲面.mp4
- 026：布料曲面.mp4
- 027：挤压.mp4
- 028：旋转.mp4
- 029：晶格.mp4
- 030：对称.mp4
- 031：布尔.mp4
- 032：减面.mp4
- 033：烘焙.mp4
- 034：样条布尔.mp4
- 035：旋转.mp4
- 036：放样.mp4
- 037：扫描.mp4
- 038：扭曲.mp4
- 039：膨胀.mp4
- 040：样条约束.mp4
- 041：锥化.mp4
- 042：螺旋.mp4
- 043：FFD.mp4
- 044：爆炸.mp4
- 045：置换.mp4
- 046：倒角.mp4
- 047：编辑样条.mp4
- 048：编辑多边形对象.mp4
- 049：融解.mp4
- 050：摄像机.mp4
- 051：目标摄像机.mp4
- 052：安全框的设置.mp4
- 053：胶片宽高比.mp4
- 054：景深.mp4
- 054：运动模糊.mp4
- 056：灯光.mp4
- 057：区域光.mp4
- 058：IES灯光.mp4
- 059：无限光.mp4
- 060：日光.mp4
- 061：材质的创建与赋予.mp4
- 062：材质编辑器.mp4
- 063：Cinema 4D的纹理贴图.mp4
- 064：保护标签.mp4
- 065：合成标签.mp4
- 066：目标标签.mp4
- 067：震动标签.mp4
- 068：对齐曲线标签.mp4
- 069：显示标签.mp4
- 070：注释标签.mp4
- 071：约束标签.mp4
- 072：地面.mp4
- 073：天空.mp4
- 074：物理天空.mp4
- 075：环境.mp4
- 077：背景.mp4
- 077：舞台设置图层.mp4
- 078：克隆.mp4
- 079：矩阵.mp4
- 080：破碎（Voronoi）.mp4
- 081：追踪对象.mp4
- 082：实例.mp4
- 083：文本.mp4
- 084：随机.mp4
- 085：推散.mp4
- 086：样条.mp4
- 087：步幅.mp4
- 088：毛发对象.mp4
- 089：毛发材质.mp4
- 090：体积生成.mp4
- 091：体积网格.mp4
- 092：线性域.mp4
- 093：球体域.mp4
- 094：立方体域.mp4
- 095：圆柱体域.mp4
- 096：圆锥体域.mp4
- 097：随机域.mp4
- 098：刚体.mp4
- 099：柔体.mp4
- 100：碰撞体.mp4
- 101：布料.mp4
- 102：布料碰撞器.mp4
- 103：布料绑带.mp4
- 104：粒子发射器.mp4
- 105：引力.mp4
- 106：反弹.mp4
- 107：破坏.mp4
- 108：摩擦.mp4
- 109：重力.mp4
- 110：旋转.mp4
- 111：湍流.mp4
- 112：风力.mp4
- 113：动画制作工具.mp4
- 114：时间线窗口.mp4
- 115：点级别动画.mp4
- 116：参数动画.mp4
- 117：角色.mp4
- 118：关节.mp4

共118集

超值附赠海量学习资源 ◁◁◁◁◁◁

资源位置：学习资源>附赠资源

在"附赠资源"文件夹中，我们专门为读者准备了额外的学习资源（仅供学习使用，禁止用于商业用途），包含 **10 个场景模型**、**1500 张经典位图贴图**、**80 个高动态范围贴图**、**170 个单体模型**和 **120 个光域网文件**。注意，这些资源的使用方法在书中均已讲到，请读者在阅读完本书之后再使用这些资源进行深入学习。

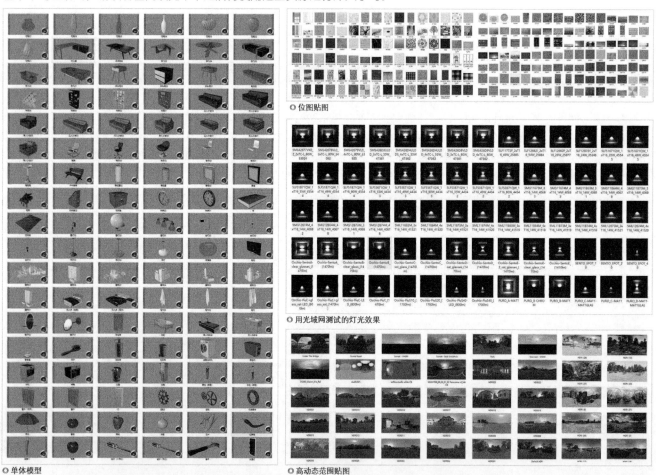

◎ 单体模型

◎ 位图贴图

◎ 用光域网测试的灯光效果

◎ 高动态范围贴图

资源与支持

本书由"数艺设"出品，"数艺设"社区平台（www.shuyishe.com）为您提供后续服务。

配套资源

场景文件	实例文件
场景模型	经典位图贴图
单体模型	高动态范围贴图
光域网文件	在线教学视频

资源获取请扫码

"数艺设"社区平台， 为艺术设计从业者提供专业的教育产品。

与我们联系

我们的联系邮箱是 szys@ptpress.com.cn。如果您对本书有任何疑问或建议，请您发邮件给我们，并请在邮件标题中注明本书书名及ISBN，以便我们更高效地做出反馈。

如果您有兴趣出版图书、录制教学课程，或者参与技术审校等工作，可以发邮件给我们；有意出版图书的作者也可以到"数艺设"社区平台在线投稿（直接访问 www.shuyishe.com 即可）。如果学校、培训机构或企业想批量购买本书或"数艺设"出版的其他图书，也可以发邮件联系我们。

如果您在网上发现针对"数艺设"出品图书的各种形式的盗版行为，包括对图书全部或部分内容的非授权传播，请您将怀疑有侵权行为的链接通过邮件发给我们。您的这一举动是对作者权益的保护，也是我们持续为您提供有价值的内容的动力之源。

关于"数艺设"

人民邮电出版社有限公司旗下品牌"数艺设"，专注于专业艺术设计类图书出版，为艺术设计从业者提供专业的图书、U书、课程等教育产品。出版领域涉及平面、三维、影视、摄影与后期等数字艺术门类，字体设计、品牌设计、色彩设计等设计理论与应用门类，UI设计、电商设计、新媒体设计、游戏设计、交互设计、原型设计等互联网设计门类，环艺设计手绘、插画设计手绘、工业设计手绘等设计手绘门类。更多服务请访问"数艺设"社区平台www.shuyishe.com。我们将提供及时、准确、专业的学习服务。

注：重点为Cinema 4D的软件技术重点（读者必须完全掌握），重点为重点实战（读者必须多加练习），🖥表示带有教学视频，▮▮分别为实战、综合实例。

技术专题

疑难问答

知识链接

技巧与提示

第 1 章

进入Cinema 4D 的世界

1.1 Cinema 4D入门

本节将带领读者进入Cinema 4D的世界，了解它的特点及优势，比较它与其他三维软件的不同。通过本节的学习，读者会了解到为什么Cinema 4D会在短时间内就成为众多设计师的宠儿。

1.1.1 Cinema 4D概述

Cinema 4D简称C4D，它是一款由德国MAXON公司出品的三维软件。

Cinema 4D有着强大的功能和扩展性，且操作较为简单，一直是国外视频设计领域的主流软件。随着功能的不断加强和更新，Cinema 4D的应用范围也越来越广，涉及影视制作、平面设计、建筑效果和创意图形等多个行业。Cinema 4D在我国更多应用于平面设计和影视后期包装这两个领域。

近年来，越来越多的设计师运用Cinema 4D，为行业带来了众多不同风格的作品。图1-1所示是一些优秀的Cinema 4D作品。

图1-1

1.1.2 Cinema 4D的特点

相比其他一些常见的三维软件，Cinema 4D有3个特点。

👉 简单易学

Cinema 4D的界面简洁整齐，每个命令都用生动形象的图标来表示，图形化的思维模式有利于读者更好地学习，再配合不同颜色的色块表明命令的类型，即便是初学者，也能很快记住命令。相比于复杂的3ds Max和Maya，学习Cinema 4D更快捷。零基础的新手学习Cinema 4D的周期在3个月左右，而已经掌握了3ds Max和 Maya的从业者学习周期只需要半个月甚至一周。

👉 人性化

Cinema 4D在基础模型中融合了很多复杂的命令，让原来需要通过多个步骤才能达到的效果，只需要在基础模型中简单修改参数便可达到。

运动图形、动力学和毛发系统，功能强大且操作简单，不需要复杂的编程知识，只需要调节参数即可达到想要的效果。

渲染简便

Cinema 4D自带的渲染器具有快速、智能的特点，没有过多复杂的参数，内置的预设模式基本满足日常学习和工作的需要。

1.2 Cinema 4D的操作界面

本节将讲解Cinema 4D的操作界面。通过对本节的学习，读者会对Cinema 4D有一个全面的了解。

1.2.1 启动Cinema 4D

演示视频：001-启动Cinema 4D

安装Cinema 4D后，双击桌面上的快捷方式图标 就可以启动软件。与其他软件一样，Cinema 4D也有一个启动界面，如图1-2所示。

启动界面会显示软件的版本号，本书采用的是目前最新的Cinema 4D R21版本。Cinema 4D默认是英文界面，需要在软件内切换为中文界面。

图1-2

1.2.2 Cinema 4D的操作界面

演示视频：002-Cinema 4D的操作界面

Cinema 4D的操作界面分为10个部分，分别是标题栏、菜单栏、工具栏、模式工具栏、视图窗口、对象面板、属性面板、时间线、材质面板、坐标面板，如图1-3所示。

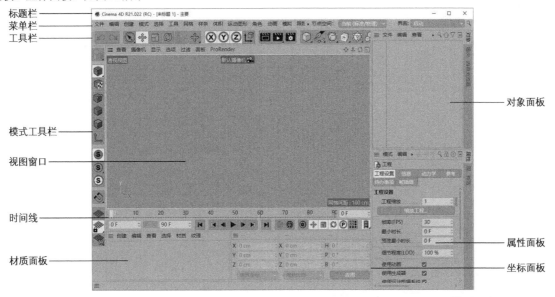

图1-3

39

技术专题 ❻ 切换软件语言

Cinema 4D默认为英文界面，要切换为中文界面，需要进行设置。

执行Edit>Preferences菜单命令（快捷键为Ctrl+E），打开Preferences面板，如图1-4和图1-5所示。

图1-4

图1-5

在Interface选项卡中，设置Language为"简体中文（Simple Chinese）（zh-CN）"，如图1-6所示。关闭面板和软件，再次启动软件，就可以切换为中文界面。

图1-6

1.3 菜单栏

演示视频：003-菜单栏

Cinema 4D的菜单栏基本包含了Cinema 4D的所有工具和命令，可以完成很多操作，如图1-7所示。

文件 编辑 创建 模式 选择 工具 网格 样条 体积 运动图形 角色 动画 模拟 跟踪器 渲染 扩展 窗口 帮助

图1-7

1.3.1 文件

"文件"菜单可以对场景文件进行新建、保存、合并和退出等操作，与其他软件的文件菜单类似。"文件"菜单如图1-8所示。

图1-8

重要参数讲解

新建项目：新建一个空白项目。

打开项目：打开已有的项目。

合并项目：将已有的项目或模型合并进现有的项目中。

恢复保存的项目：返回项目的原始版本。

关闭项目：关闭当前视图中显示的项目文件。

关闭所有项目：关闭软件打开的所有项目文件。

保存项目：保存现有项目。

另存项目为：将现有项目保存为另一个文件。

增量保存：将项目保存为多个版本。

保存工程（包含资源）：保存场景文件，包含外部链接的资源文件。

导出：将场景文件保存为其他三维软件格式。

退出：关闭软件。

技巧与提示 ✍

菜单命令后的组合键是这个命令的默认快捷键。

1.3.2 编辑

"编辑"菜单可以对场景或对象进行一些基本操作。"编辑"菜单如图1-9所示。

重要参数讲解

撤销：返回上一步操作。

复制：复制场景中的对象。

粘贴：粘贴复制的对象。

删除：删除选中的对象。

工程设置：打开"工程设置"面板，如图1-10所示。

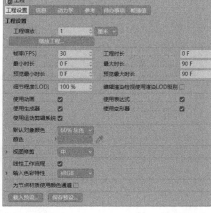

图1-9

图1-10

技术专题 ❻ Cinema 4D的初始设置

Cinema 4D的初始设置是在"工程设置"面板中进行操作的。打开"工程设置"面板的方法有3种。

第1种：执行"编辑>工程设置"菜单命令。

第2种：按Ctrl+D组合键。

第3种：在"属性"面板的"模式"菜单中选择"工程"选项，如图1-11所示。

图1-11

在"工程设置"面板中可以设置场景的一些通用参数。

工程缩放：设置场景单位，默认为"厘米"。

帧率（FPS）：控制动画播放的帧频，默认为30。

默认对象颜色：设置创建几何体的统一颜色，默认为"60%灰色"。系统提供了"灰蓝色"和"自定义"两个选项。在之前的版本中，默认的几何体颜色是灰蓝色，Cinema 4D R21版本则改为60%灰色，读者可根据自己的喜好选择模型颜色。

线性工作流程：默认勾选该选项，场景使用线性工作流。

载入预设：当打开新的场景时，系统自动恢复到默认预设。单击此按钮可以载入保存后的自定义预设。

保存预设：将设置好的初始预设进行保存。

设置：打开"设置"面板，如图1-12所示，可以设定软件的语言、显示字体、字号、软件界面颜色和文件保存等信息。关闭面板后，设置的信息将自动保存。如果需要恢复为默认设置，需要单击下方的"打开配置文件夹"按钮 打开配置文件夹，在弹出的窗口中删除所有文件，并关闭软件后重启。

图1-12

疑难问答

问：软件的某些命令显示高亮效果怎样关闭？

答：初次打开软件时，软件的某些命令会显示为高亮效果，如图1-13所示。

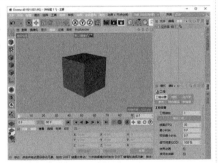

图1-13

如果读者不想显示这种高亮效果，在"设置"面板的"高亮特性"下拉列表中选择"关闭"选项，如图1-14所示。这样就可以将这种高亮效果关闭，显示为本书所展示的软件界面效果。

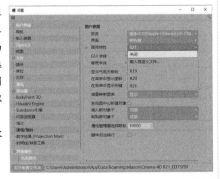

图1-14

1.3.3 创建

"创建"菜单可以创建Cinema 4D的大部分对象。"创建"菜单如图1-15所示。

图1-15

重要参数讲解

参数对象：创建系统自带的参数化几何体。

样条：创建系统自带的样条图案和样条编辑工具。

生成器：创建系统自带的生成器，编辑样条和对象的造型。

变形器：创建系统自带的变形器工具，编辑对象的造型。

域：创建一个区域，这个区域可以影响其中的对象，形成不同的效果。

场景：创建系统自带的场景工具，提供背景、天空和地面等工具。

物理天空：创建模拟真实天空效果的物理天空模型。

摄像机：创建系统自带的摄像机。

灯光：创建系统自带的灯光对象。

材质：创建新材质和系统自带的常见材质。

标签：创建对象的标签属性。

XRef：创建工作流程文件，方便管理和修改多项工程文件。

声音：创建声音文件，通常用于影视包装类项目制作。

1.3.4 选择

"选择"菜单可以控制选择对象的方式和方法。"选择"菜单如图1-16所示。

图1-16

重要参数讲解

选择过滤：设置选择对象的类型。

实时选择：选中单个对象。

框选：用光标绘制矩形框，选择一个或多个对象。

循环选择：选择对象周围一圈的点、边或多边形，常用于多边形建模。

反选：选中选择对象以外的所有对象。

技术专题 菜单的快捷打开方式

在日常工作中，打开菜单栏寻找命令会影响工作效率，因此Cinema 4D提供了打开菜单的快捷方式。

按V键会在视图中显示8个菜单界面，其中提供了常用的一些菜单命令，如图1-17所示。这种方式有些类似于Maya的菜单命令。

图1-17

1.3.5 工具

"工具"菜单中提供了一些场景制作中的辅助工具。"工具"菜单如图1-18所示。

重要参数讲解

命令器：在搜索框中输入需要的命令。

排列：对选中的对象按线性、圆环或参考样条的类型进行排列。

移动：移动对象。

缩放：缩放对象。

旋转：旋转对象。

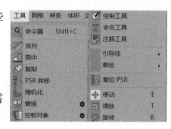

图1-18

1.3.6 网格

"网格"菜单针对可编辑对象提供了各种编辑命令。"网格"菜单如图1-19所示。

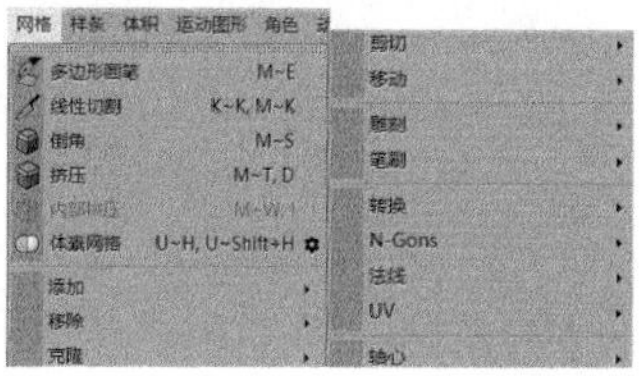

重要参数讲解

多边形画笔：可以快速选中可编辑对象的点、边或多边形并进行移动。

线性切割：为可编辑对象添加任意方向的线段。

倒角：为可编辑对象增加倒角效果。

挤压：为可编辑对象增加挤压效果。

轴心：设置对象的轴心位置，如图1-20所示。

图1-19

图1-20

1.3.7 体积

"体积"菜单可为对象增加体积效果，实现更复杂的模型制作。"体积"菜单如图1-21所示。

重要参数讲解

体积生成：为对象增加"体积生成"生成器，将其转换为体积效果。

体积网格：将体积效果的对象转化为网格形式，只有在网格形式下，对象才可被渲染。

图1-21

1.3.8 运动图形

"运动图形"菜单提供了多种组合模型的方式，为建模提供了极大的便利。"运动图形"菜单如图1-22所示。

图1-22

重要参数讲解

克隆：提供了5种克隆方式，包括"线性""放射""网格排列""对象""蜂窝阵列"，如图1-23所示。

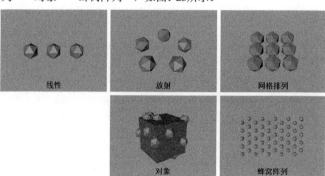

线性 放射 网格排列

对象 蜂窝阵列

图1-23

矩阵：类似克隆，但应用矩阵后的对象无法被渲染，需要配合克隆使用。

破碎（Voronoi）：将对象进行任意形式的破碎，如图1-24所示。

实例：复制需要的对象，当修改原有对象的参数时，复制对象的参数也会一同修改。

图1-24

追踪对象：可以显示运动对象的路径，在制作粒子特效时经常使用。

1.3.9 角色

"角色"菜单提供制作角色动画的模型、关节、蒙皮、肌肉和权重等工具。"角色"菜单如图1-25所示。

> **知识链接**
>
> 关于角色动画的详细功能和使用方法，请参阅"15.2 角色动画"。

图1-25

1.3.10 动画

"动画"菜单可以控制制作动画时的各项参数。"动画"菜单如图1-26所示。

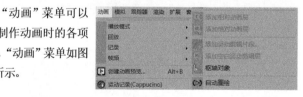

图1-26

重要参数讲解

播放模式：提供动画的播放模式，有"简单""循环""往复"3种。

回放：可以设置动画向前播放、向后播放和停止等操作，与视图下方的播放按钮功能相同。

记录：提供了记录关键帧的各种方式。

帧频：提供多种动画播放的帧频，可用于控制动画播放速度。

1.3.11 模拟

"模拟"菜单提供了动力学、粒子和毛发对象的各种工具。"模拟"菜单如图1-27所示。

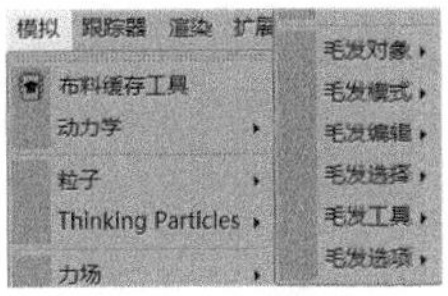

图1-27

1.3.12 渲染

"渲染"菜单提供了渲染所需的各种工具。"渲染"菜单如图1-28所示。

图1-28

重要参数讲解

渲染活动视图:可在当前视图中显示渲染效果。

区域渲染:框选出需要渲染的位置单独渲染。

渲染到图片查看器:会在弹出的"图片查看器"面板中显示渲染效果。

添加到渲染队列:将当前镜头添加到渲染队列等待渲染。此功能方便多镜头进行共同渲染。

渲染队列:渲染队列中的所有镜头。

编辑渲染设置:可在弹出的"渲染设置"面板中,编辑渲染的各项参数。

1.3.13 窗口

"窗口"菜单不仅罗列了软件的各种窗口,还能在打开的多个场景中自由切换,如图1-29所示。

图1-29

技巧与提示 ✐

使用"自定义布局"工具可以设置软件界面的布局,也可以按照个人习惯将一些命令单独放置在工具栏中。

1.4 工具栏

演示视频:004-工具栏

工具栏将菜单栏中的各种重要功能进行了分类集合,在日常制作中使用的频率很高,需要读者重点掌握。工具栏如图1-30所示。

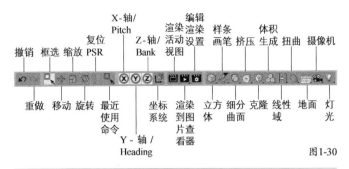

图1-30

1.4.1 撤销/重做

"撤销"工具用于撤销前一步的操作,快捷键为Ctrl+Z。"重做"工具用于对象重做。

1.4.2 框选

"框选"工具是选择工具中的一种,长按该按钮不放,会在下拉菜单中显示其他选择方式,如图1-31所示。

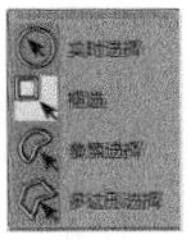

图1-31

重要参数讲解

实时选择:单个选择每个对象,光标为一个圆圈,快捷键为9。

框选:光标为一个矩形,通过绘制矩形框,选择一个或多个对象,快捷键为0。

套索选择:光标为套索,通过绘制任意形状选择一个或多个对象。

多边形选择:光标为多边形,通过绘制多边形选择一个或多个对象。

技巧与提示 ✐

按住Shift键可以加选对象,按住Ctrl键可以减选对象。

1.4.3 移动

"移动"工具(快捷键为E)可以将对象沿着x、y和z轴进行移动,如图1-32所示。

技巧与提示 ✐

红色轴向代表x轴,绿色轴向代表y轴,蓝色轴向代表z轴。

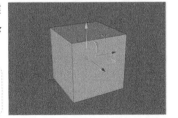

图1-32

1.4.4 缩放

"缩放"工具(快捷键为T)可以将对象沿着x、y和z轴进行缩放,如图1-33所示。

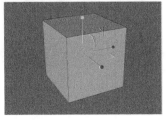

图1-33

问：为何缩放参数对象时不能缩放任意轴向？

答：当模型为参数对象时，使用"缩放"工具只能等比例缩放（即3个轴向同时放大或缩小）。只有将模型转换为可编辑对象后，才能沿着任意一个或多个轴向进行缩放。

1.4.5 旋转

"旋转"工具 ◎（快捷键为R）可以将对象沿着x、y和z轴进行旋转，如图1-34所示。

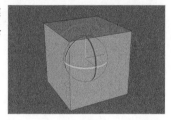

图1-34

1.4.6 最近使用命令

最近使用命令的按钮会显示用户上一步操作使用的工具。长按该按钮会显示之前几步使用的命令，如图1-35所示。按空格键会切换到上一步使用的命令。

图1-35

1.4.7 坐标系统

Cinema 4D提供了两种坐标系统，一种是"对象"坐标系统 📐，另一种是"全局"坐标系统 📐。

重要参数讲解

"对象"坐标系统 📐：按照对象自身的坐标轴进行显示，如图1-36所示。

"全局"坐标系统 📐：无论对象旋转为任何角度，坐标轴都会与视图左下角的世界坐标保持一致，如图1-37所示。

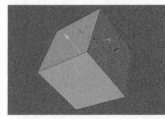
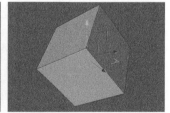

图1-36　　　　　　　图1-37

1.4.8 渲染活动视图

单击"渲染活动视图"按钮 🖼（快捷键为Ctrl+R）会在操作的视图中显示渲染效果。当多视图显示时，可以一边操作一边查看渲染效果。

1.4.9 渲染到图片查看器

单击"渲染到图片查看器"按钮 🖼（快捷键为Shift+R）会将渲染的效果在"图片查看器"中显示，如图1-38所示。在"图片查看器"中可以将渲染的效果进行保存、调色或对比等各种操作。

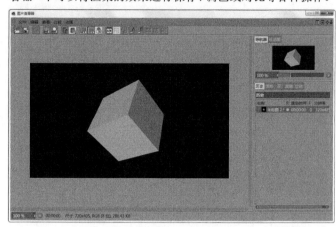

图1-38

1.4.10 编辑渲染设置

"编辑渲染设置"工具 🖼（快捷键为Ctrl+B）用来编辑渲染设置参数，如图1-39所示。

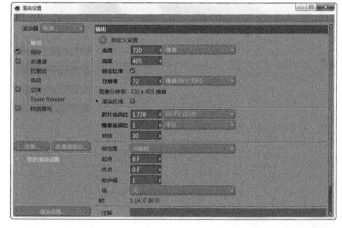

图1-39

知识链接 🔗

"编辑渲染设置"工具的使用方法请参阅"9.2 渲染设置面板"。

1.4.11 立方体

长按"立方体"按钮 🔲 会弹出"参数对象"面板，里面罗列出系统自带的参数化几何体，如图1-40所示。

图1-40

知识链接

"立方体"面板中的工具使用方法请参阅"2.1 参数对象建模"。

1.4.12 样条画笔

长按"样条画笔"按钮 会弹出"样条"面板，里面罗列出系统自带的样条、图案和样条编辑工具，如图1-41所示。

图1-41

知识链接

"样条画笔"面板中的工具使用方法请参阅"2.2 样条"。

1.4.13 细分曲面

长按"细分曲面"按钮 会弹出"生成器"面板，里面罗列出系统自带的部分生成器，如图1-42所示。

图1-42

知识链接

"细分曲面"面板中的工具使用方法请参阅"3.1 生成器"。

1.4.14 挤压

长按"挤压"按钮 会弹出"生成器"面板，里面罗列出系统自带的部分生成器，如图1-43所示。

图1-43

技巧与提示

1.4.13小节中的生成器针对参数对象，本小节中的生成器针对样条。

1.4.15 克隆

长按"克隆"按钮 会弹出"运动图形"面板，里面罗列出系统自带的运动图形工具，如图1-44所示。

图1-44

知识链接

"克隆"面板中的工具请参阅"10.1 常用的运动图形工具"和"10.2 常用的效果器"。

1.4.16 体积生成

长按"体积生成"按钮 会弹出"体积"面板，里面罗列出系统自带的体积工具，如图1-45所示。

图1-45

知识链接

"体积生成"和"体积网格"工具的使用方法请参阅"12.1 体积"。

1.4.17 线性域

长按"线性域"按钮 会弹出"域"面板，里面罗列出系统自带的域工具，如图1-46所示。

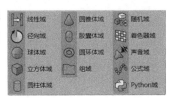

图1-46

1.4.18 扭曲

长按"扭曲"按钮 会弹出"变形器"面板，里面罗列出系统自带的变形器工具，如图1-47所示。

图1-47

知识链接

相关工具请参阅"3.2 变形器"。

1.4.19 地面

长按"地面"按钮 会弹出"场景"面板，里面罗列出系统自带的天空、背景和地面等工具，如图1-48所示。

知识链接

相关工具请参阅"8.3 环境"。

图1-48

1.4.20 摄像机

长按"摄像机"按钮 ，系统会弹出"摄像机"面板，里面罗列出系统自带的各种摄像机，如图1-49所示。

知识链接

相关工具请参阅"5.1 Cinema 4D的常用摄像机"。

图1-49

1.4.21 灯光

长按"灯光"按钮🔦，系统会弹出"灯光"面板，里面罗列出系统自带的各种灯光，如图1-50所示。

图1-50

知识链接

相关工具请参阅"6.2 Cinema 4D的灯光工具"。

1.5 模式工具栏

演示视频：005-模式工具栏

"模式工具栏"与"工具栏"相似，可以切换模型的点、线和面，调整模型的纹理和轴心等功能，是一些常用命令和工具的快捷方式，如图1-51所示。

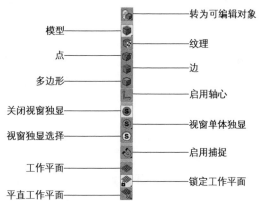

图1-51

1.5.1 转为可编辑对象

单击"转为可编辑对象"按钮🔘（快捷键为C）可以将参数对象转换为可编辑对象。转换完成后，就可以编辑对象的点、线和面。

1.5.2 模型

当可编辑对象处于"点""边"或"多边形"状态时，单击"模型"按钮🔲，可将选中的对象切换为模型状态。

1.5.3 纹理

单击"纹理"按钮，可以使用"移动""缩放""旋转"等工具调整模型的贴图纹理坐标。

1.5.4 点

单击"点"按钮🔘，进入点层级编辑模式，如图1-52所示。在"点"模式中，用户可以对可编辑对象的点进行编辑。

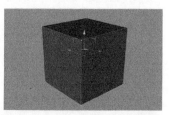

图1-52

1.5.5 边

单击"边"按钮🔘，进入边层级编辑模式，如图1-53所示。在"边"模式中，用户可以对可编辑对象的边进行编辑。

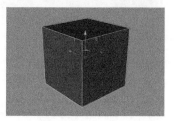

图1-53

1.5.6 多边形

单击"多边形"按钮🔘，进入多边形编辑模式，如图1-54所示。在"多边形"模式中，用户可以对可编辑对象的面进行编辑。

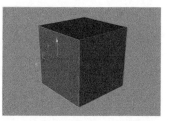

图1-54

1.5.7 启用轴心

单击"启用轴心"按钮🔘，可以修改对象的轴心位置，再次单击后退出该模式，如图1-55所示。

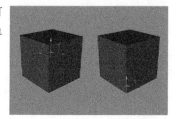

图1-55

1.5.8 视窗独显

"关闭视窗独显"🔘"视窗单体独显"🔘和"视窗独显选择"🔘3个工具都是用来控制在视图中单独显示选择的对象。

重要参数讲解

关闭视窗独显：全部显示场景中的对象。

视窗单体独显：单独显示选中的对象。长按该按钮还可选择"视窗层级独显"工具。

视窗独显选择：在"视窗单体独显"模式下，单击该按钮，可在"对象"面板中切换需要单独显示的对象。

1.5.9 启用捕捉

单击"启用捕捉"按钮（快捷键为Shift+S），可以开启捕捉模式。长按该按钮会弹出下拉菜单，可选择捕捉的各种模式，如图1-56所示。

图1-56

1.6 视图窗口

演示视频：006-视图窗口

"视图窗口"是编辑与观察模型的主要区域，默认为单独显示的透视图，如图1-57所示。

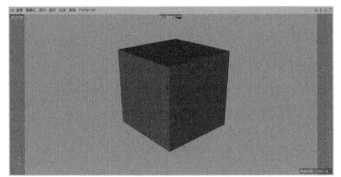

图1-57

1.6.1 视图的控制

Cinema 4D的视图操作都是基于Alt键。

旋转视图：Alt键+鼠标左键。

移动视图：Alt键+鼠标中键。

缩放视图：Alt键+鼠标右键（或滚动鼠标滚轮）。

单击鼠标中键会从默认的透视图切换为四视图，如图1-58所示。

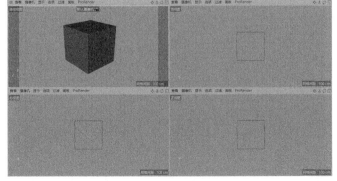

图1-58

1.6.2 视图的切换

"摄像机"菜单用于切换各种不同方位的视图。"摄像机"菜单如图1-59所示。

图1-59

技巧与提示

F1、F2、F3和F4键是切换4个视图的快捷键。

1.6.3 视图的显示模式

"显示"菜单用于切换对象不同的显示方式，如图1-60所示。

图1-60

重要参数讲解

光影着色：只显示对象的颜色和明暗效果，如图1-61所示。

光影着色（线条）：不仅显示对象的颜色和明暗效果，还显示对象的线框，如图1-62所示。

图1-61　　　　图1-62

常量着色：只显示对象的颜色，但不显示明暗效果，如图1-63所示。

线条：只显示对象的线框，如图1-64所示。

 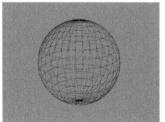

图1-63　　　　图1-64

技术专题 快速切换视图显示效果

如果用鼠标单击菜单切换视图显示效果，这样未免有些麻烦，且影响工作效率。下面为读者介绍快速简便的切换视图显示效果的方法。

在"显示"菜单中，可以看到每种效果的后面跟着一组字母，例如"光影着色 N~A"。其实这组字母就是"光影着色"的快捷键。

当我们需要切换到"光影着色"效果时，先按N键，然后在窗口中就会出现一个菜单，如图1-65所示。接着根据菜单的提示按下A键，这样场景中的对象就会显示为"光影着色"效果。

同理，当我们需要切换到"光影着色（线条）"效果时，先按N键再按B键即可。

键：N	H ... 线框
A ... 光影着色	I ... 等参线
B ... 光影着色 (线条)	K ... 方形
C ... 快速着色	L ... 骨架
D ... 快速着色 (线条)	O ... 显示标签
E ... 常量着色	P ... 背面忽略
F ... 隐藏线条	Q ... 材质
G ... 线条	R ... 透显

图1-65

1.6.4 视图显示元素

"过滤"菜单控制在视图中显示的元素，如图1-66所示。

重要参数讲解

网格：控制是否显示视图的栅格，如图1-67所示。

图1-66

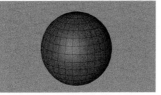

图1-67

全局坐标轴：控制是否显示全局坐标轴，如图1-68所示。

梯度：控制透视图背景是否是渐变色，如图1-69所示。

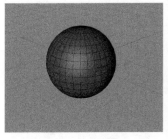

图1-68

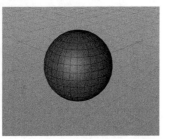

图1-69

1.6.5 视图显示布局

视图除了四视图模式外，还可以选择其他布局模式。在"面板"菜单中就可以设置显示布局，如图1-70所示。

重要参数讲解

排列布局：提供了多种视图布局模式，基本可以满足日常制作需要，如图1-71所示。

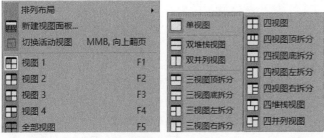

图1-70　　　　　　　　　　　　图1-71

视图1/视图2/视图3/视图4：快速切换4个视图，建议使用后方的快捷键。

1.7 对象面板

"对象"面板会将所有的对象显示在这里，也会清晰地显示各对象之间的层级关系。除了"对象"面板外，还包含了"场次"和"内容浏览器"两个面板，其中"对象"面板是使用频率较高的，如图1-72所示。

图1-72

1.8 属性面板

"属性"面板显示所有对象、工具和命令的参数属性，如图1-73所示。除了"属性"窗口，还包含了"层"和"构造"面板。

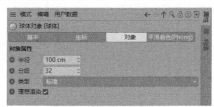

图1-73

1.9 时间线

"时间线"是控制动画效果的调节面板，如图1-74所示。它拥有播放动画、添加关键帧和控制动画速率等功能。

图1-74

> **知识链接** ⟳
> 关于"时间线"相关工具的使用方法，请参阅"15.1.1 动画制作工具"。

1.10 材质面板

"材质"面板是场景材质图标的管理面板，双击空白区域即可创建材质，如图1-75所示。

图1-75

双击"材质"图标,即可弹出"材质编辑器"面板,可调节材质的各种不同属性,如图1-76所示。

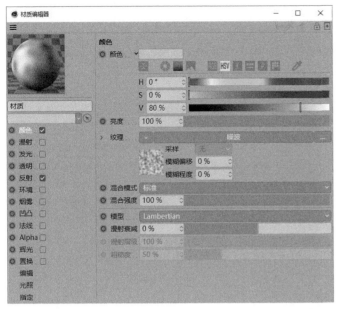

图1-76

1.11 坐标面板

"坐标"面板可调节物体在三维空间中的坐标、尺寸和旋转角度,如图1-77所示。

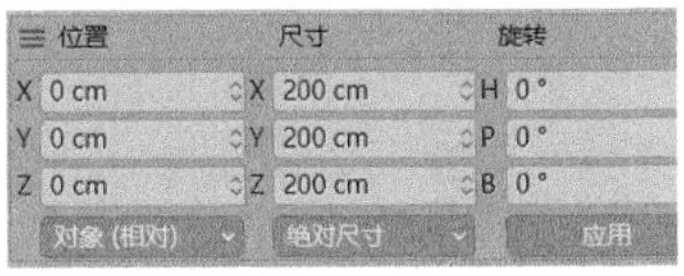

图1-77

1.12 界面

如果不小心把Cinema 4D界面打乱了,可以在软件右上角的"界面"选项中选择Standard(标准)选项恢复到默认界面,如图1-78所示。

图1-78

技术专题 🕸 Cinema 4D可以与哪些软件进行交互

Cinema 4D是一款功能强大的三维软件,不仅可以与其他一些三维软件进行交互,还可以与视频软件和平面软件进行交互。

在"文件>导出"菜单命令中罗列了Cinema 4D可以导出的其他格式文件,如图1-79所示。

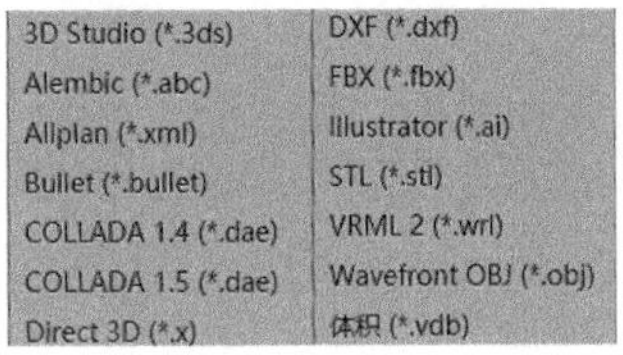

3D Studio (*.3ds)	DXF (*.dxf)
Alembic (*.abc)	FBX (*.fbx)
Allplan (*.xml)	Illustrator (*.ai)
Bullet (*.bullet)	STL (*.stl)
COLLADA 1.4 (*.dae)	VRML 2 (*.wrl)
COLLADA 1.5 (*.dae)	Wavefront OBJ (*.obj)
Direct 3D (*.x)	体积 (*.vdb)

图1-79

3D Studio(.3ds):该格式的文件可以在3ds Max中打开。同样的,以该格式保存的三维模型也可以在Cinema 4D中打开。

DXF(.dxf):该格式可在Auto CAD中打开。

FBX(.fbx):该种格式可以在3ds Max中打开。

Illustrator(.ai):该种格式可以在Adobe Illustrator中打开。

STL(.stl):该格式为3D打印格式,可以在3ds Max中打开。

Wavefront OBJ(.obj):这是三维软件通用的格式,可以在Maya和3ds Max等三维软件中打开。

此外,在Cinema 4D中渲染的图片可以在Photoshop中打开并单独处理,图片序列则可以在After Effects或Premiere中进行处理。

CINEMA 4D DESIGNER

技术专题

疑难问答

知识链接

技巧与提示

Learning Objectives
学习要点 ≫

Employment Direction
从业方向 ≫

电商设计　　　包装设计

产品设计　　　UI设计

栏目包装　　　动画设计

第 2 章　基础建模技术

2.1　参数对象建模

长按"工具栏"中的"立方体"按钮，会弹出参数对象的面板，如图2-1所示。用户单击面板上的图标就可以在视图中直接创建这些模型。

图2-1

本节工具介绍

工具名称	工具作用	重要程度
立方体	用于创建立方体	高
圆锥	用于创建圆锥体	中
圆柱	用于创建圆柱体	高
平面	用于创建平面	高
球体	用于创建球体	高
圆环	用于创建圆环	中
管道	用于创建空心圆柱体	中
角锥	用于创建四棱锥	中
宝石	用于创建不同类型的多面体	中
地形	用于创建地形	低

🔊 重点
2.1.1　立方体

📱 演示视频：007-立方体

"立方体"工具是参数化几何体中常用的几何体。直接使用立方体可以创建出很多不同的模型，同时还可以将立方体用作多边形建模的基础物体。立方体的参数很简单，如图2-2所示。

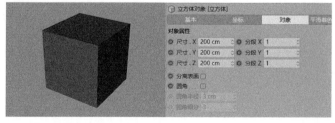

图2-2

重要参数讲解

尺寸.X：控制立方体在*x*轴的长度。

尺寸.Y：控制立方体在*y*轴的长度。

尺寸.Z：控制立方体在*z*轴的长度。

分段X/分段Y/分段Z：这3个参数用来设置沿着对象每个轴的分段数量。

圆角：勾选该选项后，立方体呈现圆角效果，同时激活"圆角半径"和"圆角细分"选项。

圆角半径：控制圆角的大小。

圆角细分：控制圆角的圆滑程度。

实战：用立方体制作俄罗斯方块

场景位置	无
实例位置	实例文件>CH02>实战：用立方体制作俄罗斯方块.c4d
视频名称	实战：用立方体制作俄罗斯方块.mp4
难易指数	★★☆☆☆
技术掌握	学习立方体的创建方法，了解模型拼凑的思路

本案例的俄罗斯方块由相同尺寸的立方体拼凑而成，模型效果如图2-3所示。

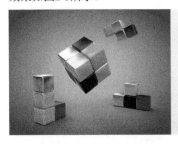

图2-3

01 单击"立方体"按钮，在视图中创建一个立方体模型。在"属性"面板的"对象"选项卡中设置"尺寸.X"为100cm，"尺寸.Y"为100cm，"尺寸.Z"为100cm，勾选"圆角"选项，设置"圆角半径"为10cm，"圆角细分"为3，如图2-4所示。

02 选中上一步创建的立方体，然后按住Ctrl键并使用"移动"工具❖向上移动并复制一个立方体模型，如图2-5所示。

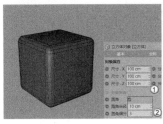

图2-4 图2-5

技巧与提示

在默认的透视图中不易观察模型之间的连接情况。将视图切换为四视图模式，在正视图或右视图中就可以清楚地观察两个模型的连接情况。

03 按照上面的方法，继续向上复制一个立方体模型，如图2-6所示。

图2-6

技术专题 复制对象的方法

Cinema 4D的复制对象的方法有两种。

第1种：选中对象后按Ctrl+C组合键复制对象，然后按Ctrl+V组合键原位粘贴对象，接着移动、旋转或缩放对象。

第2种：选中对象后按住Ctrl键不放，然后移动、旋转或缩放物体，即可复制出新的对象。也就是上文中所说的方法。在日常模型制作中，这种方法的使用频率较高。

04 选中最下方的立方体模型，然后向右移动并复制一个，如图2-7所示。这样第1组模型便做好了。

05 选中所有的立方体模型，向右复制一份，然后使用"旋转"工具◎旋转90°，效果如图2-8所示。

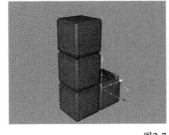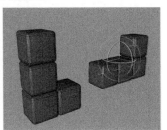

图2-7 图2-8

疑难问答 ?

问：如何将模型精确旋转90°？

答：将模型精确旋转90°有两种方法。

第1种：长按模式工具栏中的"启用捕捉"按钮，在弹出的菜单中选择"启用量化"工具，如图2-9所示。这样模型就会按照5°的角度精确旋转。

第2种：在坐标面板的"旋转"一栏中设置P为90°，如图2-10所示。

图2-9 图2-10

06 将上方的立方体模型移动到中间，效果如图2-11所示。第2组模型制作完成。

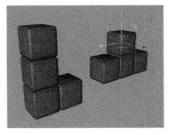

图2-11

07 选中第1组模型，将其复制一份，然后调整立方体的位置，效果如图2-12所示。

08 将移动位置后的4个立方体再向上复制一份，形成一个大的立方体模型，如图2-13所示。第3组模型制作完成。

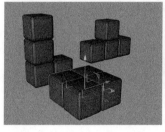

图2-12　　　　　　　　　　　图2-13

09 下面制作最后一组模型。复制4个立方体模型，然后将其拼成图2-14所示的造型。

10 移动4组模型的位置，并旋转一定的角度，案例最终效果如图2-15所示。

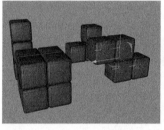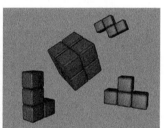

图2-14　　　　　　　　　　　图2-15

2.1.2 圆锥

演示视频：008-圆锥

圆锥形状的物体在现实生活中经常看到，例如冰激凌的外壳、吊坠等。"圆锥" △ 圆锥 的参数面板由"对象""封顶""切片"3部分组成，如图2-16所示。

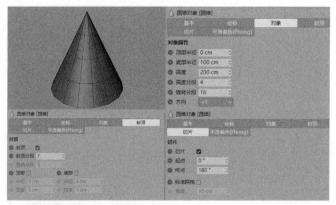

图2-16

重要参数讲解

顶部半径：设置圆锥顶部的半径，最小值为0。

底部半径：设置圆锥底部的半径，最小值为0。

高度：设置圆锥的高度。

高度分段：设置圆锥高度轴的分段数。

旋转分段：设置围绕圆锥顶部和底部的分段数，数值越大，圆锥越圆滑。

方向：设置圆锥的朝向。

封顶：取消勾选该选项后，圆锥顶部和底部的圆面会消失。

封顶分段：控制顶部和底部圆面的分段数。

顶部/底部：勾选该选项后，会激活"圆角分段""半径""高度"选项，控制圆锥顶部和底部的圆角大小。

切片：控制是否开启"切片"功能。

起点/终点：设置围绕高度轴旋转生成的模型大小。

> **技巧与提示** ✎
>
> 对于"起点"和"终点"这两个选项，正数值将按逆时针移动切片的末端；负数值将按顺时针移动切片的末端。

2.1.3 圆柱

演示视频：009-圆柱

"圆柱"工具 □ 圆柱 也是参数化几何体常用的几何体。圆柱的参数面板与圆锥一样，由"对象""封顶""切片"3部分组成，如图2-17所示。

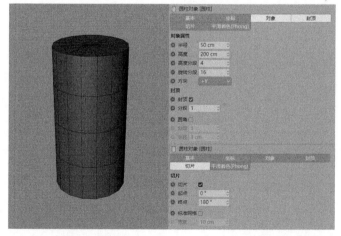

图2-17

重要参数讲解

半径：设置圆柱的半径。

高度：设置圆柱的高度。

旋转分段：设置圆柱曲面的分段，数值越大，圆柱的曲面越圆滑。

> **技巧与提示** ✎
>
> "封顶"和"切片"的参数含义与圆锥相同，这里不再赘述。

🔊重点
实战：用圆柱制作茶叶罐

场景位置	无
实例位置	实例文件>CH02>实战：用圆柱制作茶叶罐.c4d
视频名称	实战：用圆柱制作茶叶罐.mp4
难易指数	★★☆☆☆
技术掌握	学习圆柱的创建方法，了解模型拼凑的思路

本案例的茶叶罐模型由不同尺寸的圆柱拼凑而成，模型效果如图2-18所示。

图2-18

01 单击"圆柱"按钮 ，在场景中创建一个圆柱，然后在"对象"选项卡中设置"半径"为100cm，"高度"为200cm，"高度分段"为1，"旋转分段"为32。切换到"封顶"选项卡，勾选"圆角"，设置"分段"为3，"半径"为5cm，如图2-19所示。

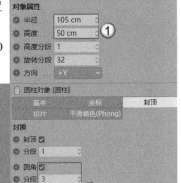

图2-19

02 继续在场景中创建一个圆柱，然后在"对象"选项卡中设置"半径"为105cm，"高度"为50cm。切换到"封顶"选项卡，勾选"圆角"选项，设置"分段"为3，"半径"为5cm，将修改好的圆柱放置在图2-20所示的位置。

图2-20

技巧与提示

Cinema 4D中创建的模型默认出现在原点，因此这两个圆柱是原点对齐，只需要移动y轴的位置即可。读者也可以将步骤01中创建的圆柱向上复制一份，然后修改其参数。

03 按住Ctrl键将上一步创建的圆柱沿y轴向下复制一份，然后在"对象"选项卡中设置"半径"为110cm，"高度"为10cm，如图2-21所示。

04 将上一步创建的圆柱继续沿y轴向下复制一份放在底部，在"对象"选项卡中设置"半径"为105cm，如图2-22所示。

图2-21　　　　　　　图2-22

05 切换到正视图，调整圆柱之间的位置，如图2-23所示。茶叶罐的最终效果如图2-24所示。

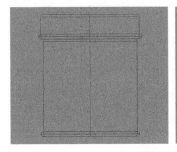

图2-23　　　　　　　图2-24

2.1.4 平面

演示视频：010-平面

"平面"工具 在建模过程中使用的频率非常高，例如墙面和地面等。平面及其参数面板如图2-25所示。

图2-25

重要参数讲解

宽度：设置平面的宽度。

高度：设置平面的高度。

宽度分段：设置平面宽度轴的分段数量。

高度分段：设置平面高度轴的分段数量。

2.1.5 球体

演示视频：011-球体

"球体"工具 也是参数化几何体常用的几何体。在Cinema 4D中，可以创建完整的球体，也可以创建半球体或球体的其他部分，其参数设置面板如图2-26所示。

图2-26

重要参数讲解

半径：设置球体的半径。

分段：设置球体多边形分段的数目，默认为16。分段越多，球体越圆滑，反之则越粗糙。图2-27和图2-28所示是"分段"值分别为8和36时的球体对比效果。

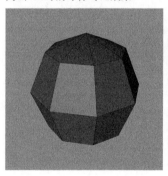 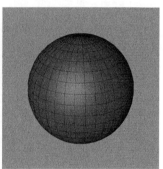

图2-27　　　　　　　　　图2-28

类型：设定球体的类型，包括"标准""四面体""六面体""八面体""二十面体""半球"，如图2-29所示。

图2-29

实战：用球体制作创意空间

场景位置	无
实例位置	实例文件>CH02>实战：用球体制作创意空间.c4d
视频名称	实战：用球体制作创意空间.mp4
难易指数	★★☆☆☆
技术掌握	练习球体的使用方法

本案例的创意空间模型由大小不等的球体模型拼合而成，模型效果如图2-30所示。

图2-30

01 使用"球体"工具在场景中创建一个球体模型，设置"半径"为150cm，"分段"为36，如图2-31所示。

02 将球体任意复制几个，如图2-32所示。复制的小球需要紧密地挨在一起。

图2-31　　　　　　　　　图2-32

03 继续使用"球体"工具创建一个小的球体模型，设置"半径"为30cm，"分段"为24，如图2-33所示。

技巧与提示

将大球模型复制一份，然后修改其半径和分段，也可以创建出小球模型。

图2-33

04 将小球模型复制多份，放置在大球模型的缝隙位置，个别模型可适当增加或减少其半径数值，如图2-34所示。

05 使用"平面"工具在球体的后方创建一个平面模型，如图2-35所示。

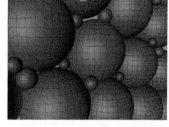 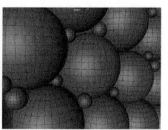

图2-34　　　　　　　　　图2-35

2.1.6 圆环

演示视频：012-圆环

"圆环"工具可以用于创建环形或具有圆形横截面的环状物体。圆环的参数面板由"对象"和"切片"两部分组成，如图2-36所示。

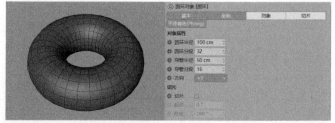

图2-36

重要参数讲解

圆环半径：设置圆环整体的半径。

圆环分段：设置围绕圆环的分段数目，数值越小，圆环越不圆滑，如图2-37和图2-38所示。

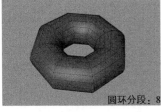
圆环分段：8
图2-37

圆环分段：32
图2-38

导管半径：设置圆环管状的半径，数值越大，圆环越粗，如图2-39和图2-40所示。

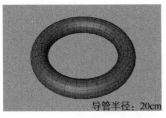
导管半径：20cm
图2-39

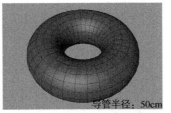
导管半径：50cm
图2-40

导管分段：设置导管的分段数，数值越大，导管越圆滑，如图2-41和图2-42所示。

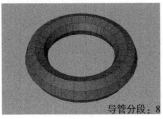
导管分段：8
图2-41

导管分段：16
图2-42

> **技巧与提示** ✐
> 圆环的切片参数与圆锥一样，这里不再赘述。

实战：用圆环制作金属饰品

场景位置	无
实例位置	实例文件>CH02>实战：用圆环制作金属饰品.c4d
视频名称	实战：用圆环制作金属饰品.mp4
难易指数	★★☆☆☆
技术掌握	练习圆环和球体的使用方法

本案例由圆环和球体组成，案例效果如图2-43所示。

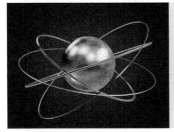
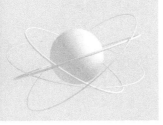
图2-43

01 单击"球体"按钮 ⬤ 球体，在场景中创建一个球体模型，在"对象"选项卡中设置"半径"为100cm，"分段"为64，如图2-44所示。

02 单击"圆环"按钮 ⬤ 圆环，在场景中创建一个圆环模型，在"对象"选项卡中设置"圆环半径"为200cm，"圆环分段"为64，"导管半径"为3cm，"导管分段"为10，如图2-45所示。

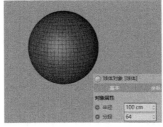
图2-44

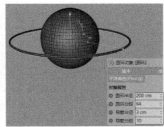
图2-45

03 使用"旋转"工具 ⬤ 沿着 x 轴和 z 轴将圆环模型进行一定角度的旋转，效果如图2-46所示。

> **技巧与提示** ✐
> 圆环的旋转角度不作规定，读者可按照自己的喜好设置参数。

图2-46

04 将圆环模型复制一份，然后修改"圆环半径"为230cm，如图2-47所示。

05 使用"旋转"工具 ⬤ 将复制的圆环沿着 x 轴和 z 轴旋转一定角度，效果如图2-48所示。

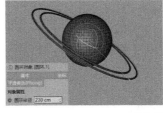
图2-47

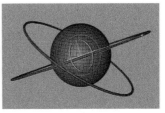
图2-48

06 继续复制一份圆环模型，修改"圆环半径"为240cm，"导管半径"为1.5cm，"导管分段"为5，然后将其旋转一定的角度，如图2-49所示。

07 将上一步创建的圆环复制一份，然后旋转一定的角度。案例最终效果如图2-50所示。

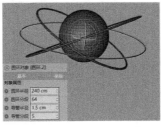
图2-49

图2-50

2.1.7 管道

演示视频：013-管道

"管道"工具的外形与圆柱相似，不过管道是空心的，因此有两个半径。管道与圆环一样，参数面板由"对象"和"切片"两部分组成，如图2-51所示。

图2-51

重要参数讲解

内部半径/外部半径：内（外）部半径是指管道内（外）壁的直径的一半，如图2-52所示。

旋转分段：设置管道两端圆环的分段数量。数值越大，管道越圆滑。

封顶分段：设置绕管状体顶部和底部的中心的同心分段数量。

图2-52

高度：设置管道的高度。

高度分段：设置管道在高度轴上的分段数。

圆角：勾选该选项后，管道两端形成圆角，同时激活"分段"和"半径"选项，以控制圆角的大小。

2.1.8 角锥

演示视频：014-角锥

"角锥"工具的底面是正方形或矩形，侧面是三角形，角锥也被称为四棱锥。角锥及其参数如图2-53所示。

图2-53

重要参数讲解

尺寸：设置角锥对应面的长度。

分段：设置角锥的分段数。

2.1.9 宝石

演示视频：015-宝石

"宝石"工具可以创建多种类型的多面体。宝石及其参数如图2-54所示。

图2-54

重要参数讲解

半径：设置宝石模型的半径。

分段：设置宝石模型的分段数。

类型：系统提供了"四面""六面""八面""十二面""二十面""碳原子"共6种类型的宝石模型，默认为"二十面"，如图2-55所示。

四面　　六面　　八面　　十二面　　二十面　　碳原子

图2-55

2.1.10 地形

演示视频：016-地形

"地形"工具可以快速创建不同类型的地形模型，可以呈现山峰、洼地和平地等不同效果。地形及其参数如图2-56所示。

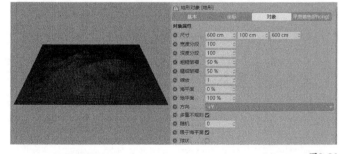

图2-56

重要参数讲解

尺寸：设置地形模型的长、宽和高。

宽度分段：设置地形模型宽度方向的分段。

深度分段：设置地形模型深度方向的分段。

粗糙皱褶：控制地形模型的平缓度。数值越小，地形起伏越小；数值越大，地形起伏越大。

精细皱褶：控制地形褶皱的细节。数值越小，褶皱细节越少；数值越大，褶皱细节越多。

海平面：设置地形的海平面。设置为100%时地形成平面效果。

地平面：设置地形的地平面。

随机：设置地形的随机样式。

球状：勾选该选项后，地形呈现球状效果。

实战：用参数对象制作卡通塔

场景位置	无
实例位置	实例文件>CH02>实战：用参数对象制作卡通塔.c4d
视频名称	实战：用参数对象制作卡通塔.mp4
难易指数	★★☆☆☆
技术掌握	练习参数对象的使用方法

本案例制作一个卡通风格的宝塔，使用本节所学的参数对象进行组合，案例效果如图2-57所示。

图2-57

01 使用"立方体"工具 在场景中创建一个立方体，在"对象"选项卡中设置"尺寸.X"为200cm，"尺寸.Y"为70cm，"尺寸.Z"为200cm，如图2-58所示。

02 继续在场景中创建一个立方体，并在"对象"选项卡中设置"尺寸.X"为5cm，"尺寸.Y"为30cm，"尺寸.Z"为40cm，如图2-59所示。

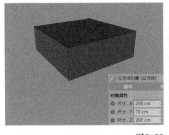

图2-58　　　　　　　　　图2-59

03 使用"圆柱"工具 在场景中创建一个圆柱模型，在"对象"选项卡中设置"半径"为20cm，"高度"为5cm。然后切换到"切片"选项卡，勾选"切片"选项，设置"起点"为-270°，"终点"为-90°，如图2-60所示。

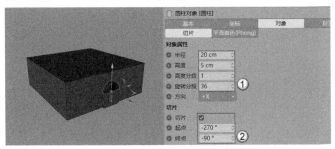

图2-60

04 选中步骤02和步骤03中创建的模型，然后按Alt+G组合键成组，如图2-61所示。

05 将成组后的模型复制一份放置在大立方体的左侧，如图2-62所示。

图2-61　　　　　　　　　图2-62

06 使用"圆锥"工具 在立方体上方创建一个圆锥，在"对象"选项卡中设置"顶部半径"为60cm，"底部半径"为160cm，"高度"为50cm，"高度分段"为1，"旋转分段"为4，如图2-63所示。

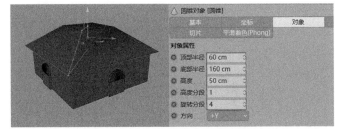

图2-63

07 将步骤01中创建的立方体向上复制一份，然后修改"尺寸.X"为150cm，"尺寸.Y"为70cm，"尺寸.Z"为150cm，如图2-64所示。

08 将半圆柱和小立方体成组的模型也向上复制，形成宝塔的第2层，效果如图2-65所示。

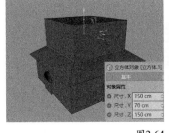

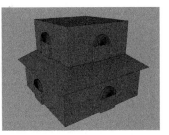

图2-64　　　　　　　　　图2-65

09 将圆锥模型也向上复制一层，然后修改"顶部半径"为30cm，"底部半径"为130cm，如图2-66所示。

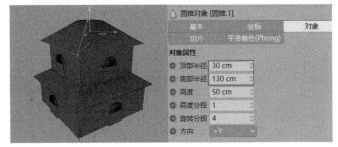

图2-66

10 将步骤07中的模型向上复制一份，修改"尺寸.X"为100cm，"尺寸.Y"为70cm，"尺寸.Z"为100cm，如图2-67所示。

11 将步骤08中的模型组向上复制一份，形成宝塔的第3层，如图2-68所示。

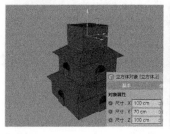
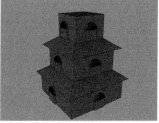

图2-67　　　　　　　　　　图2-68

12 将圆锥模型向上复制一份，修改"顶部半径"为10cm，"底部半径"为100cm，如图2-69所示。

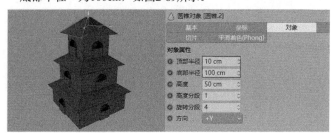

图2-69

13 使用"角锥"工具 △ 角锥 在宝塔顶部创建一个角锥模型，在"对象"选项卡中设置"尺寸"分别为15cm、30cm和15cm，如图2-70所示。将角锥模型放置在宝塔的顶部，模型最终效果如图2-71所示。

图2-70　　　　　　　　　　图2-71

> **技巧与提示**
> "尺寸"的3个参数分别代表x轴、y轴和z轴方向上的大小。

2.2 样条

样条是Cinema 4D中自带的二维图形，用户通过画笔绘制线条，也可以直接创建出特定的图形，如图2-72所示。

样条画笔	圆弧	星形	摆线	样条差集
草绘	圆环	文本	公式	样条并集
平滑样条	螺旋	四边	花瓣	样条合集
样条弧线工具	多边	蔓叶类曲线	轮廓	样条或集
	矩形	齿轮		样条交集

图2-72

本节工具介绍

工具名称	工具作用	重要程度
样条画笔	用于绘制任意形状的二维线	高
星形	用于绘制星形图案	中
圆环	用于绘制圆环图案	高
文本	用于绘制文字	高
螺旋	用于绘制螺旋图案	中
矩形	用于绘制矩形图案	高
多边	用于绘制多边形图案	中
齿轮	用于绘制齿轮图案	中

2.2.1 样条画笔

演示视频：017-样条画笔

"样条画笔"工具 可以绘制任意形状的二维线。二维线的形状不受约束，可以封闭也可以不封闭，拐角处可以是尖锐的也可以是圆滑的。样条画笔的参数面板如图2-73所示。

图2-73

重要参数讲解

类型：系统提供了5种类型的绘制模式，分别是"线性""立方"、Akima、"B-样条线""贝塞尔"。

> **技术专题** ⑭ 用样条画笔绘制直线的方法
>
> Cinema 4D的"样条画笔"工具 类似于3ds Max中的"线"工具，但不能像"线"工具一样，直接按住Shift键绘制水平或垂直的直线。若想在Cinema 4D中绘制直线有两种方法。
>
> 方法1：借助"启用捕捉"工具 和背景栅格。打开"启用捕捉"工具 和"网格点捕捉"选项，然后用"样条画笔"工具 沿着栅格就能绘制出水平或垂直的直线，如图2-74和图2-75所示。
>
>
>
>
> 图2-74　　　　　　　　　　图2-75
>
> 方法2：利用"缩放"工具 对齐点。选中图2-76所示的样条线的两个点，然后在"坐标窗口"中设置两个点的x轴为0，即可使样条变为垂直，如图2-77所示。
>
>
>
>
> 图2-76　　　　　　　　　　图2-77

实战：用样条画笔工具绘制发光线条

场景位置	无
实例位置	实例文件>CH02>实战：用样条画笔工具绘制发光线条.c4d
视频名称	实战：用样条画笔工具绘制发光线条.mp4
难易指数	★★☆☆☆
技术掌握	掌握样条画笔工具的用法

本案例用样条和球体制作一组发光线条，案例制作过程较为简单，案例效果如图2-78所示。

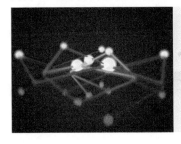

图2-78

01 使用"样条画笔"工具 在顶视图中绘制线条的样式，如图2-79所示。

02 切换到透视图，使用"移动"工具 间隔选择样条的点，并向上移动一定的距离，如图2-80所示。需要注意的是，样条的点向上移动的距离并不相同，呈随机效果，读者可按照自己的想法制作不同的效果。

图2-79　　　　　　　　　　　图2-80

03 单独的样条不能被渲染，需要将其转化为一个实体模型。长按"样条画笔"按钮 ，在弹出的面板中选择"圆环"工具 ，如图2-81所示。

04 选中创建的圆环，在"对象"选项卡中设置"半径"为3cm，如图2-82所示。

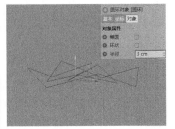

图2-81　　　　　　　　　　　图2-82

05 长按"挤压"按钮 ，在弹出的面板中选择"扫描"工具 ，如图2-83所示。在"对象"面板的顶部出现"扫描"生成器，如图2-84所示。

图2-83　　　　　　　　　　　图2-84

06 在"对象"面板中选中"圆环"和"样条"，然后拖曳到"扫描"的下方，成为其子层级，如图2-85所示。此时视图中的样条变成一个有体积感的模型，如图2-86所示。

图2-85　　　　　　　　　　　图2-86

07 使用"球体"工具 在场景中创建一个球体模型，设置"半径"为12cm，然后将球体放置在样条的转角处，如图2-87所示。

08 将球体复制多个，逐一放在样条的转角处。案例最终效果如图2-88所示。

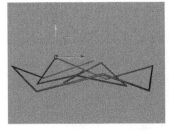
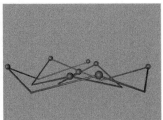

图2-87　　　　　　　　　　　图2-88

2.2.2 星形

演示视频：018-星形

"星形"工具 可以绘制任意点数的星形图案，其参数面板如图2-89所示。

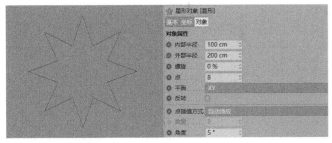

图2-89

重要参数讲解

内部半径：设置内部点的半径。

外部半径：设置外部点的半径。

螺旋：设置星形旋转的角度，如图2-90所示。

点：设置星形的点数，默认为8。

图2-90

2.2.3 圆环

演示视频：019-圆环

"圆环"工具 可以绘制出不同大小的圆形样条，其参数面板如图2-91所示。

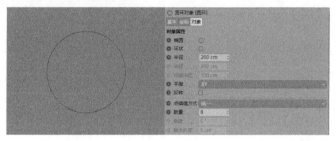

图2-91

重要参数讲解

椭圆：勾选该选项后，可以单独设置长度方向和宽度方向的半径，形成椭圆形样条，如图2-92所示。

环状：勾选该选项后，呈现同心圆图案，如图2-93所示。同时激活"内部半径"选项。

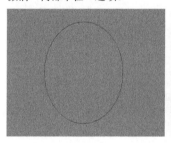

图2-92　　　　　　　图2-93

半径：设置圆环的大小。

2.2.4 文本

演示视频：020-文本

"文本"工具 可以在场景中生成文字样条，方便制作各种立体字，其参数面板如图2-94所示。

图2-94

重要参数讲解

文本：在此可以输入文本。若要输入多行文本，可以按Enter键切换到下一行。

字体：设置文本显示的字体。

对齐：设置文本对齐的类型。系统提供"左""中对齐""右"3种。

高度：设置文本的高度。

水平间隔：设置文字间的间距。

垂直间隔：调整字行间的间距（只对多行文本起作用）。

显示3D界面：勾选该选项后，可以单独调整每个文字的样式，界面效果如图2-95所示。

图2-95

实战：用文本工具制作立体字

场景位置	无
实例位置	实例文件>CH02>实战：用文本工具制作立体字.c4d
视频名称	实战：用文本工具制作立体字.mp4
难易指数	★★☆☆☆
技术掌握	掌握文本工具，了解挤压生成器

本案例用文本和立方体制作一组立体字，案例效果如图2-96所示。

图2-96

01 在正视图中单击"文本"按钮 ，在"对象"选项卡的"文本"输入框内输入CINEMA 4D，然后设置"字体"为Arial，"高度"为110cm，如图2-97所示。

图2-97

技巧与提示

读者也可以选择计算机中其他合适的字体。

02 单击"挤压"按钮 ，在"对象"面板中将"文本"放在"挤压"的子层级，如图2-98所示。添加"挤压"生成器后，字体由原来的线条变为有体积感的模型，如图2-99所示。

图2-98　　　　　　　图2-99

03 切换到"封盖"选项卡，设置"起点"为"倒角封盖"，"半径"为3cm，"倒角类型"为"镌刻"，模型参数及效果如图2-100所示。这样就为字体模型添加了倒角效果。

图2-100

技巧与提示

在旧版本中，"倒角封盖"叫作"圆角封顶"，"镌刻"叫作"雕刻"。不同版本的中文翻译会有所区别且界面也会有所区别。

04 使用"立方体"工具创建底座。设置"立方体"的"尺寸.X"为700cm，"尺寸.Y"为10cm，"尺寸.Z"为200cm，勾选"圆角"选项，设置"圆角半径"为2cm，"圆角细分"为3，将修改好的立方体放置于字体模型下方，参数及效果如图2-101所示。

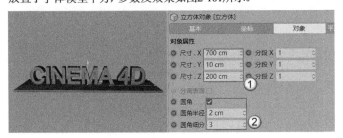

图2-101

05 将上一步创建的立方体向下复制一份，修改"尺寸.Y"为15cm，"尺寸.Z"为300cm，如图2-102所示。

06 调整模型之间的位置，案例最终效果如图2-103所示。

图2-102

图2-103

技巧与提示

在Cinema 4D中制作立体字模型，除了直接输入文本内容外，还可以从Illustrator中导入处理好的文本。

2.2.5 螺旋

演示视频：021-螺旋

"螺旋"工具可以绘制类似弹簧、蚊香等图案，其参数面板如图2-104所示。

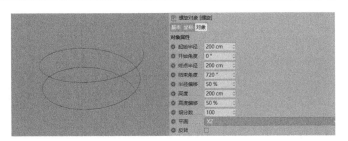

图2-104

重要参数讲解

起始半径：设置起始端的半径。

开始角度：设置起始端的旋转角度。

终点半径：设置终点端的半径。

结束角度：设置终点端的旋转角度。

技巧与提示

"开始角度"和"结束角度"可以控制螺旋旋转的圈数。

半径偏移：设置螺旋两端半径的过渡效果。

高度：设置螺旋的高度。

高度偏移：控制螺旋高度的偏移程度。

实战：用螺旋制作荧光灯

场景位置	无
实例位置	实例文件>CH02>实战：用螺旋制作荧光灯.c4d
视频名称	实战：用螺旋制作荧光灯.mp4
难易指数	★★★☆☆
技术掌握	掌握螺旋，了解扫描生成器

本案例用螺旋、扫描生成器和圆柱制作荧光灯，案例效果如图2-105所示。

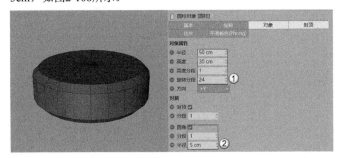

图2-105

01 使用"圆柱"工具在场景内创建一个圆柱模型，设置"半径"为50cm，"高度"为30cm，"高度分段"为1，"旋转分段"为24，勾选"圆角"，设置"分段"为1，"半径"为5cm，如图2-106所示。

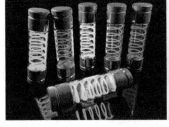

图2-106

02 将上一步创建的圆柱模型复制一份，设置"高度"为60cm，如图2-107所示。

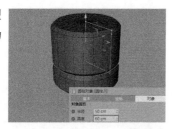

图2-107

03 使用"管道"工具 在场景中创建一个管道模型，设置"内部半径"为45cm，"外部半径"为50cm，"旋转分段"为24，"封顶分段"为1，"高度"为200cm，"高度分段"为1，勾选"圆角"选项，设置"分段"为1，"半径"为2.5cm，效果与参数设置如图2-108所示。

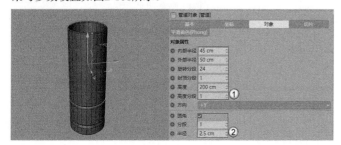

图2-108

04 将步骤01和步骤02中创建的圆柱模型向上复制一份，效果如图2-109所示。

05 使用"螺旋"工具 在管道模型内创建一段螺旋样条，设置"起始半径"为40cm，"开始角度"为0°，"终点半径"为40cm，"结束角度"为2100°，"半径偏移"为50%，"高度"为200cm，如图2-110所示。

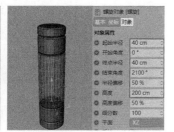

图2-109　　　　　　　图2-110

06 使用"圆环"工具 在场景中创建一个"半径"为3cm的圆环样条，如图2-111所示。

07 长按"挤压"按钮，在弹出的面板中选择"扫描"选项，如图2-112所示。

图2-111　　　　　图2-112

08 在"对象"面板中将"螺旋"和"圆环"放置于"扫描"的子层级，如图2-113所示。此时在管道模型内生成螺旋模型，案例最终效果如图2-114所示。

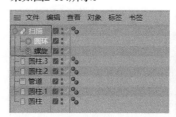

图2-113　　　　　　　图2-114

2.2.6 矩形

演示视频：022-矩形

"矩形"工具 可以绘制不同尺寸的方形图案，其参数面板如图2-115所示。

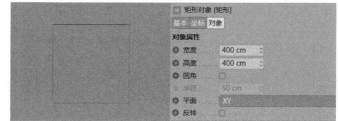

图2-115

重要参数讲解

宽度/高度：设置矩形的宽度和高度数值。

圆角：勾选该选项后，矩形呈圆角效果，同时激活"半径"选项。

半径：设置矩形圆角的半径。

实战：用矩形工具制作相框

场景位置	无
实例位置	实例文件>CH02>实战：用矩形工具制作相框.c4d
视频名称	实战：用矩形工具制作相框.mp4
难易指数	★★★☆☆
技术掌握	掌握矩形工具，了解挤压生成器和样条布尔生成器

本案例使用矩形工具和圆环工具制作一个相框模型，案例效果如图2-116所示。

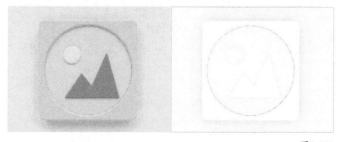

图2-116

01 单击"矩形"按钮，在场景中创建一个矩形，在"对象"选项卡中设置"宽度"和"高度"都为400cm，勾选"圆角"选项，设置"半径"为20cm，如图2-117所示。

图2-117

02 单击"圆环"按钮，在场景中创建一个圆环，在"对象"选项卡中设置"半径"为180cm，如图2-118所示。

图2-118

03 长按"挤压"按钮，在弹出的面板中选择"样条布尔"工具，如图2-119所示。在"对象"面板中将"圆环"和"矩形"都作为其子层级，如图2-120所示。

图2-119

图2-120

04 选中"样条布尔"选项，设置"模式"为"B减A"，效果如图2-121所示。

05 单击"挤压"按钮，创建挤压生成器，并将"样条布尔"作为其子层级，如图2-122所示。

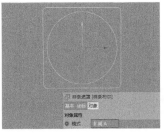

图2-121

> **知识链接**
> "样条布尔"工具的详细内容请参阅"第3章 生成器与变形器"。

图2-122

06 选中"挤压"生成器，在"对象"选项卡中设置"移动"为20cm。切换到"封盖"选项卡，设置"倒角外形"为"圆角"，"尺寸"为5cm，如图2-123所示。

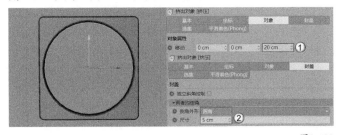

图2-123

技术专题 点插值方式

添加"挤压"生成器后，会发现圆环的边缘并不圆滑，这个时候就需要调整圆环的"点插值方式"和其他参数。

图2-124所示是默认情况下"点插值方式"的参数。单击后方的下拉菜单，系统提供了其他的方式，如图2-125所示。

图2-124

图2-125

将"点插值方式"设置为"自然"，会观察到圆环边缘的布线增加，但仍然不圆滑，如图2-126所示。

将"点插值方式"设置为"统一"，可以观察到圆环边缘的布线增加，也不圆滑，如图2-127所示。

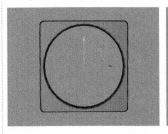

图2-126

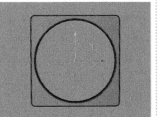

图2-127

将下方的"数量"参数增大为16后，可以观察到圆环的边缘变得圆滑，同样布线也增加了，如图2-128所示。

将"点插值方式"设置为"细分"，可以观察到不但增加了布线，而且圆环边缘变得圆滑，如图2-129所示。

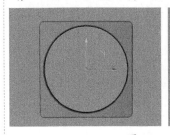

图2-128

图2-129

07 使用"圆环"工具创建一个"半径"为180cm的圆环，然后为其添加"挤压"生成器，设置"移动"为5cm，如图2-130所示。

08 调整圆环与外框之间的距离，案例最终效果如图2-131所示。

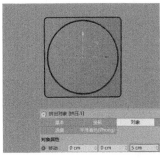

图2-130

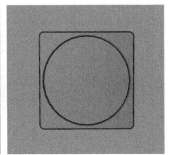

图2-131

2.2.7 多边

演示视频：023-多边

"多边"工具 ● 多边 可以绘制不同的多边形图案，其参数面板如图2-132所示。

图2-132

重要参数讲解

半径：设置多边形的半径数值。

侧边：设置多边形的边数，最小值为3。

圆角：勾选该选项后，多边形呈圆角效果。

半径：设置多边形圆角的半径。

2.2.8 齿轮

演示视频：024-齿轮

"齿轮"工具 ● 齿轮 可以绘制不同的齿轮图案，其参数面板如图2-133所示。

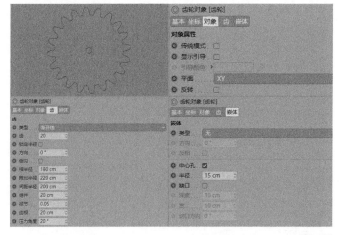

图2-133

重要参数讲解

传统模式：勾选该选项后，齿轮的参数将简化，如图2-134所示。

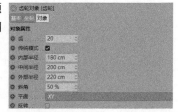

图2-134

类型：设置齿轮的样式类型，系统提供了"渐开线""棘轮""平坦""无"4种类型，如图2-135所示。

图2-135

齿：设置齿轮的齿数。

方向：设置齿轮的旋转方向。

根半径：设置齿轮内侧半径。

附加半径：设置齿轮外沿半径。

间距半径：设置齿轮整体半径。

压力角度：设置齿部的锐利角度。

技巧与提示 ✅

"根半径""附加半径""间距半径"的参数是相互关联的，修改其中一项，可能会同时影响其他参数。

嵌体类型：设置齿轮内部的样式，系统提供"无""轮辐""孔洞""拱形""波浪"5种样式，如图2-136所示。

图2-136

技巧与提示 ✅

每种嵌体类型所对应的参数各不相同，这里不具体介绍。

中心孔：勾选该选项后，齿轮的中心有孔洞。

半径：设置中心孔的半径。

实战：用齿轮工具制作齿轮模型

场景位置	无
实例位置	实例文件>CH02>实战：用齿轮工具制作齿轮模型.c4d
视频名称	实战：用齿轮工具制作齿轮模型.mp4
难易指数	★★★☆☆
技术掌握	掌握齿轮工具，了解挤压生成器

本案例的齿轮模型由齿轮工具和挤压生成器制作而成，案例效果如图2-137所示。

图2-137

01 使用"齿轮"工具 ⊚ 齿轮 在场景中创建一个齿轮样条,在"齿"选项卡中设置"类型"为"渐开线","齿"为46,"根半径"为208cm,"附加半径"为228.397cm,"间距半径"为218.88cm,"组件"为9.517cm,"径节"为0.105,"齿根"为10.88cm,"压力角度"为16.598°。切换到"嵌体"选项卡,设置"半径"为196cm,如图2-138所示。

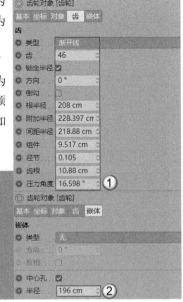

图2-138

技巧与提示 ✏

在"齿"选项卡中,参数都是相互关联的,设置前几个参数的数值就能自动获得后面参数的数值。

02 单击"挤压"按钮 ⊡,然后将"齿轮"放置在其子层级,如图2-139所示。

图2-139

03 选中"挤压"生成器,设置"移动"为20cm,"倒角外形"为"圆角","尺寸"为3cm,"分段"为3,如图2-140所示。

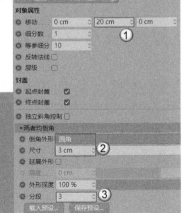

图2-140

04 使用"管道"工具 ⊡ 管道 在齿轮模型内创建一个管道模型,设置"内部半径"为68cm,"外部半径"为200cm,"旋转分段"为36,"封顶分段"为1,"高度"为18cm,如图2-141所示。

图2-141

05 将管道模型复制一份,然后设置"内部半径"为50cm,"外部半径"为68cm,"高度"为26cm,如图2-142所示。

图2-142

06 将齿轮模型复制两份并拼合,案例效果如图2-143所示。

图2-143

第 3 章　生成器与变形器

Learning Objectives
学习要点 ≫

Employment Direction
从业方向 ≫

电商设计　　包装设计

产品设计　　UI设计

栏目包装　　动画设计

3.1　生成器

Cinema 4D中的"生成器"由两部分组成。这两部分的工具都是绿色图标，其中"细分曲面"按钮中的面板针对三维模型，"挤压"按钮中的面板针对样条，如图3-1所示。

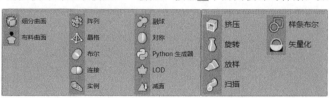

细分曲面	阵列	融球	挤压	样条布尔
布料曲面	晶格	对称	旋转	矢量化
	布尔	Python 生成器	放样	
	连接	LOD	扫描	
	实例	减面		

图3-1

本节工具介绍

工具名称	工具作用	重要程度
细分曲面	圆滑模型，同时增加分段线	中
布料曲面	为单面模型增加厚度	中
阵列	将模型按照指定形态复制排列	中
融球	将多个模型形成粘连效果	中
晶格	按照模型布线生成模型	高
对称	镜像复制模型	中
布尔	将模型进行计算	高
减面	减少模型的布线	高
挤压	给样条增加厚度	高
样条布尔	将样条进行计算	中
旋转	将样条形成圆柱体模型	高
放样	将已有的样条生成模型	中
扫描	根据截面样条形成模型	高

3.1.1　细分曲面

演示视频：025-细分曲面

"细分曲面"生成器可以将锐利边缘的模型进行圆滑处理，效果及参数面板如图3-2所示。

细分曲面 [细分曲面]
基本　坐标　对象
对象属性
类型　Catmull-Clark(N-Gons)
编辑器细分　2
渲染器细分　2
细分 UV　边

图3-2

重要参数讲解

类型：系统提供了6种细分方式，不同的方式形成的效果和模型布线都有所区别。

编辑器细分：控制细分圆滑的程度和模型布线的疏密。数值越大，模型越圆滑，模型布线也越多。

技巧与提示 ✐

为对象添加生成器后，需要在"对象"面板中将选中的对象放置生成器的子层级，如图3-3所示。

图3-3

3.1.2 布料曲面

 演示视频：026-布料曲面

"布料曲面"生成器 <布料曲面> 是为单面模型增加细分和厚度的工具。布料曲面效果及参数面板如图3-4所示。

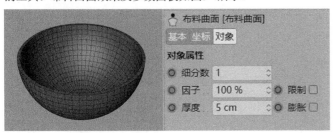

图3-4

重要参数讲解

细分数：设置模型的细分。数值越大，模型的布线越多。

厚度：设置模型的厚度。

3.1.3 阵列

 演示视频：027-阵列

"阵列"生成器 <阵列> 是将模型按照设定进行圆形排列。阵列效果及参数面板如图3-5所示。

图3-5

重要参数讲解

半径：设置圆形排列的半径。

副本：设置复制出的模型的数量。

振幅：设置阵列模型的纵向高度差异，如图3-6所示。

阵列频率：设置阵列模型在纵向高度上下移动的频率。

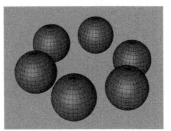

图3-6

3.1.4 融球

 演示视频：028-融球

"融球"生成器 <融球> 可以将多个模型进行相融，从而形成带有粘连的效果，效果及参数面板如图3-7所示。

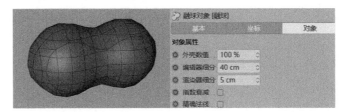

图3-7

重要参数讲解

外壳数值：设置球体间的融合效果，数值越小，融合的部位越多，如图3-8和图3-9所示。

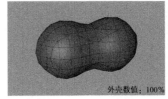
外壳数值：100%

外壳数值：80%

图3-8　　　　　　　　图3-9

编辑器细分：设置融球模型的细分，数值越小，融球越圆滑，如图3-10和图3-11所示。

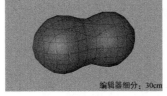
编辑器细分：30cm

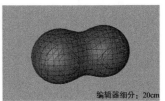
编辑器细分：20cm

图3-10　　　　　　　　图3-11

─ 技巧与提示 ─

读者在设置"编辑器细分"数值时务必不要一次设置得太小，否则会造成软件卡死或崩溃的情况。

实战：用融球生成器制作云朵

场景位置	无
实例位置	实例文件>CH03>实战：用融球生成器制作云朵.c4d
视频名称	实战：用融球生成器制作云朵.mp4
难易指数	★★☆☆☆
技术掌握	学习融球生成器的使用方法

本案例用球体和融球生成器制作云朵和太阳，案例效果如图3-12所示。

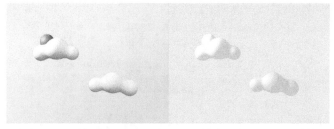

图3-12

01 使用"球体"工具 ◎球体 在场景中创建一个球体，设置"半径"为100cm，"分段"为32，如图3-13所示。

02 将上一步创建的球体复制两份，分别设置"半径"为130cm和80cm，如图3-14所示。

图3-13　　　　　　　　　　　图3-14

03 长按"细分曲面"按钮 ◎ ，在弹出的面板中选择"融球"，如图3-15所示。

04 在"对象"面板中将3个"球体"放在"融球"的子层级，如图3-16所示。

 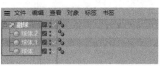

图3-15　　　　　　　　　　　图3-16

05 选中"融球"，在下方的"属性"面板中设置"外壳数值"为200%，"编辑器细分"为60cm，如图3-17所示。

06 在场景中创建一个球体，设置"半径"为80cm，"分段"为24，然后将其放在云朵的后方，如图3-18所示。这个球体代表太阳。

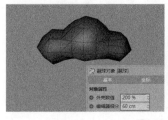 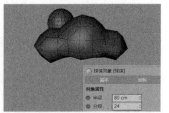

图3-17　　　　　　　　　　　图3-18

07 将云朵复制1组，随机修改参数，让云朵呈现不同的效果。案例最终效果如图3-19所示。

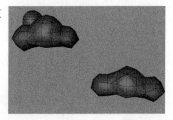

图3-19

3.1.5 晶格

演示视频：029-晶格

"晶格"生成器 ◇ 晶格 与3ds Max的晶格工具一样，都是根据模型的布线形成网格模型。晶格效果及参数面板如图3-20所示。

图3-20

重要参数讲解

圆柱半径：设置沿模型边形成的圆柱体的半径。

球体半径：设置沿模型顶点形成的球体的半径。

细分数：设置晶格模型的细分数。

实战：用晶格生成器制作抽象网格

场景位置	无
实例位置	实例文件>CH03>实战：用晶格生成器制作抽象网格.c4d
视频名称	实战：用晶格生成器制作抽象网格.mp4
难易指数	★★☆☆☆
技术掌握	学习晶格生成器的使用方法

本案例用球体和晶格生成器制作抽象网格，案例效果如图3-21所示。

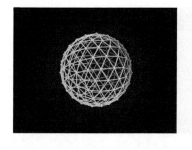 

图3-21

01 使用"球体"工具 ◎球体 在场景中创建一个球体模型，然后在"对象"选项卡中设置"半径"为100cm，"分段"为24，"类型"为"二十面体"，如图3-22所示。

图3-22

02 长按"细分曲面"按钮 ◎ ，在弹出的面板中选择"晶格"，如图3-23所示。

图3-23

03 在"对象"面板中，将"球体"作为"晶格"的子层级，可以观察到球体模型变成晶格效果，如图3-24和图3-25所示。

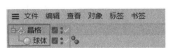 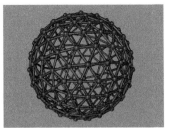

图3-24　　　　　　　　　图3-25

04 观察模型可以发现网格比较粗。选中"晶格"，在"对象"选项卡中设置"圆柱半径"为1cm，"球体半径"为3cm，如图3-26所示。案例最终效果如图3-27所示。

 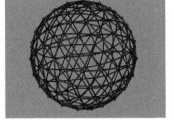

图3-26　　　　　　　　　图3-27

3.1.6 对称

演示视频：030-对称

"对称"生成器是将模型镜像复制的工具，常用在可编辑对象的建模中。对称效果及参数面板如图3-28所示。

图3-28

重要参数讲解

镜像平面：设置需要对称模型的对称轴。

焊接点：默认勾选该选项，可以将对称的模型定点连接。

公差：设置对称模型之间的距离。

3.1.7 布尔

演示视频：031-布尔

"布尔"生成器 可以将两个三维模型进行相加、相减、交集和补集的计算。布尔效果及参数面板如图3-29所示。

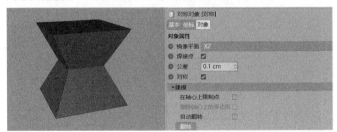

图3-29

重要参数讲解

布尔类型：设置两个模型计算的方式，分别为"A加B""A减B""AB交集""AB补集"4种方式，如图3-30~图3-33所示。

A加B　　　A减B　　　AB交集　　　AB补集

图3-30　　图3-31　　图3-32　　图3-33

疑难问答

问：如何确定布尔的A对象和B对象？

答：初学者在面对"布尔"生成器时，会不知道哪个是A对象，哪个是B对象。

在"对象"面板中，处于"布尔"对象子层级上方的模型就是A对象，处于下方的模型就是B对象，如图3-34所示。

图3-34

如果读者想切换A对象和B对象，只需要在"对象"面板中移动两个对象的位置即可。

高质量：默认勾选该选项，会高质量显示布尔运算后的效果。

创建单个对象：勾选该选项后，会将布尔运算后生成的边删掉，且转换为可编辑对象后为单一的对象。

隐藏新的边：默认勾选该选项，会将计算得到的模型新生成的边隐藏。

实战：用布尔生成器制作Cinema 4D标志

场景位置　无
实例位置　实例文件>CH03>实战：用布尔生成器制作Cinema 4D标志.c4d
视频名称　实战：用布尔生成器制作Cinema 4D标志.mp4
难易指数　★★★☆☆
技术掌握　学习布尔生成器的使用方法

本案例用球体、样条、挤压生成器和布尔生成器共同制作Cinema 4D的标志，案例效果如图3-35所示。

图3-35

01 单击"球体"按钮，在场景中创建一个球体，在"对象"选项卡中设置"半径"为200cm，"分段"为64，如图3-36所示。

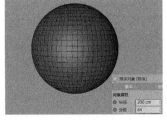

图3-36

02 在正视图中使用"圆环"工具 ● 圆环 创建一个"半径"为150cm的圆环，如图3-37所示。

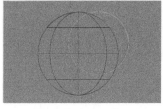

图3-37

03 选中圆环并单击"模式工具栏"中的"转为可编辑对象"按钮 ●，此时圆环变为可编辑的样条，如图3-38所示。

04 调整圆环的点，使其成为图3-39所示的效果。

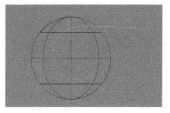

图3-38　　　　　图3-39

05 为修改后的圆环添加"挤压"生成器 ● 挤压，然后设置"偏移"为500cm，如图3-40所示。圆环挤出的厚度只要比球体宽即可，这里的数值不是固定的。

06 长按"细分曲面"按钮 ●，在弹出的面板中选择"布尔"选项，如图3-41所示。

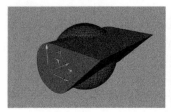

图3-40　　　　　图3-41

07 在"对象"面板中将"球体"和"挤压"都设置为"布尔"的子层级，如图3-42所示。

08 在场景中创建一个球体，设置"半径"为150cm，然后将其放置在大球体的缺口处，案例最终效果如图3-43所示。

图3-42　　　　　图3-43

技巧与提示 ✐

　　读者需要注意，这一步必须将"球体"放在"挤压"的上方，否则无法达到图中所呈现的效果。

实战：用布尔生成器制作骰子

场景位置	无
实例位置	实例文件>CH03>实战：用布尔生成器制作骰子.c4d
视频名称	实战：用布尔生成器制作骰子.mp4
难易指数	★★★☆☆
技术掌握	学习布尔生成器的使用方法

　　本案例的骰子模型是由立方体和球体进行布尔运算生成的，模型效果如图3-44所示。

图3-44

01 单击"立方体"按钮 ● 立方体，在场景中创建一个立方体，然后在"对象"选项卡中设置"尺寸.X"为200cm，"尺寸.Y"为200cm，"尺寸.Z"为200cm，接着设置"分段X"为3，"分段Y"为3，"分段Z"为3，勾选"圆角"选项，设置"圆角半径"为10cm，"圆角细分"为3，如图3-45所示。

图3-45

02 单击"球体"按钮 ● 球体，在场景中创建一个球体，然后在"对象"选项卡中设置"半径"为20cm，"分段"为24，如图3-46所示。

03 将球体进行复制，并按骰子每个面的点数进行摆放，如图3-47所示。

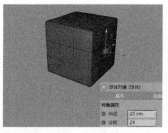
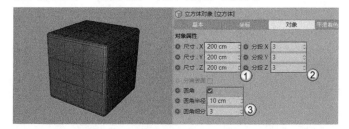

图3-46　　　　　图3-47

04 在"对象"面板中选中所有"球体"，然后按Alt+G组合键进行成组，形成"空白"组，如图3-48所示。

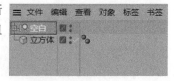

图3-48

技巧与提示 ✔

双击"空白"选项，可以对成组对象进行重命名。

05 将"立方体"放置在成组的"球体"上方，然后单击"布尔"按钮 ⚪ 布尔 ，将"立方体"和"空白"选项放置于"布尔"下方成为子层级，如图3-49所示。骰子模型的最终效果如图3-50所示。

图3-49   图3-50

3.1.8 减面

📱 演示视频：032-减面

"减面"生成器可以将模型的面数减少，形成低多边形效果。在制作低多边形风格的模型时，这是必不可少的工具。减面效果及参数面板如图3-51所示。

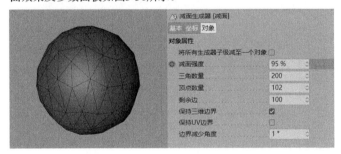

图3-51

重要参数讲解

减面强度：设置模型减面的效果，数值越大，减面的效果越强。

三角数量：显示模型的三角面个数，此参数与"减面强度"的数值关联。

实战：用减面生成器制作低多边形小景

场景位置	无
实例位置	实例文件>CH03>实战：用减面生成器制作低多边形小景.c4d
视频名称	实战：用减面生成器制作低多边形小景.mp4
难易指数	★★★☆☆
技术掌握	学习减面生成器的使用方法

本案例用减面生成器配合常用的参数化模型制作一组简单的低多边形风格的模型，案例效果如图3-52所示。

图3-52

01 使用"圆锥"工具 △ 圆锥 在场景中创建一个圆锥模型，设置"顶部半径"为0cm，"底部半径"为100cm，"高度"为200cm。"高度分段"为10，如图3-53所示。

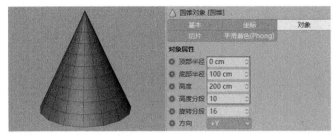

图3-53

02 长按"扭曲"按钮 ⬤ ，在弹出的面板中选择"置换"，如图3-54所示。

03 在"对象"面板中将"置换"放置于"圆锥"的子层级，如图3-55所示。此时会发现加入置换后，模型并没有产生任何变化。

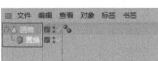

图3-54   图3-55

04 选中"置换"，在下方的"属性"面板中切换到"着色"选项卡，单击"着色器"旁边的按钮 ，在弹出的菜单中选择"噪波"，如图3-56所示。此时圆锥模型变成表面凹凸不平的效果，如图3-57所示。

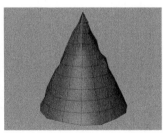

图3-56   图3-57

疑难问答 ❓

问：怎样调整置换的效果？

答：默认的"噪波贴图"所生成的模型不是很理想，就需要调整噪波贴图的样式。单击"置换"变形器中的噪波贴图图标，如图3-58所示。面板会切换到"噪波着色器"页面，调整"种子"的数值，会观察到圆锥模型的形态也会跟着改变，如图3-59所示。读者也可以调整"噪波"的类型，选择不同的置换效果。

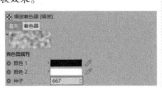

图3-58   图3-59

05 长按"细分曲面"按钮 ，在弹出的面板中选择"减面"，如图3-60所示。

06 在"对象"面板中，将"圆锥"放置于"减面"的子层级，如图3-61所示。

图3-60　　　　　　　　　　图3-61

07 选中"减面"选项，然后设置"减面强度"为85%，此时圆锥模型的效果如图3-62所示。

图3-62

08 将圆锥向下复制两份，然后修改圆锥的"底部半径"分别为120cm和140cm，如图3-63所示。

09 使用"圆柱"工具 创建一个圆柱模型，设置"半径"为20cm，"高度"为200cm，"高度分段"为4，"旋转分段"为8，如图3-64所示。

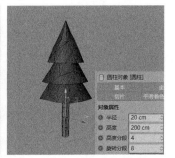

图3-63　　　　　　　　　　图3-64

10 按照之前讲解的方法将圆柱处理为低多边形效果，如图3-65所示。

11 使用"球体"工具 在场景中创建一个球体，设置"半径"为300cm，"分段"为24，"类型"为"六面体"，如图3-66所示。

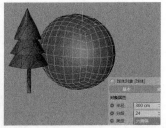

图3-65　　　　　　　　　　图3-66

12 为球体添加"置换"变形器 ，设置"高度"为70cm，然后在"着色器"中添加"噪波"贴图，如图3-67所示。

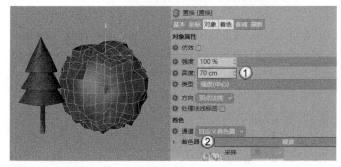

图3-67

13 添加"减面"生成器 ，然后设置"减面强度"为85%，如图3-68所示。

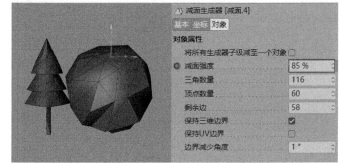

图3-68

14 将球体复制多个，并用"缩放"工具 调整其大小，效果如图3-69所示。

15 将树模型复制几棵，调整大小后放在画面中。案例最终效果如图3-70所示。

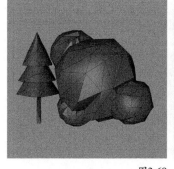

图3-69　　　　　　　　　　图3-70

3.1.9 挤压

演示视频：033-挤压

"挤压"生成器 可以为绘制的样条生成厚度，使其成为三维模型。挤压的"属性"面板有"对象""封盖""选集"3个选项卡，效果及参数如图3-71所示。

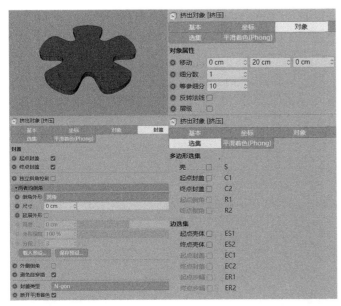

图3-71

重要参数讲解

移动：控制样条在x轴、y轴和z轴上的挤出厚度。

细分数：控制挤出面的分段数。

起点封盖/终点封盖：默认勾选该选项。挤出的样条顶端和末端呈封闭状态。

独立斜角控制：勾选此选项后，起点和终点可以单独设置倒角效果。

倒角外形：设置模型的倒角样式，系统提供"圆角""曲线""实体""步幅"4种样式，如图3-72所示。

圆角　　　　曲线　　　　实体　　　　步幅

图3-72

尺寸：设置倒角的尺寸。

分段：设置倒角的分段。

多边形选集：勾选相应的选集后，会在"对象"面板中出现该选集的图标，如图3-73所示。选集可以帮助用户快速选取区域，赋予材质。

图3-73

实战：用挤压生成器制作卡通树

场景位置	无
实例位置	实例文件>CH03>实战：用挤压生成器制作卡通树.c4d
视频名称	实战：用挤压生成器制作卡通树.mp4
难易指数	★★★☆☆
技术掌握	学习挤压生成器的使用方法

本案例用样条、挤压生成器和圆柱制作卡通树模型，案例效果如图3-74所示。

图3-74

01 在正视图中单击"样条画笔"按钮，并在场景中绘制树冠的剖面，如图3-75所示。

02 单击"挤压"按钮，在"对象"面板中将"样条"放在"挤压"的下方作为子层级，如图3-76所示。

图3-75　　　　　　　　　　　图3-76

03 选中"挤压"，在"对象"选项卡中设置"移动"为10cm，模型效果如图3-77所示。

图3-77

04 切换到"封盖"选项卡，设置"倒角外形"为"圆角"，"尺寸"为3cm，"分段"为1，效果如图3-78所示。

图3-78

05 在"模式工具栏"中单击"启用轴心"按钮，将坐标轴移动到图3-79所示的位置。再次单击"启用轴心"按钮将其关闭。

图3-79

> **技巧与提示**
>
> 单击"启用轴心"按钮后，可以设置模型的坐标中心。坐标中心会影响模型旋转时的角度，调整合适的坐标中心会减少模型的制作步骤，提高制作效率。
>
> 读者需要注意，调整好坐标中心的位置后，必须再次单击"启用轴心"按钮关闭该功能，否则会影响后续的模型制作。

06 按Shift+Q组合键打开"启用量化",然后以20°为基准旋转复制模型,效果如图3-80所示。

07 观察模型,发现挤压的模型厚度不合适。选中所有的模型,然后在"对象"选项卡中设置"移动"为5cm,如图3-81所示。

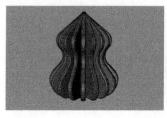
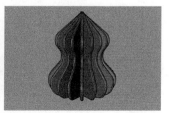

图3-80　　　　　　　　　　　　　　　　图3-81

08 在场景中创建一个圆柱,在"对象"选项卡中设置"半径"为10cm,"高度"为200cm,"高度分段"为1,"旋转分段"为36,如图3-82所示。

图3-82

09 将圆柱向下复制一份,修改"半径"为110cm,"高度"为5cm,然后勾选"圆角",设置"分段"为1,"半径"为2.5cm,如图3-83所示。卡通树模型的最终效果如图3-84所示。

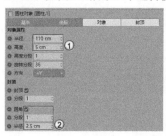

图3-83　　　　　　　　　　　　　　　　图3-84

实战： 用挤压生成器制作剪纸

场景位置	无
实例位置	实例文件>CH03>实战：用挤压生成器制作剪纸.c4d
视频名称	实战：用挤压生成器制作剪纸.mp4
难易指数	★★★☆☆
技术掌握	学习挤压生成器的使用方法

本案例使用样条画笔和挤压生成器制作剪纸效果,如图3-85所示。

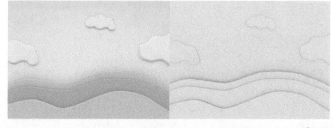

图3-85

01 使用"样条画笔"工具 在正视图中绘制曲线样条,如图3-86所示。

图3-86

02 为上一步绘制的样条添加"挤压"生成器,设置"移动"为5cm,"倒角外形"为"圆角","尺寸"为3cm,"分段"为3,如图3-87所示。

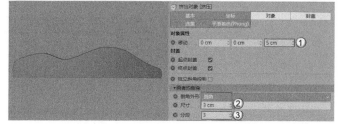

图3-87

03 将挤压后的模型复制两份,并适当修改样条的曲线造型,如图3-88所示。

04 使用"样条画笔"工具 在正视图中绘制云朵的外轮廓,如图3-89所示。

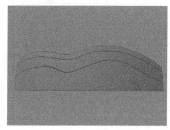

图3-88　　　　　　　　　　　　　　　　图3-89

05 为上一步绘制的云朵样条添加"挤压"生成器,设置参数与之前相同,效果如图3-90所示。

06 将云朵模型复制几份,然后随机放大或缩小,效果如图3-91所示。

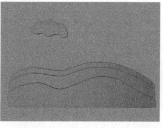

图3-90　　　　　　　　　　　　　　　　图3-91

07 使用"平面"工具 创建一个平面背景,效果如图3-92所示。

08 调整角度,案例最终效果如图3-93所示。

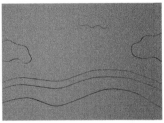

图3-92　　　　　　　　　　图3-93

3.1.10 样条布尔

演示视频：034-样条布尔

"样条布尔"生成器 样条布尔 是将样条进行布尔运算的工具，原理与布尔工具一样，如图3-94所示。

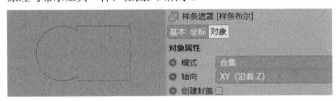

图3-94

重要参数讲解

模式：设置两个样条的计算方式，分别为"合集""A减B""B减A""与""或""交集"，如图3-95所示。

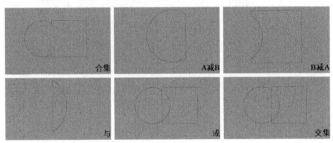

图3-95

轴向：设置生成样条的轴向。

创建封盖：勾选该选项后，会将新生成的样条变成三维模型。

实战：用样条布尔生成器制作卡片

场景位置　无
实例位置　实例文件>CH03>实战：用样条布尔生成器制作卡片.c4d
视频名称　实战：用样条布尔生成器制作卡片.mp4
难易指数　★★★☆☆
技术掌握　学习样条布尔生成器和挤压生成器的使用方法

本案例是一个剪纸风格的卡片模型，需要使用样条布尔生成器和挤压生成器，效果如图3-96所示。

图3-96

01 使用"圆环"工具 ◎ 圆环 在场景中创建一个"半径"为200cm的圆环，如图3-97所示。

02 将圆环复制3份，然后摆放呈云朵的形状，如图3-98所示。

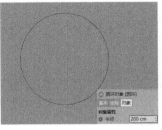
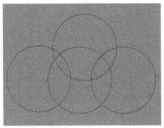

图3-97　　　　　　　　　　图3-98

03 长按"挤压"按钮 ◎，在弹出的面板中选择"样条布尔"选项，如图3-99所示。

04 在"对象"面板中将所有"圆环"都作为"样条布尔"的子层级，此时4个圆环合并为一个云朵状的样条，如图3-100所示。

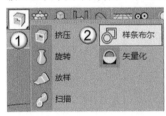

图3-99　　　　　　　　　　图3-100

技巧与提示 ✎

"样条布尔"默认的"模式"是"合集"，即所有圆环合并，只保留外轮廓。

05 单击"挤压"按钮 ◎，将"样条布尔"作为其子层级，如图3-101所示。

06 选中"挤压"，在"对象"选项卡中设置"移动"为2.5cm，如图3-102所示。

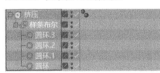
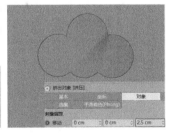

图3-101　　　　　　　　　　图3-102

07 切换到"封盖"选项卡，设置"倒角外形"为"圆角"，"尺寸"为2.5cm，"分段"为1，如图3-103所示。

图3-103

08 使用"圆环"工具 ◎圆环 在场景中创建一个"半径"为250cm 的圆环，然后将圆环放在云朵模型的斜后方，如图3-104所示。

图3-104

09 将上一步创建的圆环向右复制一份，如图3-105所示。

10 为创建的两个圆环添加"样条布尔"生成器 ◎样条布尔，然后设置"模式"为"B减A"，效果如图3-106所示。这样就制作出月亮的轮廓。

图3-105 　　　　　　　　　　　图3-106

疑难问答 ？

问：父层级与子层级之间的坐标位置不同怎么办？

答：当创建生成器等父层级的对象后，会发现未在原点位置的子层级对象的坐标与父层级对象的坐标不一致，在移动整体对象时会不方便。如何将两者的坐标调整为一致？

这里就需要使用"轴心"菜单中的命令，如图3-107所示。执行"网格>轴心"菜单命令，就可以弹出这个菜单。

图3-107

选中父层级和子层级的对象后，在"轴心"菜单中选择"使父级对齐"选项，父层级的坐标就会自动与子层级的坐标重叠。如果选择"对齐到父级"选项，就会让子层级的坐标与父层级的坐标对齐。面对具体情况，读者请灵活选择需要的方式。

11 为月亮的轮廓样条添加"挤压"生成器，参数与云朵一致，效果如图3-108所示。

12 将月亮模型稍微旋转一定的角度，效果如图3-109所示。

图3-108 　　　　　　　　　　　图3-109

13 将云朵模型复制一份，放在月亮的后方，并稍微缩小，效果如图3-110所示。

图3-110

14 使用"星形"工具 ☆ 星形 在场景中创建一个星形样条，然后在"对象"选项卡中设置"内部半径"为50cm，"外部半径"为100cm，"点"为5，如图3-111所示。

图3-111

15 为星形样条添加"挤压"生成器 ◎，参数与云朵一致，效果如图3-112所示。

16 将星形模型复制几份，并任意缩放其大小。案例最终效果如图3-113所示。

图3-112 　　　　　　　　　　　图3-113

3.1.11 旋转

演示视频：035-旋转

"旋转"生成器 ◎旋转 类似于3ds Max中的车削工具，可以将绘制的样条按照轴向旋转任意角度，从而形成三维模型。旋转的"属性"面板有"对象""封盖""选集"3个选项卡，效果及参数如图3-114所示。

图3-114

重要参数讲解

角度：设置样条旋转的角度，默认为360°。

细分数：设置模型在旋转轴上的细分数，数值越大，模型越圆滑。

移动：设置起点和终点间纵向距离移动数值，如图3-115所示。

图3-115

反转法线：勾选该选项后，模型的法线方向反转。

> 技巧与提示
>
> 旋转的"封盖"和"选集"选项卡与"挤压"的参数一致，这里不再赘述。

实战：用旋转生成器制作UI图标

场景位置	无
实例位置	实例文件>CH03>实战：用旋转生成器制作UI图标.c4d
视频名称	实战：用旋转生成器制作UI图标.mp4
难易指数	★★★☆☆
技术掌握	掌握旋转生成器的使用方法

本案例的按钮模型由样条和旋转生成器制作而成，模型效果如图3-116所示。

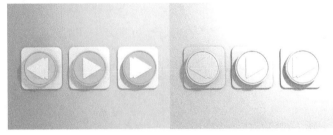

图3-116

01° 使用"矩形"工具在场景中绘制一个矩形样条，设置"宽度"和"高度"都为400cm，勾选"圆角"，设置"半径"为50cm，如图3-117所示。

图3-117

02° 为上一步绘制的矩形添加"挤压"生成器，在"对象"选项卡中设置"移动"为5cm。切换到"封盖"选项卡，设置"倒角外形"为"圆角"，"尺寸"为5cm，如图3-118所示。

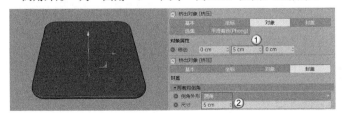

图3-118

03° 使用"样条画笔"工具在正视图中绘制圆柱的剖面，如图3-119所示。

04° 为绘制的样条添加"旋转"生成器，如图3-120所示。

图3-119　　　　　　　　　　　图3-120

05° 观察生成的圆柱模型，发现中心点位置有重叠。在正视图中选中模型中心位置的两个点，然后在"位置"面板中设置"位置X"为0，如图3-121所示。此时圆柱模型中心点位置就不会存在模型重叠的现象了。

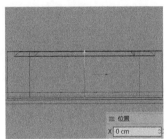

图3-121

> 技巧与提示
>
> 在透视图中需要观察模型是否有共面或缺口，如果有就需要继续移动点的位置。

06° 切换到透视图观察圆柱模型，发现半径有些小。在正视图中选中圆柱边缘的点，然后向左边移动一段距离，如图3-122所示。透视图中的效果如图3-123所示。

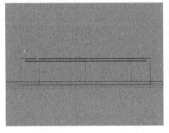 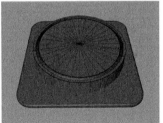

图3-122　　　　　　　　　　　图3-123

07° 圆柱模型不够圆滑，在"旋转"的"对象"选项卡中设置"细分数"为64，效果如图3-124所示。

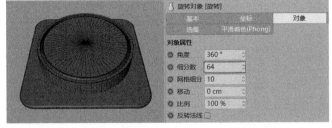

图3-124

08° 使用"多边"工具绘制一个三角形，设置"半径"为120cm，"侧边"为3，勾选"圆角"，设置"半径"为10cm，如图3-125所示。

图3-125

09 为上一步绘制的三角形添加"挤压"生成器，在"对象"选项卡中设置"移动"为2cm。在"封盖"选项卡中设置"倒角外形"为"圆角"，"尺寸"为2cm，如图3-126所示。

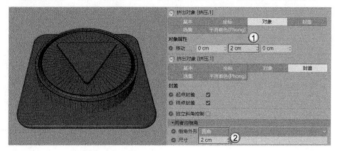

图3-126

10 将三角形模型旋转120°形成播放按钮的效果，如图3-127所示。

11 按照上面的方法制作快进按钮和快退按钮，案例最终效果如图3-128所示。

图3-127　　　　　　　　图3-128

3.1.12 放样

演示视频：036-放样

"放样"生成器可以将一个或多个样条进行连接，从而形成三维模型。放样的"属性"面板有"对象""封盖""选集"3个选项卡，效果及参数如图3-129所示。

图3-129

重要参数讲解

网孔细分U/网孔细分V/网格细分U：设置生成三维模型的细分数。

3.1.13 扫描

演示视频：037-扫描

"扫描"生成器可以让一个图形按照另一个图形的路径生成三维模型。扫描的"属性"面板有"对象""封盖""选集"3个选项卡，效果及参数如图3-130所示。

图3-130

重要参数讲解

网格细分：设置生成三维模型的细分数。

终点缩放：设置生成模型在终点处的缩放效果，如图3-131所示。

结束旋转：设置生成模型在终点处的旋转效果。

开始生长/结束生长：类似于"圆锥"的"切片"工具，控制生成模型的大小，如图3-132所示。

终点缩放：20%

图3-131　　　　　　　　图3-132

疑难问答

问：如何确定扫描生成器子层级对象的含义？

答：在"对象"面板中，"扫描"生成器下方的第一个图形是扫描的图案，第二个图形是扫描的路径。

实战：用扫描生成器制作管道

场景位置	无
实例位置	实例文件>CH03>实战：用扫描生成器制作管道.c4d
视频名称	实战：用扫描生成器制作管道.mp4
难易指数	★★★☆☆
技术掌握	掌握扫描生成器的用法

本案例的管道模型由不同尺寸的圆环、圆柱和扫描生成器制成，模型效果如图3-133所示。

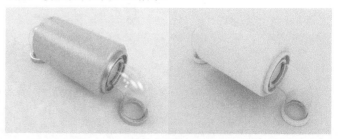

图3-133

01 使用"圆柱"工具 在场景中创建一个圆柱模型，设置"半径"为60cm，"旋转分段"为36，然后勾选"圆角"，设置"分段"为1，"半径"为3cm，如图3-134所示。

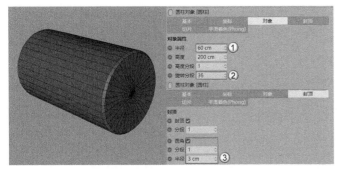

图3-134

02 使用"圆环"工具 在场景中创建一个圆环，设置"半径"为45cm，如图3-135所示。

03 使用"矩形"工具 在场景中创建一个矩形样条，设置"宽度"为5cm，"高度"为10cm，然后勾选"圆角"，设置"半径"为1cm，如图3-136所示。

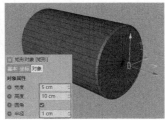

图3-135   图3-136

04 为绘制的圆环和矩形添加"扫描"生成器，在"对象"面板中，要将"矩形"放在"圆环"的上方，如图3-137所示。模型效果如图3-138所示。

图3-137   图3-138

技巧与提示

如果想直观地调节模型的宽度和高度，就需要将创建的矩形在不调整参数的情况下，添加到扫描生成器的下方，然后调整这个矩形的参数。

05 使用"圆环"工具 在场景中创建一个"半径"为30cm的圆环样条，如图3-139所示。

图3-139

06 使用"矩形"工具 在场景中创建一个"宽度"和"高度"都为6cm的矩形样条，然后勾选"圆角"选项，设置"半径"为1cm，如图3-140所示。

07 为新创建的圆环和矩形添加"扫描"生成器，效果如图3-141所示。

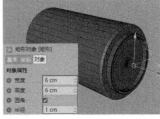
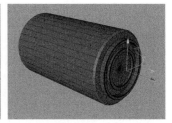

图3-140   图3-141

08 使用"样条画笔"工具 在场景中绘制一段样条，如图3-142所示。

09 使用"圆环"工具在场景中绘制一个"半径"为27cm，"内部半径"为25cm的环状样条，如图3-143所示。

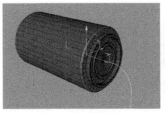

图3-142   图3-143

10 为绘制的样条和环状样条添加"扫描"生成器，生成管道模型，如图3-144所示。

11 将步骤07中生成的模型向下复制一份，位置如图3-145所示。

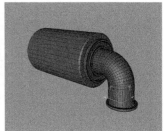

图3-144   图3-145

12 修改复制的"矩形"的"高度"为15cm，效果如图3-146所示。

13 将创建的管道整体复制，然后移动到圆柱的另一侧。案例最终效果如图3-147所示。

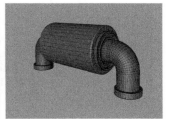

图3-146   图3-147

实战：用扫描生成器制作霓虹灯字

场景位置	无
实例位置	实例文件>CH03>实战：用扫描生成器制作霓虹灯字.c4d
视频名称	实战：用扫描生成器制作霓虹灯字.mp4
难易指数	★★★☆☆
技术掌握	掌握扫描生成器的用法

本案例使用文本工具和扫描生成器制作霓虹灯字模型，案例效果如图3-148所示。

图3-148

01 使用"文本"工具 在场景中创建文本样条，设置"文本"为koki，"字体"为Kristen ITC，"高度"为200cm，如图3-149所示。

图3-149

> **技巧与提示** ✍
> 案例中的字体仅供参考，读者也可以使用其他艺术类字体。

02 使用"样条画笔"工具 沿着文本绘制霓虹灯的路径，如图3-150所示。

03 此时i字母上方的圆点没有创建，使用"球体"工具 在圆点内创建一个球体模型，如图3-151所示。

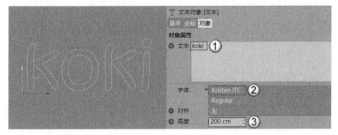

图3-150   图3-151

04 选中样条的端点，然后向后挤出一段距离作为连接点，如图3-152所示。

图3-152

> **疑难问答** 🤔❓
> 问：如何将样条挤出一段距离？
>
> 答：挤出样条的距离需要选中起点的点，即白色一侧的点，然后按住Ctrl键并使用"移动"工具移动。当挤出末端的点，即蓝色一侧的点时，需要先反转序列，将蓝色一侧与白色一侧互换，然后才能挤出。

05 使用"圆环"工具 在场景中创建一个"半径"为2cm的圆环样条，然后用"扫描"生成器 将"圆环"和"样条"一起扫描生成灯丝模型，如图3-153所示。

图3-153

06 将扫描的模型复制一份，然后在"圆环"中勾选"环状"，设置"半径"为5.5cm，"内部半径"为5cm，如图3-154所示。这样就制作出了灯管模型。

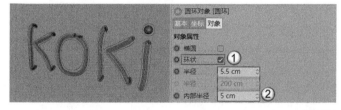

图3-154

> **技巧与提示** ✍
> 灯管模型与灯丝模型的样条路径相同，只是圆环的半径不同。用修改圆环半径的方法会快速制作出灯管模型。

07 使用"圆柱"工具 在灯管连接处创建一个圆柱模型，设置"半径"为10cm，"高度"为8cm，然后勾选"圆角"，设置"分段"为3，"半径"为1cm，如图3-155所示。

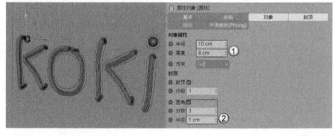

图3-155

08 将圆柱模型复制到每一个连接处，效果如图3-156所示。

09 将球体模型复制一份，然后修改"半径"为7cm，案例最终效果如图3-157所示。

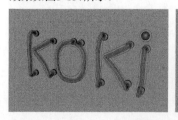

图3-156   图3-157

技术专题 👉 Cinema 4D图标颜色与层级关系

Cinema 4D的每种工具的图标都由不同的颜色表示，每种颜色就代表这种工具在"对象"面板的层级关系。这些颜色不仅方便用户记忆工具的类型，还方便用户将其放在正确的层级上。

蓝色图标：创建的"参数对象""样条""场景""物理天空"都是蓝色图标，代表基本的对象。其他工具都是对蓝色图标的对象进行编辑，如图3-158所示。

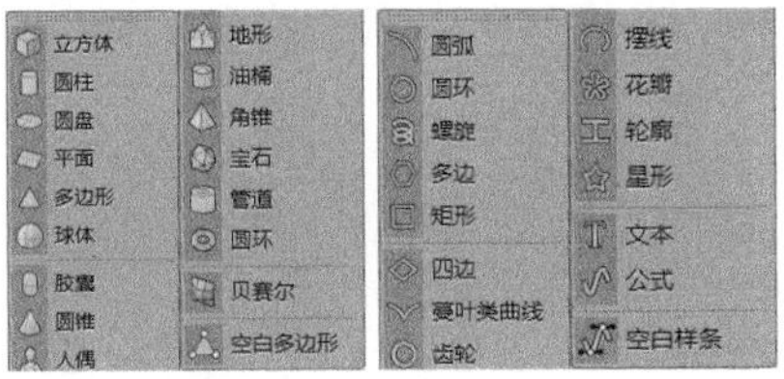

图3-158

绿色图标：生成器对象都是绿色图标。"克隆""体积生成""粒子""毛发"等也是绿色图标，表示这些工具作为编辑对象的父层级，如图3-159所示。

图3-159

紫色图标：变形器对象都是紫色图标。除此之外，"蒙皮""力场""运动挤压"等也是紫色图标，表示这些工具作为编辑对象的子层级或平级，如图3-160所示。

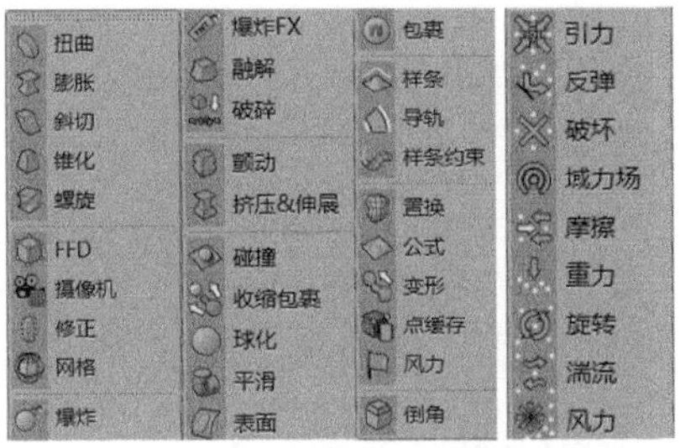

图3-160

紫红色图标：域对象作为单独分离的工具用紫红色进行表示，域对象一般作为平级或子层级使用，如图3-161所示。

图3-161

3.2 变形器

Cinema 4D中自带的变形器是紫色图标，位于对象的子层级或平级，如图3-162所示。变形器通常用于改变三维模型的形态，形成扭曲、倾斜和旋转等效果。

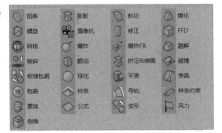

图3-162

本节工具介绍

工具名称	工具作用	重要程度
扭曲	用于弯曲模型	高
膨胀	用于扩大模型	中
样条约束	用于放样模型	高
锥化	用于部分缩小模型	中
螺旋	用于旋转模型	高
FFD	用于调整模型的整体形态	中
爆炸	用于将模型分裂为碎片	中
置换	用于改变模型形状	高
倒角	用于模型的倒角	中

3.2.1 扭曲

📹 演示视频：038-扭曲

"扭曲"变形器 🔧 扭曲 可以将模型进行任意角度的弯曲。扭曲由"对象"和"衰减"两个选项卡组成，如图3-163所示。

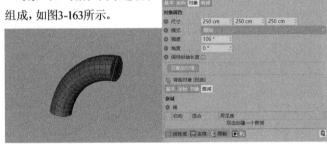

图3-163

重要参数讲解

尺寸：设置变形器的紫色边框大小。

强度：设置模型弯曲的强度。

角度：设置模型弯曲时旋转的角度。

保持纵轴长度：勾选该选项后，模型无论怎样弯曲，纵轴高度不变。

匹配到父级：单击此按钮后，变形器的边框将自动匹配模型的大小，如图3-164所示。

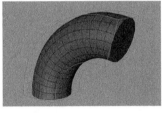

图3-164

技术专题 👉 变形器边框的调整方法

Cinema 4D的变形器可以调整边框大小来控制模型变形效果。下面以"扭曲"变形器为例进行讲解。

默认的"扭曲"变形器边框的长、宽和高尺寸都为250cm，效果如图3-165所示。

设置边框的长、宽和高的尺寸都为100cm，效果如图3-166所示。

图3-165

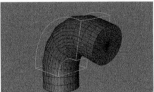

图3-166

用"移动"工具 移动边框的位置，可以观察到模型随着边框的移动扭曲效果也跟着改变，如图3-167所示。只有包含在紫色边框内的模型才会扭曲，而在边框以外的模型则保持原状。

同理，用"旋转"工具 和"缩放"工具 也能控制紫色的边框。

如果在操作时，觉得紫色的边框影响操作，可以在"过滤"菜单中取消勾选"变形器"选项，紫色的边框就会隐藏，如图3-168所示。

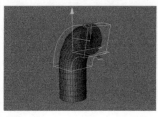

图3-167　　　　　　　　图3-168

实战：用扭曲变形器制作扭曲线条

场景位置	无
实例位置	实例文件>CH03>实战：用扭曲变形器制作扭曲线条.c4d
视频名称	实战：用扭曲变形器制作扭曲线条.mp4
难易指数	★★★☆☆
技术掌握	掌握扭曲变形器的用法

本案例使用圆环、扭曲变形器和置换变形器等工具制作扭曲的线条模型，案例效果如图3-169所示。

图3-169

01▶ 使用"圆环"工具 在场景中创建一个圆环样条，设置"点插值方式"为"细分"，如图3-170所示。

图3-170

02▶ 单击"扭曲"按钮，在场景中添加"扭曲"变形器，然后在"对象"面板中将"扭曲"放在"圆环"的子层级，如图3-171所示。

图3-171

03▶ 选中"扭曲"变形器，在"对象"选项卡中单击"匹配到父级"按钮，使变形器的外框与圆环相等，然后设置"强度"为158°，"角度"为-82°，如图3-172所示。

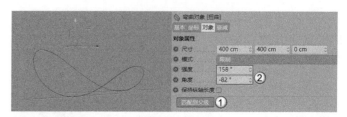

图3-172

04▶ 在场景中继续创建一个圆环，设置"半径"为150cm，"点插值方式"为"细分"，如图3-173所示。

图3-173

05▶ 长按"扭曲"按钮，在弹出的面板中选择"置换"变形器，然后将其放在新建圆环的子层级，如图3-174所示。

06▶ 添加"置换"变形器 后，可以发现圆环没有任何变化。在"置换"变形器的"着色器"选项卡中，单击"着色器"旁边的按钮，在弹出的菜单中选择"噪波"，如图3-175所示。

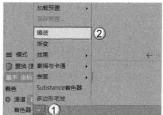

图3-174　　　　　　　　图3-175

07▶ 添加"噪波"贴图后，可以观察到圆环的边缘出现锯齿状，如图3-176所示。

08▶ 为两个圆环对象添加"扫描"生成器，生成线条模型，如图3-177所示。

图3-176　　　　　　　　图3-177

09 观察生成的模型，线条有些粗。将带"置换"变形器的圆环的"半径"修改为90cm，模型效果如图3-178所示。

10 使用"旋转"工具旋转模型，调整一个合适的观察角度，如图3-179所示。

图3-178　　　　　　　图3-179

技术专题　为对象快速添加生成器和变形器

为对象添加生成器或变形器时，需要手动将对象移动到其子层级或父层级。这种操作有些麻烦，这里为读者介绍快速添加生成器和变形器的方法。

生成器：选中对象，然后按住Alt键并单击生成器图标，系统会自动将生成器作为选择对象的父层级。

变形器：选中对象，然后按住Shift键并单击变形器图标，系统会自动将变形器作为选择对象的子层级。

需要特别注意的是，如果一次性选中多个对象，就会为多个对象单独添加生成器或变形器。

3.2.2 膨胀

演示视频：039-膨胀

"膨胀"变形器可以让模型局部放大或缩小。与"扭曲"变形器一样，"膨胀"变形器也是"对象"和"衰减"两个选项卡，如图3-180所示。

图3-180

重要参数讲解

强度：设置模型放大的强度。

弯曲：设置变形器外框的弯曲效果，如图3-181所示。

圆角：勾选该选项后，模型呈现圆角效果，如图3-182所示。

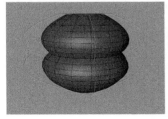

图3-181　　　　　　　图3-182

"衰减"面板需要配合"域"使用，这里不作讲解。

3.2.3 样条约束

演示视频：040-样条约束

"样条约束"变形器可以将模型按照样条绘制的路径而生成新的模型。"样条约束"变形器只有"对象"选项卡，如图3-183所示。

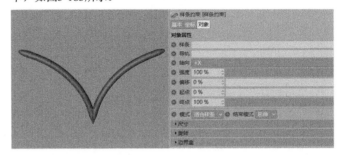

图3-183

重要参数讲解

样条：链接绘制的样条路径。

轴向：设置模型生成的轴向，不同轴向会形成不同的模型效果。

强度：设置模型生成的比例。

偏移：设置模型在路径上的位移。

起点/终点：设置模型在路径上的起点和终点。

实战：用样条约束制作螺旋元素

场景位置	无
实例位置	实例文件>CH03>实战：用样条约束制作螺旋元素.c4d
视频名称	实战：用样条约束制作螺旋元素.mp4
难易指数	★★★☆☆
技术掌握	掌握样条约束变形器的用法

本案例使用放样生成器和样条约束变形器制作螺旋元素，案例效果如图3-184所示。

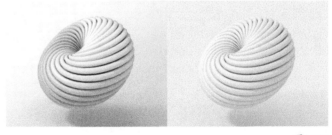

图3-184

01 使用"花瓣"工具在场景中创建一个花瓣样条，然后设置"内部半径"为123cm，"外部半径"为161cm，"花瓣"为23，如图3-185所示。

图3-185

83

02》 将花瓣样条复制一份，并移动一段距离，如图3-186所示。

图3-186

03》 为两个花瓣样条添加"放样"生成器，设置"网孔细分U"为170，"网孔细分V"为88，然后取消勾选"起点封盖"和"终点封盖"选项，如图3-187所示。

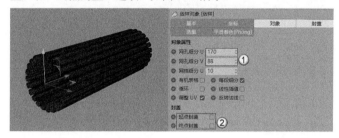

图3-187

技巧与提示

"网孔细分U"和"网孔细分V"的数值仅供参考，读者可按照模型效果自行调整。

04》 长按"扭曲"按钮，在弹出的面板中选中"样条约束"选项，如图3-188所示。

05》 使用"多边"工具在场景中创建一个多边形，设置"半径"为180cm，"侧边"为30，如图3-189所示。

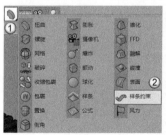

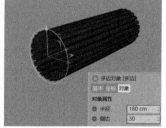

图3-188　　　　　图3-189

06》 将"放样"对象成组，将"样条约束"放置在"空白"组的子层级，如图3-190所示。

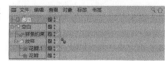

图3-190

疑难问答

问：为何要将样条约束放在空白组中？

答："样条约束"变形器需要对"放样"生成的模型进行变形，就需要与其相关联。传统思维是将"样条约束"放置在"放样"的子层级，但"放样"本身不是一个单独的对象，如果这么做不会起到理想的效果。将"放样"对象成组后，可理解为一个单独的物体，"样条约束"就能成为其子层级。

若是将"放样"对象转换为可编辑对象，就无法修改花瓣和放样的参数。样条约束后生成的模型不能一次成功，需要倒退操作步骤后重新调整。

07》 选中"样条约束"，然后将"多边"链接在"样条"的通道中，并设置"轴向"为+Z，如图3-191所示。

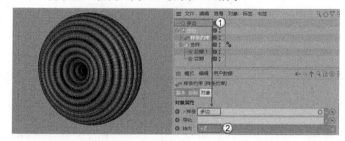

图3-191

技巧与提示

读者可根据模型的实际情况灵活选择"轴向"。

08》 在"样条约束"的属性面板中展开"旋转"卷展栏，然后单击鼠标右键，在弹出的菜单中选择"样条预置>线性"，如图3-192所示。曲线效果如图3-193所示。

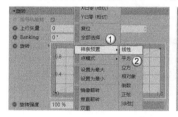

图3-192　　　　　图3-193

09》 此时模型形成旋转的纹理效果，调整视角后，案例最终效果如图3-194所示。

图3-194

3.2.4 锥化

演示视频：041-锥化

"锥化"变形器是让模型部分缩小。"锥化"变形器也是由"对象"和"衰减"两个选项卡组成的，如图3-195所示。

图3-195

重要参数讲解

强度：设置模型缩小的强度。当数值为正值时，模型缩小；当数值为负值时，模型放大。

弯曲：设置模型弯曲的强度。

实战：用锥化变形器制作甜筒

场景位置	无
实例位置	实例文件>CH03>实战：用锥化变形器制作甜筒.c4d
视频名称	实战：用锥化变形器制作甜筒.mp4
难易指数	★★★☆☆
技术掌握	掌握锥化变形器的用法

本案例使用星形、扫描生成器和锥化变形器制作甜筒模型，案例效果如图3-196所示。

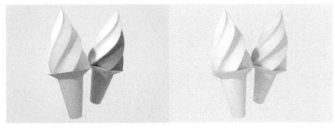

图3-196

01 使用"星形"工具 在场景内创建一个星形样条，设置"内部半径"为100cm，"外部半径"为200cm，"螺旋"为40%，"点"为6，如图3-197所示。

图3-197

02 使用"样条画笔"工具 在场景中绘制一条直线，如图3-198所示。

03 使用"扫描"生成器 将星形和样条进行扫描，效果如图3-199所示。

图3-198　　　　　　图3-199

04 观察生成的模型，可以发现模型没有分段。选中样条，设置"点插值方式"为"统一"，"数量"为10，如图3-200所示。

图3-200

05 选中"扫描"选项，然后按C键将其转换为可编辑对象，如图3-201所示。

图3-201

> **技巧与提示**
> 将"扫描"对象转换为可编辑对象后方便添加变形器到子层级。

06 长按"扭曲"按钮 ，在弹出的面板中选择"锥化"，如图3-202所示。

07 将"锥化"放置于"扫描"的子层级，如图3-203所示。

图3-202　　　　　　图3-203

08 选中"锥化"，在属性面板中单击"匹配到父级"按钮 ，然后设置"强度"为100%，如图3-204所示。

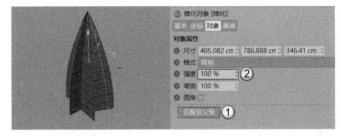

图3-204

> **技巧与提示**
> 单击"匹配到父级"按钮后，变形器的外框会自动匹配模型的外轮廓。

09 继续添加"螺旋"变形器 ，然后放置在"扫描"子层级，如图3-205所示。

图3-205

10 选中"螺旋"，然后在属性面板中单击"匹配到父级"按钮 ，设置"角度"为150°，如图3-206所示。

图3-206

11 此时模型的边缘过于锐利，单击"细分曲面"按钮 ，然后将"扫描"放置在其子层级，如图3-207所示。模型效果如图3-208所示。

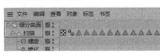

图3-207　　　　　　图3-208

12 冰激凌模型过高，用"缩放"工具 适当压缩一段距离，效果如图3-209所示。

13 使用"圆锥"工具 在冰激凌下方创建一个圆锥模型，设置"顶部半径"为170cm，"底部半径"为100cm，"高度"为50cm，"旋转分段"为36，如图3-210所示。

图3-209

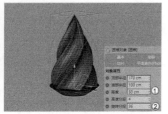
图3-210

14 将圆锥模型向下复制一份，修改"顶部半径"为100cm，"底部半径"为50cm，"高度"为300cm，如图3-211所示。

15 在"过滤"菜单中取消勾选"变形器"，模型最终效果如图3-212所示。

图3-211

图3-212

3.2.5 螺旋

演示视频：042-螺旋

"螺旋"变形器 是让模型自身形成扭曲旋转效果，其效果与参数面板如图3-213所示。

图3-213

重要参数讲解

尺寸：设置变形器的大小。

角度：设置模型旋转扭曲的角度。

实战：用螺旋变形器制作旋转网格

场景位置	无
实例位置	实例文件>CH03>实战：用螺旋变形器制作旋转网格.c4d
视频名称	实战：用螺旋变形器制作旋转网格.mp4
难易指数	★★☆☆☆
技术掌握	掌握螺旋变形器的用法

本案例的旋转网格由立方体、旋转变形器和晶格生成器制成，模型效果如图3-214所示。

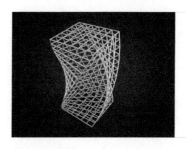
图3-214

01 使用"立方体"工具 在场景中创建一个立方体模型，设置"尺寸.X"为200cm，"尺寸.Y"为400cm，"尺寸.Z"为200cm，"分段X"为6，"分段Y"为15，"分段Z"为6，如图3-215所示。

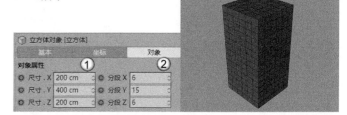
图3-215

02 长按"扭曲"按钮 ，在弹出的面板中选择"螺旋"变形器，如图3-216所示。

03 在"对象"面板中将"螺旋"变形器放在"立方体"的子层级，如图3-217所示。

图3-216　　　　　　　　　　图3-217

04 在"螺旋"变形器的"对象"选项卡中单击"匹配到父级"按钮 ，使变形器外框与立方体外轮廓相同大小，然后设置"角度"为95°，如图3-218所示。

图3-218

05 为立方体添加"晶格"生成器 ，设置"圆柱半径"和"球体半径"都为2cm，如图3-219所示。制作好的模型效果如图3-220所示。

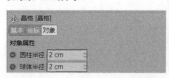

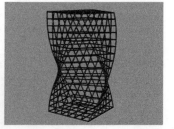
图3-219　　　　　　　　　　图3-220

3.2.6 FFD

演示视频：043-FFD

FFD变形器 是在模型外部形成晶格，依靠控制晶格来控制模型的形状，其效果和参数面板如图3-221所示。

图3-221

重要参数讲解

栅格尺寸：设置外部紫色栅格的尺寸。

水平网点：设置水平方向晶格点数。

垂直网点：设置垂直方向晶格点数。

纵深网点：设置纵深方向晶格点数。

3.2.7 爆炸

演示视频：044-爆炸

"爆炸"变形器可以将模型分裂为碎片效果。"爆炸"变形器的效果及参数如图3-222所示。

图3-222

重要参数讲解

强度：设置碎片分裂的强度。

速度：设置碎片分离的速度。此参数在做动画时使用较多。

角速度：设置碎片旋转的角度。

终点尺寸：设置碎片在终点位置被放大的程度。默认值为0，表示碎片保持原状。

实战：用爆炸变形器制作散射效果

场景位置	无
实例位置	实例文件>CH03>实战：用爆炸变形器制作散射效果.c4d
视频名称	实战：用爆炸变形器制作散射效果.mp4
难易指数	★★☆☆☆
技术掌握	掌握爆炸变形器的用法

本案例是用爆炸变形器将一个球体分裂成小碎片，案例效果如图3-223所示。

图3-223

01 使用"球体"工具 在场景中创建一个球体模型，设置"半径"为100cm，"分段"为36，"类型"为"六面体"，如图3-224所示。

图3-224

02 将球体原位复制一份，然后长按"扭曲"按钮 ，在弹出的面板中选择"爆炸"，如图3-225所示。

03 在"对象"面板中将"爆炸"放置于"球体.1"的子层级，如图3-226所示。

图3-225   图3-226

04 选中"爆炸"，在"属性"面板中设置"强度"为15%，如图3-227所示。案例效果如图3-228所示。

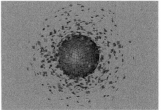

图3-227   图3-228

技术专题 "爆炸FX"变形器

"爆炸FX"变形器 和"爆炸"变形器 的原理相同，都是形成散射效果，但"爆炸FX"变形器 的功能更为强大。

以案例中的模型为例，为球体添加"爆炸FX"变形器 后，散射的模型呈不同造型的体块，如图3-229所示。

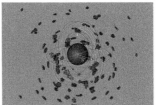

图3-229

"爆炸FX"变形器 中的参数比较多,可以生成更多的效果,如图3-230所示。下面简单介绍每个选项卡的功能。

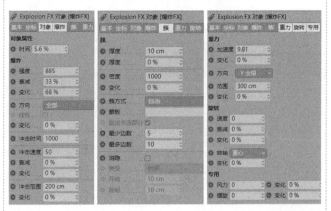

图3-230

对象:设置爆炸碎片的距离。

爆炸:设置爆炸整体的强度、速度、时间和范围等效果。

簇:设置爆炸碎片的厚度、密度等效果。

重力:设置场景的重力,模拟真实的动力学效果。

旋转:设置爆炸碎片的旋转效果。

专用:设置风力和螺旋,控制碎片整体的位置和角度。

3.2.8 置换

演示视频:045-置换

"置换"变形器 可以按照颜色或贴图将模型进行变形,与"减面"生成器 配合可制作低多边形效果的模型。"置换"变形器由"对象""着色""衰减""刷新"4个选项卡组成,如图3-231所示。

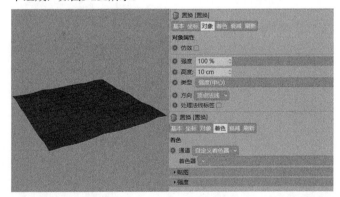

图3-231

重要参数讲解

强度:设置模型置换变形的强度。

高度:设置模型挤出部分的高度。

类型:设置置换的类型,如图3-232所示。

着色器:添加置换贴图的位置。

强度
强度(中心)
红色/绿色
RGB (XYZ 局部)
RGB (XYZ 全局)

图3-232

实战:用置换变形器制作噪波球

场景位置	无
实例位置	实例文件>CH03>实战:用置换变形器制作噪波球.c4d
视频名称	实战:用置换变形器制作噪波球.mp4
难易指数	★★☆☆☆
技术掌握	掌握置换变形器的用法

本案例是用球体和置换变形器制作而成的,效果如图3-233所示。

图3-233

01 使用"球体"工具 在场景中创建一个球体模型,设置"半径"为100cm,"分段"为64,"类型"为"六面体",如图3-234所示。

图3-234

02 长按"扭曲"按钮 ,在弹出的面板中选择"置换"选项,如图3-235所示。

03 将"置换"变形器放置于"球体"的子层级,如图3-236所示。

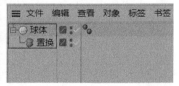

图3-235　　　　　　图3-236

04 在"着色"选项卡中加载"噪波"贴图,效果如图3-237所示。

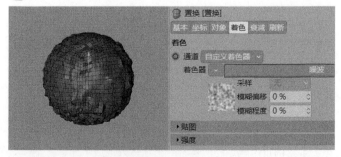

图3-237

05 球体的置换效果不够强烈，切换到"对象"选项卡，设置"高度"为100cm，如图3-238所示。

图3-238

06 置换效果不是很理想，切换到"着色"选项卡并进入"噪波"贴图，设置"噪波"为"电子"，"阶度"为8，"全局缩放"为90%，如图3-239所示。模型的最终效果如图3-240所示。

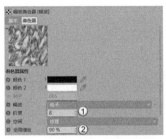 

图3-239　　　　　　　　图3-240

3.2.9 倒角

演示视频：046-倒角

"倒角"变形器可以让模型形成倒角效果。"倒角"变形器的参数由"选项""外形""拓扑"3个选项卡组成，如图3-241所示。

图3-241

重要参数讲解

构成模式：设置倒角模式，分别有"点""边""多边形"3种。

偏移：设置倒角的强度。

细分：设置倒角的分段数。

挤出：只有选择了"多边形"模式的倒角时才会出现这个参数。该参数用于设置倒角高度。

外形：设置倒角的样式，默认为"圆角"。

技术专题　模型倒角出现问题怎么解决

通常在圆柱模型倒角时，会出现意想不到的问题，如图3-242所示。无论怎样调整，都达不到预想的效果，遇到这种情况应该怎样解决？

第1步：选中原始模型，然后按C键将其转换为可编辑对象。

第2步：进入模型的"点"模式，然后按Ctrl+A组合键全选模型所有的点，如图3-243所示。

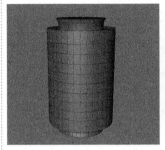 

图3-242　　　　　　　　图3-243

第3步：单击鼠标右键，然后在弹出的菜单中选择"优化"选项，如图3-244所示。

第4步：返回"模型"模式，然后为其加载"倒角"变形器，就可以按照预想的效果进行倒角，如图3-245所示。

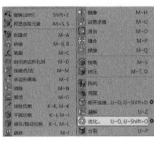 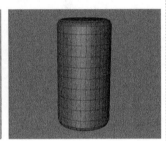

图3-244　　　　　　　　图3-245

在Cinema 4D R21版本中已基本解决这一问题。在旧版本的软件中仍然存在这一问题。

第
4
章

可编辑对象建模

技术专题

疑难问答

知识链接

技巧与提示

Learning Objectives
学习要点 ▽

91页
用可编辑样条制作立体文字

96页
用可编辑对象制作卡通房子

100页
用可编辑对象制作低多边形树木

105页
用可编辑对象制作卡通角色

108页
用可编辑对象制作智能芯片

114页
用雕刻工具制作甜甜圈

Employment Direction
从业方向 ▽

电商设计　　包装设计

产品设计　　UI设计

栏目包装　　动画设计

4.1 可编辑样条

在第2章中，我们学习了常见的样条。除了"样条画笔"工具描绘的样条可以直接编辑外，其余的样条都只能调整参数，无法改变其形态。本节将为读者讲解怎样编辑样条。

本节工具介绍

工具名称	工具作用	重要程度
转为可编辑对象	将样条转换为可编辑状态	高
编辑样条	编辑样条的形态	高

4.1.1 转换可编辑样条

要调整样条的形态，首先需要将其转换为可编辑样条。转换的方法很简单，选中样条后单击"模式工具栏"中的"转为可编辑对象"按钮 （快捷键为C），即可将其转换。图4-1所示的矩形转换为可编辑样条后，就可以在"点"模式 中直接调整形态。

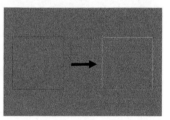

图4-1

疑难问答

问：怎样区分样条是否已转换为可编辑对象？

答：在"对象"面板中，转换为可编辑样条的矩形会从图4-2所示的图案变成图4-3所示的图案。

文件　编辑　查看　对象　标签　书签
矩形

文件　编辑　查看　对象　标签　书签
矩形

图4-2　　　　　　　　　　　　　　　图4-3

4.1.2 编辑样条

演示视频：047-编辑样条

转换为可编辑样条后，进入"点"模式 就可以对样条进行编辑。选中需要修改的点，然后单击鼠标右键，弹出的菜单中罗列了编辑的工具，如图4-4所示。

刚性插值	M~A	焊接	M~I
柔性插值		投射样条	
相等切线长度		设置顶点值	M~U
相等切线方向		断开	
合并分段		镜像	M~H
断开分段		焊接	M~Q
分裂片段		展开连接	U~D, U-Shift+D
点顺序 ▶	样条画笔 / 草绘 / 样条弧线工具 / 平滑样条 / 倒角 / 创建轮廓 / 平滑 / 线性切割　K~K, M~K	优化　U~O, U-Shift+O	
布尔命令 ▶	排齐	分割 / 细分　U~S, U-Shift+S	

图4-4

重要参数讲解

刚性插值：设置选中的点为锐利的角点。

柔性插值：设置选中的点为贝塞尔角点。

相等切线长度：设置角点的控制手柄的长度相等。

相等切线方向：设置角点的控制手柄方向一致。

合并分段：合并样条的点。

断开分段：断开当前所选样条的点，形成两个独立的点。

设置起点：设置所选点为样条的起点，此时所选的点为纯白色。

创建点：在样条的任意位置添加新的点。

倒角：对选取的样条进行斜角处理，如图4-5所示。

创建轮廓：为所选样条创建轮廓，如图4-6所示。

图4-5　　　　　　　　　　　　　图4-6

排齐：将所选的点进行排齐处理。

实战：用可编辑样条制作立体文字

场景位置	无
实例位置	实例文件>CH04>实战：用可编辑样条制作立体文字.c4d
视频名称	实战：用可编辑样条制作立体文字.mp4
难易指数	★★★☆☆
技术掌握	掌握样条编辑方法

本案例的立体文字模型由可编辑样条和扫描生成器制作而成，模型效果如图4-7所示。

图4-7

01　在正视图中，单击"文本"按钮，在场景中创建字母D，然后在"对象"选项卡中设置"字体"为Segoe UI Black，"高度"为200cm，如图4-8所示。

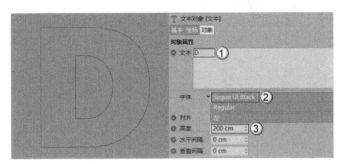

图4-8

 技巧与提示

读者也可以选择其他粗体类字体，这样比较容易观察笔画的走向。

02　选中上一步创建的文本样条，添加"挤压"生成器，如图4-9所示。

图4-9

03　选中"挤压"生成器，在"对象"选项卡中设置"移动"为40cm。在"封盖"选项卡中设置"倒角外形"为步幅，"尺寸"为-10cm，"分段"为1，如图4-10所示。

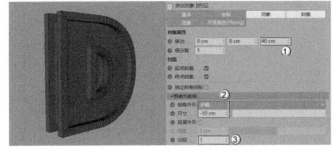

图4-10

04　使用"样条画笔"工具在模型内绘制两条样条，如图4-11所示。

技巧与提示

这一步也可以将字母D的样条复制一份，然后缩小并转换为可编辑样条。

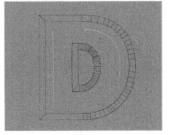

图4-11

05 创建一个"半径"为2cm的圆环，然后添加"扫描"生成器 ❷扫描，将"圆环"和"样条"都放置于"扫描"生成器下方，如图4-12所示。

06 选中"扫描"选项，然后按Ctrl+C组合键复制，接着按Ctrl+V组合键粘贴，如图4-13所示。

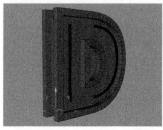

图4-12　　　　　　　　　　　　　图4-13

07 选中"圆环"选项，勾选"环状"，设置"半径"为5cm，"内部半径"为4.5cm，如图4-14所示。

图4-14

技巧与提示 ✐

在"扫描"的"基本"选项卡中勾选"透显"选项，外部的模型就会显示半透明效果，如图4-15所示。

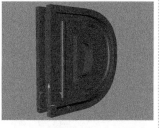

图4-15

---

08 使用"圆柱"工具 ▣圆柱 在场景中创建一个圆柱模型，设置"半径"为6cm，"高度"为8cm，"高度分段"为1，"旋转分段"为20，再勾选"圆角"，设置"分段"为1，"半径"为0.2cm，然后将其放置在模型的底部，如图4-16所示。

图4-16

09 将上一步创建的圆柱复制多个，分别摆放在扫描模型的端部，如图4-17所示。

10 使用"圆环"工具 ◯圆环 在场景中创建一个"半径"为6cm的圆环，如图4-18所示。

图4-17　　　　　　　　　　　　　图4-18

11 选中上一步创建的圆环，单击"转为可编辑对象"按钮 ◎，将其转换为可编辑样条，然后在"点"模式 ◉中选中图4-19所示的点并将其删除，效果如图4-20所示。

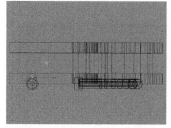

图4-19　　　　　　　　　　　　　图4-20

12 在顶视图中选中图4-21所示的起始点，然后按住Ctrl键向上移动一段距离，与文字模型相接，如图4-22所示。

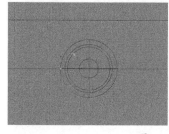

图4-21　　　　　　　　　　　　　图4-22

13 选中图4-23所示末端的点，然后单击鼠标右键，选择"点顺序>设置起点"选项，将其设置为起点，接着按照上一步的方法同样挤出一段距离与文字模型相接，如图4-24所示。

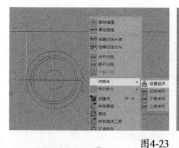

图4-23　　　　　　　　　　　　　图4-24

技巧与提示 ✐

只有将点设置为起点才能形成挤出的效果。

14. 使用"圆环"工具 ◎ 圆环 新建一个"半径"为0.8cm的圆环样条,然后使用"扫描"生成器 ❂ 扫描 将圆环与上一步调整好的样条进行扫描,生成的模型效果如图4-25所示。

15. 将生成的模型复制几份,效果如图4-26所示。

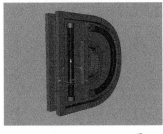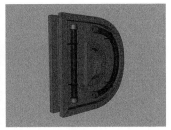

图4-25　　　　　图4-26

16. 使用"矩形"工具 ◻ 矩形 在场景中创建一个"宽度"为15cm、"高度"为6cm的矩形,然后勾选"圆角",设置"半径"为1cm,如图4-27所示。

图4-27

17. 为上一步绘制的矩形样条添加"挤压"生成器 ◉ ,设置"移动"为0.5cm,"倒角外形"为"圆角","尺寸"为0.2cm,"分段"为1,如图4-28所示。

图4-28

18. 将生成的矩形模型复制几份,放在圆环模型的后方,如图4-29所示。

19. 使用"样条画笔"工具 ◭ 绘制两条样条,如图4-30所示。

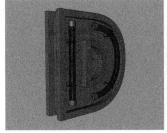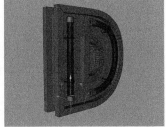

图4-29　　　　　图4-30

20. 使用"圆环"工具 ◎ 圆环 创建一个"半径"为2cm的圆环样条,然后使用"扫描"生成器 ❂ 扫描 生成模型,效果如图4-31所示。

21. 继续使用"样条画笔"工具 ◭ 绘制样条,如图4-32所示。

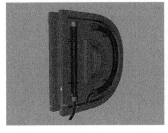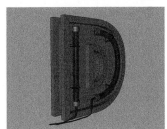

图4-31　　　　　图4-32

22. 使用"圆环"工具 ◎ 圆环 绘制一个"半径"为1cm的圆环样条,然后使用"扫描"生成器 ❂ 扫描 生成模型。案例最终效果如图4-33所示。

图4-33

实战：用可编辑样条制作抽象线条

场景位置	无
实例位置	实例文件>CH04>实战：用可编辑样条制作抽象线条.c4d
视频名称	实战：用可编辑样条制作抽象线条.mp4
难易指数	★★★☆☆
技术掌握	掌握样条编辑方法

本案例的抽象线条由样条、圆环和扫描生成器制成,案例效果如图4-34所示。

图4-34

01. 使用"样条画笔"工具 ◭ 在正视图中绘制样条,如图4-35所示。

02. 使用"圆环"工具 ◎ 圆环 绘制一个"半径"为20cm的圆环样条,然后设置"点插值方式"为"细分",如图4-36所示。

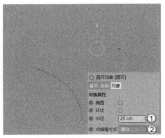

图4-35　　　　　图4-36

03▶ 为圆环添加"置换"变形器 ❖ 置换，在"着色器"通道中加载"噪波"贴图，如图4-37所示。

图4-37

04▶ 为样条和圆环添加"扫描"生成器 ❖ 扫描，然后设置"缩放"和"旋转"的曲线，如图4-38所示。生成的模型效果如图4-39所示。

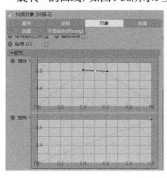

图4-38　　　　　　　　　　图4-39

05▶ 按照上面的方法再绘制两条样条，如图4-40所示。

06▶ 使用"圆环"工具 ◯ 圆环 绘制"半径"为30cm和50cm的两个圆环，然后添加"置换"变形器 ❖ 置换 和"扫描"生成器 ❖ 扫描，效果如图4-41所示。

图4-40　　　　　　　　　　图4-41

4.2　可编辑对象

本节将为读者讲解多边形建模。多边形建模的方法非常灵活，可以制作出大多数想要的效果。

本节工具介绍

工具名称	工具作用	重要程度
转为可编辑对象	将参数对象转换为可编辑状态	高
点模式	在点模式中编辑模型	高
边模式	在边模式中编辑模型	高
多边形模式	在多边形模式中编辑模型	高

4.2.1 转换可编辑对象

要想编辑三维模型，必须将其转换为可编辑对象。转换的方法十分简单，与转换可编辑样条一样，只需要选中需要转换的模型，然后单击"模式工具栏"中的"转为可编辑对象"按钮 ▣（快捷键为C），即可将其转换，如图4-42所示。

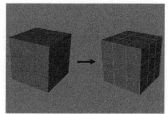

图4-42

技巧与提示 ✐

在"对象"面板中，转换为可编辑对象的立方体会从图4-43所示的图案变成图4-44所示的图案。

图4-43　　　　　　　　　图4-44

📢重点

4.2.2 编辑多边形对象

🎬 演示视频：048-编辑多边形对象

可编辑多边形有3种模式可以编辑，分别是"点" ▣、"边" ▣ 和"多边形" ▣。在左侧的"模式工具栏"中可以快速切换这3种模式，如图4-45~图4-47所示。

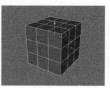

图4-45　　　　　图4-46　　　　　图4-47

☞ **点模式**

在不同模式下，单击鼠标右键，弹出菜单的内容不尽相同。图4-48所示是"点"模式 ▣ 下右键菜单的面板。

↶ 撤销(动作)	Shift+Z	⬚ 镜像	M~H
▦ 框显选取元素	Alt+S, S	⊞ 设置点值	M~U
⬚ 创建点	M~A	▦ 滑动	M~O
⬚ 桥接	M~B, B	⬚ 缝合	M~P
✎ 笔刷	M~C	⬚ 焊接	M~Q
⬚ 封闭多边形孔洞	M~D	⬚ 倒角	M~S
⬚ 连接点/边	M~M	⬚ 挤压	M~T, D
⬚ 多边形画笔	M~E	▦ 阵列	
⬚ 消除	M~N	⬚ 克隆	
⬚ 熨烫	M~G	⬚ 断开连接...	U~D, U~Shift+D ⚙
⬚ 线性切割	K~K, M~K	⬚ 融解	U~Z
⬚ 平面切割	K~J, M~J	⬚ 优化...	U~O, U~Shift+O ⚙
⬚ 循环/路径切割	K~L, M~L	⬚ 分裂	U~P
⬚ 磁铁	M~I		

图4-48

重要参数讲解

创建点：在模型的任意位置添加新的点。

桥接：将两个断开的点进行连接，如图4-49和图4-50所示。

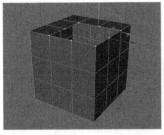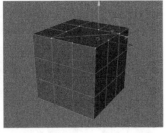

图4-49　　　　　　　　　　　图4-50

封闭多边形孔洞：将多边形孔洞直接封闭，如图4-51和图4-52所示。

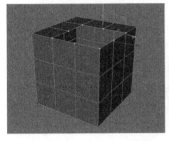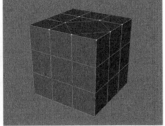

图4-51　　　　　　　　　　　图4-52

连接点/边：将选中的点或边相连，如图4-53和图4-54所示。

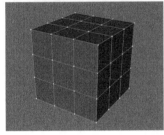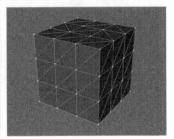

图4-53　　　　　　　　　　　图4-54

多边形画笔：可以在多边形上连接任意的点、线和多边形。

线性切割：在多边形上分割新的边。

循环/路径切割：沿着多边形的一圈点或边添加新的边，这是多边形建模中使用频率很高的工具，如图4-55所示。

倒角：对选中的点进行倒角，生成新的边，如图4-56所示。倒角工具也是多边形建模中使用频率很高的工具。

优化：优化当前模型。当倒角出现问题时，需要先优化模型，再进行倒角。

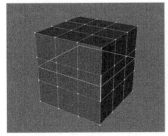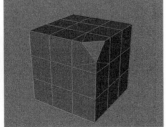

图4-55　　　　　　　　　　　图4-56

👉 **边模式**

图4-57所示是"边"模式下右键菜单的面板。

图4-57

💡 **技巧与提示**

"边"模式下的菜单命令与"点"模式相同，这里不再赘述。

👉 **多边形模式**

图4-58所示是"多边形"模式下右键菜单的面板。

图4-58

重要参数讲解

挤压：将选中的面挤出或压缩，如图4-59和图4-60所示。该工具是多边形建模时使用频率很高的工具。

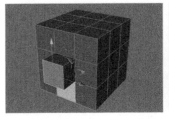

图4-59　　　　　　　　　　　图4-60

💡 **技巧与提示**

按住Ctrl键移动选中的面，可以将其快速挤出。

内部挤压：向内挤压选中的多边形，如图4-61所示。该工具也是多边形建模中使用频率很高的工具。

矩阵挤压：在挤压的同时缩放和旋转挤压出的多边形，通过设置"步数"控制挤压的个数，如图4-62所示。

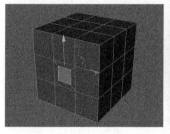
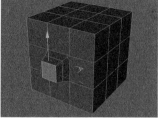

图4-61　　　　　　　　　　　图4-62

三角化：将选中的面变形为三角面，如图4-63所示。

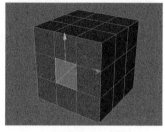

图4-63

实战：用可编辑对象制作卡通房子

场景位置	无
实例位置	实例文件>CH04>实战：用可编辑对象制作卡通房子.c4d
视频名称	实战：用可编辑对象制作卡通房子.mp4
难易指数	★★★☆☆
技术掌握	掌握可编辑对象建模

本案例的卡通房子模型由可编辑对象建模制作而成，案例效果如图4-64所示。

图4-64

01 使用"立方体"工具 在场景中创建一个立方体，然后设置"尺寸.X"为200cm，"尺寸.Y"为200cm，"尺寸.Z"为350cm，如图4-65所示。

图4-65

在可编辑对象建模时，模型的参数仅供参考，读者可按照比例创建模型。

02 按C键将上一步创建的立方体转换为可编辑对象，然后进入"多边形"模式 ，选中图4-66所示的多边形。

03 单击鼠标右键，在弹出的菜单中选择"内部挤压"工具 内部挤压，设置"偏移"为20cm，如图4-67所示。

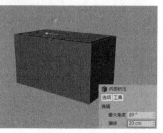

图4-66　　　　　　　　　　　图4-67

04 保持选中的面不变，单击鼠标右键，选择"挤压"工具 挤压，并设置"偏移"为-10cm，如图4-68所示。

05 在"边"模式 中，单击鼠标右键，选择"循环/路径切割"工具 循环/路径切割，在模型上添加循环线，如图4-69所示。

图4-68　　　　　　　　　　　图4-69

06 在"多边形"模式 中，选中图4-70所示的多边形，然后按Delete键将其删除，如图4-71所示。

图4-70　　　　　　　　　　　图4-71

07 使用"样条画笔"工具 沿着房子底部绘制样条，如图4-72所示。

08 在"点"模式 中，使用"创建点"工具在门口的位置创建两个点，如图4-73所示。

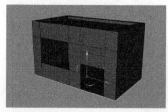

图4-72　　　　　　　　　　　图4-73

09 选中创建的两个点，然后单击鼠标右键，选择"断开连接"工具，并按Delete键删除线段，如图4-74所示。

10 使用"矩形"工具 _{矩形} 在场景中创建一个"宽度"为2cm，"高度"为10cm的矩形，并勾选"圆角"，设置"半径"为0.2cm，如图4-75所示。

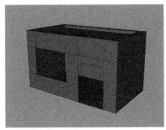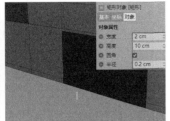

图4-74　　　　　　　　　　　图4-75

11 为样条和矩形添加"扫描"生成器 _{扫描}，生成的模型效果如图4-76所示。

12 使用"样条画笔"工具 绘制门框和窗框的路径，如图4-77所示。

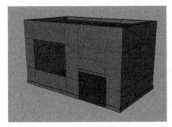

图4-76　　　　　　　　　　　图4-77

> **技巧与提示** ✅
>
> 门框和窗框的路径也可以使用"矩形"工具 _{矩形} 绘制。

13 继续创建两个"宽度"为10cm，"高度"为5cm的矩形，将其与绘制的样条进行扫描，效果如图4-78所示。

14 使用"平面"工具 _{平面} 创建一个与窗框大小一致的模型作为窗户的玻璃，如图4-79所示。

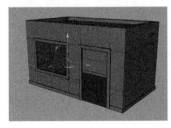

图4-78　　　　　　　　　　　图4-79

15 使用"矩形"工具 _{矩形} 创建两个大小不等的矩形作为门的轮廓，如图4-80所示。

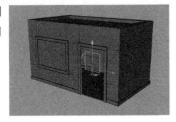

图4-80

16 使用"样条布尔"生成器 _{样条布尔} 将两个样条合并为一个样条，然后添加"挤压"生成器 _{挤压}，生成"移动"为2cm的门模型，如图4-81所示。

17 使用"平面"工具 _{平面} 创建一个平面，其大小与门玻璃大小相同，如图4-82所示。

图4-81　　　　　　　　　　　图4-82

> **技巧与提示** ✅
>
> 将两个立方体进行布尔运算后，也可以得到此步骤的效果。

18 使用"样条画笔"工具 在正视图中绘制遮阳棚的侧边轮廓，如图4-83所示。

19 单击鼠标右键，选择"创建轮廓"工具，为绘制的样条创建厚度，并调整点的位置，如图4-84所示。

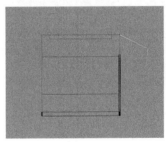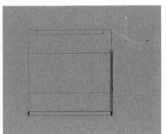

图4-83　　　　　　　　　　　图4-84

20 添加"挤压"生成器 _{挤压}，设置"移动"为353cm，如图4-85所示。

21 用"样条画笔"工具 在正视图中绘制3条样条，如图4-86所示。

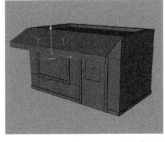

图4-85　　　　　　　　　　　图4-86

> **技巧与提示** ✅
>
> 从这一步开始仅为参考，读者可根据自己的兴趣制作其他招牌模型。

22 为3条样条分别添加"挤压"生成器 _{挤压}，生成招牌模型，效果如图4-87所示。

23 使用"圆柱"工具 _{圆柱} 在招牌模型下方创建两个圆柱模型作为支柱，如图4-88所示。

图4-87　　　　　　　　图4-88

24 使用"圆柱"工具 圆柱 和"球体"工具 球体 在房子旁边制作一个路灯模型，效果如图4-89所示。

25 为房子模型的边缘进行倒角，案例最终效果如图4-90所示。

图4-89　　　　　　　　图4-90

实战：用可编辑对象制作摩天轮

场景位置	无
实例位置	实例文件>CH04>实战：用可编辑对象制作摩天轮.c4d
视频名称	实战：用可编辑对象制作摩天轮.mp4
难易指数	★★★☆☆
技术掌握	掌握可编辑对象建模

本案例用圆柱和晶格生成器等制作摩天轮模型，效果如图4-91所示。

图4-91

01 使用"圆柱"工具 圆柱 在场景中创建一个圆柱体，设置"半径"为220cm，"高度"为100cm，"高度分段"为1，"旋转分段"为18，如图4-92所示。

02 按C键将上一步创建的圆柱转换为可编辑对象，然后单击"多边形"按钮 并选中图4-93所示的多边形。

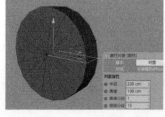

图4-92　　　　　　　　图4-93

疑难问答

问：怎样一次性选择连续的多边形？

答：图中所选择的多边形呈环状，如果逐一选择会比较烦琐，这里介绍一个高效而准确的选择方法。按V键后将光标移动到视图中弹出的"选择"菜单上，右边会继续弹出一个菜单，选择"环状选择"，如图4-94所示。这时只需要将光标移动到需要选择的多边形上，系统会自动显示环状的所有多边形，单击鼠标即可确认选择。

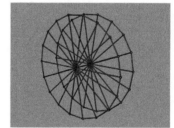

图4-94

03 按Delete键将选中的多边形删除，然后为其加载"晶格"生成器 晶格 ，如图4-95所示。

04 在"对象"面板选中"晶格"，在下方的"属性"面板中设置"圆柱半径"和"球体半径"都为2cm，如图4-96所示。

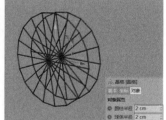

图4-95　　　　　　　　图4-96

05 使用"管道"工具 管道 在场景中创建一个管状模型，设置"内部半径"为215cm，"外部半径"为225cm，"旋转分段"为64，"高度"为10cm，"高度分段"为1，如图4-97所示。

06 将上一步创建的管道模型复制一份，然后移动到另一侧，如图4-98所示。

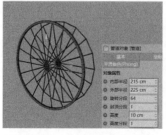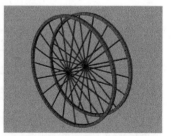

图4-97　　　　　　　　图4-98

07 使用"缩放"工具 将管道模型向内缩放复制一份，效果如图4-99所示。

图4-99

08 使用"圆柱"工具 ⬛圆柱 在摩天轮中心的位置创建一个圆柱体,然后在"对象"选项卡中设置"半径"为20cm,"高度"为160cm,"高度分段"为1,"旋转分段"为36。切换到"封顶"选项卡,勾选"圆角",设置"分段"为5,"半径"为10cm,如图4-100所示。

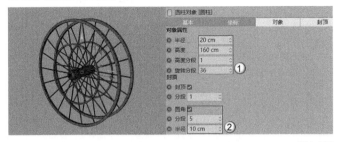

图4-100

09 使用"圆柱"工具 ⬛圆柱 在场景中创建一个圆柱体,设置"半径"为10cm,"高度"为400cm,如图4-101所示。

10 将上一步创建的圆柱体复制3份,旋转角度后形成摩天轮的支架,如图4-102所示。

图4-101　　　　　　　　　　　图4-102

11 使用"圆柱"工具 ⬛圆柱 在场景中创建一个圆柱体作为摩天轮的箱体,在"对象"选项卡中设置"半径"为40cm,"高度"为60cm,如图4-103所示。

12 将上一步创建的圆柱体转换为可编辑对象,单击"多边形"按钮⬛并选中图4-104所示的多边形。

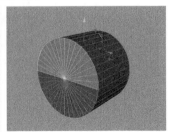

图4-103　　　　　　　　　　　图4-104

技巧与提示

为了方便建模操作,选中圆柱体模型后,在"模式工具栏"中单击"视窗单体独显"按钮⬛,将圆柱体孤立显示,隐藏其余模型。

13 保持选中的多边形不变,单击鼠标右键,在弹出的菜单中选择"内部挤压"工具 ⬛内部挤压,在"属性"面板中设置"偏移"为2cm,如图4-105和图4-106所示。

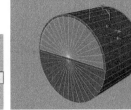

图4-105　　　　　　　　　　　图4-106

14 继续单击鼠标右键,在弹出的菜单中选择"挤压"工具 ⬛挤压,并在"属性"面板中设置"偏移"为-2cm,如图4-107所示。

15 用相同的方法制作圆柱下半部分的效果,如图4-108所示。

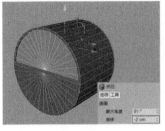

图4-107　　　　　　　　　　　图4-108

16 在"多边形"模式⬛中继续选中图4-109所示的多边形,然后使用"内部挤压"工具 ⬛内部挤压 向内挤压2cm,如图4-110所示。

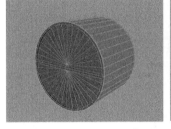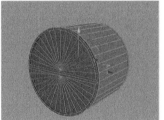

图4-109　　　　　　　　　　　图4-110

技巧与提示

使用"循环选择"工具 ⬛循环选择 可以快速选中图4-109所示的连续多边形。

17 使用"挤压"工具 ⬛挤压 挤压-2cm,效果如图4-111所示。

18 在"模式工具栏"中单击"模型"按钮⬛,返回模型状态,如图4-112所示。

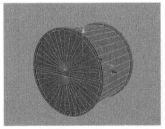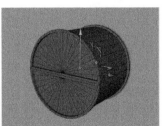

图4-111　　　　　　　　　　　图4-112

19 使用"圆柱"工具 ⬛圆柱 在箱体顶部创建一个圆柱体,设置"半径"为1cm,"高度"为100cm,如图4-113所示。

图4-113

20▶ 单击"关闭视窗独显"按钮 ，显示所有模型，并将箱体模型复制8份，效果如图4-114所示。

21▶ 使用"圆柱"工具 为其创建两个底座模型，模型大小不作规定，案例最终效果如图4-115所示。

图4-114

图4-115

技巧与提示 ✐

若读者在制作模型时出现卡顿现象，关闭模型的线框显示效果可以增强建模的流畅度。

实战：用可编辑对象制作低多边形树木

场景位置	无
实例位置	实例文件>CH04>实战：用可编辑对象制作低多边形树木.c4d
视频名称	实战：用可编辑对象制作低多边形树木.mp4
难易指数	★★★☆☆
技术掌握	掌握可编辑对象建模

本案例用圆柱、球体和减面生成器等制作低多边形效果的树木模型，案例效果如图4-116所示。

图4-116

01▶ 在场景中创建一个圆柱体，设置"半径"为100cm，"高度"为60cm，"高度分段"为1，"旋转分段"为8，如图4-117所示。

图4-117

02▶ 按C键将上一步创建的圆柱体转换为可编辑对象。在"模式工具栏"中单击"点"按钮 ，然后选中下方的点，将其放大，如图4-118所示。

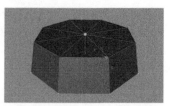
图4-118

03▶ 切换到"多边形"模式 ，选中图4-119所示的多边形，使用"挤压"工具 向上挤出30cm，如图4-120所示。

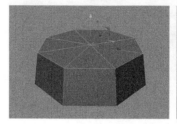
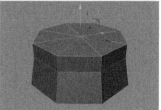

图4-119　　　　　图4-120

04▶ 保持多边形的选中状态，继续使用"挤压"工具 向上挤出120cm，如图4-121所示。

05▶ 将挤出的多边形向右移动一段距离并旋转，效果如图4-122所示。

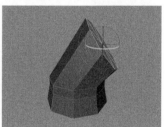

图4-121　　　　　图4-122

06▶ 继续使用"挤压"工具 向右挤出450cm，如图4-123所示。

07▶ 向右再次挤出60cm，然后使用"旋转"工具 将选中的多边形向左旋转一定角度，如图4-124所示。

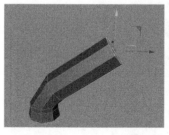
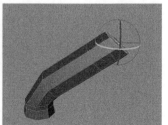

图4-123　　　　　图4-124

08▶ 使用"挤压"工具 向上挤出220cm，如图4-125所示。

技巧与提示 ✐

保持多边形的选中状态，按Ctrl键并使用"移动"工具 也可以将多边形挤出，与"挤压"工具 的效果相同。

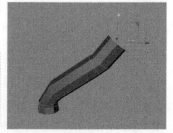
图4-125

09. 选中部分多边形并向上挤出180cm，然后用"移动"工具 ✛ 向右移动一段距离，效果如图4-126所示。

10. 使用"缩放"工具 🔲 将选中的多边形向内收缩一部分，形成树枝的效果，如图4-127所示。

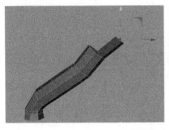 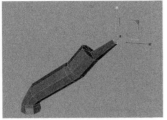

图4-126　　　　　　　　　　图4-127

11. 选中图4-128所示的多边形，向上挤出250cm，并向左移动，如图4-129所示。

 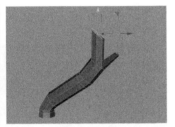

图4-128　　　　　　　　　　图4-129

12. 使用"旋转"工具 ⊘ 旋转多边形，使其保持齐平，并用"缩放"工具 🔲 将其缩小，形成树枝效果，如图4-130所示。

13. 单击"点"按钮 ⬛，然后使用"缩放"工具 🔲 将树干部分进行缩放，调整树干的造型，如图4-131所示。

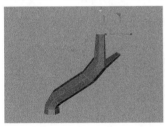 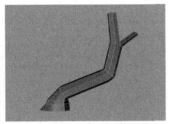

图4-130　　　　　　　　　　图4-131

14. 给模型添加"减面"生成器 🔺 减面 ，在"属性"面板中设置"减面强度"为50%，如图4-132所示。

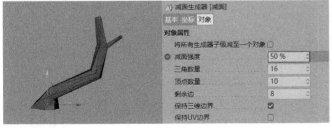

图4-132

15. 使用"球体"工具 ⬤ 球体 在场景中创建一个球体模型，设置"半径"为200cm，"分段"为24，"类型"为"二十面体"，如图4-133所示。

图4-133

16. 为球体添加"置换"变形器 🔳 置换 ，在"对象"选项卡中设置"高度"为80cm，然后在"着色"选项卡中为"着色器"添加"噪波"贴图，模型效果如图4-134所示。

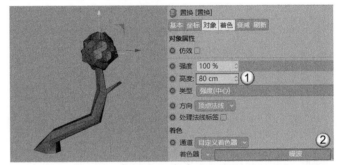

图4-134

17. 为球体添加"减面"生成器 🔺 减面 ，并设置"减面强度"为80%，如图4-135所示。

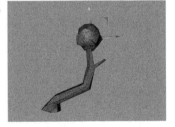

图4-135

18. 将调整好的球体复制多份，并随机调整其半径，树冠的效果如图4-137所示。

19. 观察整体模型，发现树干的根部比较细，整个画面看起来"头重脚轻"。选中树干模型，将根部放大，效果如图4-138所示。

图4-137 　　　　　　　　　　 图4-138

20 使用"圆柱"工具 在树根下方创建一个圆柱模型，然后在"对象"选项卡中设置"半径"为800cm，"高度"为20cm，在"封顶"选项卡中设置"分段"为10，如图4-139所示。

21 将上一步创建的圆柱体转换为可编辑对象，进入"点"模式 后任意调整圆柱体的边缘，效果如图4-140所示。

图4-139 　　　　　　　　　　 图4-140

22 为圆柱体添加"置换"变形器 ，并设置"高度"为40cm，如图4-141所示。

23 继续为圆柱体添加"减面"生成器 ，设置"减面强度"为90%，效果如图4-142所示。

图4-141 　　　　　　　　　　 图4-142

24 继续创建一个圆柱体，设置"半径"为1600cm，"高度"为20cm，如图4-143所示。

25 为上一步创建的圆柱体添加"置换"变形器 ，设置"高度"为30cm，如图4-144所示。

图4-143 　　　　　　　　　　 图4-144

26 调整地面两个圆柱之间的距离，使其部分重合，形成水面和陆地的效果。案例最终效果如图4-145所示。

图4-145

实战：用可编辑对象制作机械光柱

场景位置	无
实例位置	实例文件>CH04>实战：用可编辑对象制作机械光柱.c4d
视频名称	实战：用可编辑对象制作机械光柱.mp4
难易指数	★★★☆☆
技术掌握	掌握可编辑对象建模

　　本案例的机械光柱模型是由多边形建模制作而成的，模型效果如图4-146所示。

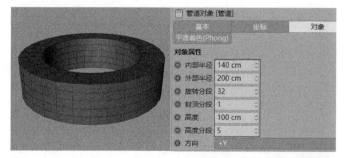

图4-146

01 使用"管道"工具 在场景中创建一个管道模型，设置"内部半径"为140cm，"外部半径"为200cm，"旋转分段"为32，"封顶分段"为1，"高度"为100cm，"高度分段"为5，如图4-147所示。

图4-147

02 按C键将创建的管道模型转换为可编辑对象，然后进入"边"模式 ，选中图4-148所示的边。

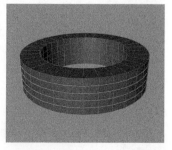

图4-148

答：如果使用"实时选择"工具选择曲面上的线段会很麻烦，需要一段一段地选取。使用"环状选择"工具也不能一次选中想要的线段。这个时候就需要使用"循环选择"工具。

"循环选择"工具和"环状选择"工具都位于"选择"菜单中，如图4-149所示。"循环选择"工具可以一次选中一圈的线段，这样用户就无须逐一单击线段进行选择了。

图4-149

03 移动选中的线段，形成图4-150所示的效果。

图4-150

04 在"多边形"模式 中，选中图4-151所示的多边形，然后使用"挤压"工具 向内挤出-10cm，如图4-152所示。

图4-151　　　　　　　　图4-152

05 使用"立方体"工具 创建一个"尺寸.X"为80cm，"尺寸.Y"为70cm，"尺寸.Z"为50cm的立方体模型，如图4-153所示。

06 将上一步创建的立方体模型转换为可编辑对象，然后调整造型，如图4-154所示。

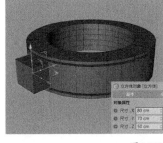

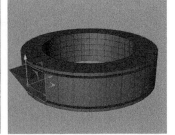

图4-153　　　　　　　　图4-154

07 在"多边形"模式 中，选中图4-155所示的多边形，然后使用"内部挤压"工具 向内挤出10cm，如图4-156所示。

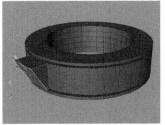

图4-155　　　　　　　　图4-156

08 同样将上方的多边形也使用"内部挤压"工具 向内挤出10cm，如图4-157所示。

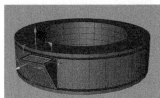

图4-157

图4-158

09 将选中的两个多边形使用"挤压"工具 向外挤出5cm，如图4-159所示。

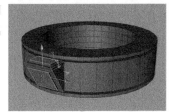

图4-159

10 选中图4-160所示的多边形，使用"内部挤压"工具 向外挤出-10cm，与下方的模型齐平，如图4-161所示。

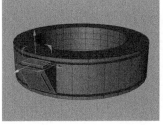

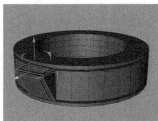

图4-160　　　　　　　　图4-161

11 保持选中的多边形不变，使用"挤压"工具 向上挤出25cm，如图4-162所示。

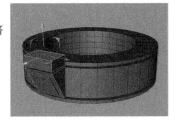

图4-162

⑫ 使用"内部挤压"工具 和"挤压"工具 向上挤出一段模型，如图4-163所示。

⑬ 继续使用"内部挤压"工具 和"挤压"工具 向上挤出一段模型，如图4-164所示。

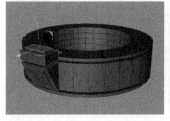 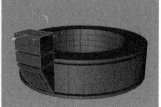

图4-163　　　　　　　图4-164

⑭ 在"点"模式 中，选中模型上方的点并缩小，效果如图4-165所示。

⑮ 将制作好的模型复制3份，分别摆放在管道模型的周围，如图4-166所示。

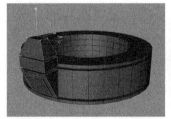 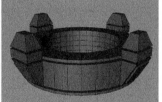

图4-165　　　　　　　图4-166

⑯ 使用"管道"工具 在模型中心创建一个管道模型，设置"内部半径"为80cm，"外部半径"为135cm，"旋转分段"为24，"封顶分段"为1，"高度"为120cm，"高度分段"为1，如图4-167所示。

图4-167

⑰ 使用"立方体"工具 创建一个立方体模型，然后将其转换为可编辑对象，并调整其造型，如图4-168所示。

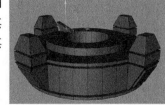

图4-168

⑱ 为上一步创建的立方体添加"克隆"生成器 ，在"对象"选项卡中设置"模式"为"放射"，"数量"为33，"半径"为110cm，"平面"为XZ。切换到"变换"选项卡，设置"旋转.H"为-90°，如图4-169所示。

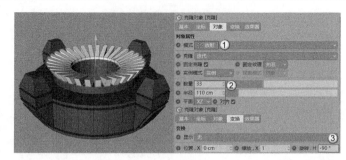

图4-169

技巧与提示
"克隆"生成器 的具体内容请参阅"第10章　运动图形"的相关内容。

⑲ 使用"管道"工具 在场景中创建"内部半径"为145cm，"外部半径"为195cm，"旋转分段"为32，"封顶分段"为1，"高度"为15cm，"高度分段"为1的管道模型，如图4-170所示。

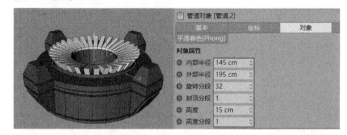

图4-170

⑳ 为上一步创建的管道模型添加"倒角"变形器 ，设置"偏移"为2cm，如图4-171所示。

㉑ 将克隆的模型复制一份并缩小，效果如图4-172所示。

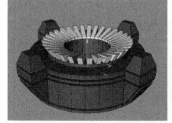 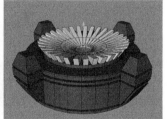

图4-171　　　　　　　图4-172

㉒ 使用"球体"工具 创建一个球体模型，如图4-173所示。

㉓ 继续使用"球体"工具 在场景中创建一个半球体模型，如图4-174所示。

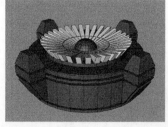 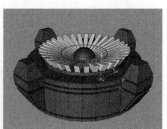

图4-173　　　　　　　图4-174

24 将半球体复制多份，然后摆放在管道模型上，效果如图4-175所示。

25 为模型添加"倒角"变形器 ，模型最终效果如图4-176所示。

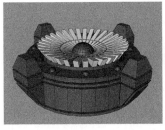 

图4-175　　　　　　　　　　　　　图4-176

实战：用可编辑对象制作卡通角色

场景位置	无
实例位置	实例文件>CH04>实战：用可编辑对象制作卡通角色.c4d
视频名称	实战：用可编辑对象制作卡通角色.mp4
难易指数	★★★★☆
技术掌握	掌握可编辑对象建模

本案例用球体和一些生成器制作卡通角色模型，案例效果如图4-177所示。

图4-177

01 在场景中创建一个球体，然后设置"半径"为100cm，"类型"为"六面体"，如图4-178所示。

02 按C键将其转换为可编辑对象，在"点"模式 中，单击鼠标右键，选择"笔刷"工具 ，切换到右视图中调整球体的造型，如图4-179所示。

图4-178　　　　　　　　　　　　　图4-179

03 切换到正视图中继续调整模型的形状，如图4-180所示。

技巧与提示
具体调整过程请观看配套教学视频。

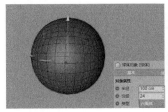

图4-180

04 将模型删除一半，如图4-181所示。为模型添加"对称"生成器 对称 ，如图4-182所示。

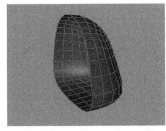 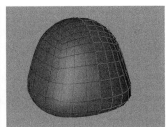

图4-181　　　　　　　　　　　　　图4-182

技巧与提示
添加"对称"生成器 对称 可以让模型左右两边完全一致。即使调整模型的形态，对称的另一侧也会同时改变。

05 在"多边形"模式 中，选中图4-183所示的多边形，然后使用"挤压"工具 挤压 挤出10cm，如图4-184所示。

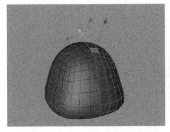 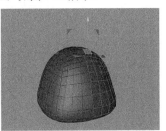

图4-183　　　　　　　　　　　　　图4-184

06 将挤出的多边形缩放并拼合在一起，如图4-185所示。

07 继续使用"挤压"工具 挤压 将多边形挤出6cm，如图4-186所示。

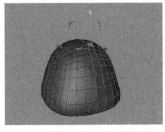 

图4-185　　　　　　　　　　　　　图4-186

08 将挤出的多边形缩放并调整形态，效果如图4-187所示。

09 使用"球体"工具 球体 在场景中创建"半径"为20cm的球体模型作为眼睛，如图4-188所示。

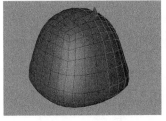 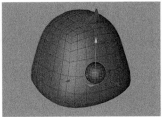

图4-187　　　　　　　　　　　　　图4-188

技巧与提示
如果调整模型后，左右两侧的模型拼合缝隙处有空隙或重叠，在"对称"的属性中增加"公差"数值就可消除。

10 将球体转换为可编辑对象，使用"缩放"工具 调整球体的形状，如图4-189所示。

11 将眼睛的球体向下复制一份，并使用"缩放"工具 调整形状，作为嘴巴模型，如图4-190所示。

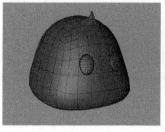

图4-189　　　　　　　　　　图4-190

12 创建一个球体作为角色模型的脖子，设置"半径"为100cm，如图4-191所示。

13 按C键将上一步创建的球体转换为可编辑对象，使用"缩放"工具 调整模型的形状，如图4-192所示。

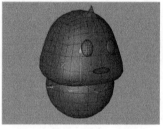

图4-191　　　　　　　　　　图4-192

14 使用"球体"工具 创建一个"半径"为140cm的半球体作为蛋壳模型，如图4-193所示。

15 将上一步创建的半球体转换为可编辑对象，在"边"模式 中使用"循环/路径切割"工具 添加一条循环分段线，如图4-194所示。

图4-193　　　　　　　　　　图4-194

16 切换到"点"模式 ，调整点的位置，如图4-195所示。

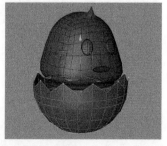

图4-195

17 此时的蛋壳模型是单面模型，没有厚度。为蛋壳模型添加"布料曲面"生成器 ，并设置"厚度"为5cm，如图4-196所示。

18 为蛋壳模型添加"细分曲面"生成器 ，将"布料曲面"作为"细分曲面"的子层级，如图4-197所示。

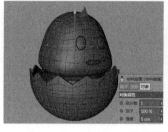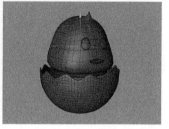

图4-196　　　　　　　　　　图4-197

19 同样为头部模型添加"细分曲面"生成器 ，将"对称"作为"细分曲面"的子层级，如图4-198所示。

⌐ 技巧与提示 ✐

选中"对称"后，按住Alt键再单击"细分曲面"按钮 ，"细分曲面"将自动成为"对称"的父层级。

20 调整模型的细节部分，模型最终效果如图4-199所示。

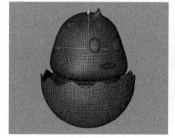

图4-198　　　　　　　　　　图4-199

实战：用可编辑对象制作创意模型

场景位置	无
实例位置	实例文件>CH04>实战：用可编辑对象制作创意模型.c4d
视频名称	实战：用可编辑对象制作创意模型.mp4
难易指数	★★★★☆
技术掌握	掌握可编辑对象建模

本案例用球体、文本和晶格生成器等工具制作创意模型，案例效果如图4-200所示。

图4-200

01 使用"文本"工具 在场景中创建一个文本样条，设置"文本"为C4D，"字体"为"方正兰亭中黑"，"高度"为100cm，如图4-201所示。

图4-201

02 为创建的文本样条添加"挤压"生成器，设置"移动"为20cm，"倒角外形"为"圆角"，"尺寸"为3cm，"分段"为3，如图4-202所示。

图4-202

03 使用"球体"工具 ● 球体 在场景中创建一个球体模型，设置"半径"为220cm，"分段"为64，如图4-203所示。

04 此时球体是单面模型，需要为其添加厚度。为球体添加"布料曲面"生成器 ● 布料曲面，设置"厚度"为1cm，如图4-204所示。

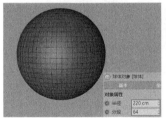 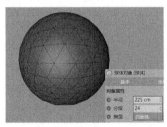

图4-203   图4-204

技巧与提示 ✔

球体添加厚度后，赋予透明类材质才能显示正确的折射效果。

05 将球体模型复制一份，修改"半径"为225cm，"分段"为24，"类型"为"四面体"，如图4-205所示。

06 为修改后的球体添加"晶格"生成器 ◆ 晶格，设置"圆柱半径"为1cm，"球体半径"为5cm，如图4-206所示。

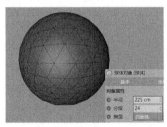 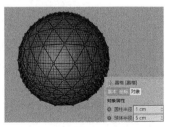

图4-205   图4-206

07 使用"管道"工具 □ 管道 在球体下方创建一个管道模型，设置"内部半径"为110cm，"外部半径"为180cm，"旋转分段"为36，"封顶分段"为1，"高度"为50cm，"高度分段"为1，如图4-207所示。

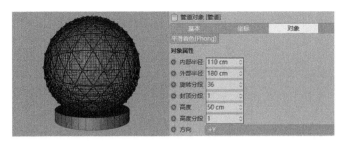

图4-207

08 将上一步创建的管道模型转换为可编辑对象，然后在"边"模式 中选中图4-208所示的边，接着用"倒角"工具 创角 将其倒角15cm，如图4-209所示。

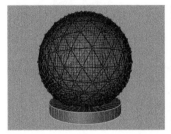 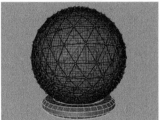

图4-208   图4-209

09 使用"圆柱"工具 圆柱 在管道模型下方创建一个圆柱模型，设置"半径"为250cm，"高度"为80cm，"高度分段"为1，"旋转分段"为32，如图4-210所示。

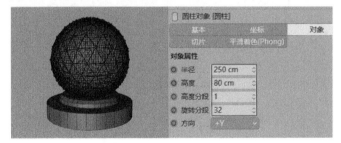

图4-210

10 将上一步创建的圆柱模型转换为可编辑对象，然后在"多边形"模式 中选中图4-211所示的多边形，接着使用"内部挤压"工具 内部挤压 向内挤出65cm，如图4-212所示。

图4-211   图4-212

技巧与提示 ✔

这一步使用"内部挤压"工具 内部挤压 是为了在选中的多边形上添加一圈边，读者也可以在"边"模式 中使用"循环/路径切割"工具 循环/路径切割 得到同样的效果。

⑪ 保持选中的多边形不变，然后使用"挤压"工具 ⬛挤压 向下挤出-30cm，如图4-213所示。

图4-213

⑫ 切换到"边"模式 ⬛，选中图4-214所示的边，然后使用"缩放"工具 ⬛ 将边向外移动一段距离，如图4-215所示。

图4-214　　　　　　　　　　　图4-215

⑬ 选中图4-216所示的边，使用"倒角"工具 ⬛倒角 为其倒角17cm，效果如图4-217所示。

 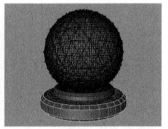

图4-216　　　　　　　　　　　图4-217

⑭ 此时模型的棱角有些锐利。使用"循环选择"工具 ⬛ 循环选择 选中图4-218所示的边，然后使用"倒角"工具 ⬛ 倒角 为其倒角9cm，效果如图4-219所示。

图4-218　　　　　　　　　　　图4-219

⑮ 调整模型的细节，案例最终效果如图4-220所示。

图4-220

重点

实战：用可编辑对象制作智能芯片

场景位置	无
实例位置	实例文件>CH04>实战：用可编辑对象制作智能芯片.c4d
视频名称	实战：用可编辑对象制作智能芯片.mp4
难易指数	★★★★☆
技术掌握	掌握可编辑对象建模

本案例使用立方体、文本和样条画笔等制作智能芯片模型，案例效果如图4-221所示。

 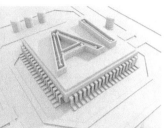

图4-221

① 使用"立方体"工具 ⬛ 在场景中创建一个立方体模型，设置"尺寸.X"为400cm，"尺寸.Y"为50cm，"尺寸.Z"为400cm，如图4-222所示。

② 将上一步创建的立方体转换为可编辑对象，然后在"多边形"模式 ⬛ 中选中图4-223所示的多边形。

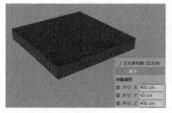 

图4-222　　　　　　　　　　　图4-223

③ 使用"内部挤压"工具 ⬛ 内部挤压 将选中的多边形向内挤出10cm，然后使用"挤压"工具 ⬛ 挤压 向上挤出10cm，如图4-224和图4-225所示。

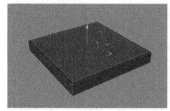 

图4-224　　　　　　　　　　　图4-225

④ 切换到"边"模式 ⬛，选中图4-226所示的边，然后使用"倒角"工具 ⬛ 倒角 为其倒角1.5cm，如图4-227所示。

图4-226　　　　　　　　　　　图4-227

05 用"样条画笔"工具 在正视图中绘制样条,如图4-228所示。

06 使用"创建轮廓"工具 创建轮廓 为绘制的样条创建-3cm的轮廓,如图4-229所示。

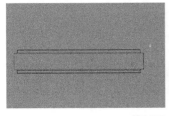 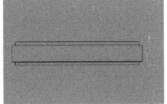

图4-228 图4-229

07 为样条添加"挤压"生成器 ,设置"移动"为10cm,"尺寸"为1cm,"分段"为1,如图4-230所示。

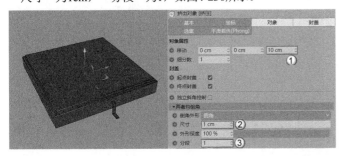

图4-230

08 为"挤压"的模型添加"克隆"生成器 ,设置"模式"为"线性","数量"为19,"位置.Z"为20cm,如图4-231所示。

图4-231

09 将克隆的模型复制3份,分别放置在立方体的另外3侧,如图4-232所示。

图4-232

10 使用"文本"工具 在场景中创建文本样条,设置"文本"为AI,"字体"为"方正兰亭中黑","高度"为300cm,如图4-233所示。

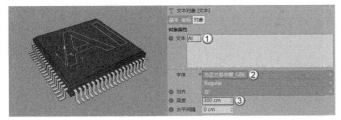

图4-233

11 为文本样条添加"挤压"生成器 ,设置"移动"为30cm,如图4-234所示。

12 将挤压生成的字体模型转换为可编辑对象,然后选中图4-235所示的多边形。

图4-234 图4-235

13 使用"内部挤压"工具 内部挤压 将选中的多边形向内挤出6cm,然后使用"挤压"工具 挤压 向下挤出-20cm,如图4-236和图4-237所示。

图4-236 图4-237

14 在"边"模式 中为字体模型的边缘倒角1cm,如图4-238所示。

15 使用"圆柱"工具 圆柱 在字体模型中创建一个圆柱模型,具体参数设置如图4-239所示。

图4-238 图4-239

16 使用"管道"工具 管道 在圆柱模型外创建一个管道模型,具体参数设置如图4-240所示。

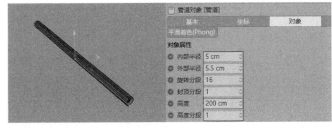

图4-240

17 使用"圆柱"工具 圆柱 在管道模型的两端创建两个大小一致的圆柱模型,具体参数设置如图4-241所示。

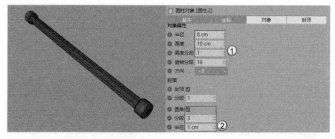

图4-241

18 将制作好的灯管模型复制到AI字母的模型空隙内，需要灵活调整灯管的长度，效果如图4-242所示。

19 使用"样条画笔"工具 绘制电路的路径，如图4-243所示。电路的路径这里仅供参考，读者可根据需要自行绘制。

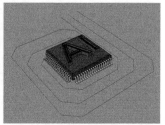

图4-242　　　　　　　　图4-243

20 使用"矩形"工具 在场景中创建一个"宽度"为20cm，"高度"为2cm的矩形，然后使用"扫描"生成器 与电路的路径进行扫描，效果如图4-244所示。

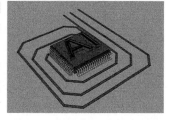

图4-244

21 使用"圆柱"工具 在场景中创建一个圆柱模型，具体参数设置如图4-245所示。

图4-245

22 使用"圆环"工具 在圆柱模型的下方创建一个圆环模型，具体参数设置如图4-246所示。

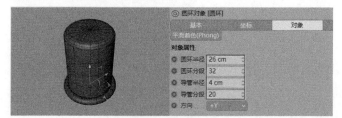

图4-246

23 使用"立方体"工具 在场景中创建一个立方体模型，具体参数设置如图4-247所示。

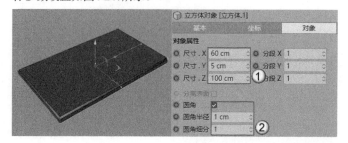

图4-247

24 将制作的圆柱模型和立方体模型复制多个放置在场景中。案例最终效果如图4-248所示。

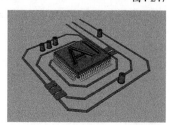

图4-248

实战：用可编辑对象制作音乐播放器

场景位置	无
实例位置	实例文件>CH04>实战：用可编辑对象制作音乐播放器.c4d
视频名称	实战：用可编辑对象制作音乐播放器.mp4
难易指数	★★★★☆
技术掌握	掌握可编辑对象建模

本案例使用立方体、圆柱和多边等工具制作音乐播放器模型，案例效果如图4-249所示。

图4-249

01 使用"立方体"工具 在场景中创建一个立方体模型，设置"尺寸.X"和"尺寸.Y"都为200cm，"尺寸.Z"为80cm，如图4-250所示。

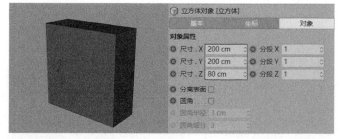

图4-250

02 将立方体转换为可编辑对象，在"边"模式 中选中图4-251所示的边。

03 使用"倒角"工具 倒角 为选中边进行倒角，设置"偏移"为50cm，"细分"为6，如图4-252所示。

图4-251　　　　　　　　　　图4-252

04 选中图4-253所示的边，然后使用"缩放"工具 向内缩小一部分，效果如图4-254所示。

图4-253　　　　　　　　　　图4-254

05 切换到"多边形"模式 ，选中图4-255所示的多边形，然后使用"挤压"工具 挤压 向外挤出50cm，如图4-256所示。

 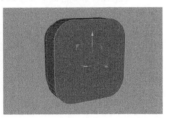

图4-255　　　　　　　　　　图4-256

06 继续使用"挤压"工具 挤压 将多边形向外挤出30cm，然后使用"缩放"工具 向内缩小，如图4-257和图4-258所示。

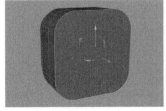 

图4-257　　　　　　　　　　图4-258

> **技巧与提示** ✐
>
> 缩放后的多边形与正面的多边形大小相同。

07 调整模型整体的厚度，效果如图4-259所示。

图4-259

08 在"多边形"模式 中选中图4-260所示的多边形，然后使用"内部挤压"工具 内部挤压 向内挤出5cm，如图4-261所示。

图4-260　　　　　　　　　　图4-261

09 保持选中的多边形不变，然后使用"挤压"工具 挤压 向内挤出-5cm，如图4-262所示。

图4-262

10 切换到"边"模式 ，然后选中图4-263所示的边，使用"倒角"工具 倒角 为其倒角，设置"偏移"为2.5cm，"细分"为3，如图4-264所示。

图4-263　　　　　　　　　　图4-264

11 使用"圆柱"工具 圆柱 在场景内创建一个圆柱模型，如图4-265所示。

12 将圆柱模型转换为可编辑对象，然后在"多边形"模式 中选中图4-266所示的多边形。

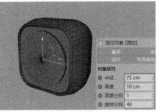 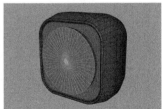

图4-265　　　　　　　　　　图4-266

13 使用"内部挤压"工具 内部挤压 向内挤出10cm，然后使用"挤压"工具 挤压 向内挤出-8cm，如图4-267和图4-268所示。

 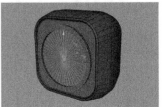

图4-267　　　　　　　　　　图4-268

14 切换到"边"模式🔲，选中图4-269所示的边，然后使用"倒角"工具🔲 倒角 为其倒角，参数设置如图4-270所示。

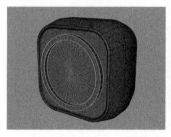 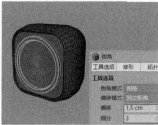

图4-269   图4-270

15 使用"圆柱"工具 🔲 圆柱 在场景内创建一个圆柱模型，具体参数设置如图4-271所示。

16 将上一步创建的圆柱模型转换为可编辑对象，在"多边形"模式🔲中选中图4-272所示的多边形。

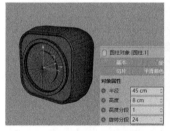 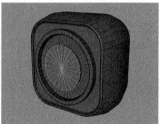

图4-271   图4-272

17 保持选中的多边形不变，使用"内部挤压"工具 🔲 内部挤压 向内挤出3cm，然后使用"挤压"工具 🔲 挤压 向内挤出-3cm，如图4-273和图4-274所示。

 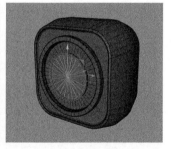

图4-273   图4-274

18 切换到"边"模式🔲，选中图4-275所示的边，然后使用"倒角"工具🔲 倒角 为其倒角，具体参数设置如图4-276所示。

 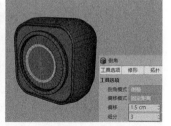

图4-275   图4-276

19 使用"立方体"工具🔲在场景中创建一个立方体模型，具体参数设置如图4-277所示。

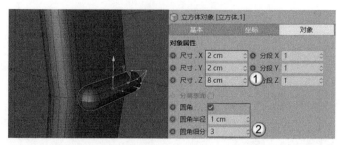

图4-277

20 为立方体添加"克隆"生成器🔲，设置"模式"为"放射"，"数量"为35，"半径"为46cm，如图4-278所示。

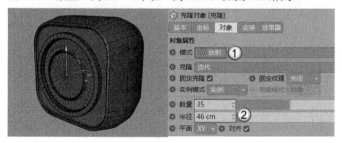

图4-278

21 使用"多边"工具🔲 多边 在场景中创建一个样条，设置"半径"为35cm，"侧边"为3，勾选"圆角"，设置"半径"为3cm，如图4-279所示。

图4-279

22 为上一步绘制的多边样条添加"挤压"生成器🔲，设置"移动"为10cm，"尺寸"为3cm，"分段"为3，如图4-280所示。

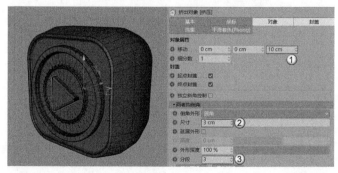

图4-280

23 使用"圆环"工具🔲 圆环 在场景中创建一个圆环模型，设置"圆环半径"为55cm，"圆环分段"为64，"导管半径"为3cm，"导管分段"为16，勾选"切片"，设置"起点"为0°，"终点"为270°，如图4-281所示。

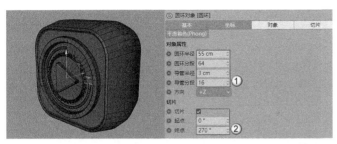

图4-281

24 使用"球体"工具 ◎球体 在圆环的端点位置创建一个"半径"为5cm的球体模型，如图4-282所示。

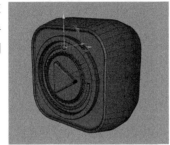

图4-282

25 使用"立方体"工具 ◎ 在模型上方创建一个立方体模型，具体参数设置如图4-283所示。

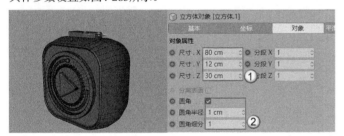

图4-283

26 将立方体模型复制一份，然后修改其参数，如图4-284所示。

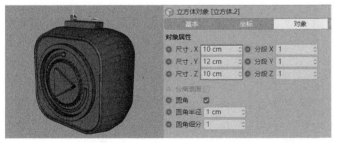

图4-284

27 将立方体向右复制一份，然后修改其参数，如图4-285所示。

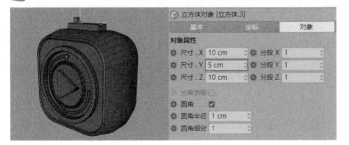

图4-285

28 将高的立方体复制4个，放在矮立方体的右侧，如图4-286所示。

29 细化模型后，案例的最终效果如图4-287所示。

图4-286   图4-287

4.3 雕刻

Cinema 4D的雕刻系统可以通过预置的各种笔刷配合多边形建模，制作出形态丰富的模型，尤其适合制作液态类模型。

本节工具介绍

工具名称	工具作用	重要程度
笔刷	用于雕刻模型	高

4.3.1 切换雕刻界面

除了在"菜单栏"中选择雕刻的笔刷，Cinema 4D也提供了专门的雕刻界面，以方便操作。打开"界面"菜单，然后选择Sculpt选项，如图4-288所示，系统界面将切换到用于雕刻的界面，如图4-289所示。

图4-288

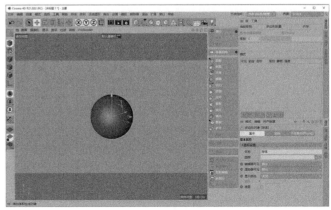

图4-289

4.3.2 笔刷

演示视频：049-笔刷

Cinema 4D雕刻系统的预置笔刷有些类似于ZBrush的笔刷，可以实现抓取、挤捏和铲平等效果，笔刷面板如图4-290所示。

技巧与提示

只有可编辑对象才能使用雕刻的笔刷，其余状态的对象都不能使用。

图4-290

重要参数讲解

细分：设置模型的细分数量，数值越大，模型的网格越多。

技巧与提示

网格越多，模型雕刻的效果越细腻，但所消耗的内存也越多。过多的网格会使系统运行速度减慢，甚至会导致软件意外退出。

减少：减少模型网格数量。

增加：增加模型网格数量。

拉起：部分模型被拉起，形成膨胀效果，如图4-291所示。

抓取：拖曳选取的对象，如图4-292所示。

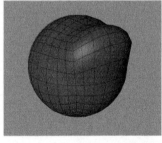 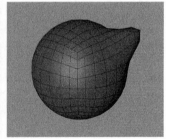

图4-291   图4-292

平滑：让选取的点变得平滑。

切刀：让模型表面产生凹陷的褶皱，如图4-293所示。

挤捏：将顶点挤捏在一起。

膨胀：沿着模型法线方向移动点，如图4-294所示。

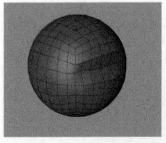 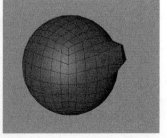

图4-293   图4-294

实战：用雕刻工具制作甜甜圈

场景位置	无
实例位置	实例文件>CH04>实战：用雕刻工具制作甜甜圈.c4d
视频名称	实战：用雕刻工具制作甜甜圈.mp4
难易指数	★★★★☆
技术掌握	掌握常用的雕刻工具

本案例的甜甜圈模型由可编辑对象建模和雕刻建模两部分制成，模型效果如图4-295所示。

图4-295

01. 在场景中创建一个管道模型，设置"内部半径"为100cm，"外部半径"为200cm，"高度"为60cm，"高度分段"为1，勾选"圆角"，并设置"分段"为8，"半径"为20cm，如图4-296所示。

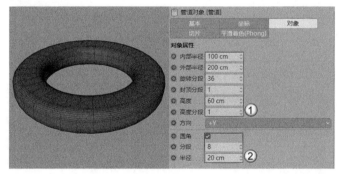

图4-296

02. 将上一步创建的管道模型复制一份，然后修改"内部半径"为115cm，"外部半径"为205cm，"封顶分段"为4，"高度分段"为20cm，接着修改圆角的"分段"为2，"半径"为10cm，如图4-297所示。

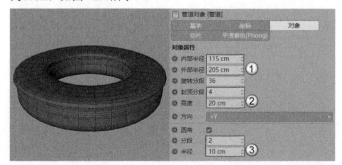

图4-297

03. 按C键将修改后的管道模型转换为可编辑对象，然后进入"多边形"模式，用"挤压"工具 挤压 挤出边缘的面，效果如图4-298所示。

04 选中挤出的多边形上下移动，效果如图4-299所示。这样可以做出酱料流动的大致效果。

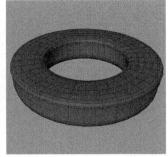

图4-298　　　　　　　　　　图4-299

05 将"界面"切换到Sculpt，然后单击"细分"按钮 ，增加上方模型的细分，以方便接下来的雕刻工作，如图4-300所示。

06 使用"拉起"工具 ，制作出酱料模型的液体感，如图4-301所示。

图4-300　　　　　　　　　　图4-301

技巧与提示 ✏️

"平滑"工具 可以将拉起过多的多边形进行平滑处理。

---

07 使用"膨胀"工具 让甜甜圈上方形成圆弧效果，如图4-302所示。

08 继续使用"拉起"工具 增加小细节，并用"平滑"工具 让甜甜圈的边缘更加圆滑，如图4-303所示。

图4-302　　　　　　　　　　图4-303

09 返回标准界面，在场景中创建一个圆柱模型，设置"半径"为3cm，"高度"为15cm，"高度分段"为1，"旋转分段"为36，勾选"圆角"，设置"分段"为2，"半径"为3cm，如图4-304所示。

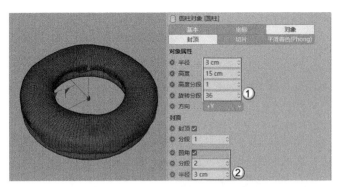

图4-304

10 为"圆柱"添加"克隆"生成器 ，然后将"圆柱"放置于"克隆"的下方作为子层级，如图4-305所示。

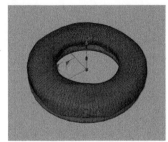

图4-305

11 选中"克隆"，设置"模式"为"对象"，"对象"为"管道.1"，"分布"为"表面"，"数量"为200，如图4-306所示。

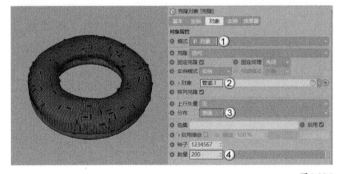

图4-306

技巧与提示 ✏️

修改"种子"的参数可以更改圆柱随机排列的位置。

---

12 为"克隆"添加"随机"效果器 ，然后勾选"等比缩放"选项，设置"缩放"为0.25，"R.B"为160°，如图4-307所示。甜甜圈的最终效果如图4-308所示。

图4-307　　　　　　　　　　图4-308

实战：用雕刻工具制作糖果

场景位置	无
实例位置	实例文件>CH04>实战：用雕刻工具制作糖果.c4d
视频名称	实战：用雕刻工具制作糖果.mp4
难易指数	★★★★☆
技术掌握	掌握常用的雕刻工具

本案例中的糖果模型通过立方体和雕刻工具共同制作，其中溶化的糖浆是通过雕刻工具实现，案例效果如图4-309所示。

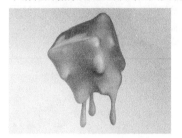

图4-309

01. 使用"立方体"工具 ⬜ 立方体 在场景中创建一个立方体模型，设置"尺寸.X""尺寸.Y""尺寸.Z"都为200cm，"分段X""分段Y""分段Z"都为4，勾选"圆角"，设置"圆角半径"为25cm，"圆角细分"为3，如图4-310所示。

图4-310

02. 将立方体旋转，并转换为可编辑对象，如图4-311所示。

03. 进入"多边形"模式 ▣，任意选中一些多边形，使用"挤压"工具 挤压 将其向下挤出一段距离，如图4-312所示。

图4-311   图4-312

04. 切换到"点"模式 ▣，调整下方挤出模型的形状，使其形成水滴的大致效果，如图4-313所示。

05. 将"界面"切换到Sculpt，然后单击"细分"按钮 ，增加模型的细分，以方便接下来的雕刻工作，如图4-314所示。

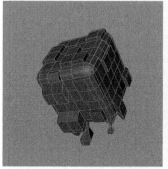

图4-313   图4-314

06. 使用"平滑"工具 平滑 将模型上明显的棱角部分处理平滑，以方便后期继续造型，如图4-315所示。

07. 使用"膨胀"工具 膨胀 将溶化的液体部分放大，形成水滴效果，如图4-316所示。如果在操作时膨胀的部分过大，可以用"平滑"工具 平滑 消除。

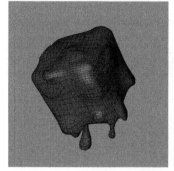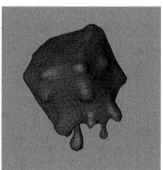

图4-315   图4-316

08. 使用"抓取"工具 抓取 将向下流动的液体部分向下拖曳出不同的长度，配合"挤捏"工具 挤捏 形成水滴效果，如图4-317所示。

> 技巧与提示 🖊
>
> 如果在雕刻时感觉模型效果不到位，可以增加一次"细分"。

09. 使用"平滑"工具 平滑 修饰模型，案例最终效果如图4-318所示。

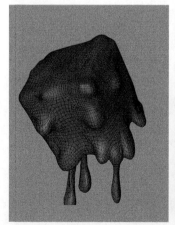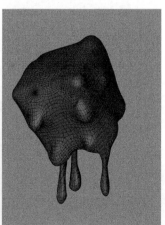

图4-317   图4-318

技术专题 ❶ N-gon线和极点

在Cinema 4D建模时，经常会遇到模型出现三角面的情况，但在建模时我们又要尽量避免三角面。三角面既不利于布线，也不利于后期曲面的平滑处理。

当有三角面时，就会出现N-gon线。N-gon线可以理解为一条为了支撑面而自动生成的一条虚无的线，如图4-319所示。当下图中左边的模型任意切割几条线后，自动生成的绿色的N-gon线就会将新切出来的线连接到下面的边上。

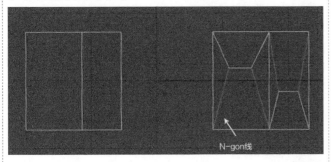

图4-319

当我们切换到"多边形"模式后，还是会发现多边形是一个整体，并没有因为生成了N-gon线而将多边形分割为多个小多边形，如图4-320所示。

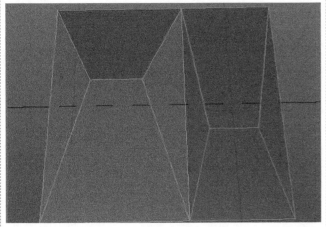

图4-320

当一个点上有3条边或更多的边时，就会形成极点。例如，一个顶点有5条边，就叫作5极点，如图4-321所示。极点在建模时是无法避免的，但我们在建模时还是要尽量避免5极点或更多的极点。

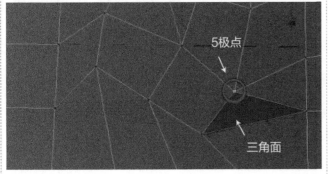

图4-321

如果是规整的四边形，使用"循环选择" 循环选择 或"环状选择" 环状选择 时可以很方便地选中连续的点、边或多边形，但如果遇到5极点或多极点的情况，就会打断连续选择，如图4-322所示。

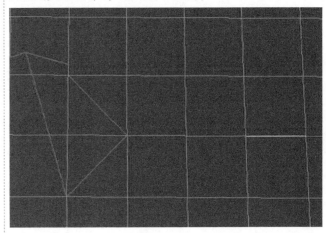

图4-322

遇到这种情况时，可以按住Shift+Ctrl组合键，然后选中需要连续的点、边或多边形，中间的部分就会被选中，如图4-323所示。

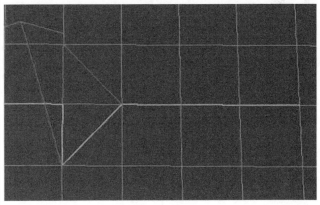

图4-323

CINEMA 4D DESIGNER

易 技 术 专 题
疑 难 问 答
知 识 链 接
技 巧 与 提 示

Learning Objectives
学习要点 ⤵

119页
为场景建立摄像机

120页
为电商场景创建摄像机

123页
用摄像机制作景深效果

124页
用摄像机制作场景的景深效果

125页
用摄像机制作运动模糊

126页
用摄像机制作隧道的运动模糊

Employment Direction
从业方向 ⤵

电商设计　　　包装设计

产品设计　　　UI设计

栏目包装　　　动画设计

第 5 章　摄像机技术

5.1　Cinema 4D的常用摄像机

Cinema 4D R21提供了6种摄像机工具，本节将介绍常用的摄像机工具。

本节工具介绍

工具名称	工具作用	重要程度
摄像机	对场景进行拍摄	高
目标摄像机	对场景进行定向拍摄	中

重点
5.1.1　摄像机

📱 演示视频：050-摄像机

"摄像机"工具 📷 摄像机 是使用频率较高的摄像机工具。不同于其他三维软件创建摄像机的方法，Cinema 4D只需要在视图中找到合适的视角，单击"摄像机"按钮 📷 即可创建完成。创建的摄像机会出现在"对象"面板中，如图5-1所示。

单击"对象"面板中的黑色按钮 📷，即可进入摄像机视图，如图5-2所示。

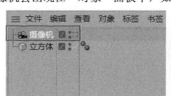

图5-1　　　　　　　　　图5-2

在"摄像机"的"属性"面板中有"对象""物理""细节""立体""合成""球面"6个参数选项卡，如图5-3所示。

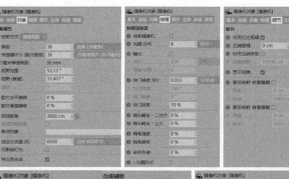

重要参数讲解

投射方式：设置摄像机投射的视图。

焦距：设置焦点到摄像机的距离，默认为36mm。

视野范围：设置摄像机查看区域的宽度视野，该数值与焦距相互关联。

图5-3

胶片水平偏移/胶片垂直偏移：设置摄像机水平和垂直移动的距离。

目标距离：设置目标对象到摄像机的距离。单击输入框后的按钮 📷，可指定场景中的目标对象。

焦点对象：设置摄像机焦点链接的对象。

自定义色温（K）：设置摄像机的照片滤镜，默认为6500。

电影摄像机：勾选后会激活"快门角度"和"快门偏移"选项。

技巧与提示

在默认的"标准"渲染器中，不能设置"光圈""曝光"和ISO等选项，只有将渲染器切换为"物理"时，才能设置这些参数。

快门速度（秒）：控制快门的速度。

近端剪辑/远端修剪：设置摄像机画面选取的区域，只有处于这个区域中的对象才能被渲染。

实战：为场景建立摄像机

场景位置	场景文件>CH05>01.c4d
实例位置	实例文件>CH05>实战：为场景建立摄像机.c4d
视频名称	实战：为场景建立摄像机.mp4
难易指数	★★☆☆☆
技术掌握	掌握创建摄像机的方法

本案例需要在一个场景中添加摄像机，场景的效果如图5-4所示。

图5-4

01 打开本书学习资源中的"场景文件>CH05>01.c4d"文件，如图5-5所示。场景内已经建立好了灯光和材质，需要为场景创建摄像机。

02 在透视图中移动视图，寻找摄像机的合适角度，如图5-6所示。

图5-5　　　　　　　　图5-6

03 单击"摄像机"按钮，场景自动添加摄像机，如图5-7所示。

04 为了防止摄像机被移动，选中"摄像机"选项，然后单击鼠标右键，选择"装配标签>保护"选项，为摄像机添加"保护"标签，如图5-8所示。

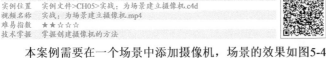

图5-7　　　　　　　　图5-8

05 单击"对象"面板中的黑色按钮，进入摄像机视图，然后在"属性"面板中设置"焦距"为40毫米，如图5-9所示。

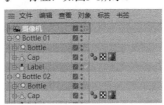

图5-9

疑难问答

问：如何快速移动摄像机？

答：如果在四视图中移动摄像机的位置会比较麻烦，下面介绍一个简单的方法，可以直接在摄像机视图中移动摄像机。

在摄像机视图的右上角有3个快捷按钮，如图5-10所示。长按移动按钮，可以横向或纵向移动摄像机；长按推拉按钮，可以拉近或拉远摄像机；长按旋转按钮，可以旋转摄像机。

图5-10

06 按Ctrl+B组合键打开"渲染设置"面板，在"输出"选项卡中设置"宽度"为1000像素，"高度"为750像素，如图5-11所示。

07 按Shift+R组合键渲染场景，效果如图5-12所示。

图5-11

图5-12

实战：为电商场景创建摄像机

场景位置	场景文件>CH05>02.c4d
实例位置	实例文件>CH05>实战：为电商场景创建摄像机.c4d
视频名称	实战：为电商场景创建摄像机.mp4
难易指数	★★☆☆☆
技术掌握	掌握创建摄像机的方法

本案例需要在一个电商场景中添加摄像机，场景的效果如图5-13所示。

图5-13

01 打开本书学习资源中的"场景文件>CH05>02.c4d"文件，如图5-14所示。场景内已经建立好了灯光和材质，需要为场景创建摄像机。

02 在透视图中移动视图，寻找摄像机的合适角度，如图5-15所示。

图5-14

图5-15

03 单击"摄像机"按钮，场景自动添加摄像机，如图5-16所示。

04 为了防止摄像机被移动，选中"摄像机"选项，然后单击鼠标右键，选择"装配标签>保护"选项，为摄像机添加"保护"标签，如图5-17所示。

图5-16

图5-17

05 单击"对象"面板中的黑色按钮，进入摄像机视图，然后在"属性"面板中设置"焦距"为45毫米，如图5-18所示。

06 按Ctrl+B组合键打开"渲染设置"面板，在"输出"选项卡中设置"宽度"为1000像素，"高度"为750像素，如图5-19所示。

图5-18

图5-19

07 按Shift+R组合键渲染场景，效果如图5-20所示。

图5-20

技术专题 ⑩ 摄像机的理论知识

摄像机的光圈

光圈是一个环形，用于控制曝光时光线的亮度。当需要大量的光线进行曝光时，就需要开大光圈的圆孔；若只需少量光线曝光时，则需要缩小圆孔。光圈就如同人类眼睛的虹膜，是用来控制拍摄时单位时间的进光量，一般以f/5、F5或1：5来表示。以实际而言，较小的f值表示较大的光圈。光圈的计算单位有两种。

第1种：光圈值。标准的光圈值（f-number）通常为f/1、f/1.4、f/2、f/2.8、f/4、f/5.6、f/8、f/11、f/16、f/22、f/32、f/45、f/64，其中f/1是进光量最大的光圈号数，光圈值的分母越大，进光量就越小。

第2种：级数。级数（f-stop）是指相邻的两个光圈值的曝光量差距，例如，f/8与f/11之间相差一级，f/2与f/2.8之间也相差一级。依此类推，f/8与f/16之间相差两级，f/1.4与f/4之间就差了3级。在职业摄影领域，有时称级数为"档"或"格"，例如，f/8与f/11之间相差了一档，或f/8与f/16之间相差两格。在每一级（光圈号数）之间，后面号数的进光量都是前面号数的一半。例如，f/5.6的进光量只有f/4的一半，f/16的进光量也只有f/11的一半，号数越往后面，进光量越小，并且是以等比级数的方式递减。

摄像机的快门

快门用于控制快门的开关速度，并且决定了底片接受光线的时间长短。也就是说，在每一次拍摄时，光圈的大小控制了光线的进入量，快门的速度决定光线进入的时间长短，这样一次的动作便完成了所谓的"曝光"。快门以"秒"为单位，它有一定的数字格式，一般在摄像机上可以见到的快门单位有以下15种：B、1、2、4、8、15、30、60、125、250、500、1000、2000、4000、8000。

上面每一个数字单位都是分母，也就是说每一段快门分别是1秒、1/2秒、1/4秒、1/8秒、1/15秒、1/30秒、1/60秒、1/125秒、1/250秒（以下依此类推）等。每一个快门之间数值的差距都是两倍，例如，1/30是1/60的两倍，1/1000是1/2000的两倍，这个跟光圈值的级数差距计算是一样的。与光圈相同，每一段快门之间的差距也被称为一级、一格或一档。

光圈级数跟快门级数的进光量其实是相同的，也就是说，光圈之间相差一级的进光量，其实就等于快门之间相差一级的进光量，这个观念在计算曝光时很重要。

前面提到了光圈决定了景深，快门则是决定了被拍摄物的"时间"。当拍摄一个快速移动的物体时，通常需要比较高速的快门才可以抓取凝结的画面，所以在拍动态画面时，通常都要考虑可以使用的快门速度。

有时要抓取的画面可能需要有连续性的感觉，就像拍摄丝缎般的瀑布或小河时，就必须要用到速度比较慢的快门，以延长曝光的时间来抓取画面的连续动作。

摄像机的胶片感光度

根据胶片感光度，可以把胶片归纳为三大类，分别是快速胶片、中速胶片和慢速胶片。快速胶片具有较高的ISO（国际标准化组织）数值，慢速胶片的ISO数值较低，快速胶片适用于低照度下的摄影。相对而言，当感光性能较低的慢速胶片可能引起曝光不足时，快速胶片获得正确曝光的可能性就更大，但是感光度的提高会降低影像的清晰度，增加反差。慢速胶片在照度良好时，对获取高质量的照片非常有利。

在光照亮度十分低的情况下，如在暗弱的室内或黄昏时分的户外，可以选用超快速胶片（即高ISO）进行拍摄。这种胶片对光非常敏感，即使在火柴光下也能获得满意的效果，其产生的景象颗粒度可以营造出画面的戏剧性氛围，以获得引人注目的效果；在光照十分充足的情况下，如在阳光明媚的户外，可以选用超慢速胶片（即低ISO）进行拍摄。

5.1.2 目标摄像机

演示视频：051-目标摄像机

"目标摄像机"工具 与"摄像机"的创建方法相同，只是会在"对象"面板中多一个"目标"标签，如图5-21所示。

"目标摄像机"的"属性"面板与"摄像机"的基本相同，但会多出"目标"选项卡，如图5-22所示。在"目标对象"中可以设置需要成为目标点的对象。如果单击"删除标签"按钮，其属性就与"摄像机"完全一样。

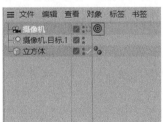

图5-21

图5-22

选择了"目标对象"后，需要返回"对象"选项卡，然后勾选"使用目标对象"选项，如图5-23所示。这样在制作景深和运动模糊时，才能将目标对象与摄像机相连接。

图5-23

"目标摄像机"和"摄像机"最大的区别在于"目标摄像机"连接了目标对象，只要移动目标对象的位置，摄像机的位置也会跟着移动。

> **技巧与提示** ✓
> "目标摄像机"的其余参数与"摄像机"相同，这里不再赘述。

5.2 安全框

安全框是摄像机的一个辅助工具，在添加摄像机后就需要设置，这样才能得到理想的画面尺寸。

本节工具介绍

工具名称	工具作用	重要程度
安全框	显示场景渲染范围	中
胶片宽高比	设置渲染图片长宽比	中

5.2.1 安全框的概念与设置方法

演示视频：052-安全框的设置

安全框是视图中的安全线，安全框内的对象在进行视图渲染时不会被裁剪掉，如图5-24所示。下图左边的视图内容与渲染内容不完全相同，通过对比可发现视图中左右两边的部分都被裁剪掉了。

图5-24

摄像机视图通常有预览构图的功能，但是上述问题让这个功能几乎无效，此时就可以使用安全框来解决这个问题。图5-25所示的视图中出现了1个线框，这个线框就是渲染安全框。通过对比，可发现安全框内的内容与渲染效果图中的内容完全一样，如图5-26所示。

图5-25

图5-26

在"属性"面板上单击"模式"菜单，然后选择"视图设置"选项，如图5-27所示。此时"属性"面板的显示效果如图5-28所示。

图5-27 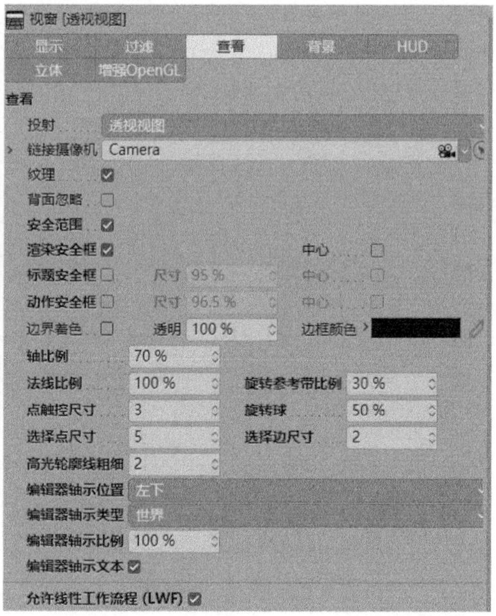　　　　　　　　　　**图5-28**

勾选"安全范围"选项后，会激活"渲染安全框"选项，如图5-29所示。

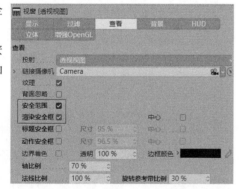

图5-29

视图中"渲染安全框"的黑线很细，与模型重叠在一起，有时不容易观察，就需要通过"边界着色"进行区分。勾选"边界着色"选项后，视图中"渲染安全框"以外的部分会显示为半透明的黑色，如图5-30和图5-31所示。这样就能在视图中明确地观察摄像机所渲染的范围。

图5-30　　　　　　　　　　**图5-31**

> **技巧与提示** ✔
>
> 勾选"边界着色"选项后，会激活"透明"和"边框颜色"两个选项。"透明"是控制边框颜色的透明度，100%时为不透明效果。"边框颜色"是设置边界的着色，默认为黑色，读者也可设置自己喜欢的颜色。

5.2.2 胶片宽高比

🎬 演示视频：053-胶片宽高比

为了达到理想的画面效果，在摄像机不能继续调整的情况下，就需要调整"渲染安全框"的长宽比例，即"胶片宽高比"。设置"胶片宽高比"的位置不在摄像机的属性中，而是在"渲染设置"面板中，如图5-32所示。

除了可以设置任意的"胶片宽高比"，系统也提供了预置的参数，如图5-33所示。

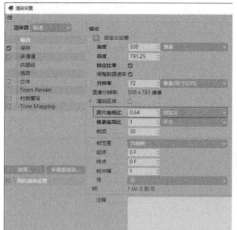  

图5-32 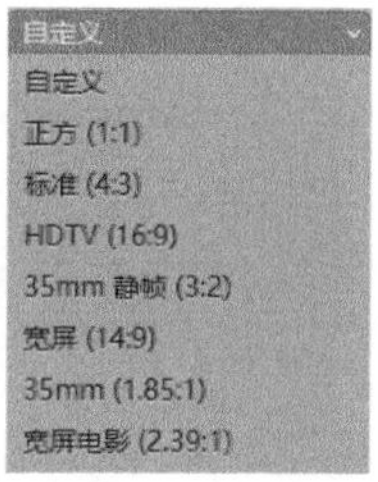　　　　　　　　　　**图5-33**

图5-34所示的是"正方（1∶1）"的比例，其他比例的效果如图5-35和图5-36所示。

图5-34　　　　　　　　　　**图5-35**

在这些比例中，最常用的是"标准（4∶3）"和"HDTV（16∶9）"两种。

图5-36

5.3　摄像机特效

常见的摄像机特效包括景深和运动模糊两种，本节将为读者讲解如何设置这两种特效。

本节工具介绍

工具名称	工具作用	重要程度
景深	使焦点物体变得清晰	高
运动模糊	使运动物体变得模糊	中

5.3.1 景深

演示视频：054-景深

景深是指在摄像机镜头或其他成像器前沿能够取得清晰图像的成像所测定的被摄物体前后距离范围。光圈、镜头及焦平面到拍摄物的距离是影响景深的重要因素。在聚焦完成后，焦点前后的范围内所呈现的清晰图像的距离，这一前一后的范围，便叫作景深。图5-37所示是一幅带有景深效果的图片。

在Cinema 4D中设置景深效果有两个要素。

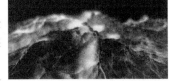

图5-37

第1个：需要在摄像机中设置"目标距离"或"焦点对象"中的一个。

第2个：需要将渲染器切换为"物理"，并在"物理"中勾选"景深"，如图5-38所示。

图5-38

实战：用摄像机制作景深效果

场景位置	场景文件>CH05>03.c4d
实例位置	实例文件>CH05>实战：用摄像机制作景深效果.c4d
视频名称	实战：用摄像机制作景深效果.mp4
难易指数	★★★☆☆
技术掌握	掌握摄像机制作景深效果的方法

本案例用摄像机制作景深效果，对比效果如图5-39所示。

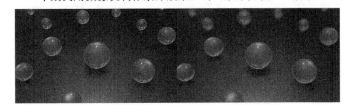

图5-39

01 打开本书学习资源文件"场景文件>CH05>03.c4d"，如图5-40所示。场景内已经建立好灯光和材质，需要为场景创建摄像机。

02 在透视图中移动视图，寻找摄像机的合适角度，如图5-41所示。

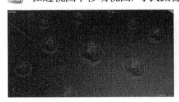

图5-40

图5-41

03 单击"摄像机"按钮，为场景添加摄像机，如图5-42所示。

04 为了防止摄像机被移动，选中"摄像机"选项，然后单击鼠标右键，选择"装配标签>保护"选项，为摄像机添加"保护"标签，如图5-43所示。

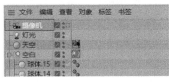

图5-42   图5-43

技巧与提示

"保护"标签的具体内容请参阅"8.2.1 保护标签"的相关内容。

05 单击"对象"面板中的黑色按钮，进入摄像机视图，然后按快捷键Shift+R渲染视图，如图5-44所示。此时渲染的效果没有开启景深。

图5-44

06 下面为场景添加景深效果。在摄像机的"属性"面板中单击"目标距离"后的箭头按钮，此时光标变成十字形，然后单击场景中央的球体模型，"目标距离"选项自动会显示摄像机到球体之间的距离为484.955 cm，如图5-45所示。

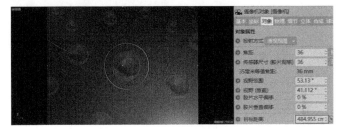

图5-45

技巧与提示

"目标距离"的数值不是固定的，会根据读者创建摄像机的距离自动确定。

07 单击"编辑渲染设置"按钮，在打开的"渲染设置"面板中将"渲染器"切换为"物理"，如图5-46所示。

08 选中"物理"并勾选"景深"选项，如图5-47所示。

图5-46

图5-47

09 按快捷键Shift+R渲染视图，如图5-48所示。此时渲染的图片的景深效果几乎没有。

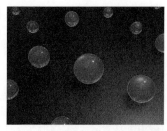

图5-48

10 景深与摄像机的光圈有关，因此切换到摄像机"属性"面板的"物理"选项卡，将"光圈（f/#）"设置为0.1，然后按快捷键Shift+R渲染视图，如图5-49所示。可观察到渲染效果图中有许多噪点。

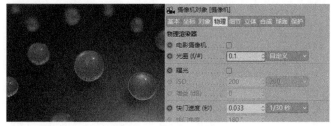

图5-49

11 在"渲染设置"面板的"物理"选项中，设置"采样器"为"自适应"，"采样品质"为"中"，如图5-50所示。此时渲染效果如图5-51所示，画面的噪点几乎没有。

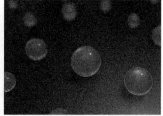

图5-50　　　　　　　　　图5-51

实战：用摄像机制作场景的景深效果

场景位置	场景文件>CH05>04.c4d
实例位置	实例文件>CH05>实战：用摄像机制作场景的景深效果.c4d
视频名称	实战：用摄像机制作场景的景深效果.mp4
难易指数	★★★☆☆
技术掌握	掌握用摄像机制作景深效果的方法

本案例用摄像机制作景深效果，如图5-52所示。

图5-52

01 打开本书学习资源文件"场景文件>CH05>04.c4d"，如图5-53所示。场景内已经建立好灯光和材质，需要为场景创建摄像机。

02 在透视图中移动视图，寻找摄像机的合适角度，如图5-54所示。

图5-53　　　　　　　　　　图5-54

03 单击"摄像机"按钮，为场景添加摄像机，如图5-55所示。

04 为了防止摄像机被移动，选中"摄像机"选项，然后单击鼠标右键，选择"装配标签>保护"选项，为摄像机添加"保护"标签，如图5-56所示。

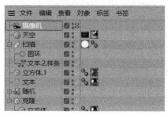

图5-55　　　　　　　　　　图5-56

05 单击"对象"面板中的黑色按钮，进入摄像机视图，然后按快捷键Shift+R渲染视图，如图5-57所示。此时渲染的效果没有开启景深。

图5-57

06 下面为场景添加景深效果。在摄像机的"属性"面板中单击"目标距离"后的箭头按钮，此时光标变成十字形，然后单击场景中央的字体模型，"目标距离"选项自动会显示摄像机到字体模型之间的距离为52.023cm，如图5-58所示。

图5-58

07 单击"编辑渲染设置"按钮，在打开的"渲染设置"面板中将"渲染器"切换为"物理"，如图5-59所示。

08 选中"物理"并勾选"景深"选项，如图5-60所示。

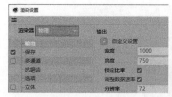

图5-59　　　　　　　　　　图5-60

09 按快捷键Shift+R渲染视图，如图5-61所示。此时渲染的图片的景深效果不强。

图5-61

10 景深与摄像机的光圈有关，因此切换到摄像机"属性"面板的"物理"选项卡，将"光圈（f/#）"设置为4，然后按快捷键Shift+R渲染视图，如图5-62所示。可观察到渲染效果图中有许多噪点。

图5-62

11 在"渲染设置"面板的"物理"选项中，设置"采样器"为"自适应"，"采样品质"为"中"，如图5-63所示。此时渲染效果如图5-64所示，画面中几乎没有噪点。

图5-63

图5-64

 重点
5.3.2 运动模糊

🎬 演示视频：055-运动模糊

当摄像机在拍摄运动的物体时，运动的物体或周围的场景会产生模糊的现象，这就是运动模糊，如图5-65所示。摄像机的快门速度可以控制场景中模糊的对象，当快门速度与运动的速度相似时，运动的物体呈清晰状，周围则变得模糊；当快门速度与运动物体的速度相差较大，运动的物体呈模糊状，周围则变得清晰。

在Cinema 4D中设置运动模糊效果有两个要素。

第1个：需要在摄像机中设置"目标距离"或"焦点对象"中的一个。

第2个：需要将渲染器切换为"物理"，并在"物理"中勾选"运动模糊"，如图5-66所示。

图5-65

图5-66

 重点
实战：用摄像机制作运动模糊

场景位置	场景文件>CH05>05.c4d
实例位置	实例文件>CH05>实战：用摄像机制作运动模糊.c4d
视频名称	实战：用摄像机制作运动模糊.mp4
难易指数	★★★☆☆
技术掌握	掌握用摄像机制作运动模糊的方法

本案例将用一个简单的场景渲染运动模糊效果，如图5-67所示。

图5-67

01 打开本书学习资源文件"场景文件>CH05>05.c4d"，如图5-68所示。这是一组制作了动画效果的场景。

02 单击"摄像机"按钮，在场景中创建一个摄像机，并移动摄像机，选择一个合适的角度，如图5-69所示。

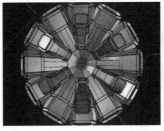

图5-68

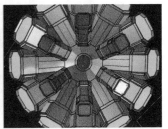

图5-69

03 单击"编辑渲染设置"按钮，打开"渲染设置"面板，此时渲染器为"标准"渲染器。将时间滑块移动到100帧渲染场景，效果如图5-70所示。

04 切换"渲染器"的类型为"物理"，并在"物理"中勾选"运动模糊"选项，如图5-71所示。

图5-70

图5-71

05 同样在第100帧渲染场景，效果如图5-72所示。可以观察到在模型的边缘出现模糊现象。

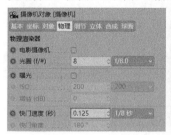

图5-72

─── 技巧与提示 ⊘ ───

运动模糊的模糊程度与对象运动的速度和摄像机的快门速度都有关。当摄像机的快门速度与对象的运动速度相差越大，模糊程度越明显。

06 选中"摄像机"对象，切换到"物理"选项卡，将"快门速度（秒）"的数值由原来的0.033修改为0.125，这样快门的速度加快，与物体运动的速度相差也就越大，运动模糊的效果也更加明显，如图5-73和图5-74所示。

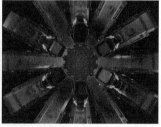

图5-73　　　　　　图5-74

07 任意选择几帧进行渲染，案例效果如图5-75所示。

图5-75

─── ▲重点 ───
实战：用摄像机制作隧道的运动模糊

场景位置　场景文件>CH05>06.c4d
实例位置　实例文件>CH05>实战：用摄像机制作隧道的运动模糊.c4d
视频名称　实战：用摄像机制作隧道的运动模糊.mp4
难易指数　★★★☆☆
技术掌握　掌握用摄像机制作运动模糊的方法

本案例运动的对象为摄像机，需要制作运动模糊效果，如图5-76所示。

图5-76

01 打开本书学习资源文件"场景文件>CH05>06.c4d"，如图5-77所示。

02 单击"摄像机"按钮，在场景中创建一个摄像机，并移动摄像机，选择一个合适的角度，如图5-78所示。

图5-77　　　　　　图5-78

03 在"时间线"面板上单击"自动关键帧"按钮，然后将时间滑块移动到50帧的位置并旋转，接着将摄像机移动到图5-79所示的位置。

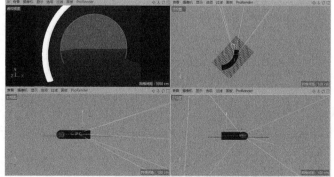

图5-79

─── 知识链接 ↻ ───

关键帧动画的相关知识，请参阅"15.1.1 动画制作工具"。

04 移动时间滑块观察摄像机的动画效果，发现在25帧左右的位置摄像机会超出模型。将时间滑块移动到25帧位置，然后调整摄像机的位置和旋转角度，如图5-80所示。

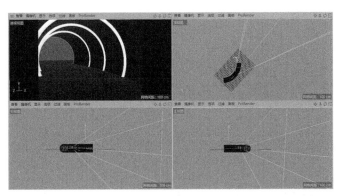

图5-80

05 反复移动时间滑块观察摄像机动画，无误后关闭"自动关

键帧"按钮 . 单击"编辑
渲染设置"按钮 ，打开"渲
染设置"面板，此时渲染器为
"标准"渲染器。将时间滑块
移动到10帧渲染场景，效果如
图5-81所示。

图5-81

06 切换"渲染器"的类型为"物理"，并在"物理"中勾选
"运动模糊"选项，如图5-82所示。

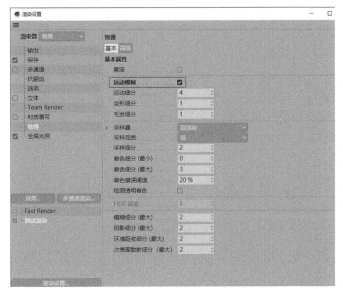

图5-82

07 同样在第10帧渲染场景，效
果如图5-83所示。可以观察到在
模型的边缘出现模糊现象。

图5-83

08 在"物理"选项中，设置"采样品质"为"中"，如图5-84
所示。这样可以尽可能地减少渲染图片的噪点。

图5-84

09 选择第4帧进行渲染，案例效果如图5-85所示。

图5-85

---- 技巧与提示 ✦

　　场景为一个隧道，只需要渲染一张效果图就可以观察整体的效果。

Employment Direction
从业方向 ≫

电商设计　　包装设计

产品设计　　UI设计

栏目包装　　动画设计

第 6 章　灯光技术

6.1 常见的布光方法

本节将为读者讲解灯光的基本属性。只有了解了灯光各项属性的含义，才能更好地掌握Cinema 4D灯光工具的使用方法。

6.1.1 三点布光法

三点布光法又称为区域照明，一般用于较小范围的场景照明。如果场景很大，可以把它拆分成若干个较小的区域进行布光。一般有3盏灯即可，分别为主光源、辅助光源与轮廓光源，如图6-1所示。

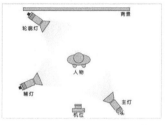

图6-1

☞ 主光源--

主光源通常用来照亮场景中的主要对象与其周围区域，并且给主体对象投影。场景的主要明暗关系和投影方向都由主光源决定。主光源也可以根据需要用几盏灯光来共同完成，如主光源在15度到30度的位置上称为顺光；在45度到90度的位置上称为侧光；在90度到120度的位置上称为侧逆光。

☞ 辅助光源--

辅助光源又称为补光，是一种均匀的、非直射性的柔和光源。辅助光源用来填充阴影区以及被主光源遗漏的场景区域，调和明暗区域之间的反差，同时能形成景深与层次。这种广泛均匀布光的特性使它为场景打一层底色，定义了场景的基调。由于要达到柔和照明的效果，通常辅助光源的亮度只有主光源的50%~80%。

☞ 轮廓光源--

轮廓光源又称为背光，是将主体与背景分离，帮助凸显空间的形状和深度感。轮廓光源尤其重要，特别是当主体呈现暗色，且背景也很暗时，轮廓光源可以清晰地将二者进行区分。轮廓光源通常是硬光，以便强调主体轮廓。

6.1.2 其他常见布光方法

除了三点布光法，主光源和辅助光源也可以进行布光，如图6-2和图6-3所示。这两种布光方法都是主光源全开，辅助光源强度为主光源的一半甚至更少，这样会让对象呈现更加立体的效果。

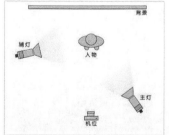

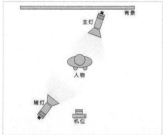

图6-2　　　　　　　　　　　　　　　　　　　　　　图6-3

技术专题 ⑯ 灯光的基本属性

强度：灯光光源的强度影响灯光照亮对象的程度。暗淡的光源即使照射在很鲜艳的物体上，也只能产生暗淡的颜色效果。

入射角：表面法线与光源之间的角度称为灯光的入射角。表面偏离光源的程度越大，它所接收到的光线越少，表现越暗。当入射角为0（光线垂直接触表现）时，表面受到完全亮度的光源照射。随着入射角增大，照明亮度不断降低。

衰减：在现实生活中，灯光的亮度会随着距离的增加而逐渐变暗，离光源远的对象比离光源近的对象暗，这种效果就是衰减。自然界中灯光按照平方反比进行衰减，也就是灯光的亮度与光源距离的平方而削弱。通常在受大气粒子的遮挡后衰减效果会更加明显，尤其在阴天和雾天的情况下。

反射光与环境光：对象反射后的光能够照亮其他的对象，反射的光越多，照亮环境中其他对象的光也越多。反射光能产生环境光，环境光没有明确的光源和方向，不会产生清晰的阴影。

6.2 Cinema 4D的灯光工具

长按"工具栏"中的"灯光"按钮，会弹出Cinema 4D中的灯光面板，如图6-4所示。

图6-4

本节工具介绍

工具名称	工具作用	重要程度
灯光	用于创建灯光	高
区域光	用于创建面光源	中
IES灯光	用于创建IES灯光	中
无限光	用于创建带方向的直线光	高
日光	用于创建太阳光	中

6.2.1 灯光

演示视频：056-灯光

"灯光"工具是一个点光源，可以向场景的任何方向发射光线，其光线可以到达场景中无限远的地方，如图6-5所示。

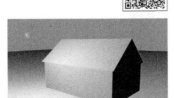

图6-5

"灯光"的属性面板参数较多，共有9个选项卡，如图6-6所示。

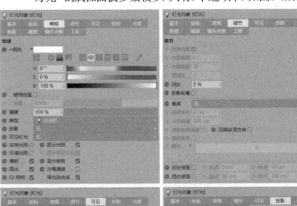

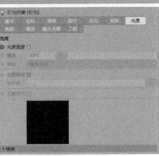

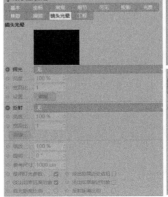

图6-6

129

重要参数讲解

颜色： 设置灯光的颜色，默认为纯白色。系统提供了多种颜色设置方式，包括"色轮""光谱""从图像取色"、RGB、HSV、"开尔文温度""颜色混合""色块"等。

使用色温： 勾选该选项后，可以通过设置色温值来控制灯光颜色。

> ── 技术专题 ⑤ 灯光的色温 ───────────
>
> 色温是一种按照绝对温标来描述颜色的方式，有助于描述光源颜色及其他接近白色的颜色值。下面列举一些常见灯光类型的色温值（Kelvin）。
>
> 阴天的日光：6000 K。
>
> 中午的太阳光：5000 K。
>
> 白色荧光：4000 K。
>
> 钨/卤元素灯：3300 K。
>
> 白炽灯（100 W到200 W）：2900 K。
>
> 白炽灯（25 W）：2500 K。
>
> 日落或日出时的太阳光：2000 K。
>
> 蜡烛火焰：1750K。
>
> 在制作时，我们常将暖色光设置为3000K~3500K，白色光设置为5000K，冷色光设置为6000K~8000K，这样不仅好记，使用起来也方便。

强度： 设置灯光的强度，默认为100%。

类型： 设置灯光的当前类型，还可以切换为其他类型，如图6-7所示。

投影： 设置是否产生投影，以及投影的类型，如图6-8所示。

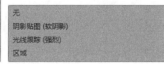

图6-7　　　　　　　　　　图6-8

无： 不产生阴影。

阴影贴图（软阴影）： 边缘有虚化的阴影，如图6-9所示。

光线跟踪（强烈）： 边缘锐利的阴影，如图6-10所示。

图6-9　　　　　　　　　　图6-10

区域： 既有锐利阴影又有软阴影，更接近真实效果，如图6-11所示。通常都使用这种阴影投影方式。

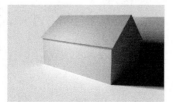

图6-11

没有光照： 勾选后不显示灯光效果。

环境光照： 勾选后形成环境光。

高光： 勾选后产生高光效果。

形状： 当投影方式为"区域"时显示该选项，用于设置灯光面片的形状，默认为矩形，如图6-12所示。系统还提供其他几种样式，如图6-13所示。

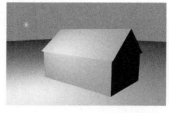

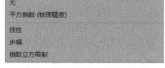

图6-12　　　　　　　　　　图6-13

衰减： 设置灯光的衰减和方式，如图6-14所示。该选项与"可见"选项卡中的参数相同。

无： 不产生衰减。

平方倒数（物理精度）： 按照

图6-14

现实世界的灯光衰减进行模拟，如图6-15所示。这是日常制作中常用的衰减方法。

线性： 按照线性算法进行衰减，如图6-16所示。

图6-15　　　　　　　　　　图6-16

步幅： 按照步幅算法进行衰减，如图6-17所示。

倒数立方限制： 按照倒数立方的算法进行衰减，如图6-18所示。

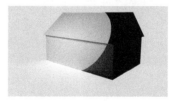

图6-17　　　　　　　　　　图6-18

半径衰减： 当设置衰减方式后，会在灯光周围出现一个可控制的圈，如图6-19所示。半径衰减控制灯光中心到圈边缘的距离。

采样精度： 设置阴影采样的数值，数值越大，阴影噪点越少，如图6-20和图6-21所示。

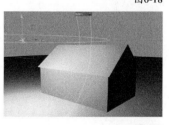

图6-19

10%　　　　　　　　　　100%

图6-20　　　　　　　　　　图6-21

最小取样值: 设置阴影的取样最小值,数值越大,噪点越少。

光度强度: 勾选后用灯光强度单位控制灯光。

单位: 设置灯光强度的单位,有"烛光(cd)"和"流明(lm)"两个选项。

表面焦散: 勾选后产生表面焦散效果,用于渲染半透明和透明物体。

体积焦散: 勾选后产生体积焦散效果,用于渲染半透明和透明物体。

模式: 设置灯光照射的对象,可以将不需要照射的物体排除在灯光以外。

实战: 用灯光制作灯箱

场景位置	场景文件>CH06>01.c4d
实例位置	实例文件>CH06>实战:用灯光制作灯箱.c4d
视频名称	实战:用灯光制作灯箱.mp4
难易指数	★★★☆☆
技术掌握	掌握灯光的用法

本案例是一组俄罗斯方块灯箱,使用灯光制作出灯箱的发光效果,如图6-22所示。

01 打开本书学习资源文件"场景文件>CH06>01.c4d",找到一个合适的角度,单击"摄像机"按钮▣,在场景中创建一个摄像机,如图6-23所示。

图6-22   图6-23

02 在"工具栏"中单击"灯光"按钮▣,在场景中创建一盏灯光,位置如图6-24所示。

图6-24

03 选中上一步创建的灯光,在"常规"选项卡中设置"颜色"为(R:255,G:255,B:255),"强度"为250%,"投影"为"区域",如图6-25所示。

04 切换到"细节"选项卡,设置"形状"为"球体",然后设置"水平尺寸""垂直尺寸""纵深尺寸"都为50cm,"衰减"为"平方倒数(物理精度)","半径衰减"为160cm,如图6-26所示。

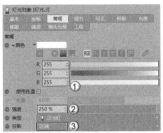 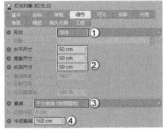

图6-25   图6-26

05 将设置好的灯光进行复制,然后摆放在灯箱中,如图6-27所示。

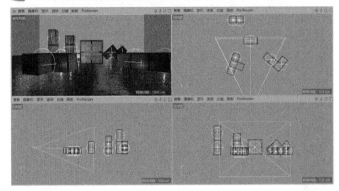

图6-27

> **技巧与提示**
> 全选复制的灯光,可以统一修改灯光参数。

06 进入摄像机视图,然后按Ctrl+R组合键进行渲染,效果如图6-28所示。

> **技巧与提示**
> 按Ctrl+R组合键渲染的效果会显示在视图中。按Shift+R组合键在"图片查看器"中渲染场景,且渲染的效果可以被保存。

图6-28

实战: 用灯光制作展示灯光

场景位置	场景文件>CH06>02.c4d
实例位置	实例文件>CH06>实战:用灯光制作展示灯光.c4d
视频名称	实战:用灯光制作展示灯光.mp4
难易指数	★★★☆☆
技术掌握	掌握灯光的用法

本案例用灯光制作流水线场景的展示灯光,如图6-29所示。

01 打开本书学习资源文件"场景文件>CH06>02.c4d",找到一个合适的角度,单击"摄像机"按钮▣,在场景中创建一个摄像机,如图6-30所示。

图6-29   图6-30

02 单击"灯光"按钮，在场景中创建一盏灯光，如图6-31所示。这盏灯光作为场景的主光源。

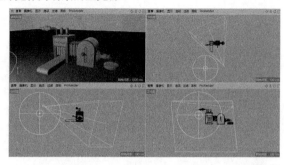

图6-31

03 选中上一步创建的灯光，在"常规"选项卡中设置灯光的"颜色"为（R:255，G:255，B:255），"强度"为100%，"投影"为"区域"，如图6-32所示。

04 切换到"细节"选项卡，设置"形状"为"球体"，"水平尺寸""垂直尺寸""纵深尺寸"都为200cm，"衰减"为"平方倒数（物理精度）"，"半径衰减"为600cm，如图6-33所示。

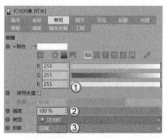

图6-32　　　　　　　　　　图6-33

05 进入摄像机视图，然后按Ctrl+R组合键渲染，效果如图6-34所示。

06 使用"灯光"工具在场景内创建一盏灯光，如图6-35所示。这盏灯作为辅助光源。

图6-34

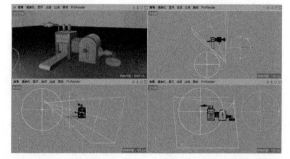

图6-35

07 选中上一步创建的灯光，在"常规"选项卡中设置灯光的"颜色"为（R:255，G:255，B:255），"强度"为80%，"投影"为"无"，如图6-36所示。

技巧与提示

当"投影"设置为"无"时，灯光只产生照明的亮度，不产生相应的投影。辅助光源是否开启投影，要根据渲染效果灵活决定。

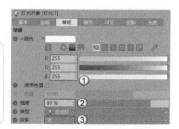

图6-36

08 切换到"细节"选项卡，设置"衰减"为"平方倒数（物理精度）"，"半径衰减"为500cm，如图6-37所示。

09 在摄像机视图按Shift+R组合键渲染，效果如图6-38所示。

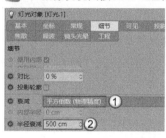

图6-37

图6-38

实战：用灯光制作电商场景灯光

场景位置	场景文件>CH06>03.c4d
实例位置	实例文件>CH06>实战：用灯光制作电商场景灯光.c4d
视频名称	实战：用灯光制作电商场景灯光.mp4
难易指数	★★★☆☆
技术掌握	掌握灯光的用法

本案例用灯光制作电商场景的展示灯光，如图6-39所示。

01 打开本书学习资源文件"场景文件>CH06>03.c4d"，找到一个合适的角度，单击"摄像机"按钮，在场景中创建一个摄像机，如图6-40所示。

图6-39

图6-40

02 单击"灯光"按钮，在场景中创建一盏灯光，如图6-41所示。这盏灯光作为场景的主光源。

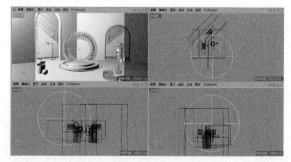

图6-41

03 选中上一步创建的灯光，在"常规"选项卡中设置灯光的"颜色"为（R:255，G:255，B:255），"强度"为60%，"投影"为"区域"，如图6-42所示。

04 切换到"细节"选项卡，设置"形状"为"球体"，"水平尺寸""垂直尺寸""纵深尺寸"都为200cm，"衰减"为"平方倒数（物理精度）"，"半径衰减"为20163.376cm，如图6-43所示。

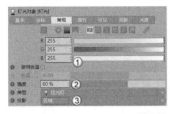 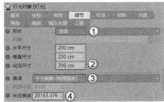

图6-42　　　　　　　　　　　图6-43

05 进入摄像机视图，然后按Ctrl+R组合键渲染，效果如图6-44所示。

06 将创建的灯光复制一份，放置的位置如图6-45所示。将这盏灯作为辅助光源。

图6-44

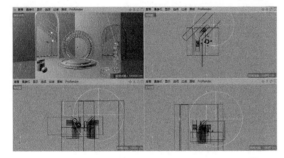

图6-45

07 选中上一步复制的灯光，在"常规"选项卡中设置"强度"为30%，"投影"为"无"，如图6-46所示。

08 在摄像机视图按Shift+R组合键渲染，效果如图6-47所示。

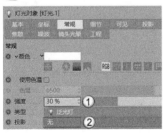 

图6-46　　　　　　　　　　　图6-47

实战：用灯光制作卡通场景灯光

场景位置	场景文件>CH06>04.c4d
实例位置	实例文件>CH06>实战：用灯光制作卡通场景灯光.c4d
视频名称	实战：用灯光制作卡通场景灯光.mp4
难易指数	★★★☆☆
技术掌握	掌握灯光的用法

本案例用灯光制作卡通场景的展示灯光，如图6-48所示。

01 打开本书学习资源文件"场景文件>CH06>04.c4d"，找到一个合适的角度，单击"摄像机"按钮，在场景中创建一个摄像机，如图6-49所示。

图6-48　　　　　　　　　　　图6-49

02 单击"灯光"按钮，在场景中创建一盏灯光，如图6-50所示。将这盏灯光作为场景的主光源。

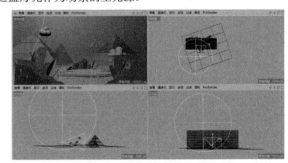

图6-50

03 选中上一步创建的灯光，在"常规"选项卡中设置灯光的"颜色"为（R:255，G:255，B:255），"强度"为60%，"投影"为"无"，如图6-51所示。

04 切换到"细节"选项卡，设置"衰减"为"平方倒数（物理精度）"，"半径衰减"为2929.837cm，如图6-52所示。

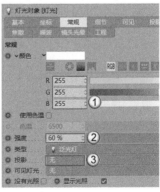 

图6-51　　　　　　　　　　　图6-52

05 进入摄像机视图，然后按Ctrl+R组合键渲染，效果如图6-53所示。此时场景中虽然有明暗的区别，但没有投影，整个画面显得不真实。

06 使用"天空"工具在场景中创建一个天空模型，然后按Shift+F8组合键打开"内容浏览器"，将"预置>Prime>Presets>Light Setups>HDRI"文件夹中的Photo Studio文件赋予天空模型，如图6-54所示。

图6-53　　　　　　　图6-54

知识链接

HDRI贴图的相关知识，请参阅第8章的"技术专题 HDRI贴图"。

07 在摄像机视图按Shift+R组合键渲染，效果如图6-55所示。可以观察到添加了HDRI贴图后，场景中产生了自然的光影，场景显得更加真实。

图6-55

6.2.2 区域光

演示视频：057-区域光

"区域光" 区域光 可以理解为面光源或体积光，是通过固定的形状产生光源，有一定的方向性。默认为矩形，如图6-56所示。

"区域光"的参数面板与"灯光"完全一致，这里只着重讲解"细节"选项卡，如图6-57所示。

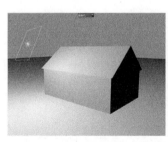

图6-56　　　　　　　图6-57

重要参数讲解

形状：用于设置灯光面片的形状，如图6-58~图6-66所示。

水平尺寸/垂直尺寸/纵深尺寸：设置区域光的尺寸大小。

衰减角度：设置衰减的角度值。

采样：控制灯光的细腻程度，数值越大的采样，渲染效果越好。

渲染可见：勾选该选项后，可以在渲染的图片中观察到区域光。

在视窗中显示为实体：勾选该选项后，灯光会显示为实体状态，如图6-67所示。

矩形

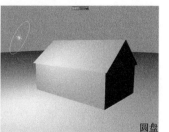
圆盘

图6-58　　　　　　　图6-59

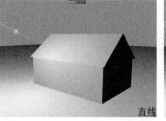
直线

球体

图6-60　　　　　　　图6-61

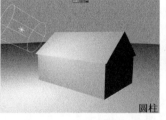
圆柱

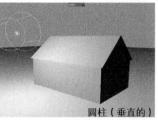
圆柱（垂直的）

图6-62　　　　　　　图6-63

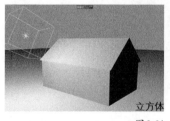
立方体

半球体

图6-64　　　　　　　图6-65

对象/样条

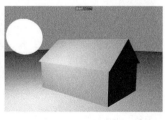

图6-66　　　　　　　图6-67

实战：用区域光制作简约休闲室

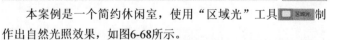

场景位置　场景文件>CH06>05.c4d
实例位置　实例文件>CH06>实战：用区域光制作简约休闲室.c4d
视频名称　实战：用区域光制作简约休闲室.mp4
难易指数　★★★☆☆
技术掌握　掌握区域光的使用方法

本案例是一个简约休闲室，使用"区域光"工具 区域光 制作出自然光照效果，如图6-68所示。

01 打开本书学习资源中的"场景文件>CH06>05.c4d"文件，如图6-69所示。场景中已经建立好了摄像机和材质。

图6-68   图6-69

02 单击"区域光"按钮 ▢ 区域光，然后在窗外创建一盏灯光，如图6-70所示。

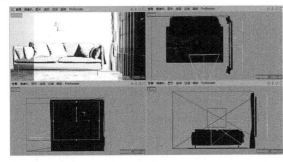

图6-70

03 选择上一步创建的灯光，然后在"常规"选项卡中设置灯光的"颜色"为纯白色，"强度"为100%，"投影"为"区域"，如图6-71所示。

04 在"细节"选项卡中设置"水平尺寸"为2500cm，"垂直尺寸"为2000cm，"衰减"为"平方倒数（物理精度）"，"半径衰减"为2100cm，如图6-72所示。

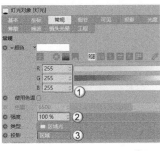
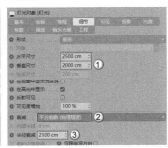

图6-71   图6-72

05 进入摄像机视图，然后按Ctrl+R组合键进行渲染，效果如图6-73所示。此时场景很灰暗，光照明显不足，需要增加灯光强度。

06 将灯光的"强度"设置为300%，然后渲染效果，如图6-74所示。

图6-73   图6-74

🔊重点 实战：用区域光制作彩色场景灯光

场景位置	场景文件>CH06>06.c4d
实例位置	实例文件>CH06>实战：用区域光制作彩色场景灯光.c4d
视频名称	实战：用区域光制作彩色场景灯光.mp4
难易指数	★★★☆☆
技术掌握	掌握区域光的使用方法

本案例为一个简单的场景添加彩色灯光，突出不同的灯光效果，如图6-75所示。

01 打开本书学习资源中的"场景文件>CH06>06.c4d"文件，如图6-76所示。场景中已经建立好了摄像机和材质。

图6-75   图6-76

02 单击"区域光"按钮 ▢ 区域光，然后在左侧创建一盏灯光，如图6-77所示。

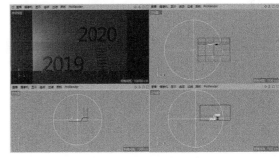

图6-77

03 选择上一步创建的灯光，然后在"常规"选项卡中设置灯光的"颜色"为（R:135，G:187，B:255），"强度"为100%，"投影"为"区域"，如图6-78所示。

04 在"细节"选项卡中设置"水平尺寸"为200cm，"垂直尺寸"为200cm，"衰减"为"平方倒数（物理精度）"，"半径衰减"为3770.098cm，如图6-79所示。

图6-78   图6-79

05 进入摄像机视图，然后按Ctrl+R组合键进行渲染，效果如图6-80所示。

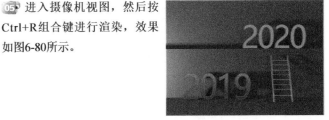

图6-80

06 将蓝色的灯光向右复制一盏，位置如图6-81所示。

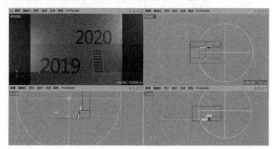

图6-81

07 选中复制的灯光，然后修改灯光的"颜色"为（R:255，G:209，B:135），如图6-82所示。

08 按Shift+R组合键渲染场景，案例最终效果如图6-83所示。

图6-82

图6-83

实战：用区域光制作金属场景灯光

场景位置	场景文件>CH06>07.c4d
实例位置	实例文件>CH06>实战：用区域光制作金属场景灯光.c4d
视频名称	实战：用区域光制作金属场景灯光.mp4
难易指数	★★★☆☆
技术掌握	掌握区域光的使用方法

本案例用区域光制作出金属场景灯光效果，如图6-84所示。

01 打开本书学习资源中的"场景文件>CH06>07.c4d"文件，如图6-85所示。场景中已经建立好了摄像机和材质。

图6-84

图6-85

02 单击"区域光"按钮 ▢ 区域光，然后在摄像机左下方创建一盏灯光，如图6-86所示。

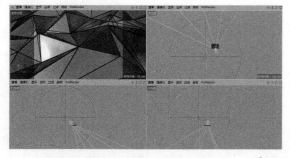

图6-86

03 选择上一步创建的灯光，然后在"常规"选项卡中设置灯光的"颜色"为（R:255，G:74，B:74），"强度"为100%，"投影"为"区域"，如图6-87所示。

04 在"细节"选项卡中设置"形状"为"球体"，"水平尺寸""垂直尺寸""纵深尺寸"都为50cm，"衰减"为"平方倒数（物理精度）"，"半径衰减"为500cm，如图6-88所示。

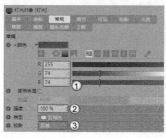

图6-87

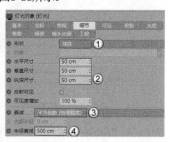

图6-88

05 进入摄像机视图，然后按Ctrl+R组合键进行渲染，效果如图6-89所示。

06 将红色的灯光向摄像机的右上方复制一盏，位置如图6-90所示。

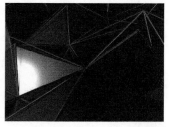

图6-89

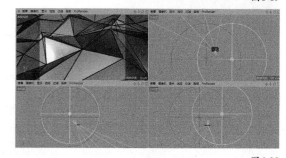

图6-90

07 选中复制的灯光，然后修改灯光的"颜色"为（R:112，G:215，B:255），"强度"为120%，如图6-91所示。

08 按Shift+R组合键渲染场景，效果如图6-92所示。

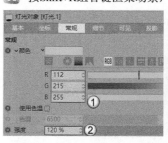

图6-91

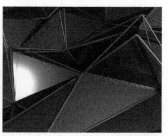

图6-92

09 此时场景整体有些偏黑。使用"天空"工具为场景添加天空模型，然后按Shift+F8组合键打开"内容浏览器"，将"预置>Prime>Presets>Light Setups>HDRI"文件夹中的Photo Studio文件赋予天空模型，如图6-93所示。

10 渲染场景，案例最终效果如图6-94所示。

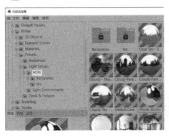 

图6-93　　　　　　　　　　　　　　　　图6-94

6.2.3 IES灯光

📹 演示视频：058-IES灯光

"IES灯光" IES灯... 是通过加载IES灯光文件形成不同光照效果的灯光，如图6-95所示。它常用于模拟室内的筒灯和射灯。

"IES灯光"属性面板与"灯光"完全相同，这里只着重讲解"光度"选项卡，如图6-96所示。

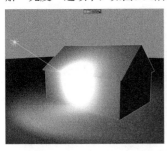 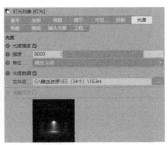

图6-95　　　　　　　　　　　　　　　　图6-96

重要参数讲解

光度数据：勾选该选项后，可以在下方加载光度学文件。

文件名：加载光度学文件的通道。加载了光度学文件后，会在下方显示灯光效果，如图6-97所示。

> 技巧与提示 ✏️
>
> 打开"内容浏览器"面板，然后在"预置>Visualize> Presets> IES Light"文件夹中，可以找到各种类型的预置IES文件。

图6-97

6.2.4 无限光

📹 演示视频：059-无限光

"无限光" 无限光 是一种带有方向性的灯光，与"IES灯光"相似，如图6-98所示。

> 技巧与提示 ✏️
>
> "无限光"的参数与"灯光"相同，这里不再赘述。

图6-98

实战：用无限光工具模拟阳光

场景位置	场景文件>CH06>08.c4d
实例位置	实例文件>CH06>实战：用无限光工具模拟阳光.c4d
视频名称	实战：用无限光工具模拟阳光.mp4
难易指数	★★★☆☆
技术掌握	掌握无限光的使用方法

本案例用"无限光"工具 无限光 模拟阳光效果，如图6-99所示。

01 打开本书学习资源文件"场景文件>CH06>08.c4d"，如图6-100所示。

图6-99　　　　　　　　　　　　　　　　图6-100

02 移动视图找到合适的视角，单击"摄像机"按钮📷，在场景中创建一个摄像机，如图6-101所示。

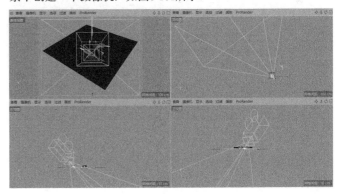

图6-101

03 单击"无限光"按钮 无限光，在场景中创建一盏灯光，位置如图6-102所示。

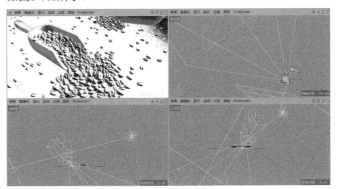

图6-102

> 技巧与提示 ✏️
>
> 无限光的方向需要靠"旋转"工具🔄进行调节。

04 选择上一步创建的灯光，在"常规"选项卡中设置灯光的"颜色"为（R:255，G:240，B:209），"投影"为"区域"，如图6-103所示。

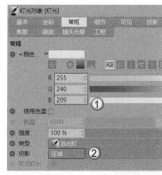

图6-103

疑难问答

问：为何灯光类型为"远光灯"？

答：在Cinema 4D R18版本中，"无限光"的名字叫作"远光灯"，在新版本的软件界面，一些选项仍然保留了"远光灯"的叫法。无论是"无限光"，还是"远光灯"，都表示同一种灯光，只是名称不同，并不影响使用。

05 切换到"细节"选项卡，设置"衰减"为"平方倒数（物理精度）"，"半径衰减"为500cm，如图6-104所示。

06 在摄像机视图按Ctrl+R组合键渲染，效果如图6-105所示。

图6-104　　　　　　图6-105

实战：用无限光制作夕阳灯光

场景位置	场景文件>CH06>09.c4d
实例位置	实例文件>CH06>实战：用无限光制作夕阳灯光.c4d
视频名称	实战：用无限光制作夕阳灯光.mp4
难易指数	★★★☆☆
技术掌握	掌握无限光的使用方法

本案例用"无限光"工具 模拟咖啡桌的夕阳灯光效果，案例效果如图6-106所示。

01 打开本书学习资源中的"场景文件>CH06>09.c4d"文件，如图6-107所示。

图6-106　　　　　　图6-107

02 使用"无限光"工具 在场景中创建一盏灯光，位置如图6-108所示。

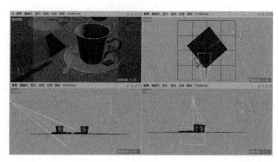

图6-108

03 选中创建的灯光，在"常规"选项卡中设置"颜色"为（R:255，G:185，B:87），"强度"为100%，"投影"为"区域"，如图6-109所示。

04 切换到"细节"选项卡，设置"衰减"为"平方倒数（物理精度）"，"半径衰减"为90cm，如图6-110所示。

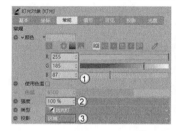

图6-109　　　　　　图6-110

05 在摄像机视图按Ctrl+R组合键渲染，效果如图6-111所示。

图6-111

实战：用无限光制作产品展示灯光

场景位置	场景文件>CH06>10.c4d
实例位置	实例文件>CH06>实战：用无限光制作产品展示灯光.c4d
视频名称	实战：用无限光制作产品展示灯光.mp4
难易指数	★★★☆☆
技术掌握	掌握无限光的使用方法

本案例用无限光模拟产品的展示灯光效果，案例效果如图6-112所示。

01 打开本书学习资源中的"场景文件>CH06>10.c4d"文件，如图6-113所示。

图6-112　　　　　　图6-113

02 使用"无限光"工具 ▲无限光 在场景中创建一盏灯光，位置如图6-114所示。

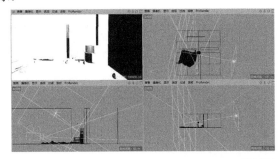

图6-114

03 选中创建的灯光，在"常规"选项卡中设置"颜色"为（R:255，G:251，B:217），"强度"为60%，"投影"为"区域"，如图6-115所示。

04 切换到"细节"选项卡，设置"衰减"为"平方倒数（物理精度）"，"半径衰减"为500cm，如图6-116所示。

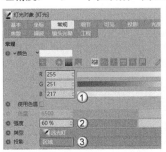

图6-115　　　　　　　　　　图6-116

05 在摄像机视图按Ctrl+R组合键渲染，效果如图6-117所示。

06 场景整体偏黑，使用"天空"工具在场景中创建一个天空模型，然后按Shift+F8组合键打开"内容浏览器"，将"预置>Prime>Presets>Light Setups>HDRI"文件夹中的Photo Studio文件赋予天空模型，如图6-118所示。

图6-117　　　　　　　　　　图6-118

07 重新渲染场景，案例最终效果如图6-119所示。

图6-119

6.2.5 日光

演示视频：060-日光

"日光" ☀日光 是模拟太阳光的灯光，带有方向性，如图6-120所示。

"日光"的属性面板类似于"无限光"和"灯光"，但多出了"太阳"选项卡，如图6-121所示。

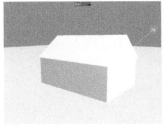
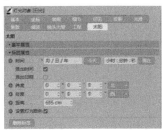

图6-120　　　　　　　　　　图6-121

重要参数讲解

时间：设置太阳所在时间的位置、强度和颜色。太阳随着不同的时间，所在位置、强度和颜色都会发生变化，如图6-122和图6-123所示。

图6-122　　　　　　　　　　图6-123

纬度/经度：设置太阳所在的位置。

距离：太阳与地面之间的距离。

第7章 材质与纹理技术

7.1 材质的创建与赋予

本节将讲解Cinema 4D材质的创建和赋予方法。

7.1.1 材质创建的方法

🔲 演示视频：061-材质创建的方法

在Cinema 4D的"材质"面板中可以创建新的材质，如图7-1所示。

图7-1

创建材质的方法有4种。

第1种：执行"创建>新的默认材质"菜单命令，如图7-2所示。

第2种：按Ctrl+N组合键。

第3种：双击"材质"面板，自动创建新的默认材质，如图7-3所示。

图7-2　　　　　　　　　　图7-3

第4种：执行"创建>材质"菜单命令，可以在弹出的菜单中创建系统预置的其他类型材质，如图7-4所示。

图7-4

> **技术专题 ● 材质删除的方法**
>
> 当创建了材质且没有赋予场景中的任何对象时，直接在"材质"面板中选中需要删除的材质，然后按Delete键删除即可。
>
> 当材质已经赋予场景中的对象时，在"对象"面板中单击材质的图标，然后按Delete键删除，如图7-5和图7-6所示。此时只是将对象移除了材质，但材质还存在于"材质"面板中，选中材质后按Delete键删除即可。
>
>
>
> 图7-5　　　　　　　　　　图7-6

7.1.2 材质赋予的方法

创建好的材质可以直接赋予需要的模型，具体方法有3种。

第1种：拖曳材质到视图窗口中的模型上，然后松开鼠标，材质便赋予模型。

第2种：拖曳材质到"对象"面板的对象选项上，然后松开鼠标，材质便赋予模型，如图7-7所示。

第3种：保持需要赋予材质的模型的选中状态，然后在材质图标上单击鼠标右键，接着选择"应用"选项，如图7-8所示。

图7-7 图7-8

 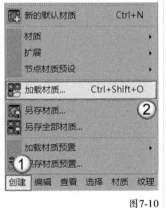

技术专题 ⚙ 保存和加载材质的方法

修改好参数的材质可以将其保存，以便以后使用。保存材质的方法很简单，选中需要保存的材质，然后执行"创建>另存材质"菜单命令，接着在弹出的窗口中设置路径和材质名称保存即可，如图7-9所示。

加载材质是将设置好的材质直接加载调用，省去重新设置材质的过程，可极大地提升制作效率。加载材质的方法是执行"创建>加载材质"菜单命令，然后在弹出的窗口中选择需要的材质即可，如图7-10所示。

图7-9 图7-10

7.2 材质编辑器

 演示视频：062-材质编辑器

双击新建的空白材质图标，会弹出"材质编辑器"面板，如图7-11所示。"材质编辑器"是对材质属性进行调节的面板，包含"颜色""漫射""发光""透明"等12种属性。

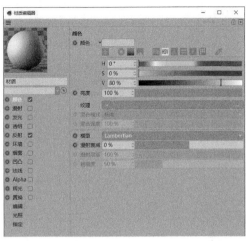

图7-11

本节工具介绍

工具名称	工具作用	重要程度
颜色	设置材质的固有色和纹理	高
发光	设置材质的自发光颜色和纹理	高
透明	设置材质的透明属性	高
反射	设置材质的反射属性	高
GGX	设置材质的GGX反射	高
凹凸	设置材质的凹凸纹理	中
辉光	设置材质的辉光效果	中
置换	设置材质凹凸纹理	低

★重点

7.2.1 颜色

"颜色"选项不仅可以调整材质的固有色，还可以为材质添加贴图纹理，如图7-12所示。

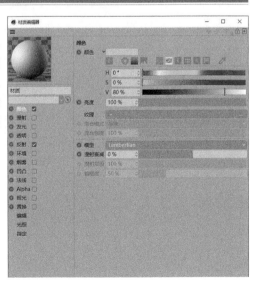

图7-12

141

重要参数讲解

颜色：材质显示的固有色，可以通过"色轮""光谱"RGB和HSV等方式进行调整。

亮度：设置材质颜色显示的程度。当设置0%时为纯黑，100%时为材质的颜色，超过100%时为自发光效果，如图7-13~图7-15所示。

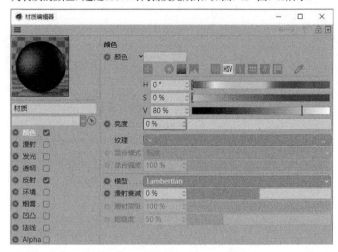

图7-13

图7-14

图7-15

纹理：为材质加载内置纹理或外部贴图的通道。

混合模式：当"纹理"通道中加载了贴图时会自动激活，用于设置贴图与颜色的混合模式，类似于Photoshop中的图层混合模式。

标准：完全显示"纹理"通道中的贴图，如图7-16所示。

添加：将颜色与"纹理"通道进行叠加，如图7-17所示。

减去：将颜色与"纹理"通道进行相减，如图7-18所示。

正片叠底：将颜色与"纹理"通道进行正片叠底，如图7-19所示。

混合强度：设置颜色与"纹理"通道的混合量。

图7-16　　　　图7-17　　　　图7-18　　　　图7-19

7.2.2 发光

"发光"选项是设置材质的自发光效果，如图7-20所示。

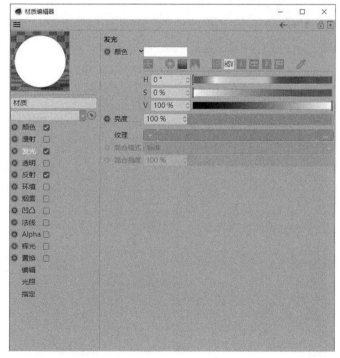

图7-20

重要参数讲解

颜色：设置材质的自发光颜色。

亮度：设置材质的自发光亮度。

纹理：用加载的贴图显示自发光效果，如图7-21所示。

图7-21

7.2.3 透明

"透明"选项是设置材质的透明和半透明效果，如图7-22所示。

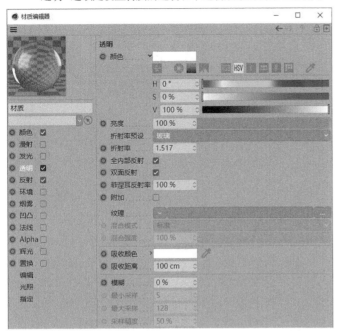

图7-22

重要参数讲解

颜色：设置材质的折射颜色。折射的颜色越接近白色，材质越透明，如图7-23和图7-24所示。

图7-23

图7-24

亮度：设置材质的透明程度。

折射率预设：系统提供了一些常见材质的折射率，如图7-25所示。通过预设，可以快速设定材质的折射效果。

折射率：通过输入数值设置材质的折射率。

菲涅耳反射率：材质产生菲涅耳反射的程度，默认为100%。

纹理：通过加载贴图控制材质的折射效果。

吸收颜色：设置折射产生的颜色，类似于VRay的"烟雾颜色"。

吸收距离：设置折射颜色的浓度，如图7-26和图7-27所示。

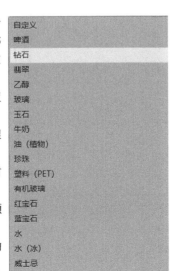

图7-25

模糊：控制折射的模糊程度，数值越大，材质越模糊，如图7-28和图7-29所示。

| 图7-26 | 图7-27 | 图7-28 | 图7-29 |

7.2.4 反射

"反射"选项是设置材质的反射程度和反射效果，如图7-30所示。

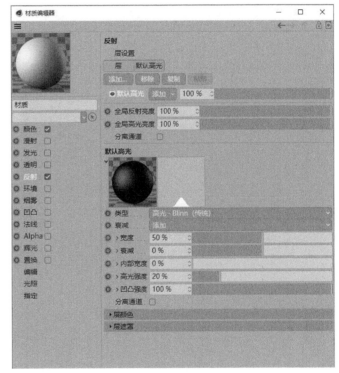

图7-30

重要参数讲解

类型：设置材质的高光类型，如图7-31~图7-37所示。

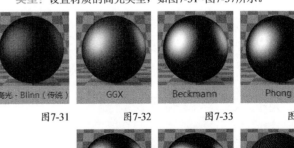

| 图7-31 | 图7-32 | 图7-33 | 图7-34 |

| 图7-35 | 图7-36 | 图7-37 |

衰减：设置材质反射衰减效果，有"添加"和"金属"两个选项。

粗糙度：设置材质的光滑度，数值越小，材质越光滑，如图7-38和图7-39所示。

高光强度：设置材质高光的强度，如图7-40和图7-41所示。

图7-38　　　　图7-39　　　　图7-40　　　　图7-41

层颜色：设置材质反射的颜色，默认为白色。

7.2.5 GGX

GGX是一种材质反射类型，常用于制作高反射类材质，如金属、塑料和水等材质，如图7-42所示。

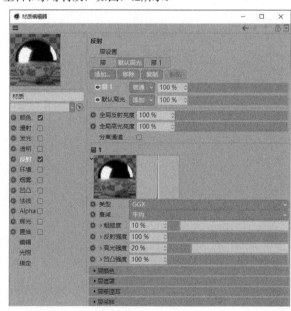

图7-42

GGX并不是默认的选项面板，需要在"反射"选项中进行添加。在"反射"选项中单击"层"选项卡，然后单击"添加"按钮 添加... ，在下拉菜单中选择GGX选项，如图7-43所示。

图7-43

重要参数讲解

粗糙度：设置材质表面的光滑程度，如图7-44和图7-45所示。

反射强度：设置材质的反射强度，数值越小，材质越接近固有色，如图7-46和图7-47所示。

图7-44　　　　图7-45　　　　图7-46　　　　图7-47

高光强度：设置材质的高光范围，如图7-48和图7-49所示。只有设置了"粗糙度"的数值，该参数才有效。

图7-48　　　　图7-49

层颜色：设置材质的反射颜色，默认为白色。

亮度：设置反射颜色的强度。

纹理：在通道中加载反射的贴图。

菲涅耳：设置材质的菲涅耳属性，有"无""绝缘体""导体"3种类型。现实生活中的材质基本上都有菲涅耳效果，因此在设置材质时都会设置"菲涅耳"的类型。

预置：设置"菲涅耳"类型为"绝缘体"或"导体"时激活此选项。系统提供了不同类型材质的菲涅耳折射率预置，如图7-50和图7-51所示。

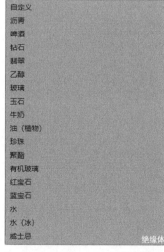

图7-50　　　　　　　　图7-51

强度：设置菲涅耳效果的强度。

折射率（IOR）：设置材质的菲涅耳折射率，当选择预置效果时，可以不设置此选项。

采样细分：设置材质的细分，数值越大，材质越细腻，如图7-52和图7-53所示。

图7-52　　　　图7-53

技术专题 🐧 菲涅耳反射

菲涅耳反射是指反射强度与视点角度之间的关系。

简单来讲，菲涅耳反射是当视线垂直于物体表面时，反射较弱；当视线非垂直于物体表面时，夹角越小，反射越强烈。自然界的对象几乎都存在菲涅耳反射，金属也不例外，只是它的这种现象很弱。

菲涅耳反射还有一种特性，物体表面的反射模糊也是随着角度的变化而变化的，视线和物体表面法线的夹角越大，此处的反射模糊就会越少，就会更清晰。

而在实际制作材质时，选择"菲涅耳"的类型都可以起到使材质更加真实的效果。

7.2.6 凹凸

"凹凸"选项是用于设置材质的纹理通道，如图7-54所示。

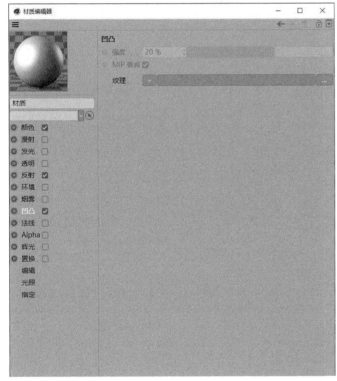

图7-54

重要参数讲解

纹理：加载材质的纹理贴图。需要注意的是，此通道只识别贴图的灰度信息。

强度：设置凹凸纹理的强度，如图7-55和图7-56所示。在"纹理"通道中加载贴图后，此选项会被激活。

图7-55

图7-56

7.2.7 辉光

"辉光"选项会为材质添加发光效果，如图7-57所示。

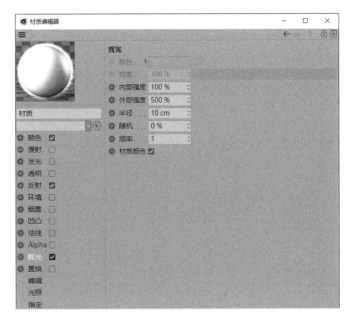

图7-57

重要参数讲解

内部强度：设置辉光在材质表面的强度。

外部强度：设置辉光在材质外面的强度。

半径：设置辉光发射的距离。

随机：设置辉光发射距离的随机效果。

材质颜色：勾选该选项后，辉光颜色与材质颜色相似。同时激活"颜色"和"亮度"选项，可以设置辉光的任意颜色和亮度。

7.2.8 置换

"置换"选项与"凹凸"选项类似，是在材质上形成凹凸纹理。不同的是"置换"会直接改变模型的形状，而"凹凸"只是形成凹凸的视觉效果，如图7-58所示。

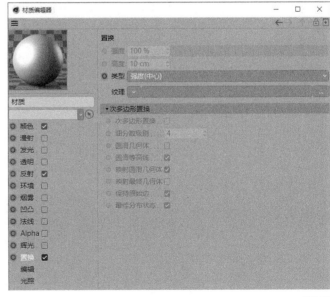

图7-58

技术专题 ⑯ 系统预置材质

除了手动调整参数形成不同的材质效果外，Cinema 4D还提供了一些预置的材质效果。按Shift+F8组合键打开"内容浏览器"面板，然后在"预置>Visualize>Materials"文件夹中罗列了常见类型的材质和贴图，如图7-59所示。选中其中任意一个材质图标，然后双击鼠标左键，即可将材质添加到"材质"面板，赋予场景的模型即可。

在每个预置材质文件夹中包含tex文件夹，里面存储了材质所附带的贴图，如图7-60所示。

图7-59   图7-60

实战：制作纯色塑料材质

场景位置	场景文件>CH07>01.c4d
实例位置	实例文件>CH07>实战：制作纯色塑料材质.c4d
视频名称	实战：制作纯色塑料材质.mp4
难易指数	★★☆☆☆
技术掌握	掌握塑料材质的设置方法

本案例为一组造型模型添加纯色塑料材质，案例效果如图7-61所示。

01 打开本书学习资源中的"场景文件>CH07>01.c4d"文件，如图7-62所示。场景内已经建立好了摄像机和灯光，需要为场景赋予材质。

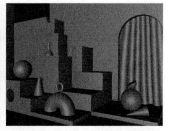

图7-61   图7-62

02 创建橙色墙面材质。双击"材质"面板创建一个默认材质，在"颜色"选项中设置"颜色"为（R:186，G:139，B:101），如图7-63所示。材质效果如图7-64所示。

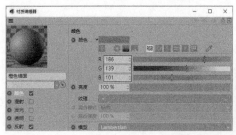

图7-63   图7-64

技巧与提示 ✍

为了方便区分材质，可以为材质重命名。

03 下面制作米色塑料材质。新建一个默认材质，设置材质的"颜色"为（R:255，G:246，B:230），如图7-65所示。

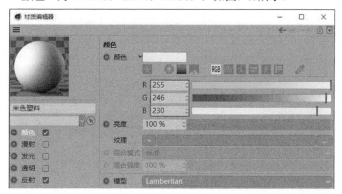

图7-65

04 在"反射"中添加GGX，然后设置"粗糙度"为15%，"反射强度"为80%，"菲涅耳"为"绝缘体"，"预置"为"聚酯"，如图7-66所示。材质效果如图7-67所示。

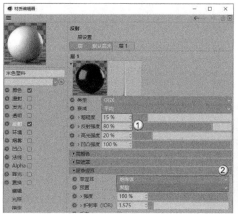

图7-66   图7-67

05 下面制作紫色塑料材质。将米色塑料材质复制一份，修改"颜色"为（R:205，G:167，B:178），如图7-68所示。材质效果如图7-69所示。

图7-68   图7-69

技巧与提示 ✍

米色塑料与紫色塑料的反射参数完全相同，因此只需要修改颜色的参数即可。

06 下面制作浅黄色塑料材质。复制一份材质，修改"颜色"为（R:223，G:190，B:171），如图7-70所示。材质效果如图7-71所示。

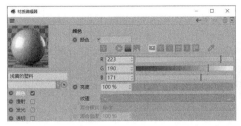

图7-70　　　　　　　　图7-71

07 下面制作深黄色塑料材质。复制一份材质，修改"颜色"为（R:145，G:104，B:76），如图7-72所示。材质效果如图7-73所示。

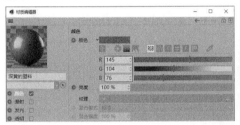

图7-72　　　　　　　　图7-73

08 将材质赋予模型，渲染效果如图7-74所示。

图7-74

实战：制作玻璃材质

场景位置	场景文件>CH07>02.c4d
实例位置	实例文件>CH07>实战：制作玻璃材质.c4d
视频名称	实战：制作玻璃材质.mp4
难易指数	★★★☆☆
技术掌握	掌握玻璃材质的设置方法

本案例将学习玻璃材质的调节方法，需要用到"透明"和"反射"选项，案例效果如图7-75所示。

01 打开本书学习资源文件"场景文件>CH07>02.c4d"，如图7-76所示。需要为这个场景中的模型添加玻璃材质和自发光材质。

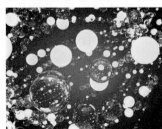 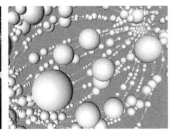

图7-75　　　　　　　　图7-76

02 制作玻璃材质。在"材质"面板新建一个默认材质，勾选"透明"，然后设置"折射率预设"为"玻璃"，如图7-77所示。

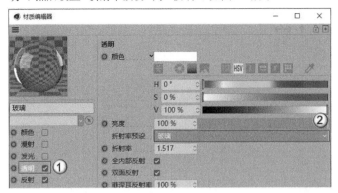

图7-77

03 在"反射"选项中添加GGX，设置"粗糙度"为20%，"高光强度"为3%，"菲涅耳"为"绝缘体"，"预置"为"玻璃"，如图7-78所示。材质效果如图7-79所示。

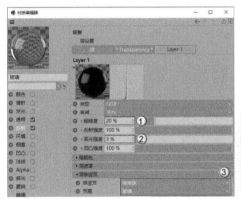 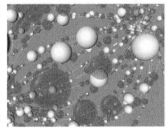

图7-78　　　　　　　　图7-79

04 将材质赋予场景中的模型，如图7-80所示。

05 制作自发光材质。场景中没有灯光，需要用自发光材质模拟灯光效果。新建一个默认材质，勾选"发光"，然后设置"颜色"为（R:139，G:178，B:253），"亮度"为120%，如图7-81所示。

图7-80

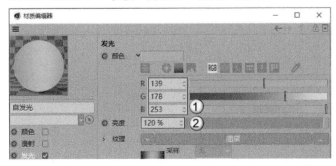

图7-81

06 单击"纹理"旁边的按钮，在弹出的菜单中选择"渐变"，如图7-82所示。

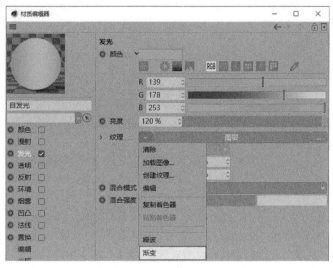

图7-82

07 在"渐变"属性面板中，设置"渐变"的颜色分别为（R:27，G:34，B:48）和（R:139，G:178，B:253），"类型"为"三维-线性"，"开始"为-20cm，"结束"为20cm，"湍流"为4%，"阶度"为5，如图7-83所示。

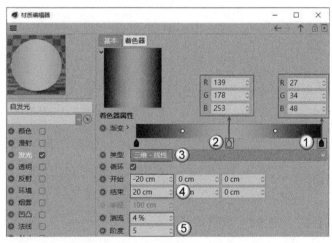

图7-83

08 返回"发光"面板，设置"混合强度"为50%，如图7-84所示。材质效果如图7-85所示。

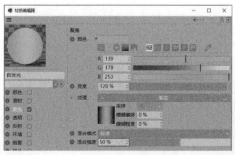

图7-84　　图7-85

09 将材质赋予模型，效果如图7-86所示。按Shift+R组合键渲染，效果如图7-87所示。

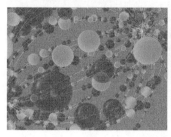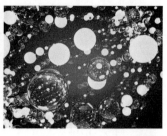

图7-86　　图7-87

实战：制作自发光材质

场景位置	场景文件>CH07>03.c4d
实例位置	实例文件>CH07>实战：制作自发光材质.c4d
视频名称	实战：制作自发光材质.mp4
难易指数	★★★☆☆
技术掌握	掌握自发光材质的设置方法

本案例将学习自发光材质的调节方法，需要用到"发光"选项，案例效果如图7-88所示。

01 打开本书学习资源文件"场景文件>CH07>03.c4d"，如图7-89所示。需要为这个场景中的模型添加黑镜材质、塑料材质和自发光材质。

图7-88　　图7-89

02 制作黑镜材质。在"材质"面板新建一个默认材质，设置"颜色"为（R:66，G:66，B:66），如图7-90所示。

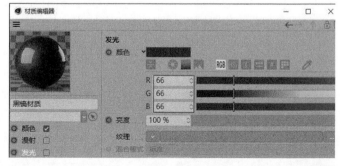

图7-90

03 在"反射"选项中添加GGX，设置"粗糙度"为1%，"反射强度"为200%，"高光强度"为30%，"菲涅耳"为"绝缘体"，"预置"为"玻璃"，如图7-91所示。材质效果如图7-92所示。

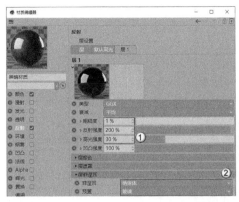

图7-91　　　　　图7-92

04 制作塑料材质。新建一个默认材质，设置"颜色"为（R:140，G:26，B:150），如图7-93所示。

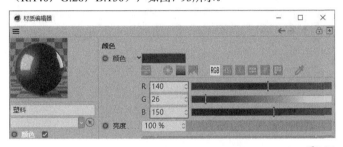

图7-93

05 在"反射"选项中添加GGX，设置"粗糙度"为5%，"菲涅耳"为"绝缘体"，"预置"为"聚酯"，如图7-94所示。材质效果如图7-95所示。

图7-94　　　　　图7-95

06 制作自发光材质。新建一个默认材质，勾选"发光"选项，然后在"纹理"通道中加载"渐变"贴图，并设置"亮度"为300%，如图7-96所示。

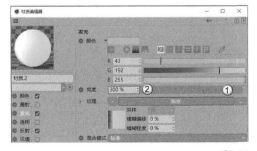

图7-96

07 在"渐变"属性面板中，设置"渐变"的颜色分别为（R:255，G:0，B:140）、（R:0，G:255，B:221）和（R:0，G:208，B:255），"类型"为"二维-U"，如图7-97所示。材质效果如图7-98所示。

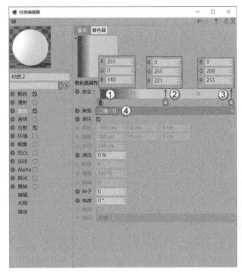

图7-97　　　　　图7-98

08 将材质赋予模型，效果如图7-99所示。按Shift+R组合键渲染效果，如图7-100所示。

图7-99　　　　　图7-100

实战：制作金色金属材质

场景位置	场景文件>CH07>04.c4d
实例位置	实例文件>CH07>实战：制作金色金属材质.c4d
视频名称	实战：制作金色金属材质.mp4
难易指数	★★★☆☆
技术掌握	掌握有色金属材质的制作方法

本案例将学习金色金属材质的调节方法，需要用到GGX，案例效果如图7-101所示。

01 打开本书学习资源文件"场景文件>CH07>04.c4d"，如图7-102所示。

图7-101　　　　　图7-102

02 在"材质"面板中新建一个默认材质,设置"颜色"为(R:94,G:53,B:15),如图7-103所示。

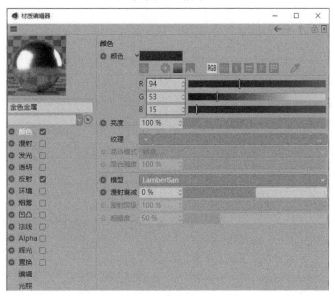

图7-103

03 在"反射"选项中添加GGX,设置"粗糙度"为18%,"菲涅耳"为"导体","预置"为"金",如图7-104所示。材质效果如图7-105所示。

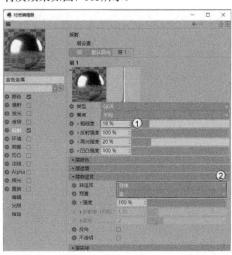

图7-104　　　　图7-105

04 将材质赋予模型,效果如图7-106所示。

05 按Shift+R组合键渲染场景,效果如图7-107所示。

图7-106　　　　图7-107

实战:制作不锈钢材质

场景位置	场景文件>CH07>05.c4d
实例位置	实例文件>CH07>实战:制作不锈钢材质.c4d
视频名称	实战:制作不锈钢材质.mp4
难易指数	★★★☆☆
技术掌握	掌握不锈钢材质的制作方法

本案例将学习不锈钢材质和蓝色金属的调节方法,需要用到GGX,案例效果如图7-108所示。

01 打开本书学习资源文件"场景文件>CH07>05.c4d",如图7-109所示。

图7-108　　　　图7-109

02 制作不锈钢材质。在"材质"面板中新建一个默认材质,然后取消勾选"颜色"选项,在"反射"中添加GGX,设置"粗糙度"为10%,"反射强度"为80%,"菲涅耳"为"导体","预置"为"钢",如图7-110所示。材质效果如图7-111所示。

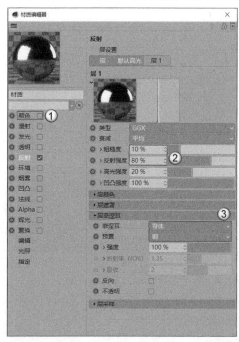

图7-110　　　　图7-111

03 制作蓝色金属材质。新建一个默认材质,然后取消勾选"颜色"选项,在"反射"选项中添加GGX,设置"粗糙度"为40%,"反射强度"为60%,"层颜色"中的"颜色"为(R:103,G:126,B:171),"菲涅耳"为"导体","预置"为"钢",如图7-112所示。材质效果如图7-113所示。

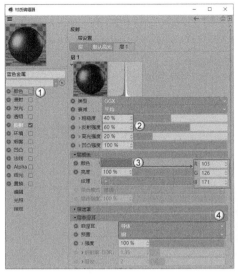

图7-112　　　　　　　　　　图7-113

04 将材质赋予模型，效果如图7-114所示。

05 按Shift+R组合键渲染场景，效果如图7-115所示。

图7-114　　　　　　　　　　图7-115

技术专题 ⊕ 减少材质噪点的方法

提高材质的"粗糙度"数值后，会明显看到材质上的噪点。将"采样细分"的数值从默认的4提高到8，可以观察到这些噪点基本消失，如图7-116和图7-117所示。

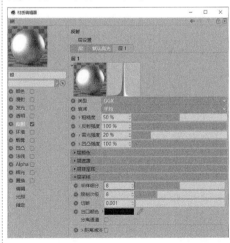

图7-116　　　　　　　　　　图7-117

需要注意的是，提高"采样细分"的数值虽然可以消除噪点，但也会增加渲染的时间。建议读者不要将该参数设置到8以上，以免浪费大量渲染时间。

⊕重点

实战：制作水材质

场景位置	场景文件>CH07>06.c4d
实例位置	实例文件>CH07>实战：制作水材质.c4d
视频名称	实战：制作水材质.mp4
难易指数	★★★☆☆
技术掌握	掌握水材质的制作方法

本案例将制作水材质、不锈钢材质和橡胶材质，需要使用"透明"选项，效果如图7-118所示。

01 打开本书学习资源中的"场景文件>CH07>06.c4d"文件，如图7-119所示。场景中已经建立好了摄像机和灯光。

图7-118　　　　　　　　　　图7-119

02 下面制作水材质。新建一个默认材质，勾选"透明"选项，设置"折射率预设"为"水"，如图7-120所示。

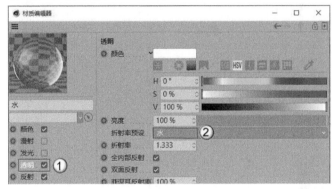

图7-120

03 在"反射"中添加GGX，设置"粗糙度"为1%，"菲涅耳"为"绝缘体"，"预置"为"水"，如图7-121所示。材质效果如图7-122所示。

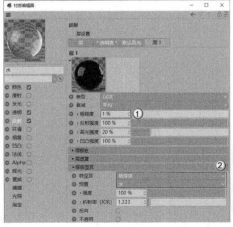

图7-121　　　　　　　　　　图7-122

04 下面制作橡胶材质。新建一个默认材质，设置"颜色"为（R:3，G:3，B:3），如图7-123所示。

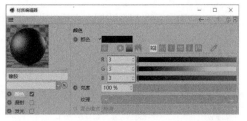

图7-123

05 在"反射"中添加GGX，设置"粗糙度"为40%，"反射强度"为60%，"菲涅耳"为"绝缘体"，"预置"为"沥青"，如图7-124所示。材质效果如图7-125所示。

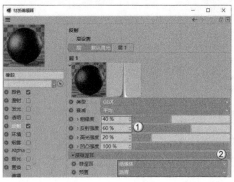

图7-124　　　　图7-125

06 下面制作不锈钢材质。新建一个默认材质，然后取消勾选"颜色"选项，在"反射"中添加GGX，设置"粗糙度"为10%，"菲涅耳"为"导体"，"预置"为"钢"，如图7-126所示。材质效果如图7-127所示。

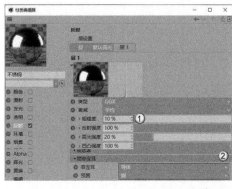

图7-126　　　　图7-127

07 将材质赋予模型，效果如图7-128所示。案例渲染效果如图7-129所示。

图7-128　　　　图7-129

7.3 常见的纹理贴图

演示视频：063- Cinema 4D的纹理贴图

Cinema 4D中自带了一些纹理贴图，可以方便我们直接调取使用。单击"纹理"通道后的箭头按钮，会弹出下拉菜单，里面预置了很多纹理贴图，如图7-130所示。

图7-130

本节工具介绍

工具名称	工具作用	重要程度
噪波	模拟凹凸颗粒纹理	高
渐变	模拟颜色渐变的效果	高
菲涅耳（Fresnel）	模拟菲涅耳反射效果	高
图层	类似Photoshop的图层属性	中
效果	产生不同的颜色和纹理	高
表面	产生不同的纹理效果	高

7.3.1 噪波

"噪波"贴图常用于模拟凹凸颗粒、水波纹和杂色等效果，在不同通道中有不同的用途，常用于"凹凸纹理"通道，如图7-131所示。

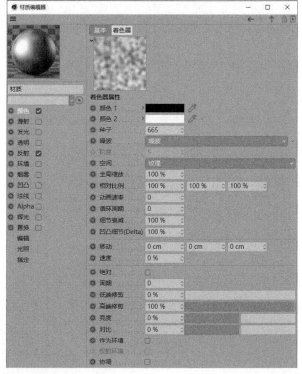

图7-131

技巧与提示

双击加载的"噪波"预览图，会进入"着色器"选项卡，修改噪波的相关属性。

重要参数讲解

颜色1/颜色2：设置噪波的两种颜色，默认为黑色和白色。

种子：随机显示不同的噪波分布效果。

噪波：内置多种噪波显示类型，如图7-132所示。

全局缩放：设置噪点的大小。

图7-132

7.3.2 渐变

"渐变"贴图用于模拟颜色渐变的效果，如花瓣、火焰等，如图7-133所示。

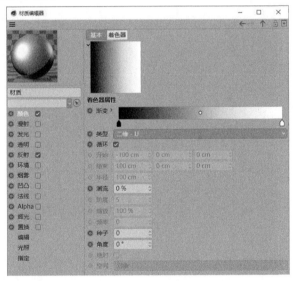

图7-133

重要参数讲解

渐变：设置渐变的颜色，单击下方的色标按钮可以设置渐变的颜色，在渐变色条上单击可以添加色标。

类型：设置渐变的方向，如图7-134所示。

湍流：设置渐变颜色的随机过渡效果，如图7-135所示。

角度：设置渐变颜色的角度，如图7-136所示。

图7-134　　　　图7-135　　　　图7-136

7.3.3 菲涅耳（Fresnel）

"菲涅耳（Fresnel）"是模拟菲涅耳反射效果的贴图，如图7-137所示。

图7-137

重要参数讲解

渲染：设置菲涅耳效果的类型，如图7-138所示。

渐变：设置菲涅耳效果的颜色。

物理：勾选后激活"折射率（IOR）""预置""反相"选项。

图7-138

7.3.4 图层

"图层"贴图类似于Photoshop的图层属性，进入图层属性面板，可以对图层进行编组、加载图像、添加着色器及效果等，如图7-139所示。

图7-139

重要参数讲解

图像：单击此按钮可以加载外部图片，形成一个单独图层。

着色器：单击此按钮，在弹出的菜单中选择系统提供的默认着色器。

效果：单击此按钮，在弹出的菜单中选择贴图的各种效果，如图7-140所示。

文件夹：单击此按钮，可以添加一个空白文件夹，以方便用户将图层进行分组。

删除：单击此按钮，可以删除选中的图层。

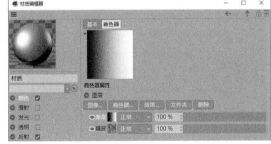

图7-140

7.3.5 效果

"效果"贴图中包含多种预置贴图，如图7-141所示。

像素化	法线生成
光谱	胶纹
变化	环境吸收
各向异性	背光
地形蒙板	薄膜
扭曲	衰减
投射	通道光照
接近	镜头失真
样条	顶点贴图
次表面散射	风化
法线方向	

图7-141

重要参数讲解

光谱：多种颜色形成的渐变，如图7-142所示。

环境吸收：类似于VRay的污垢贴图，让模型在渲染时，阴影处更加明显。

衰减：用于制作带有颜色渐变的材质，如图7-143所示。

图7-142　　　　图7-143

7.3.6 表面

"表面"拥有许多花纹纹理，能形成丰富的贴图效果，如图7-144所示。

云	气旋
光噪	水面
公式	火苗
地球	旋涡
大理石	砖块
平铺	简单噪波
星形	简单湍流
星空	行星
星系	路面铺装
显示颜色	金属
木材	金属
棋盘	铁锈

图7-144

重要参数讲解

云：形成云朵效果，颜色可更改，如图7-145所示。

地球：形成类似于地球图案的纹理，如图7-146所示。

大理石：形成大理石花纹效果，如图7-147所示。

平铺：形成网格状贴图，常用于制作瓷砖和地板，如图7-148所示。

图7-145　　　图7-146　　　图7-147　　　图7-148

木材：形成木材花纹纹理，如图7-149所示。

棋盘：形成黑白相间的方格纹理，如图7-150所示。

砖块：形成砖块效果，常用于制作墙面和地面，如图7-151所示。

路面铺装：形成石块拼接效果，常用于制作地面，如图7-152所示。

图7-149　　　图7-150　　　图7-151　　　图7-152

铁锈：形成金属锈斑效果，如图7-153所示。

图7-153

技术专题 ◉ Cinema 4D的贴图纹理坐标

将材质赋予模型后，"对象"面板上就会出现材质的图标，单击这个图标，下方的"属性"面板会切换到该材质的"纹理标签"属性，如图7-154和图7-155所示。

 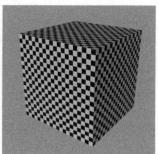

图7-154　　　　　　　　　　　　　图7-155

投射：提供了贴图在模型上的显示方式，如图7-156所示。投射效果如图7-157~图7-165所示。

球状
柱状
平直
立方体
前沿
空间
UVW 贴图
收缩包裹
摄像机贴图

图7-156　　　　　　　　　　　　　图7-157

 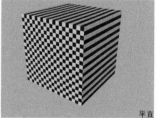

图7-158　　　　　　　　　　　　　图7-159

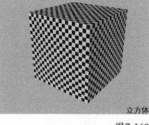 

图7-160　　　　　　　　　　　　　图7-161

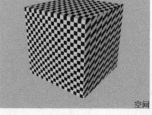 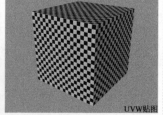

图7-162　　　　　　　　　　　　　图7-163

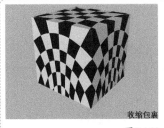
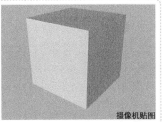

收缩包裹　　　　　　　　　　摄像机贴图

图7-164　　　　　　　　　　图7-165

偏移：设置贴图在模型上的位置。"偏移U"为横向移动，"偏移V"为纵向移动。

平铺：设置贴图在模型上的重复度。"平铺U"为横向重复，"平铺V"为纵向重复，如图7-166和图7-167所示。

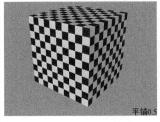

平铺0.5　　　　　　　　　　平铺8

图7-166　　　　　　　　　　图7-167

实战：制作渐变材质

场景位置	场景文件>CH07>07.c4d
实例位置	实例文件>CH07>实战：制作渐变材质.c4d
视频名称	实战：制作渐变材质.mp4
难易指数	★★★★☆
技术掌握	掌握渐变贴图的使用方法

本案例学习渐变材质的调节方法，需要用到"渐变"贴图，案例效果如图7-168所示。

01 打开本书学习资源文件"场景文件>CH07>07.c4d"，如图7-169所示。

图7-168　　　　　　　　　　图7-169

02 下面制作渐变塑料材质。在"材质"面板中新建一个默认材质，然后在"颜色"的"纹理"通道中加载"渐变"贴图，如图7-170所示。

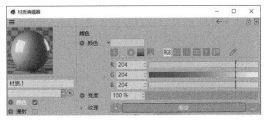

图7-170

03 在"渐变"贴图中设置"渐变"颜色分别为（R:99，G:211，B:255）和（R:54，G:120，B:191），"类型"为"二维-V"，如图7-171所示。

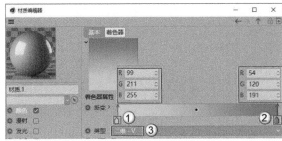

图7-171

04 切换到"反射"并添加GGX，设置"粗糙度"为10%，"菲涅耳"为"绝缘体"，"预置"为"聚酯"，如图7-172所示。材质效果如图7-173所示。

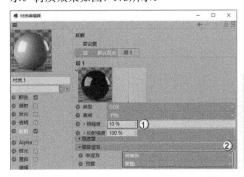

图7-172　　　　　　　　　　图7-173

05 下面制作渐变背景材质。新建一个默认材质，在"颜色"的"纹理"通道中加载"渐变"贴图，如图7-174所示。

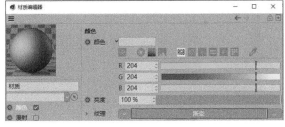

图7-174

06 进入"渐变"贴图，设置"渐变"颜色分别为（R:94，G:196，B:255）和（R:24，G:61，B:102），"类型"为"二维-圆形"，如图7-175所示。材质效果如图7-176所示。

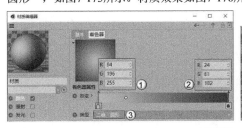

图7-175　　　　　　　　　　图7-176

技巧与提示

移动渐变色条上圆点的位置，可以调节渐变颜色的区域和过渡效果。

07 将材质赋予模型，效果如图7-177所示。

08 按Shift+R组合键渲染场景，效果如图7-178所示。

图7-177　　　　　　　　　　图7-178

实战：制作绒布材质

场景位置	场景文件>CH07>08.c4d
实例位置	实例文件>CH07>实战：制作绒布材质.c4d
视频名称	实战：制作绒布材质.mp4
难易指数	★★★★☆
技术掌握	掌握绒布材质的制作方法

本案例是为小球模型模拟绒布的效果，如图7-179所示。

01 打开本书学习资源文件"场景文件>CH07>08.c4d"，如图7-180所示。场景中已经建立好了摄像机和灯光。

 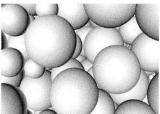

图7-179　　　　　　　　　　图7-180

02 新建一个默认材质，在"颜色"选项的"纹理"通道中加载"菲涅耳（Fresnel）"贴图，如图7-181所示。

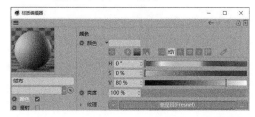

图7-181

03 进入"菲涅耳（Fresnel）"贴图，设置"渐变"颜色分别为（R:189，G:199，B:177）和（R:132，G:166，B:94），如图7-182所示。

图7-182

04 在"反射"选项中添加GGX，设置"粗糙度"为50%，"反射强度"为70%，"高光强度"为30%，然后在"层颜色"的"纹理"通道中加载"菲涅耳（Fresnel）"贴图，接着设置"菲涅耳"为"绝缘体"，"预置"为"沥青"，如图7-183所示。材质效果如图7-184所示。

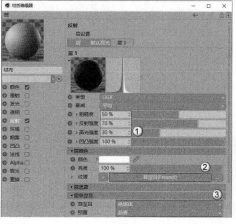 

图7-183　　　　　　　　　　图7-184

05 将绿色的绒布材质复制一份，然后修改"渐变"颜色分别为（R:218，G:219，B:195）和（R:230，G:211，B:131），如图7-185所示。材质效果如图7-186所示。

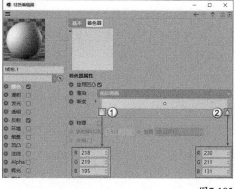 

图7-185　　　　　　　　　　图7-186

06 将绿色的绒布材质复制一份，然后修改"渐变"颜色分别为（R:195，G:215，B:219）和（R:131，G:203，B:230），如图7-187所示。材质效果如图7-188所示。

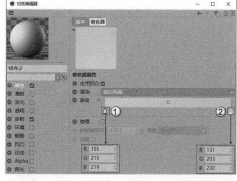 

图7-187　　　　　　　　　　图7-188

07 将材质分别赋予小球模型，渲染效果如图7-189所示。

图7-189

实战：制作丝绸材质

场景位置	场景文件>CH07>09.c4d
实例位置	实例文件>CH07>实战：制作丝绸材质.c4d
视频名称	实战：制作丝绸材质.mp4
难易指数	★★★★☆
技术掌握	掌握丝绸材质的制作方法

本案例是为布料模型模拟丝绸的效果，如图7-190所示。

01 打开本书学习资源文件"场景文件>CH07>09.c4d"，如图7-191所示。场景中已经建立好了摄像机和灯光。

图7-190　　　　　　图7-191

02 下面制作丝绸材质。新建一个默认材质，在"颜色"选项的"纹理"通道中加载"菲涅耳（Fresnel）"贴图，如图7-192所示。

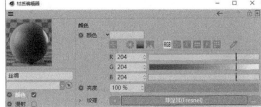

图7-192

03 进入"菲涅耳（Fresnel）"贴图，设置"渐变"颜色分别为（R:38，G:174，B:252）和（R:2，G:36，B:115），如图7-193所示。

图7-193

04 在"反射"选项中添加GGX，设置"粗糙度"为15%，"高光强度"为40%，然后在"层颜色"的"纹理"通道中加载"菲涅耳（Fresnel）"贴图，接着设置"菲涅耳"为"绝缘体"，"折射率（IOR）"为1.6，如图7-194所示。材质效果如图7-195所示。

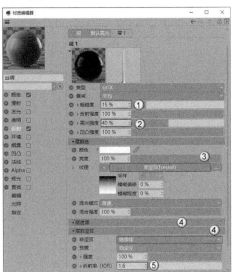

图7-194　　　　图7-195

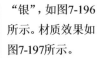

疑难问答

问：为何设置"折射率（IOR）"的数值？

答：当"预置"中找不到合适的选项时，可以直接设置"折射率（IOR）"的数值。该数值越大，材质的反射效果越强。

05 新建一个默认材质，取消勾选"颜色"选项，设置"粗糙度"为30%，"反射强度"为80%，"菲涅耳"为"导体"，"预置"为"银"，如图7-196所示。材质效果如图7-197所示。

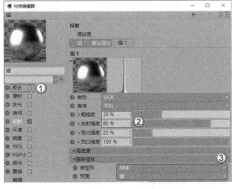

图7-196　　　　图7-197

06 将材质赋予模型，效果如图7-198所示。

07 按Shift+R组合键渲染场景，案例效果如图7-199所示。

图7-198　　　　　　图7-199

实战：制作木纹材质

场景位置	场景文件>CH07>10.c4d
实例位置	实例文件>CH07>实战：制作木纹材质.c4d
视频名称	实战：制作木纹材质.mp4
难易指数	★★★★☆
技术掌握	掌握木纹材质的制作方法

本案例学习木纹材质的制作方法，需要用到"颜色""反射""凹凸"，案例效果如图7-200所示。

01 打开本书学习资源中的"场景文件>CH07>10.c4d"文件，如图7-201所示。

图7-200　　　　　　　　　　图7-201

02 下面制作木纹材质。在"材质"面板新建一个默认材质，在"颜色"的"纹理"通道中加载学习资源文件"实例文件>CH07>实战：制作木纹材质>胡桃-08.JPG"，如图7-202所示。

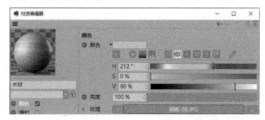

图7-202

03 在"反射"选项中添加GGX，然后在"层颜色"的"纹理"通道中加载学习资源文件"实例文件>CH07>实战：制作木纹材质>胡桃-08.JPG"，接着设置"菲涅耳"为"绝缘体"，如图7-203所示。

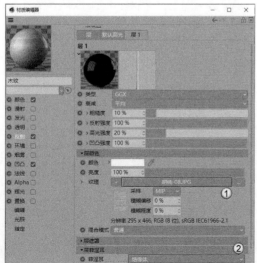

图7-203

04 勾选"凹凸"选项，在"纹理"通道中同样加载"胡桃-08.JPG"文件，并设置"强度"为5%，如图7-204所示。材质效果如图7-205所示。

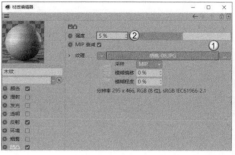

图7-204　　　　　　　　　　图7-205

05 下面制作白色塑料材质。新建一个默认材质，设置"颜色"为（R:235，G:235，B:235），如图7-206所示。

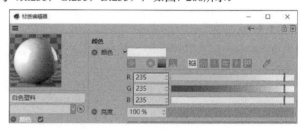

图7-206

06 在"反射"中添加GGX，设置"粗糙度"为5%，"菲涅耳"为"绝缘体"，"预置"为"聚酯"，如图7-207所示。材质效果如图7-208所示。

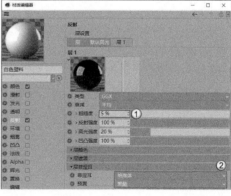

图7-207　　　　　　　　　　图7-208

07 下面制作磨砂塑料材质。新建一个默认材质，设置"颜色"为（R:214，G:211，B:201），如图7-209所示。

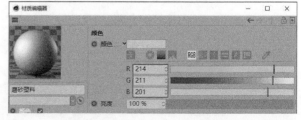

图7-209

08 在"反射"中添加GGX，设置"粗糙度"为40%，"反射强度"为60%，"菲涅耳"为"绝缘体"，"预置"为"聚酯"，如图7-210所示。材质效果如图7-211所示。

图7-210　　　　图7-211

09 制作叶片材质。新建一个默认材质，设置"颜色"为（R:114，G:133，B:98），如图7-212所示。

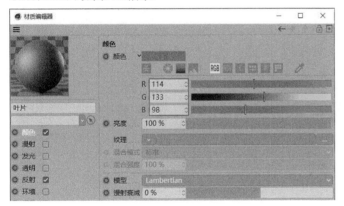

图7-212

技巧与提示

读者也可以在"纹理"通道中加载一张叶片的贴图。

10 在"反射"中添加GGX，设置"粗糙度"为40%，"菲涅耳"为"绝缘体"，如图7-213所示。材质效果如图7-214所示。

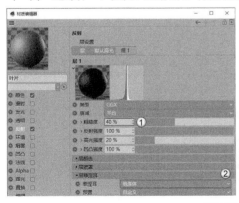

图7-213　　　　图7-214

11 下面制作水滴材质。新建一个默认材质，勾选"透明"选项，设置"折射率预设"为"水"，如图7-215所示。

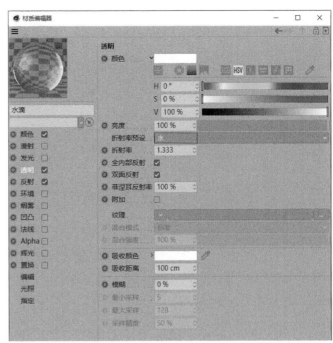

图7-215

12 在"反射"中添加GGX，设置"粗糙度"为1%，"菲涅耳"为"绝缘体"，"预置"为"水"，如图7-216所示。材质效果如图7-217所示。

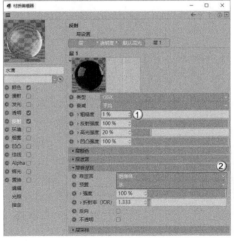

图7-216　　　　图7-217

13 将材质赋予各个模型，效果如图7-218所示。

14 按Shift+R组合键渲染场景，效果如图7-219所示。

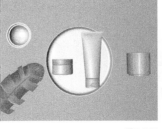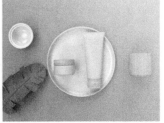

图7-218　　　　图7-219

CINEMA 4D DESIGNER

第8章 标签与环境

技术专题

疑难问答

知识链接

技巧与提示

Learning Objectives
学习要点 ❤

Employment Direction
从业方向 ❤

电商设计　　包装设计

产品设计　　UI设计

栏目包装　　动画设计

8.1 标签的概念

Cinema 4D的标签可以为场景中的对象提供不同的属性,极大地方便日常制作。为对象创建标签的方法有两种。

第1种:选中要添加标签的对象,执行"创建>标签"菜单命令,在弹出的菜单中选择需要添加标签的种类,再选择相应的标签,如图8-1所示。

第2种:在"对象"面板中选择需要添加标签的对象,单击鼠标右键,在弹出的菜单中选择需要添加标签的种类,再选择相应的标签,如图8-2所示。

图8-1　　　　　　　　　　图8-2

技巧与提示 ✏

无论使用哪种方法添加标签,都必须先选中一个对象,否则无法启用标签功能。

在Cinema 4D R21版本中,对标签的种类进行了重新划分,与旧版本相比有很大的区别。在日常制作中,常用的标签类型有"其他标签""动画标签""模拟标签""毛发标签""渲染标签""装配标签",每种标签针对不同功能属性。

知识链接 🔗

"模拟标签"用于制作动力学动画,在第13章中将会讲解;"毛发标签"用于制作毛发模型,在第11章中将会讲解。

技术专题 ⏳ **如何批量删除同种标签**

当场景中拥有很多相同的标签需要删除时,如果逐一删除会比较费时费力,下面介绍一种简单的方法。

第1步:按Alt+G组合键新建一个空白组,将需要删除同种标签的对象移动到空白组中。

第2步:将需要删除的标签赋予空白组。

第3步:在标签上单击鼠标右键,在弹出的菜单中选择"选择相同类型的子标签"选项,如图8-3所示。

第4步:按Delete键将其删除即可。

图8-3

8.2 常用的标签

本节将为读者介绍常用的各种标签，这些标签会为场景制作提供许多便利。

本节工具介绍

工具名称	工具作用	重要程度
保护标签	对象不可移动	高
合成标签	设置分层渲染或无缝背景等	高
目标标签	添加目标对象	高
振动标签	对象产生抖动效果	中
对齐曲线标签	控制对象沿着链接的样条进行运动	中
显示标签	设置对象的显示效果	中
注释标签	为场景或对象添加备注	中
约束标签	约束对象间的运动	中

8.2.1 保护标签

📹 演示视频：064-保护标签

"保护"标签 常用于摄像机对象。添加了该标签后，摄像机对象不会被移动和旋转，起到固定作用，同时也可以减少场景制作时的误操作。

选中摄像机，单击鼠标右键，在弹出的菜单中选择"装配标签>保护"，就可以为摄像机添加"保护"标签，如图8-4所示。添加标签后，在摄像机的后方会显示标签的图标，如图8-5所示。

图8-4　　　　　　　　　　　图8-5

疑难问答 ？

问：旧版本软件的"保护"标签在哪？

答：在旧版本的软件中，"保护"标签位于"CINEMA 4D标签"中，如图8-6所示。

图8-6

实战：为摄像机添加保护标签

场景位置	场景文件>CH08>01.c4d
实例位置	实例文件>CH08>实战：为摄像机添加保护标签.c4d
视频名称	实战：为摄像机添加保护标签.mp4
难易指数	★★☆☆☆
技术掌握	掌握保护标签的使用方法

本案例为场景添加摄像机，调整画面镜头，并添加保护标签，案例效果如图8-7所示。

01 打开学习资源文件"场景文件>CH08>01.c4d"，如图8-8所示。场景中已经创建了材质和灯光，需要为其添加摄像机。

图8-7　　　　　　　　　　　图8-8

02 单击"摄像机"按钮 ，在场景中添加一个摄像机，然后在"对象"面板单击"摄像机"后的按钮 ，进入摄像机视图，如图8-9所示。

技巧与提示 ✐

当摄像机后的按钮 呈白色时，代表视图处于透视视图；当该按钮呈黑色时，代表视图处于摄像机视图。

03 在摄像机视图中移动镜头，找到一个合适的画面角度，如图8-10所示。

图8-9　　　　　　　　　　　图8-10

04 调整好摄像机的角度后，在"对象"面板的"摄像机"上单击鼠标右键，然后在弹出的菜单中选择"装配标签>保护"，如图8-11所示。"对象"面板效果如图8-12所示。

图8-11　　　　　　　　　　　图8-12

05 添加了"保护"标签 后就无法再移动摄像机视图。按Shift+R组合键渲染场景，效果如图8-13所示。

图8-13

8.2.2 合成标签

演示视频：065-合成标签

"合成"标签 ██合成 可以控制对象的多个属性，例如可见性、渲染性、接收光照和投影等，是一个很重要的标签，在制作无缝背景和分层渲染时经常使用。

"合成"标签 ██合成 位于"渲染标签"菜单中，如图8-14所示。添加标签后，会在"属性"面板中显示标签的各种属性，如图8-15所示。

图8-14　　　　　　　　图8-15

重要参数讲解

投射投影：默认勾选此选项，表示对象会对别的对象产生投影。

接收投影：默认勾选此选项，表示对象会接收别的对象产生的投影。

本体投影：默认勾选此选项，表示对象会产生自身的投影。

合成背景：勾选此选项后，对象会与"背景"模型合为一体，常用于"地面"模型。

摄像机可见：默认勾选此选项，表示对象在摄像机中可见，且不被直接渲染。

全局光照可见：默认勾选此选项，表示对象接收全局光照的照明。

实战：为场景添加合成标签

场景位置	场景文件>CH08>02.c4d
实例位置	实例文件>CH08>实战：为场景添加合成标签.c4d
视频名称	实战：为场景添加合成标签.mp4
难易指数	★★★☆☆
技术掌握	掌握合成标签和分层渲染的方法

本案例使用合成标签将场景中的模型单独渲染，案例效果如图8-16所示。

图8-16

01 打开本书学习资源中的"场景文件>CH08>02.c4d"文件，如图8-17所示。场景中已经建立好材质、灯光和摄像机，需要通过"合成"标签 ██合成 将糖果与机器渲染为两个单独的图片。

图8-17

02 在"对象"面板选中"糖果"，单击鼠标右键，在"渲染标签"选项中选择"合成"，如图8-18所示。"糖果"选项的后方就会出现"合成"标签 ██合成 的图标，如图8-19所示。

图8-18　　　　　　　　图8-19

03 选中"合成"标签 ██合成 的图标，在下方的"属性"面板中取消勾选"摄像机可见"选项，如图8-20所示。

04 按Shift+R组合键渲染场景，效果如图8-21所示。可以观察到地面的糖果没有被渲染，只存在糖果产生的投影。

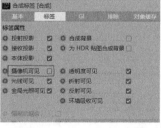

图8-20　　　　　　　　图8-21

05 如果不想显示地面留存的投影，需要在"合成"标签 ██合成 中取消勾选"投射投影""接收投影""全局光照可见"选项，如图8-22所示。

06 按Shift+R组合键渲染场景，效果如图8-23所示。可以观察到地面上糖果所产生的投影没有被渲染。

图8-22　　　　　　　　图8-23

07 用同样的方法，在"对象"面板中为"机器"添加"合成"标签 **合成**，然后取消勾选"投射投影""接收投影""摄像机可见""全局光照可见"选项，只渲染地面的糖果，如图8-24所示。

图8-24

> **技巧与提示**
> 在单独渲染糖果前，必须将"糖果"的"合成"标签中的相关选项勾选。

8.2.3 目标标签

演示视频：066-目标标签

"目标"标签 **目标** 常用于"摄像机"对象。当"摄像机"添加"目标"标签 **目标** 后，用法和"目标摄像机"工具 **目标摄像机** 一样。"目标"标签 **目标** 可以链接场景中的目标对象，这样就能渲染景深和运动模糊效果。

"目标"标签位于"动画标签"菜单中，如图8-25所示。添加"目标"标签后，在"属性"面板中会显示标签的相关属性，如图8-26所示。

图8-25　　　　　　　　图8-26

重要参数讲解

目标对象：在该通道中加载场景中的目标对象。

上行矢量：在通道中加载目标对象的指向对象。加载后目标对象会指向该对象，并跟随其旋转。

实战：为摄像机添加目标标签

场景位置	场景文件>CH08>03.c4d
实例位置	实例文件>CH08>实战：为摄像机添加目标标签.c4d
视频名称	实战：为摄像机添加目标标签.mp4
难易指数	★★★☆☆
技术掌握	掌握目标标签的使用方法

本案例为场景添加摄像机和目标标签并链接目标对象，渲染带景深效果的图片，如图8-27所示。

01 打开本书学习资源文件"场景文件>CH08>03.c4d"，如图8-28所示。场景中已经建立了材质和灯光，需要添加摄像机。

图8-27　　　　　　　　图8-28

02 单击"摄像机"按钮 ，在场景中创建一个摄像机，进入摄像机视图后调整一个合适的视角，如图8-29所示。

03 选中"摄像机"对象，为其添加"保护"标签 **保护**，以固定摄像机的位置，如图8-30所示。

图8-29　　　　　　　　图8-30

04 继续选中"摄像机"对象，在"动画标签"选项中选择"目标"，如图8-31所示。添加标签后的效果如图8-32所示。

图8-31　　　　　　　　图8-32

05 选中"目标"标签 **目标**，将Front选项向下拖曳到"目标对象"栏中，如图8-33所示。此时Front对象就成了摄像机的目标点。

06 按Shift+R组合键渲染场景，效果如图8-34所示。可以观察到虽然添加了目标对象，但画面没有产生景深效果。

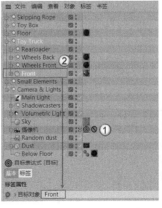

图8-33　　　　　　　　图8-34

07 按Ctrl+B组合键打开"渲染设置"面板，切换"渲染器"为"物理"，然后选择下方的"物理"选项，并在右侧勾选"景深"选项，如图8-35所示。

08 再次渲染场景，效果如图8-36所示。这时能很明显地看到画面中的景深效果，且设置为摄像机目标对象的模型呈现清晰效果。

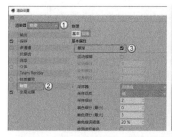

图8-35　　　　　　　　　图8-36

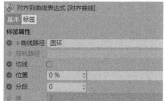

图8-39　　　　　　　　　图8-40

8.2.4 振动标签

演示视频：067-振动标签

"振动"标签 振动 会对赋予的对象产生随机的振动效果。振动效果可以是位移、缩放和旋转中的一种或多种，方便用户制作各种形式的动画效果。

"振动"标签 振动 位于"动画标签"菜单中，如图8-37所示。添加"振动"标签后，会在"属性"面板中显示相关的参数，如图8-38所示。

图8-37　　　　　　　　　图8-38

重要参数讲解

规则脉冲：勾选该选项后，对象的振动幅度相同。

种子：设置振动的随机性。当勾选"规则脉冲"选项后，该选项将不可设置。

启用位置：勾选该选项后，对象将按照设置的方向进行位移振动。

振幅：设置对象振动的方向和位移。3个输入框分别代表x轴、y轴和z轴。

频率：设置对象振动的频率，数值越大，振动的频率越快。

启用缩放：勾选该选项后，对象按照设置的方向进行缩放。

等比缩放：默认勾选该选项，表示对象同时在3个轴向进行缩放。

启用旋转：勾选该选项后，对象按照设置的方向进行旋转。

8.2.5 对齐曲线标签

演示视频：068-对齐曲线标签

"对齐曲线"标签 对齐曲线 可以控制对象沿着链接的样条进行运动，常用于制作轨迹动画。

"对齐曲线"标签 对齐曲线 位于"动画标签"菜单中，如图8-39所示。添加标签后，会在"属性"面板中显示标签的各种属性，如图8-40所示。

重要参数讲解

曲线路径：将需要链接的样条拖曳到此选项框中。

切线：勾选此选项后，对象会按照切线的方向沿着曲线移动。

位置：设置对象在曲线上移动的位置。此参数常用于制作动画。

8.2.6 显示标签

演示视频：069-显示标签

"显示"标签 显示 可以单独控制对象的显示效果。"显示"标签 显示 位于"渲染标签"菜单中，如图8-41所示。添加"显示"标签 显示 后，会在"属性"面板中显示相关参数，如图8-42所示。

图8-41　　　　　　　　　图8-42

重要参数讲解

着色模式：勾选"使用"选项后启用。可单独控制对象的显示效果。

可见：勾选"使用"选项后启用。当设置为0时不可见，当设置为100%时完全显示。

材质：勾选"使用"选项后启用。当对象赋予材质后，不勾选"材质"选项会不显示材质效果。

8.2.7 注释标签

演示视频：070-注释标签

"注释"标签 注释 是一个辅助标签，可以随时在对象或场景中添加备注。"注释"标签 注释 位于"其他标签"菜单中，如图8-43所示。"注释"标签 注释 的参数如图8-44所示。

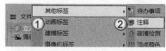

图8-43　　　　　　　　　图8-44

重要参数讲解

文本：输入备注的文本内容。

URL：输入引用的相关网址。

颜色：设置备注框的颜色，如图8-45所示。

在视窗中显示：如果不勾选此选项，则视窗中不会显示备注框。

图8-45

8.2.8 约束标签

演示视频：071-约束标签

"约束"标签 约束 能使一个运动的物体受到另一个物体的限制，常用于制作动画效果。"约束"标签 约束 位于"装配标签"菜单中，如图8-46所示。"约束"标签 约束 的参数如图8-47所示。

图8-46

图8-47

重要参数讲解

PSR：勾选后激活PSR选项卡，如图8-48所示。可用于设置对象间的位置、旋转和缩放的约束效果。

父对象：勾选后激活"父对象"选项卡，如图8-49所示。目标对象将作为被约束对象的父层级，当目标对象移动时，约束对象也会跟着移动。

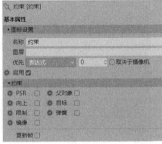

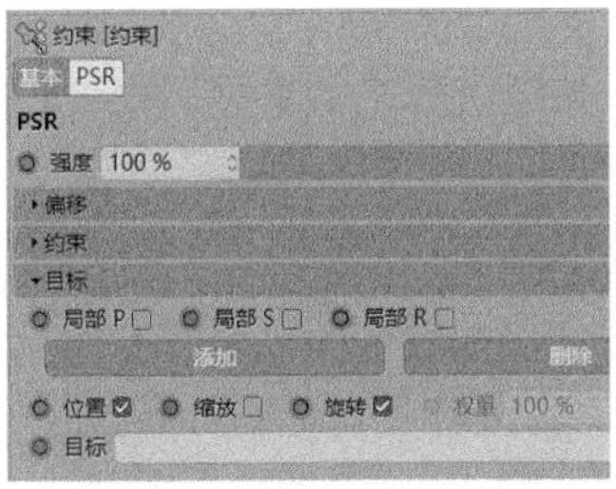

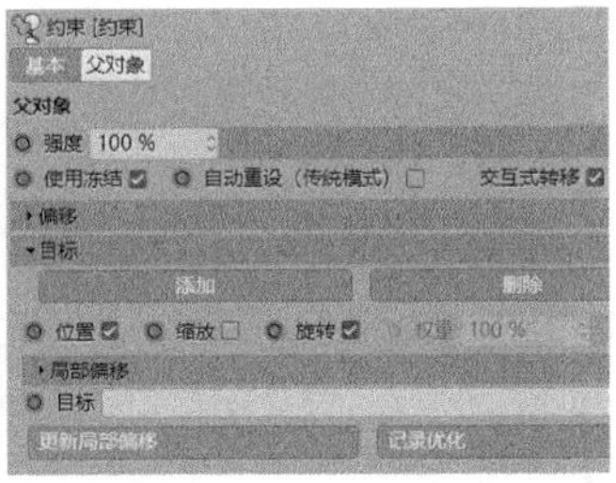

图8-48

图8-49

目标：勾选后激活"目标"选项卡，如图8-50所示。当目标对象移动位置时，被约束对象也会随之移动，与"父对象"的用法有些相似。

限制：勾选后激活"限制"选项卡，如图8-51所示。使目标对象与被约束对象之间形成距离上的连接。当目标对象移动的距离超过连接的距离时，被约束对象会随之移动；当目标对象移动距离小于连接距离时，被约束对象不移动。

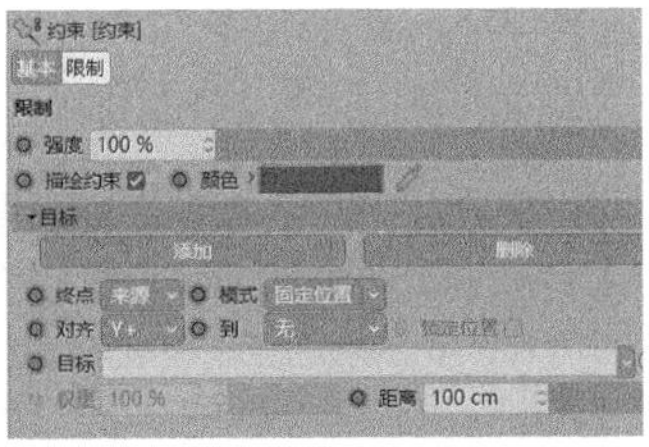

图8-50

图8-51

弹簧：勾选后激活"弹簧"选项卡，如图8-52所示。使目标对象与被约束对象间形成弹簧效果。

镜像：勾选后激活"镜像"选项卡，如图8-53所示。使目标对象与被约束对象间形成镜像效果。当目标对象移动时，被约束对象会按照镜像的原理移动，且无法单独移动被约束对象。

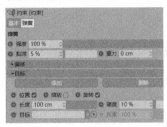

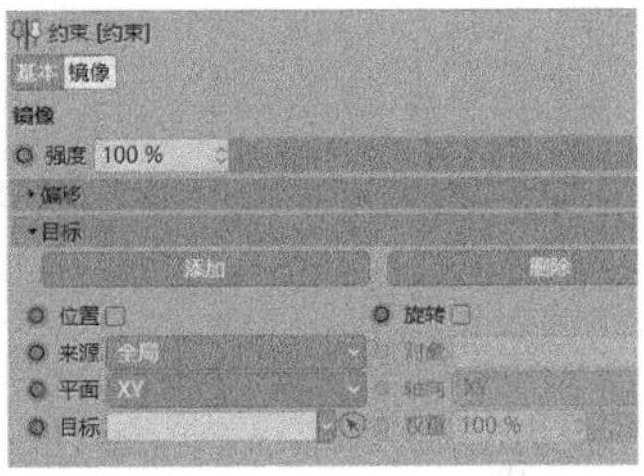

图8-52

图8-53

8.3 环境

长按"工具栏"中的"地面"按钮，在弹出的菜单中可以创建场景的环境，如"地面""天空""背景"等，如图8-54所示。

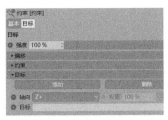

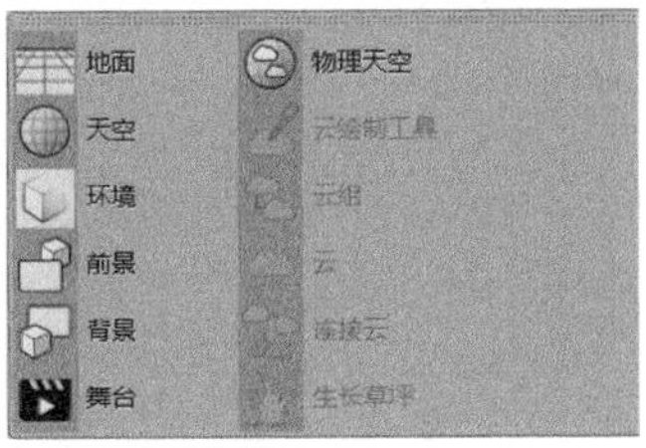

图8-54

本节工具介绍

工具名称	工具作用	重要程度
地面	在场景中创建一个平面	高
天空	建立一个无限大的球体包裹场景	高
物理天空	建立一个包裹场景的球体	中
环境	用于设置环境颜色和雾效果	中
背景	用于设置场景的整体背景	高

8.3.1 地面

演示视频：072-地面

单击"地面"按钮，会在场景中创建一个平面，如图8-55所示。

图8-55

疑难问答

问："地面"和"平面"有何不同？

答："地面"工具 地面 与"平面"工具 平面 相似，都是一个平面，但不同的是，"地面"是无限延伸，没有边界的平面，如图8-56和图8-57所示。

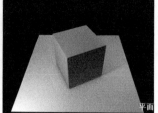

图8-56   图8-57

8.3.2 天空

演示视频：073-天空

"天空"工具 天空 是在场景中建立一个无限大的球体包裹场景，如图8-58所示。图中除了立方体和平面以外的部分，都显示为天空。"天空"常被赋予HDRI贴图，作为场景的环境光和环境反射使用。

图8-58

技术专题 HDRI贴图

HDRI拥有比普通RGB格式图像（仅8bit的亮度范围）更大的亮度范围。标准的RGB图像最大亮度值是（R：255，G：255，B：255），如果用这样的图像结合光能传递照明一个场景，即使是最亮的白色也不足以提供足够的照明亮度来模拟真实世界中的情况，渲染结果看上去会平淡而缺乏对比，原因是这种图像文件将现实中大范围的照明信息仅用一个8bit的RGB图像描述。但是使用HDRI，则相当于将太阳光的亮度值（比如6000%）加到光能传递计算以及反射的渲染中，得到的渲染结果也是非常真实和漂亮的。

在材质的"发光"选项的"纹理"通道中加载HDRI贴图，然后赋予"天空"，这样天空就能360°照亮整个场景。由于HDRI贴图丰富的内容，还可以为场景中的高反射物体提供反射内容，增加场景的真实度。

除了加载外部的HDRI贴图，Cinema 4D也贴心地预置了一些HDR材质和HDRI贴图，以方便日常制作时快速调用。

在"内容浏览器"面板（快捷键为Shift+F8）中选择"预置"选项，在很多预置的HDRI选项里面会出现预置的HDR材质和HDRI贴图，如图8-59所示。直接将材质赋予相应的模型即可，也可以选择tex文件夹中的HDRI贴图加载在对应材质的通道上。

图8-59

实战：为场景添加环境光

场景位置	场景文件>CH08>04.c4d
实例位置	实例文件>CH08>实战：为场景添加环境光.c4d
视频名称	实战：为场景添加环境光.mp4
难易指数	★★★☆☆
技术掌握	掌握为场景添加环境光的方法

本案例需要为场景添加天空，并为天空赋予HDRI贴图，案例效果如图8-60所示。

01 打开本书学习资源文件"场景文件>CH08>04.c4d"，如图8-61所示。场景中已经建立了摄像机、灯光和材质。

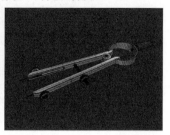

图8-60   图8-61

02 单击"天空"按钮 天空 ，在场景中创建天空，渲染效果如图8-62所示。可以明显观察到圆规反射天空模型默认的蓝灰色。

03 按Shift+F8组合键打开"内容浏览器"，选中"预置>Prime >Presets>Light Setups >HDRI> Room 02"文件，如图8-63所示。

图8-62   图8-63

04 将选中的Room 02文件拖曳到"天空"模型，效果如图8-64所示。可以观察到圆规反射了贴图上的环境信息。

05 按Shift+R组合键渲染场景，效果如图8-65所示。

图8-64   图8-65

实战：为抽象空间添加环境光

场景位置	场景文件>CH08>05.c4d
实例位置	实例文件>CH08>实战：为抽象空间添加环境光.c4d
视频名称	实战：为抽象空间添加环境光.mp4
难易指数	★★★☆☆
技术掌握	掌握为场景添加环境光的方法

本案例需要为抽象空间添加天空，并为天空赋予HDRI贴图，案例效果如图8-66所示。

01 打开本书学习资源文件"场景文件>CH08>05.c4d",如图8-67所示。场景中已经建立了摄像机、灯光和材质。

图8-66　　　　　　　　　　图8-67

02 单击"天空"按钮 天空，在场景中创建天空，渲染效果如图8-68所示。可以明显看到画面阴影部分非常黑，缺少细节。

03 按Shift+F8组合键打开"内容浏览器"，选中"预置>Prime >Presets>Light Setups >HDRI> Photo Studio"文件，如图8-69所示。

 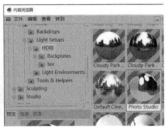

图8-68　　　　　　　　　　图8-69

04 将选中的文件拖曳到"天空"模型，效果如图8-70所示。可以观察到模型整体变亮。

05 按Shift+R组合键渲染场景，效果如图8-71所示。

图8-70　　　　　　　　　　图8-71

8.3.3 物理天空

演示视频：074-物理天空

"物理天空"工具 物理天空 与"天空"一样，是一个包裹场景的球体，如图8-72所示。

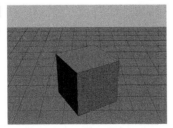

图8-72

"物理天空"通过"属性"面板可以设置天空的光照效果，如图8-73所示。

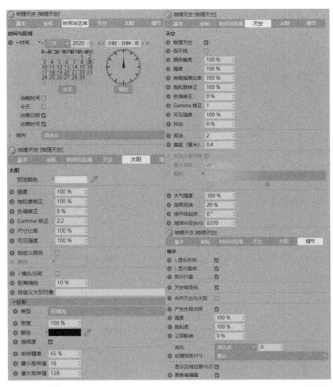

图8-73

重要参数讲解

时间：设置天空在特定时间呈现的颜色、亮度和光影关系，如图8-74和图8-75所示。

图8-74　　　　　　　　　　图8-75

城市：设置所在城市的天空颜色、亮度和光影关系，如图8-76和图8-77所示。

图8-76　　　　　　　　　　图8-77

颜色暖度：设置天空的暖色效果，如图8-78和图8-79所示。

图8-78　　　　　　　　　　图8-79

强度：设置天空的亮度，如图8-80和图8-81所示。

100%

200%

图8-80   图8-81

浑浊：设置天空的浑浊度，数值越大，天空的颜色越亮，如图8-82和图8-83所示。

2

4

图8-82   图8-83

预览颜色：设置太阳的颜色。

强度：设置太阳的强度，如图8-84和图8-85所示。

100%

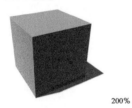
200%

图8-84   图8-85

自定义太阳对象：连接场景内其他灯光作为太阳光。

采样精度：设置太阳投影的精度，数值越大，投影越细腻。

8.3.4 环境

演示视频：075-环境

"环境"工具 用于设置环境颜色和雾效果，如图8-86所示。

"环境"工具的"属性"面板参数很简单，如图8-87所示。

图8-86   图8-87

重要参数讲解

环境颜色：设置环境的颜色，如图8-88和图8-89所示。

白色

红色

图8-88   图8-89

环境强度：设置环境颜色的显示强度。

启用雾：勾选后开启雾效果。

颜色：设置雾的颜色，如图8-90和图8-91所示。

白色

红色

图8-90   图8-91

强度：设置雾的浓度。

距离：设置雾与镜头之间的距离，如图8-92和图8-93所示。

2000cm

4000cm

图8-92   图8-93

8.3.5 背景

演示视频：076-背景

"背景"工具 用于设置场景的整体背景。它没有实体模型，只能通过材质和贴图进行表现，如图8-94所示。

图8-94

技术专题 融合地面与背景

在制作一些场景时，需要将地面部分与背景融为一体，形成无缝的效果，使用"背景"工具与"合成"标签即可实现。

为"地面"和"背景"加载同样的贴图，如图8-95所示。

图8-95

由于"地面"贴图的坐标不合适，导致地面和背景贴图对应不上。在"对象"面板中选择"地面"的材质图标，然后在下方的"属性"面板中设置"投射"为"前沿"，如图8-96所示，视图窗口如图8-97所示。

图8-96   图8-97

现在无论怎样移动和旋转视图，地面与背景都形成无缝效果，如图8-98所示。

图8-98

观察渲染的效果，地面和背景虽然连接上了，但还是有明显的分界。选中"地面"选项，然后添加"合成"标签，接着勾选"合成背景"选项，如图8-99所示。场景效果如图8-100所示。

图8-99　　　　图8-100

图8-104　　　　图8-105

04 将"背景"材质赋予"地面"和"背景"，渲染效果如图8-106所示。此时地面与背景的贴图坐标不合适，需要调整。

图8-106

05 选中"地面"模型的纹理标签，在下方的"属性"面板中设置"投射"为"前沿"，如图8-107所示。此时地面与背景的贴图就能很好地衔接，如图8-108所示。

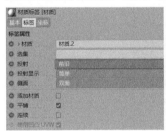

图8-107　　　　图8-108

06 地面的贴图与背景的贴图间仍然有缝隙。选中"地面"，然后在右键菜单中选择"渲染标签>合成"，如图8-109所示。

图8-109

07 在"合成"标签的"属性"面板中勾选"合成背景"选项，如图8-110所示。此时渲染场景，效果如图8-111所示。可以观察到背景部分完美衔接。

图8-110　　　　图8-111

实战：为场景添加无缝背景

场景位置　场景文件>CH08>06.c4d
实例位置　实例文件>CH08>实战：为场景添加无缝背景.c4d
视频名称　实战：为场景添加无缝背景.mp4
难易指数　★★★☆☆
技术掌握　掌握背景工具和合成标签的使用方法

本案例为场景添加"地面"和"背景"，然后通过"合成"标签制作无缝背景的效果，如图8-101所示。

01 打开本书学习资源文件"场景文件>CH08>06.c4d"，如图8-102所示。

图8-101　　　　图8-102

02 单击"地面"按钮，在场景中创建一个地面模型，如图8-103所示。

图8-103

03 长按"地面"按钮，在弹出的面板中选择"背景"，如图8-104所示。创建背景后视图中没有任何变化，渲染场景的效果如图8-105所示。可以观察到背景部分渲染为默认的蓝色。

CINEMA 4D
DESIGNER

第 9 章

渲染技术

 技术专题

 疑难问答

 知识链接

 技巧与提示

Employment Direction
从业方向 ❤

电商设计　　包装设计

产品设计　　UI设计

栏目包装　　动画设计

9.1 Cinema 4D的常用渲染器

Cinema 4D除了可以使用自带的渲染器外，还可以加载一些外置插件类渲染器。本节将为读者讲解Cinema 4D常用的渲染器。

9.1.1 标准渲染器

单击"工具栏"中的"编辑渲染设置"按钮（快捷键为Ctrl+B），打开"渲染设置"面板，在面板的左上角会显示当前使用的渲染器类型，如图9-1所示。默认的渲染器就是"标准"渲染器。标准渲染器是Cinema 4D内置渲染器中比较常用的一种，可以渲染任何场景，但不能渲染景深和运动模糊效果。

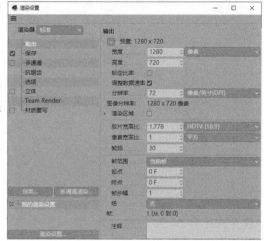

图9-1

9.1.2 物理渲染器

物理渲染器与标准渲染器的界面基本相同，只是多了"物理"选项卡一栏，如图9-2所示。在该选项卡中可以设置景深或运动模糊的效果，以及抗锯齿的类型与等级。

图9-2

9.1.3 ProRender渲染器

ProRender渲染器是Cinema 4D R19版本增加的一款GPU渲染器（依靠显卡进行渲染），如图9-3所示。该渲染器会比之前两款渲染器的渲染速度快，但对计算机显卡的要求也会更高，读者只需了解即可。

图9-3

9.1.4 Octane Render渲染器

Octane Render渲染器是Cinema 4D常用的一款插件渲染器。和ProRender渲染器一样，也是一款GPU渲染器。Octane Render渲染器在自发光和SSS材质表现上相当出色，渲染速度也相对较快，光线比较柔和，渲染效果看起来也很舒服，如图9-4所示。

图9-4

Octane Render渲染器拥有自身的一套材质、灯光、摄像机和渲染参数，与Cinema 4D默认的材质、灯光、摄像机和地面等不兼容。图9-5所示是Octane Render渲染器的渲染设置面板。

图9-5

疑难问答 ?

问：Octane Render渲染器有中文版本吗？

答：Octane Render渲染器只有用户自己翻译的汉化版本，没有官方的中文版本。每种汉化版本在一些参数的翻译上有所区别。建议读者使用英文版本进行制作，汉化版作为参考。

Octane Render渲染器虽然强大且渲染速度快，但也有一些不足的地方。Octane Render渲染器只支持N卡（NVIDIA 公司出品的显卡），且对显卡要求比较高。RTX系列的显卡只支持Octane Render渲染器4.0系列的版本。GTX系列的显卡只支持Octane Render渲染器3.0系列的版本，但3.0系列的渲染器不带灯光排除功能。

GTX系列显卡较为便宜，支持3.0系列的Octane Render渲染器，建议Cinema 4D选用R18或R19版本。

RTX系列显卡较贵，支持4.0系列的Octane Render渲染器，建议Cinema 4D选用R20或R21版本。需要特别说明的是，4.0系列的渲染器需要收费才能使用。

9.1.5 Arnold渲染器

Arnold渲染器是基于物理的光线追踪引擎的CPU渲染器。渲染器的效果稳定、真实，但依赖CPU的配置。当CPU为较早的版本时，在渲染玻璃或透明类材质时会非常慢。

图9-6所示是Arnold渲染器的渲染效果。

图9-6

9.1.6 RedShift渲染器

RedShift渲染器是一款基于GPU的渲染器，最直观的感受是渲染速度快。拥有强大的节点系统，适合艺术创作和动画制作，如图9-7所示。

图9-7

除了上面提到的这些渲染器外，还有VRay和Corona这两种常用于3ds Max的渲染器，这两种渲染器也开发了针对Cinema 4D的版本。如果读者之前掌握了这两种渲染器中的一种，也可以寻找相应的Cinema 4D版本安装使用。无论是哪种渲染器，只要能做出满意的作品即可。

技术专题 ⑯ 如何挑选适合自己的渲染器

渲染器一般分为CPU和GPU两大类。用户在选择渲染器时，要参考自身计算机的配置。

如果CPU很好而显卡一般，就选用系统自带的"标准渲染器"和"物理渲染器"，也可以用"Arnold渲染器""VRay渲染器""Corona渲染器"。

如果CPU一般而显卡很好，就选用系统自带的"ProRender渲染器""Octane Render渲染器""RedShift渲染器"。

9.2 渲染设置面板

演示视频：077-渲染设置面板

本节将为读者讲解"渲染设置"面板中常用选项卡的使用方法。

⚑重点

9.2.1 输出

在"输出"选项可以设置渲染图片的尺寸、分辨率以及渲染帧的范围，如图9-8所示。

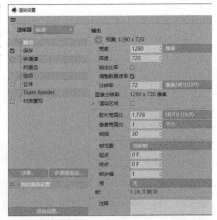

图9-8

重要参数讲解

宽度/高度：设置图片的宽度或高度，默认单位为"像素"，也可以使用"厘米""英寸""毫米"等单位。

锁定比率：勾选该选项后，无论修改"宽度"还是"高度"的数值，另一个数值都会根据"胶片宽高比"进行更改。

分辨率：设置图片的分辨率。

渲染区域：勾选该选项后，会在下方设置渲染区域的大小，如图9-9所示。

图9-9

胶片宽高比：设置画面的宽度与高度的比例。

帧频：设置动画播放的帧率。

帧范围：设置渲染动画时的帧起始范围。

帧步幅：设置渲染动画的帧间隔，默认的1表示逐帧渲染。

9.2.2 保存

"保存"选项可设置渲染图片的保存路径和格式，如图9-10所示。

图9-10

重要参数讲解

文件：设置文件的保存路径。

格式：设置文件的保存格式，如图9-11所示。渲染的文件不仅可以保存为图片格式，也可以保存为视频格式。

BMP	PSD
BodyPaint 3D (B3D)	RLA
DDS	RPF
DPX	TGA
HDR	TIF
IFF	
JPG	3GP
OpenEXR	ASF
PICT	AVI
PNG	MP4
PSB	WMV

图9-11

深度：设置图片的深度。

名称：设置图片的保存名称。

Alpha通道：勾选后图片会保留透明信息。

9.2.3 多通道

"多通道"选项是将渲染的图片渲染为多个图层,方便在后期软件中进行调整,如图9-12所示。

图9-12

重要参数讲解

分离灯光:有"无""全部""选取对象"3个选项。

模式:设置分离通道的类型,如图9-13所示。

1 通道:漫射+高光+投影
2 通道:漫射+高光,投影
3 通道:漫射,高光,投影

图9-13

投影修正:勾选该选项后,通道的投影会得到修正。

9.2.4 抗锯齿

"抗锯齿"选项是控制模型边缘的锯齿,让模型的边缘更加圆滑细腻,如图9-14所示。需要注意的是,该功能只有在"标准"渲染器中才能完全使用。

图9-14

重要参数讲解

抗锯齿:有"无""几何体""最佳"3种模式,如图9-15所示。

无
几何体
最佳

图9-15

无:没有抗锯齿效果。

几何体:渲染速度较快,有一定的抗锯齿效果,可用于测试渲染。

最佳:渲染速度较慢,抗锯齿效果良好,可用于成图渲染。

最小级别/最大级别:当"抗锯齿"设置为"最佳"时激活该选项,用于设置抗锯齿的级别,如图9-16所示。所选择的数值越大,效果越好,计算速度也越慢。

过滤:设置图像过滤器,在"物理"渲染器中也可以使用,如图9-17所示。

1x1
2x2
4x4
8x8
16x16

立方 (静帧)	方形
高斯 (动画)	三角
Mitchell	Catmull
Sinc	PAL/NTSC

图9-16　　　　　　　　图9-17

实战: 抗锯齿不同类型效果

场景位置	场景文件>CH09>01.c4d
实例位置	实例文件>CH09>实战:抗锯齿不同类型效果.c4d
视频名称	实战:抗锯齿不同类型效果.mp4
难易指数	★★☆☆☆
技术掌握	熟悉抗锯齿的不同类型

本案例将用一个简单的场景测试不同的抗锯齿类型所产生的渲染效果,如图9-18所示。

01 打开本书学习资源中的"场景文件>CH09>01.c4d"文件,如图9-19所示。这是一组植物模型。

图9-18　　　　　　　　图9-19

02 单击"编辑渲染设置"按钮,打开"渲染设置"面板,切换到"抗锯齿"选项卡,设置"抗锯齿"的类型为"无",然后按Shift+R组合键渲染,如图9-20和图9-21所示。整体画面质量较差,渲染时间为2分。

图9-20　　　　　　　　图9-21

技巧与提示

不同配置的计算机所需要的渲染时间不同,这里的时间仅供参考。

03 设置"抗锯齿"的类型为"几何体",然后渲染效果,如图9-22和图9-23所示。画面质量有所提高,渲染时间为2分22秒。

图9-22　　　　　　　　图9-23

04 设置"抗锯齿"类型为"最佳",保持"最小级别"和"最大级别"的数值不变,然后渲染效果,如图9-24和图9-25所示。画面质量有很大的提高,渲染时间为35分53秒。

图9-24　　　　　　　　图9-25

05 设置"抗锯齿"类型为"最佳",设置"最小级别"为2×2,然后渲染效果,如图9-26和图9-27所示。画面的质量最好,渲染时间41分39秒。

图9-26　　　　　　　　图9-27

通过以上参数的渲染对比,当"抗锯齿"类型为"最佳","最小级别"为2×2时,渲染效果的锯齿最少,且渲染时间也最长。

9.2.5 选项

"选项"选项可设置渲染的一些整体效果,如图9-28所示。该面板一般保持默认,不作更改。

图9-28

重要参数讲解

透明:设置是否渲染透明效果。

折射率:设置是否使用设定的材质折射率进行渲染。

反射:设置是否渲染反射效果。

投影:设置是否渲染物体的投影。

区块顺序:设置图片渲染的顺序,如图9-29所示。

图9-29

9.2.6 材质覆写

"材质覆写"选项是为场景整体添加一个材质,但不改变场景中模型本身的材质,如图9-30所示。

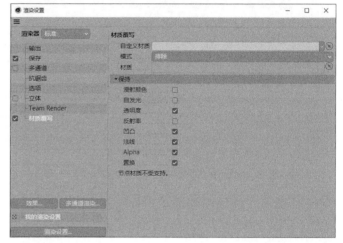

图9-30

重要参数讲解

自定义材质:设置场景整体的覆盖材质。

模式:设置材质覆写的模式,如图9-31所示。

图9-31

保持:该卷展栏中勾选的选项会保留在原有材质的属性,不会被覆写材质完全覆盖。

9.2.7 全局光照

"全局光照"是非常重要的选项,能计算出场景的全局光照效果,让渲染的图片更接近真实的光影关系,如图9-32所示。

图9-32

"全局光照"选项不是"渲染设置"面板中默认的选项。单击"效果"按钮 效果... ，在弹出的菜单中选择"全局光照"就可以添加该选项，如图9-33所示。

图9-33

重要参数讲解

预设： 设置渲染的经典模式，如图9-34所示。

首次反弹算法： 设置光线首次反弹的方式，如图9-35所示。

二次反弹算法： 设置光线二次反弹的方式，如图9-36所示。

Gamma： 设置画面的整体亮度值。

图9-34　　　　　图9-35　　　　　图9-36

采样： 设置图片像素的采样精度，如图9-37所示。

辐照缓存： 设置辐照缓存的精度，如图9-38所示。

图9-37　　　　　图9-38

场景中的光源可以分为两大类，一类是直接照明光源，另一类是间接照明光源。直接照明光源是由光源所发出的光线直接照射到物体上所形成的照明效果；间接照明光源是发散的光线由物体表面反弹后照射到其他物体表面所形成的光照效果，如图9-39所示。全局光照是由直接光照和间接光照一起形成的照明效果，更符合现实中的真实光照。

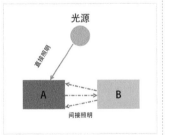

图9-39

在Cinema 4D的全局光照渲染中，渲染器需要进行灯光的分配计算，分别是"首次反弹算法"和"二次反弹算法"。经过两次计算后，再渲染出图像的反光、高光和阴影等其他效果。

全局光照的"首次反弹算法"和"二次反弹算法"中有多种计算模式，下面将讲解各种模式的优缺点，以便读者进行选择。

辐照缓存： 优点是计算速度较快，加速区域光照产生的直接漫射照明，能存储并重复使用；缺点是在间接照明时可能会模糊一些细节，尤其是在计算动态模糊时，这种情况更为明显。

准蒙特卡洛（QMC）： 优点是保留间接照明里的所有细节，在渲染动画时不会出现闪烁；缺点是计算速度较慢。

光线映射： 优点是加快产生场景中的光照，且可以被储存；缺点是不能计算由天光产生的间接照明。

辐射贴图： 优点是参数简单，计算速度快，且可以计算天光产生的间接照明；缺点是效果较差，不能很好地表现凹凸纹理效果。

下面列举一些可以搭配使用的渲染引擎。

第1种："准蒙特卡洛（QMC）"＋"准蒙特卡洛（QMC）"。

第2种："准蒙特卡洛（QMC）"＋"辐照缓存"。

第3种："辐照缓存"＋"辐照缓存"。

第4种："辐照缓存"＋"辐射贴图"。

实战：为场景添加全局光照

场景位置	场景文件>CH09>02.c4d
实例位置	实例文件>CH09>实战：为场景添加全局光照.c4d
视频名称	实战：为场景添加全局光照.mp4
难易指数	★★☆☆☆
技术掌握	熟悉常见的全局光照引擎组合

本案例将用一个简单的场景测试全局光照的不同效果，如图9-40所示。

01 打开本书学习资源文件"场景文件>CH09>02.c4d"，如图9-41所示。

图9-40　　　　　　　　　　图9-41

02 单击"编辑渲染设置"按钮 🔧，打开"渲染设置"面板，如图9-42所示。此时渲染器中还没有添加"全局光照"，渲染的效果如图9-43所示。可以观察到冰激凌模型大部分呈现黑色。

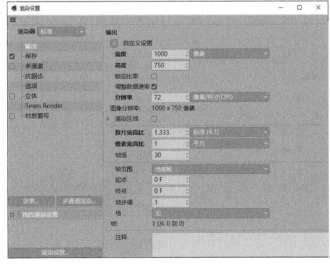

图9-42

图9-43

03 在"渲染设置"面板中单击"效果"按钮 效果... ，在弹出的菜单中选择"全局光照"，如图9-44所示。全局光照的面板如图9-45所示。

图9-44

图9-45

04 设置"二次反弹算法"为"光线映射"，按Shift+R组合键渲染场景，效果如图9-46所示。渲染总共使用2分40秒。

图9-46

05 设置"首次反弹算法"和"二次反弹算法"的类型都为"辐照缓存"，如图9-47所示。渲染场景的效果如图9-48所示。

渲染总共使用7分32秒，虽然消耗的时间比上一次长，但图片的光感和色彩店铺明显优于前者。

图9-47

图9-48

06 设置"首次反弹算法"为"辐照缓存"，"二次反弹算法"为"辐射贴图"，如图9-49所示。渲染场景的效果如图9-50所示。渲染总共使用2分30秒，消耗的时间与第1组时间相似，但光感和色彩度要好于第1组。

图9-49

图9-50

07 设置"首次反弹算法"为"准蒙特卡洛（QMC）"，"二次反弹算法"为"辐照缓存"，如图9-51所示。渲染场景的效果如图9-52所示。渲染总共使用5分57秒，消耗的时间比第2组时间短，但光感和色彩度与第2组类似。

图9-51

图9-52

08 设置"首次反弹算法"和"二次反弹算法"都为"准蒙特卡洛（QMC）"，如图9-53所示。渲染场景的效果如图9-54所示。渲染总共使用3分05秒，消耗的时间比上一组短，但光感和色彩度与第2组类似，且边缘和细节更为清晰。

图9-53

图9-54

通过以上引擎组合的渲染对比,当"首次反弹算法"为"准蒙特卡洛(QMC)","二次反弹算法"为"准蒙特卡洛(QMC)"或"辐照缓存"时渲染质量最好,速度也比较快,推荐日常工作中使用;当"首次反弹算法"为"辐照缓存","二次反弹算法"为"光线映射"时,能渲染出大致光影效果且速度很快,适合测试场景时使用。

9.2.8 对象辉光

当场景中的材质添加了"辉光"属性后,必须在渲染器中添加"对象辉光"选项卡,才能渲染出辉光效果,如图9-55所示。"对象辉光"选项卡中没有参数,但在渲染辉光效果时必不可少。

图9-55

9.2.9 物理

当"渲染器"的类型切换到"物理"时,会自动添加"物理"选项,如图9-56所示。

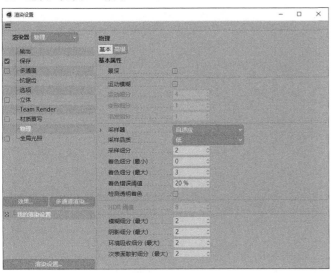

图9-56

重要参数讲解

景深:勾选后配合摄像机的设置渲染景深效果。

运动模糊:勾选后渲染运动模糊效果。

运动细分:设置运动模糊的细分效果,数值越大,画面越细腻。

图9-57

采样器:与"抗锯齿"选项作用相同,如图9-57所示。

采样品质:设置抗锯齿的级别。

采样细分:设置全局的抗锯齿细分值。

模糊细分(最大):设置场景中模糊效果的细分值。

阴影细分(最大):设置场景中阴影效果的细分值。

环境吸收细分(最大):添加了"环境吸收"后该效果的细分值。

9.2.10 环境吸收

"环境吸收"选项可以增加场景模型整体的阴影效果,让场景看起来更加立体,参数面板如图9-58所示。"环境吸收"的参数一般保持默认即可。当场景中有高反射的材质,如不锈钢、玻璃等,不要使用该选项,否则容易将其渲染为纯黑色。

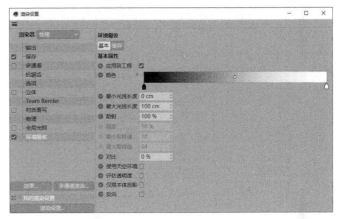

图9-58

实战:场景的测试渲染

场景位置 场景文件>CH09>03.c4d
实例位置 实例文件>CH09>实战:场景的测试渲染.c4d
视频名称 实战:场景的测试渲染.mp4
难易指数 ★★★☆☆
技术掌握 掌握场景测试渲染的参数

本案例将用一个场景为读者介绍测试渲染所使用的参数,如图9-59所示。

01 打开本书学习资源文件"场景文件>CH09>03.c4d",如图9-60所示。

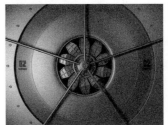

图9-59   图9-60

02 单击"编辑渲染设置"按钮 ，打开"渲染设置"面板，在"输出"选项中设置"宽度"为1000像素，"高度"为750像素，如图9-61所示。

图9-61

03 切换到"抗锯齿"选项，设置"抗锯齿"为"几何体"，"过滤"为"立方（静帧）"，如图9-62所示。这样设置可以保证画面的最低质量。

04 单击"效果"按钮 效果... ，在弹出的菜单中选择"全局光照"选项，如图9-63所示。

图9-62   图9-63

05 在"全局光照"选项中设置"首次反弹算法"为"辐照缓存"，"二次反弹算法"为"光线映射"，如图9-64所示。通过上一实战案例，可以得到"辐照缓存+光线映射"这一组合的渲染引擎的速度最快。测试渲染更注重渲染速度，画面质量是其次，只要能观察灯光和材质的基本效果即可。

06 按Shift+R组合键渲染场景，测试效果如图9-65所示。

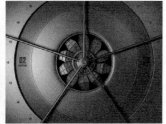

图9-64   图9-65

如果每做一个场景都调整一次渲染参数，则未免有些麻烦，这里为读者讲解一个储存渲染参数的方法，以便用户随时调用。

当设置好渲染参数以后，单击"渲染设置"面板左下方的"渲染设置"按钮 渲染设置... ，然后在弹出的菜单中选择"保存预置"选项，如图9-66所示。

图9-66

此时系统会弹出"名称"对话框，如图9-67所示。在对话框中输入保存参数的名称即可。

图9-67

如果要调用保存的参数，只需要单击"渲染设置"按钮 渲染设置... ，在弹出的菜单中选择"加载预置"选项，菜单中会显示用户保存的渲染参数，只需要选择需要的调用即可，如图9-68所示。

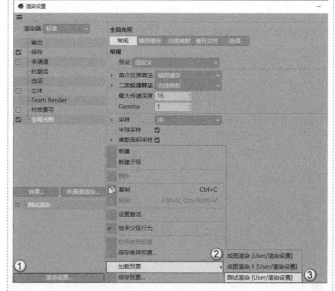

图9-68

需要注意的是，如果用户卸载了软件，那么已保存的这些参数也会一起卸载，在重装软件时需要重新设置保存。

实战：场景的最终渲染

场景位置	场景文件>CH09>04.c4d
实例位置	实例文件>CH09>实战：场景的最终渲染.c4d
视频名称	实战：场景的最终渲染.mp4
难易指数	★★★☆☆
技术掌握	掌握场景最终渲染的参数

本案例将继续用同一个场景为读者介绍最终渲染所使用的参数，如图9-69所示。

01 打开本书学习资源文件"场景文件>CH09>04.c4d"，如图9-70所示。

图9-69 　　　　　　　　　　　　图9-70

02 单击"编辑渲染设置"按钮，打开"渲染设置"面板，在"输出"选项中设置"宽度"为1200像素，"高度"为900像素，如图9-71所示。最终渲染的效果图大小需要根据读者的需求设置，这里的参数仅供参考。

03 切换到"抗锯齿"选项，设置"抗锯齿"为"最佳"，"最小级别"为2×2，"最大级别"为4×4，"过滤"为Mitchell，如图9-72所示。

图9-71 　　　　　　　　　　　　图9-72

技巧与提示
"过滤"的参数请读者灵活选择，也可以设置为其他比较清晰的过滤方式。

04 在"全局光照"选项中设置"首次反弹算法"和"二次反弹算法"都为"辐照缓存"，如图9-73所示。在一些场景的渲染中，部分画面可能会出现黑斑，遇到这种情况，建议更换"首次反弹算法"和"二次反弹算法"都为"准蒙特卡洛（QMC）"。

05 按Shift+R组合键渲染场景，测试效果如图9-74所示。

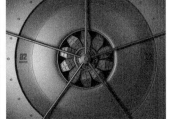

图9-73 　　　　　　　　　　　　图9-74

9.3 渲染效果图

本节为读者提供了6个场景，需要读者为场景添加灯光、材质和摄像机，并将其输出为效果图。通过对本节内容的学习，读者可以将之前所学的知识点融会贯通。

实战：渲染光泽纹理场景效果图

场景位置	场景文件>CH09>05.c4d
实例位置	实例文件>CH09>实战：渲染光泽纹理场景效果图.c4d
视频名称	实战：渲染光泽纹理场景效果图.mp4
难易指数	★★★★☆
技术掌握	掌握效果图的渲染流程

本案例将讲解渲染效果图的流程，效果如图9-75所示。

01 打开本书学习资源文件"场景文件>CH09>05.c4d"，如图9-76所示。

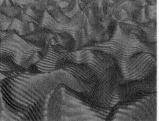

图9-75 　　　　　　　　　　　　图9-76

02 在场景中寻找一个合适的角度，然后单击"摄像机"按钮，在场景中添加一个摄像机，如图9-77所示。

03 使用"天空"工具在场景中创建一个天空模型，如图9-78所示。由于摄像机看不到模型边缘，因此不需要为天空模型添加"合成"标签。

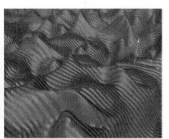

图9-77 　　　　　　　　　　　　图9-78

04 按Shift+F8组合键打开"内容浏览器"，将"预置>Prime >Presets>Light Setups>HDRI>Cloudy - Marketplace 02"文件赋予天空模型，如图9-79所示。

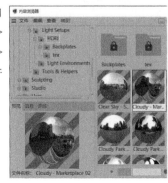

图9-79

05 在"渲染设置"面板中调用测试渲染的参数,如图9-80所示。

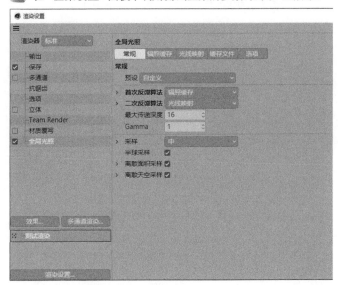

图9-80

06 在"材质"面板新建一个默认材质,设置"颜色"为(R:73,G:158,B:204),如图9-81所示。

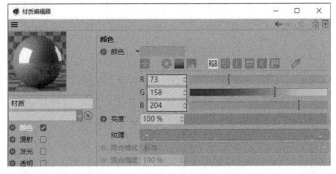

图9-81

07 在"反射"中添加GGX,然后设置"粗糙度"为5%,"高光强度"为40%,"层颜色"中的"颜色"为(R:255,G:166,B:210),"菲涅耳"为"导体","折射率(IOR)"为3,如图9-82所示。材质效果如图9-83所示。

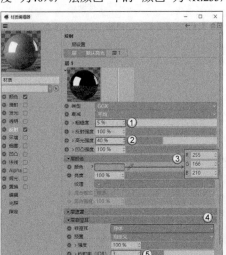

图9-82

图9-83

08 将材质赋予模型,效果如图9-84所示。

09 按Shift+R组合键测试渲染场景,效果如图9-85所示。

图9-84

图9-85

10 观察场景,此时环境光的亮度不够,整个场景显得比较黑。双击Cloudy - Marketplace 02材质,在"发光"选项中单击"纹理"通道,设置"白点"为0.5,如图9-86所示。渲染效果如图9-87所示。

图9-86

图9-87

11 观察渲染效果无误后,在"渲染设置"面板中调取最终渲染的参数,渲染效果如图9-88所示。

图9-88

 重点

实战：渲染律动曲线场景效果图

场景位置	场景文件>CH09>06.c4d
实例位置	实例文件>CH09>实战：渲染律动曲线场景效果图.c4d
视频名称	实战：渲染律动曲线场景效果图.mp4
难易指数	★★★★☆
技术掌握	掌握效果图的渲染流程

本案例将讲解渲染效果图的流程,效果如图9-89所示。

01 打开本书学习资源文件"场景文件>CH09>06.c4d",如图9-90所示。

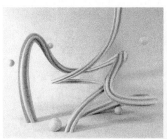

图9-89

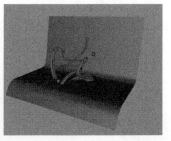

图9-90

02 在场景中选择一个合适的角度，然后单击"摄像机"按钮，在场景中创建一个摄像机，如图9-91所示。

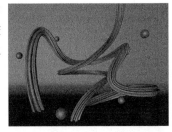

图9-91

03 使用"灯光"工具在场景左侧创建一盏灯光，位置如图9-92所示。

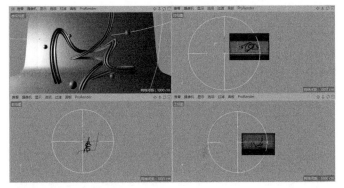

图9-92

04 选中创建的灯光，在"常规"选项卡中设置"颜色"为（R:255，G:255，B:255），"投影"为"区域"，如图9-93所示。

05 切换到"细节"选项卡，设置"衰减"为"平方倒数（物理精度）"，"半径衰减"为1993.436cm，如图9-94所示。

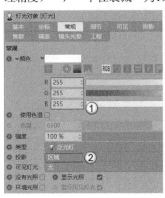 

图9-93 图9-94

06 在"渲染设置"面板中调用测试渲染的参数，渲染灯光，效果如图9-95所示。

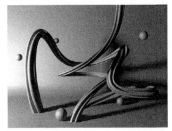

图9-95

07 将灯光复制一盏，放置于场景的右侧，位置如图9-96所示。

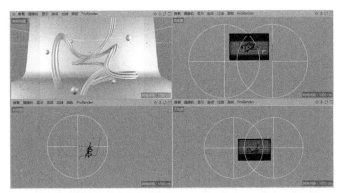

图9-96

08 选中复制的灯光，修改"强度"为60%，如图9-97所示。

09 按Shift+R组合键渲染，效果如图9-98所示。

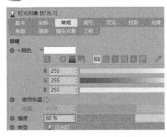 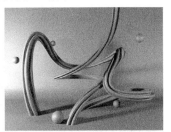

图9-97 图9-98

10 场景中仍有部分区域呈现黑色。使用"天空"工具在场景内创建一个天空模型，然后将"预置>Prime>Presets>Light Setups > HDRI>Photo Studio"文件赋予天空模型，如图9-99所示。

11 按Shift+R组合键渲染，效果如图9-100所示。

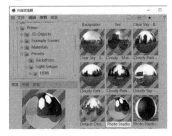 

图9-99 图9-100

12 新建一个默认材质，设置"颜色"为（R:255，G:217，B:112），如图9-101所示。

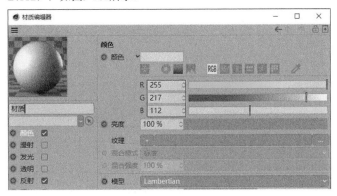

图9-101

13 在"反射"中添加GGX，设置"粗糙度"为20%，"菲涅耳"为"绝缘体"，如图9-102所示。材质效果如图9-103所示。

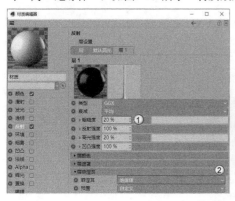

图9-102　　　　　　　　图9-103

14 新建一个默认材质，在"纹理"通道中加载"渐变"贴图，如图9-104所示。

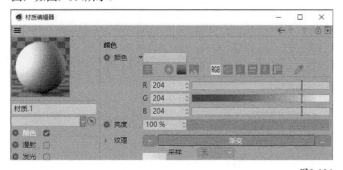

图9-104

15 在"渐变"贴图中，设置"渐变"颜色分别为（R:255，G:238，B:191）和（R:255，G:217，B:112），"类型"为"二维-U"，如图9-105所示。材质效果如图9-106所示。

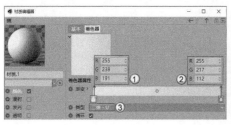

图9-105　　　　　　　　图9-106

16 将材质赋予模型，效果如图9-107所示。

17 在"渲染设置"面板中调用最终渲染参数，渲染效果如图9-108所示。

图9-107　　　　　　　　图9-108

疑难问答 ?

问：赋予材质后渲染曝光怎么办？

答：测试灯光时所使用的是模型自身的颜色，当赋予材质后可能会造成曝光现象。遇到这种情况需要读者灵活调整灯光的强度数值。

◢ 重点

实战：渲染视觉效果图

场景位置	场景文件>CH09>07.c4d
实例位置	实例文件>CH09>实战：渲染视觉效果图.c4d
视频名称	实战：渲染视觉效果图.mp4
难易指数	★★★★☆
技术掌握	掌握效果图的渲染流程

本案例需要为一个视觉效果图模型添加灯光、材质和环境，然后将其渲染输出，案例效果如图9-109所示。

01 打开本书学习资源文件"场景文件>CH09>07.c4d"文件，如图9-110所示。

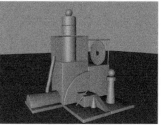

图9-109　　　　　　　　图9-110

02 使用"区域光"工具 █ 在场景左侧设置一盏灯光，位置如图9-111所示。

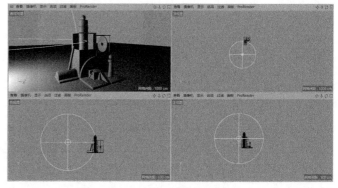

图9-111

03 选中创建的灯光，然后在"常规"选项卡中设置"颜色"为白色，"投影"为"区域"，如图9-112所示。

04 切换到"细节"选项卡，设置"衰减"为"平方倒数（物理精度）"，"半径衰减"为1000cm，如图9-113所示。

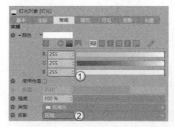
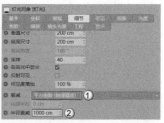

图9-112　　　　　　　　图9-113

05 在"渲染设置"面板中调用测试渲染的参数，然后测试灯光效果，如图9-114所示。模型的右侧发黑，需要添加辅助光源照亮模型。

图9-114

06 将主光源复制一盏，然后放置在场景的前方，如图9-115所示。

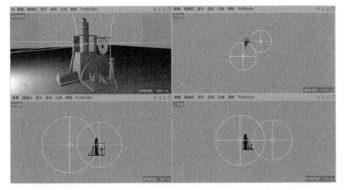
图9-115

07 选中复制的灯光，在"常规"选项卡中设置"颜色"为白色，"强度"为60%，"投影"为"无"，如图9-116所示。

08 切换到"细节"选项卡，设置"衰减"为"平方倒数（物理精度）"，"半径衰减"为805cm，如图9-117所示。

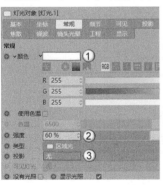
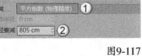
图9-116　　　　　　　图9-117

09 按Shift+R组合键渲染灯光效果，如图9-118所示。

图9-118

技巧与提示 ✅

用白模测试灯光，可以更好地观察灯光的强度、阴影的方向和软硬程度。

10 在"材质"面板新建一个材质，打开"材质编辑器"，在"颜色"选项中设置"颜色"为（R:184，G:94，B:35），如图9-119所示。

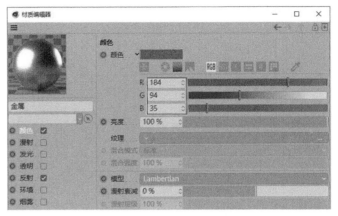
图9-119

11 在"反射"选项中添加GGX，设置"粗糙度"为30%，"菲涅耳"为"导体"，"预置"为"铜"，如图9-120所示。材质效果如图9-121所示。

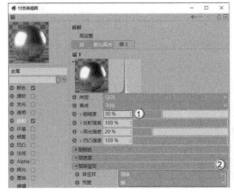

图9-120　　　　　图9-121

12 在"材质"面板新建一个材质，打开"材质编辑器"，在"透明"选项中设置"折射率预设"为"玻璃"，如图9-122所示。

图9-122

183

13 在"反射"选项中添加GGX，设置"粗糙度"为5%，"菲涅耳"为"绝缘体"，"预置"为"玻璃"，如图9-123所示。材质效果如图9-124所示。

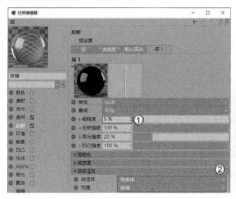

图9-123　　　　　　图9-124

14 在"材质"面板新建一个材质，打开"材质编辑器"，在"颜色"选项中设置"颜色"为（R:252，G:157，B:154），如图9-125所示。

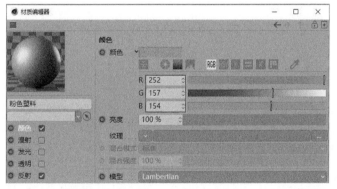

图9-125

15 在"反射"选项中添加GGX，设置"粗糙度"为30%，"菲涅耳"为"绝缘体"，"预置"为"聚酯"，如图9-126所示。材质效果如图9-127所示。

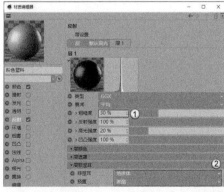

图9-126　　　　　　图9-127

16 将粉色塑料材质复制一份，在"颜色"选项中设置"颜色"为（R:131，G:175，B:155），如图9-128所示。材质效果如图9-129所示。

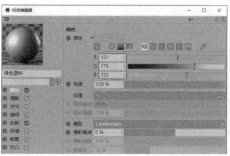

图9-128　　　　　　图9-129

17 将粉色塑料材质复制一份，在"颜色"选项中设置"颜色"为（R:249，G:205，B:173），如图9-130所示。材质效果如图9-131所示。

图9-130　　　　　　图9-131

18 将粉色塑料材质复制一份，在"颜色"选项中设置"颜色"为（R:119，G:131，B:212），如图9-132所示。材质效果如图9-133所示。

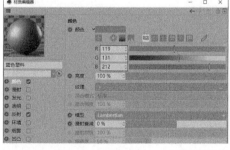

图9-132　　　　　　图9-133

19 将粉色塑料材质复制一份，在"颜色"选项中设置"颜色"为（R:212，G:212，B:212），如图9-134所示。材质效果如图9-135所示。

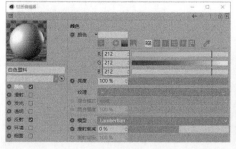

图9-134　　　　　　图9-135

㉟ 将材质赋予相应的模型对象，效果如图9-136所示。

图9-136

㉑ 使用"天空"工具 在场景中创建一个天空，然后按Shift+F8组合键打开"内容浏览器"，将"预置>Visualize>Presets>Light Setups>HDRI>Cityscape Bright Day.hdr"材质赋予天空，并给天空添加"合成"标签，取消勾选"摄像机可见"选项，如图9-137和图9-138所示。

图9-137

图9-138

㉒ 按Ctrl+R组合键渲染场景，效果如图9-139所示。

图9-139

㉓ 使用"背景"工具 在场景中创建一个背景模型，然后新建一个材质，打开"材质编辑器"，在"颜色"选项的"纹理"通道中加载学习资源中的"实例文件>CH09>实战：渲染视觉效果图>背景_1.jpg"文件，如图9-140所示。

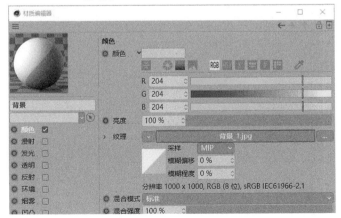

图9-140

㉔ 将"背景"材质赋予"背景"模型和"地面"模型，然后修改材质的"投射"为"前沿"，如图9-141所示。

㉕ 在"渲染设置"面板调取最终渲染参数，然后按Shift+R组合键渲染场景，效果如图9-142所示。

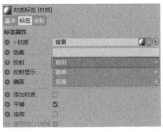

图9-141

图9-142

实战：渲染机械霓虹灯效果图

场景位置	场景文件>CH09>08.c4d
实例位置	实例文件>CH09>实战：渲染机械霓虹灯效果图.c4d
视频名称	实战：渲染机械霓虹灯效果图.mp4
难易指数	★★★★☆
技术掌握	掌握效果图的渲染流程

本案例需要为一个机械类效果图模型添加灯光、材质和环境，然后将其渲染输出，并在Photoshop中调色，案例效果如图9-143所示。

㉑ 打开本书学习资源文件"场景文件>CH09>08.c4d"，如图9-144所示。

图9-143

图9-144

㉒ 使用"区域光"工具 在模型右侧设置一盏灯光，位置如图9-145所示。

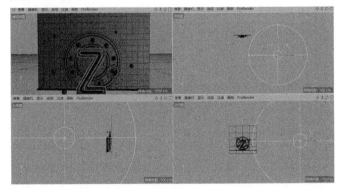

图9-145

㉓ 选中创建的灯光，然后在"常规"选项卡中设置"颜色"为（R:255, G:193, B:128），"强度"为120%，"投影"为"区域"，如图9-146所示。

04 切换到"细节"选项卡，设置"衰减"为"平方倒数（物理精度）"，"半径衰减"为700cm，如图9-147所示。

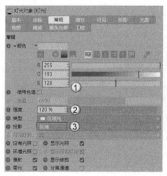

图9-146　　　　　　　　　　图9-147

05 在"渲染设置"面板调用测试渲染的参数测试灯光效果，如图9-148所示。模型的左侧颜色较暗，需要添加辅助光源照亮模型。

图9-148

06 将主光源复制一盏，然后放置在模型的左侧，如图9-149所示。

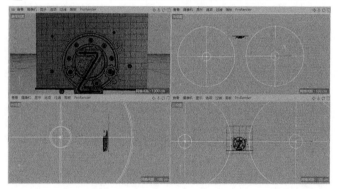

图9-149

07 选中复制的灯光，在"常规"选项卡中设置"颜色"为（R:74，G:89，B:255），"强度"为100%，如图9-150所示。

08 切换到"细节"选项卡，设置"衰减"为"平方倒数（物理精度）"，"半径衰减"为700cm，如图9-151所示。

图9-150　　　　　　　　　　图9-151

09 按Ctrl+R组合键渲染灯光，效果如图9-152所示。

图9-152

10 在"材质"面板新建一个材质，然后打开"材质编辑器"，在"颜色"选项中设置"颜色"为（R:107，G:181，B:255），如图9-153所示。

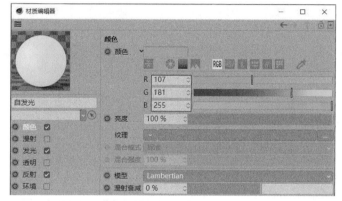

图9-153

11 在"发光"选项中设置"颜色"为（R:135，G:213，B:255），如图9-154所示。材质效果如图9-155所示。

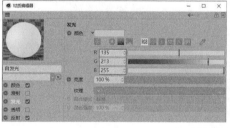

图9-154　　　　　　图9-155

12 在"材质"面板新建一个材质，打开"材质编辑器"，在"透明"选项中设置"折射率预设"为"玻璃"，如图9-156所示。

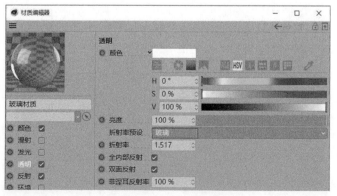

图9-156

13 在"反射"选项中添加GGX,设置"粗糙度"为0%,"菲涅耳"为"绝缘体","预置"为"玻璃",如图9-157所示。材质效果如图9-158所示。

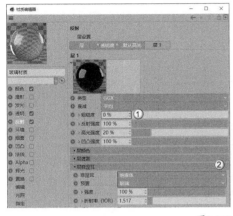

图9-157　　　　　　　　　　　图9-158

14 在"材质"面板新建一个材质,打开"材质编辑器",在"颜色"选项中设置"颜色"为(R:59,G:59,B:59),如图9-159所示。

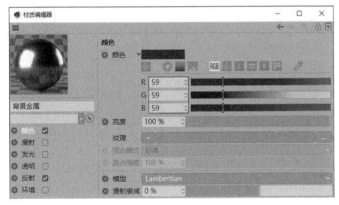

图9-159

15 在"反射"选项中添加GGX,设置"粗糙度"为20%,"反射强度"为60%,"菲涅耳"为"导体","预置"为"钢",如图9-160所示。材质效果如图9-161所示。

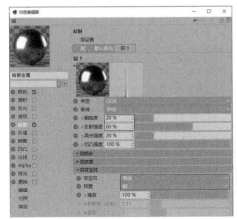

图9-160　　　　　　　　　　　图9-161

16 在"材质"面板新建一个材质,打开"材质编辑器",在"颜色"选项中设置"颜色"为(R:59,G:59,B:59),如图9-162所示。

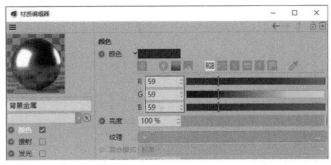

图9-162

17 在"反射"选项中添加GGX,设置"粗糙度"为30%,"菲涅耳"为"导体","预置"为"钢",如图9-163所示。材质效果如图9-164所示。

图9-163　　　　　　　　　　　图9-164

18 将材质赋予相应的模型,效果如图9-165所示。

19 使用"天空"工具 在场景中创建一个天空,按Shift+F8组合键打开"内容浏览器",将"预置>Visualize>Presets>Light Setups>HDRI>Cityscape Bright Day.hdr"赋予天空,然后给天空

图9-165

添加"合成"标签,并取消勾选"摄像机可见"选项,如图9-166和图9-167所示。

图9-166　　　　　　　　　　　图9-167

20 在透视图中找到合适的角度，使用"摄像机"工具 🎥 在场景中创建一个摄像机，加载"保护"标签，防止移动摄像机，如图9-168所示。

图9-168

21 按Ctrl+R组合键渲染场景，效果如图9-169所示。

22 在"渲染设置"面板中调用最终渲染的参数，渲染效果如图9-170所示。

图9-169　　　　　　　　　　　　图9-170

◢ 重点

实战：渲染卡通风格效果图

场景位置	场景文件>CH09>09.c4d
实例位置	实例文件>CH09>实战：渲染卡通风格效果图.c4d
视频名称	实战：渲染卡通风格效果图.mp4
难易指数	★★★★☆
技术掌握	掌握效果图的渲染流程

本案例将用一个低多边形场景为读者演示场景渲染流程，如图9-171所示。

图9-171

01 打开本书学习资源文件"场景文件>CH09>09.c4d"，如图9-172所示。

02 在场景中找到一个合适的角度，然后单击"摄像机"按钮 🎥，在场景中创建一个摄像机，如图9-173所示。

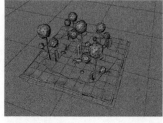
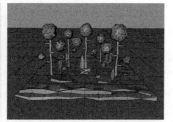

图9-172　　　　　　　　　　　　图9-173

03 使用"灯光"工具 💡 在场景上方创建一盏灯光，位置如图9-174所示。

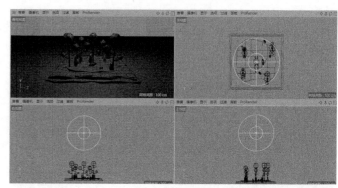

图9-174

04 选中创建的灯光，在"常规"选项卡中设置"强度"为150%，"投影"为"无"，如图9-175所示。

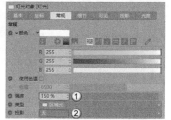

图9-175

05 切换到"细节"选项卡，设置"衰减"为"平方倒数（物理精度）"，"半径衰减"为281.272cm，如图9-176所示。

06 在"材质"面板新建一个默认材质，设置"颜色"为（R:205，G:189，B:252），如图9-177所示。

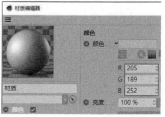

图9-176　　　　　　　　　　　　图9-177

07 在"反射"中添加GGX，设置"粗糙度"为40%，"反射强度"为70%，"菲涅耳"为"绝缘体"，"预置"为"沥青"，如图9-178所示。

08 将紫色材质复制一份，然后修改"颜色"为（R:252，G:157，B:154），如图9-179所示。

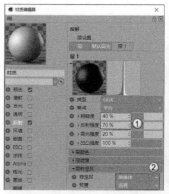

图9-178　　　　　　　　　　　　图9-179

09 将紫色材质复制一份,修改"颜色"为(R:200,G:200,B:169),如图9-180所示。

10 将紫色材质复制一份,修改"颜色"为(R:131,G:175,B:155),如图9-181所示。

图9-180   图9-181

11 将紫色材质复制一份,修改"颜色"为(R:103,G:168,B:214),如图9-182所示。

12 将紫色材质复制一份,修改"颜色"为(R:249,G:205,B:173),如图9-183所示。

 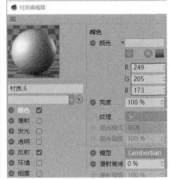

图9-182   图9-183

13 将材质赋予模型,效果如图9-184所示。

14 使用"天空"工具 在场景中创建一个天空模型,如图9-185所示。

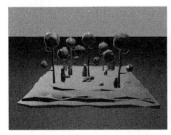 

图9-184   图9-185

15 为"天空"模型添加"合成"标签 ,然后取消勾选"摄像机可见"选项,如图9-186所示。

16 打开"内容浏览器",将"预置>Prime >Presets>Light Setups >HDRI> Sunny - Neighborhood 02"文件赋予天空模型,如图9-187所示。

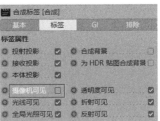 

图9-186   图9-187

17 在"渲染设置"面板调用测试渲染的参数,预览渲染效果,如图9-188所示。

图9-188

18 观察渲染效果,环境光的亮度有些强。选中Sunny - Neighborhood 02材质,在"发光"的"纹理"通道中设置"白点"为2,如图9-189所示。

图9-189

技巧与提示

"白点"数值大于1时,HDRI贴图的亮度会降低;"白点"数值小于1时,HDRI贴图的亮度会升高。

19 再次渲染效果,如图9-190所示。

20 场景的亮度合适,但地面和背景仍需要继续完善。使用"背景"工具 为场景添加背景模型,然后为地面和背景都添加一个浅粉色的默认材质,如图9-191所示。

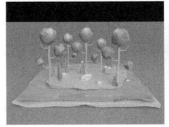 

图9-190   图9-191

21 预览渲染效果，如图9-192所示。可以观察到地面和背景之间有明显的接缝。

22 为地面模型添加"合成"标签 ■合成 ，然后勾选"合成背景"选项，如图9-193所示。

图9-192　　　　　　　　　图9-193

23 预览渲染效果，如图9-194所示。观察画面没有其他问题，可以渲染最终效果。

24 在"渲染设置"面板调用最终渲染参数，渲染效果如图9-195所示。

图9-194　　　　　　　　　图9-195

实战：渲染清新风格的效果图

场景位置	场景文件>CH09>10.c4d
实例位置	实例文件>CH09>实战：渲染清新风格的效果图.c4d
视频名称	实战：渲染清新风格的效果图.mp4
难易指数	★★★★☆
技术掌握	掌握效果图的渲染流程

　　本案例将用一个电商场景为读者演示场景渲染流程，如图9-196所示。

图9-196

01 打开本书学习资源文件"场景文件>CH09>10.c4d"，如图9-197所示。

02 在场景中找到一个合适的角度，然后单击"摄像机"按钮 ，在场景中创建一个摄像机，如图9-198所示。

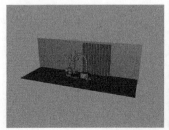

图9-197　　　　　　　　　图9-198

03 使用"灯光"工具 在场景的左侧创建一盏灯光，位置如图9-199所示。

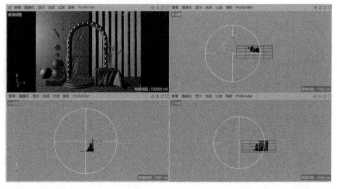

图9-199

04 选中上一步创建的灯光，在"常规"选项卡中设置"颜色"为纯白色，"投影"为"区域"，如图9-200所示。

05 切换到"细节"选项卡，设置"衰减"为"平方倒数（物理精度）"，"半径衰减"为2422.623cm，如图9-201所示。

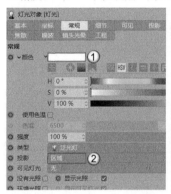

图9-200　　　　　　　　　图9-201

06 使用"天空"工具 在场景中添加一个天空模型，然后将"预置>Prime>Presets>Light Setups>HDRI>Photo Studio"文件赋予天空模型，如图9-202所示。

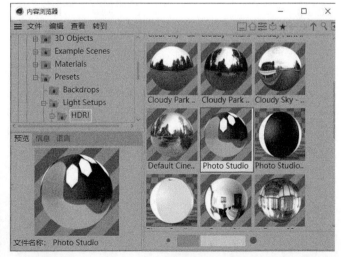

图9-202

07 新建一个默认材质,设置"颜色"为(R:255,G:209,B:209),如图9-203所示。材质效果如图9-204所示。

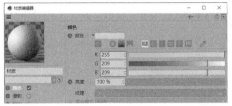

图9-203　　　　　　图9-204

08 将材质复制一份,然后修改"颜色"为(R:209,G:239,B:255),如图9-205所示。材质效果如图9-206所示。

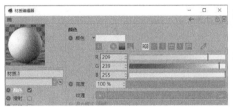 

图9-205　　　　　　图9-206

09 新建一个默认材质,取消勾选"颜色"选项,在"反射"中添加GGX,设置"粗糙度"为20%,"菲涅耳"为"导体","预置"为"金",如图9-207所示。材质效果如图9-208所示。

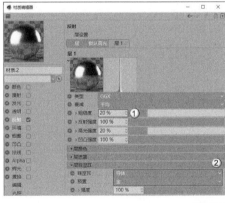 

图9-207　　　　　　图9-208

10 将上一步创建的材质复制一份,设置"粗糙度"为30%,"预置"为"钒",如图9-209所示。材质效果如图9-210所示。

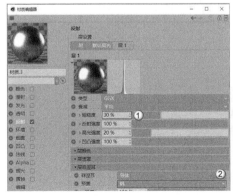 

图9-209　　　　　　图9-210

11 将材质赋予模型,效果如图9-211所示。

12 打开"渲染设置"面板,调出测试渲染的参数,预览渲染效果,如图9-212所示。

图9-211　　　　　　图9-212

13 观察渲染效果发现左侧的灯光亮度太强,造成部分模型曝光。将灯光的"强度"降低为70%,预览渲染效果,如图9-213所示。

14 在"渲染设置"面板中调取最终渲染的参数,然后渲染场景,效果如图9-214所示。

图9-213　　　　　　图9-214

技术专题 如何在软件中调整渲染图

　　如果不想在后期软件中调整渲染图的效果,可以在"图片查看器"中简单进行调节。

　　"图片查看器"的右侧有"滤镜"选项卡,如图9-215所示。在选项卡中可简单调节渲染图的亮度、对比度、曝光以及颜色校正。

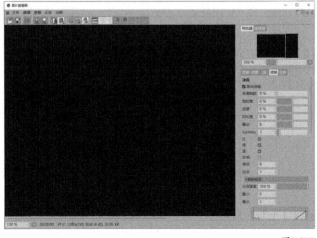

图9-215

CINEMA 4D
DESIGNER

技术专题
疑难问答
知识链接
技巧与提示

第10章 运动图形

10.1 常用的运动图形工具

　　"运动图形"菜单中列举了Cinema 4D里的运动图形工具，如图10-1所示。这些工具能形成复杂的模型或动画效果，从而降低模型制作的复杂程度。

图10-1

本节工具介绍

工具名称	工具作用	重要程度
克隆	以多种类型复制对象	高
矩阵	生成对象规律的复制效果	中
破碎	生成对象破碎效果	高
追踪对象	生成对象的运动轨迹	中
实例	实例复制对象	中
文本	创建立体文字	高

10.1.1 克隆

　演示视频：078-克隆

　　"克隆"工具是将对象按照设定的方式进行复制。复制的对象可以呈规律效果，也可以呈随机效果。"克隆"工具是使用频率很高的工具，其参数面板如图10-2所示。

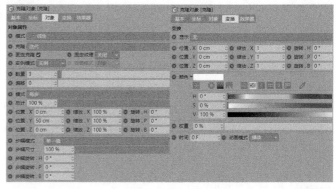

图10-2

重要参数讲解

　　模式：设置克隆的模式。系统提供了"线性""放射""对象""网格排列""蜂窝阵列"5种模式，如图10-3~图10-7所示。

线性

图10-3

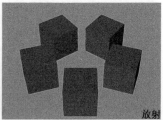

放射

图10-4

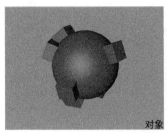

图10-5　　　　　　　　　　　图10-6

数量：设置复制对象的数量。

位置.X/位置.Y/位置.Z：设置复制对象之间的距离。

半径：在"放射"模式中，设置复制对象的半径。

开始角度/结束角度：在"放射"模式中设置复制对象的旋转角度。

分布：在"对象"模式中，设置复制对象的生成位置，如图10-8所示。

种子：在"对象"模式中设置复制对象随机生成的效果。

尺寸：在"网格排列"模式中，设置复制对象之间的距离。

宽数量/高数量：在"蜂窝阵列"模式中，设置复制对象的数量。

宽尺寸/高尺寸：在"蜂窝阵列"模式中，设置复制对象之间的距离。

位置.X/位置.Y/位置.Z：设置复制对象整体的位置。

旋转.H/旋转.P/旋转.B：设置复制对象整体的旋转。

颜色：设置复制对象的颜色，默认为纯白色。

实战：用克隆工具制作小方块堆叠文字

场景位置	无
实例位置	实例文件>CH10>实战：用克隆工具制作小方块堆叠文字.c4d
视频名称	实战：用克隆工具制作小方块堆叠文字.mp4
难易指数	★★★☆☆
技术掌握	掌握克隆工具的使用方法

本案例使用克隆工具制作随机分布的立方体模型，案例效果如图10-9所示。

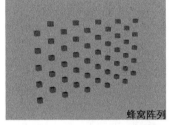

图10-7

图10-8

图10-9

01. 使用"文本"工具 在场景中创建一个文本样条，设置"文本"为K，"字体"为"方正兰亭中黑"，"高度"为100cm，如图10-10所示。

图10-10

02. 为文本样条添加"挤压"生成器，效果如图10-11所示。

03. 使用"立方体"工具 在场景中创建一个"尺寸.X""尺寸.Y""尺寸.Z"都为6cm的小方块，如图10-12所示。

图10-11　　　　　　　　　　　图10-12

04. 在"工具栏"中单击"克隆"按钮，然后将"立方体"放置在其子层级，如图10-13所示。

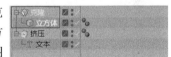

图10-13

技巧与提示 ✅

"克隆"工具 的图标上有绿色，因此作为对象模型的父层级。

05. 选中"克隆"，在"对象"选项卡中设置"模式"为"对象"，并将"挤压"选项向下拖曳到"对象"的选项框中，如图10-14所示。此时克隆的小立方体就附着在文本模型上，如图10-15所示。

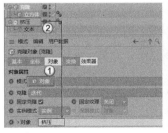 

图10-14　　　　　　　　　　　图10-15

06 在"对象"选项卡中设置"数量"为1000，如图10-16所示。克隆的小方块模型就能全部覆盖文本模型。

图10-16

07 单击"灯光"按钮，在场景中创建一盏灯光，位置如图10-17所示。

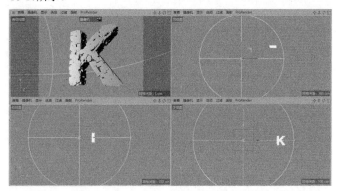

图10-17

08 选中创建的灯光，在"常规"选项卡中设置"颜色"为（R:255，G:255，B:255），"投影"为"区域"，如图10-18所示。

09 切换到"细节"选项卡，设置"衰减"为"平方倒数（物理精度）"，"半径衰减"为500cm，如图10-19所示。

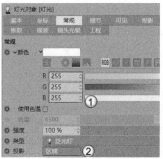 

图10-18　　　　　　　　　　图10-19

10 在"材质"面板创建一个默认材质，取消勾选"颜色"选项，然后勾选"发光"选项，并在"纹理"通道中加载"渐变"贴图，如图10-20所示。

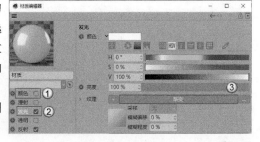

图10-20

11 进入"渐变"贴图通道，设置"渐变"颜色分别为（R:255，G:211，B:13）和（R:13，G:150，B:255），"类型"为"二维-U"，"角度"为-45°，如图10-21所示。

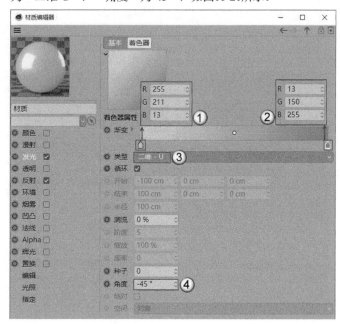

图10-21

12 在"反射"选项中添加GGX，然后设置"粗糙度"为10%，"菲涅耳"为"绝缘体"，"预置"为"聚酯"，如图10-22所示。材质效果如图10-23所示。

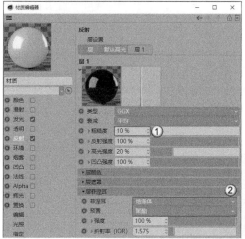

图10-22　　　　　　　　图10-23

13 将材质赋予字体模型，效果如图10-24所示。

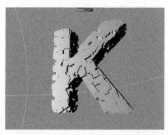

图10-24

⑭ 新建一个默认材质，然后在"反射"中添加GGX，设置"粗糙度"为20%，"菲涅耳"为"绝缘体"，"预置"为"聚酯"，如图10-25所示。

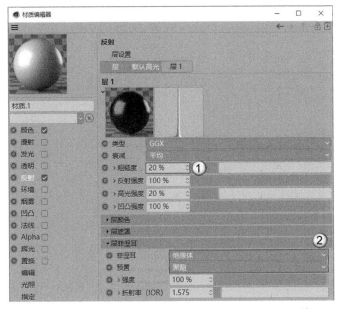

图10-25

⑮ 勾选"透明"选项，设置"亮度"为80%，"折射率预设"为"塑料（PET）"，如图10-26所示。材质效果如图10-27所示。

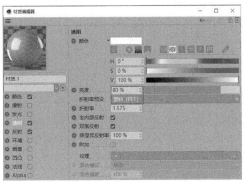

图10-26　　　　图10-27

⑯ 将材质赋予克隆的小立方体，效果如图10-28所示。

⑰ 单击"背景"按钮，在模型背后创建一个背景模型，并为其添加一个紫色材质，渲染效果如图10-29所示。

图10-28　　　　图10-29

⑱ 使用"天空"工具在场景中添加一个天空模型，如图10-30所示。

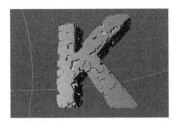

图10-30

⑲ 为"天空"模型添加"合成"标签，然后取消勾选"摄像机可见"选项，如图10-31所示。

⑳ 为"天空"模型添加预置的材质Photo Studio，渲染效果如图10-32所示。

图10-31　　　　图10-32

实战：用克隆工具制作创意灯泡场景

场景位置	无
实例位置	实例文件>CH10>实战：用克隆工具制作创意灯泡场景.c4d
视频名称	实战：用克隆工具制作创意灯泡场景.mp4
难易指数	★★★☆☆
技术掌握	掌握克隆工具的使用方法

本案例使用克隆工具制作创意灯泡场景，案例效果如图10-33所示。

① 使用"样条画笔"工具在视图中绘制灯泡的剖面样条，如图10-34所示。

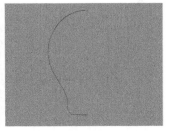

图10-33　　　　图10-34

② 为上一步绘制的样条添加"旋转"生成器，设置"细分数"为48，"网格细分"为4，如图10-35所示。

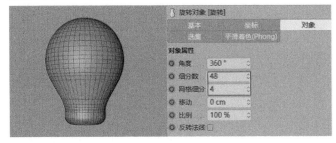

图10-35

195

03 使用"圆柱"工具 在灯泡下方创建一个圆柱模型，如图10-36所示。

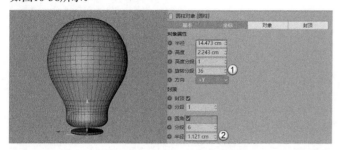

图10-36

04 为圆柱模型添加"克隆"生成器 ，设置"模式"为"线性"，"数量"为5，"位置.Y"为2.228cm，如图10-37所示。

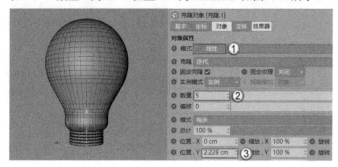

图10-37

技巧与提示

位置参数的方向要根据创建模型时的实际情况决定。

05 使用"圆锥"工具 在底部创建一个圆锥模型，如图10-38所示。

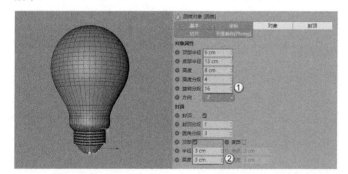

图10-38

06 将所有模型对象成组，以便下一步制作，如图10-39所示。

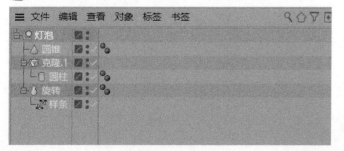

图10-39

07 为成组的灯泡对象添加"克隆"生成器 ，设置"模式"为"蜂窝阵列"，"宽数量"和"高数量"都为5，"宽尺寸"为130cm，"高尺寸"为195cm。切换到"变换"选项卡，设置"旋转.B"为45°，如图10-40所示。

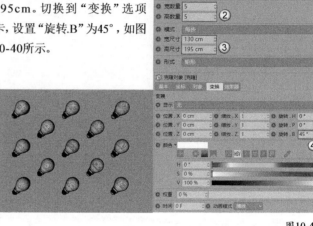

图10-40

08 使用"平面"工具 在灯泡模型后方创建一个平面模型作为背景板，如图10-41所示。

09 新建一个默认材质，设置"颜色"为（R:230，G:230，B:230），如图10-42所示。

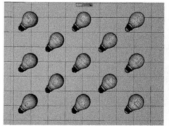
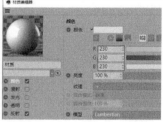

图10-41 图10-42

10 在"反射"中添加GGX，设置"粗糙度"为3%，"菲涅耳"为"绝缘体"，"预置"为"玻璃"，如图10-43所示。材质效果如图10-44所示。

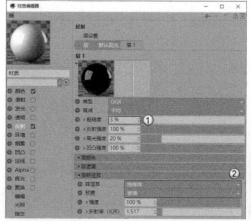

图10-43 图10-44

⑪ 新建一个默认材质，设置"颜色"为（R:255，G:131，B:64），如图10-45所示。材质效果如图10-46所示。

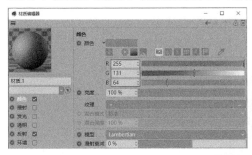

图10-45　　　图10-46

⑫ 将材质赋予场景中的模型，效果如图10-47所示。

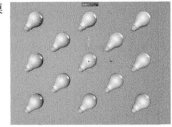

图10-47

⑬ 使用"天空"工具在场景中新建一个天空模型，然后将预置文件中的Sunny – Neighborhood文件赋予天空模型，如图10-48所示。

⑭ 按Shift+R组合键渲染场景，效果如图10-49所示。

图10-48　　　　　　图10-49

10.1.2 矩阵

演示视频：079-矩阵

"矩阵"工具与"克隆"工具类似，也是复制对象的一种工具。其参数面板如图10-50所示。

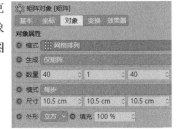

图10-50

重要参数讲解

模式：设置矩阵的模式。系统提供了"线性""放射""对象""网格排列""蜂窝阵列"5种模式，与"克隆"类似。

生成：设置生成为"矩阵"或TP粒子。

相信有些读者会发现"矩阵"和"克隆"的参数面板基本一样，为什么不能直接使用"克隆"工具却还要使用"矩阵"工具呢？这是因为，有时候我们只想要运动图形的位置信息，而不想受到其他效果的影响。此外，矩阵还有一个克隆对象没有的功能，那就是可以借助矩阵对象来生成TP粒子。当然，这些生成的粒子还可以使用效果器对其进行影响。

单独的矩阵无法直接渲染，一般是用来配合其他对象，它和克隆对象一起配合使用的频率会比较高。有时候也可以利用矩阵作为破碎对象的来源，去做一些比较规则化的破碎效果。

实战：用矩阵制作科幻方块

场景位置	无
实例位置	实例文件>CH10>实战：用矩阵制作科幻方块.c4d
视频名称	实战：用矩阵制作科幻方块.mp4
难易指数	★★★★☆
技术掌握	熟悉矩阵、克隆和随机效果器的使用方法

本案例使用克隆、矩阵和随机将立方体制作成无规律的方块阵列，案例效果如图10-51所示。

图10-51

① 使用"立方体"工具在场景中创建一个立方体模型，设置"尺寸.X""尺寸.Y""尺寸.Z"都为20cm，如图10-52所示。

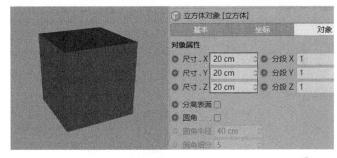

图10-52

② 将立方体原位复制一份，并添加"晶格"生成器，设置"圆柱半径"为0.1cm，"球体半径"为0.2cm，如图10-53所示。

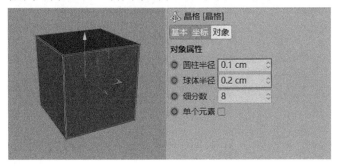

图10-53

197

03 选中场景中两个立方体模型，按Alt+G组合键成组，如图10-54所示。

04 单击"克隆"按钮 ⬚ 克隆，将上一步成组的立方体放在"克隆"的子层级，如图10-55所示。

图10-54　　　　　　图10-55

05 执行"运动图形>矩阵"菜单命令，在场景中创建一个矩阵，如图10-56所示。

图10-56

06 为了将克隆的立方体与"矩阵"链接，需要在"克隆"的"属性"面板中设置"模式"为"对象"，并将"矩阵"向下拖曳到"对象"后的选项框中，如图10-57所示。此时创建的立方体组与矩阵的排列方式相同，如图10-58所示。

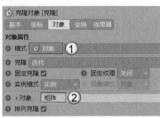

图10-57　　　　　　图10-58

07 执行"运动图形>效果器>随机"菜单命令，创建"随机"效果器 ⬚ 随机，可以观察到立方体组呈无规律形式分布在视图中，如图10-59所示。

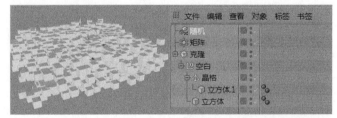

图10-59

技巧与提示

选中"克隆"选项后再添加"随机"效果器才能形成相应的效果。也可以在"克隆"的"效果器"选项卡中添加"随机"效果器，如图10-60所示。

图10-60

08 选中"随机"效果器，设置P.X为139cm，P.Y为146cm，P.Z为187cm，勾选"等比缩放"，设置"缩放"为0.5，如图10-61所示。

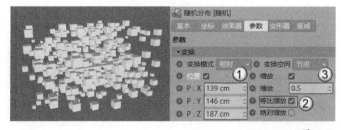

图10-61

技巧与提示

矩阵工具形成的立方体仍然留在场景中，但因其不能被渲染，读者可以不用担心影响渲染效果。如果觉得影响观察，在"对象"面板中将显示图标设置为红色即可，如图10-62所示。

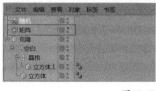

图10-62

09 使用"灯光"工具 💡 在场景中创建一盏灯光，位置如图10-63所示。

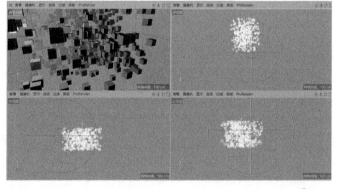

图10-63

10 在"常规"选项卡中设置"颜色"为（R:238，G:54，B:255），"投影"为"区域"，如图10-64所示。

11 切换到"细节"选项卡，设置"衰减"为"平方倒数（物理精度）"，"半径衰减"为500cm，如图10-65所示。

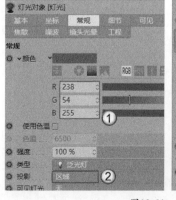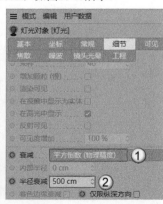

图10-64　　　　　　图10-65

12 将修改后的灯光复制一盏，位置如图10-66所示。

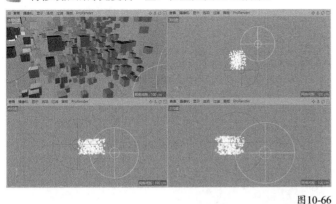

图10-66

13 选中复制的灯光，修改"颜色"为（R:54，G:90，B:255），如图10-67所示。

图10-67

14 继续复制一盏灯光，位置如图10-68所示。

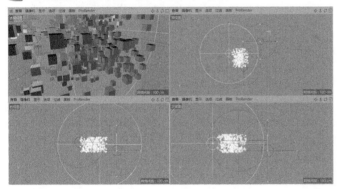

图10-68

15 在"常规"选项卡中修改灯光的"颜色"为（R:8，G:99，B:2），然后在"细节"选项卡中修改"半径衰减"为857.674cm，如图10-69所示。

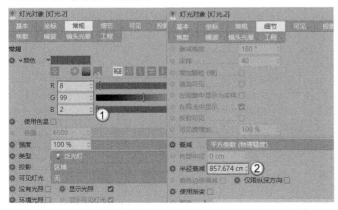

图10-69

16 将上一步修改后的灯光复制一盏，位置如图10-70所示。

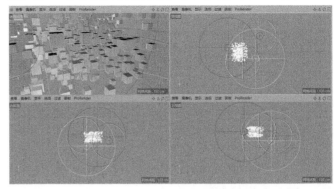

图10-70

17 在"常规"选项卡中设置"颜色"为（R:227，G:194，B:5），"强度"为50%，如图10-71所示。

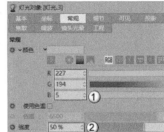

图10-71

18 在"材质"面板创建一个默认材质，然后取消勾选"颜色"选项，在"反射"中添加GGX，接着设置"粗糙度"为20%，"菲涅耳"为"导体"，"预置"为"钨"，如图10-72所示。

图10-72

19 将材质赋予场景中的立方体模型，效果如图10-73所示。

图10-73

199

20 创建一个默认材质，在"颜色"选项中设置"颜色"为
（R:20，G:122，B:255），如图10-74所示。

21 勾选"发光"选项，设置"颜色"为（R:20，G:239，
B:255），"亮度"为200%，如图10-75所示。

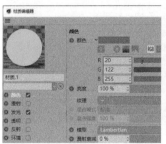 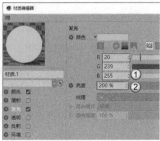

图10-74   图10-75

22 将材质赋予场景中的晶格模型，效果如图10-76所示。

23 选择一个合适的角度，单击"摄像机"按钮，在场景中
创建一个摄像机，然后按Shift+R组合键渲染场景，最终效果如
图10-77所示。

 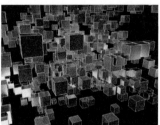

图10-76   图10-77

10.1.3 破碎（Voronoi）

演示视频：080-破碎（Voronoi）

"破碎（Voronoi）"工具 可以将一个完整的对
象随机分裂为多个碎片，通常需要配合动力学工具实现破碎效
果。其参数面板如图10-78所示。

图10-78

重要参数讲解

着色碎片：将碎片以不同颜色进行显示，如图10-79所示。默认
勾选该选项。

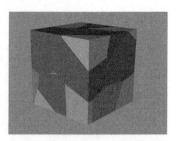

图10-79

偏移碎片：设置碎片之间的距离，如图10-80和图10-81所示。

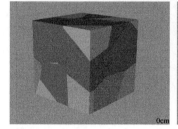 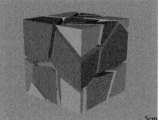

0cm   5cm

图10-80   图10-81

仅外壳：勾选该选项后，模型
成为空心状态，如图10-82所示。

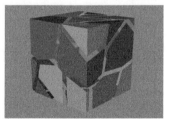

图10-82

点数量：控制模型所生成碎片的数量，如图10-83和图10-84所示。

 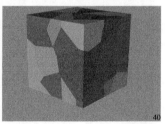

20   40

图10-83   图10-84

实战：用破碎工具制作破碎的玻璃杯

场景位置	场景文件>CH10>01.c4d
实例位置	实例文件>CH10>实战：用破碎工具制作破碎的玻璃杯.c4d
视频名称	实战：用破碎工具制作破碎的玻璃杯.mp4
难易指数	★★★★☆
技术掌握	熟悉破碎工具的使用方法

本案例需要使用破碎（Voronoi）工具制作玻璃杯的破碎效
果，效果如图10-85所示。

图10-85

01▶ 打开本书学习资源文件"场景文件>CH10>01.c4d",如图10-86所示。场景中建立了地面和一个玻璃杯。

02▶ 将玻璃杯模型向上移动一段距离,并旋转一定角度,效果如图10-87所示。

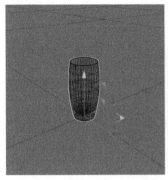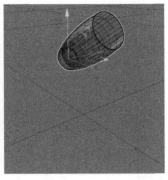

图10-86 图10-87

03▶ 执行"运动图形>破碎(Voronoi)"菜单命令,创建"破碎(Voronoi)" 破碎(Voronoi),然后将"玻璃杯"作为"破碎(Voronoi)"的子层级,如图10-88所示。

04▶ 选中"破碎(Voronoi)",单击鼠标右键,在弹出的菜单中选择"模拟标签>刚体",如图10-89所示。赋予"刚体"标签 刚体 后,玻璃杯就带有动力学属性,可以形成真实的碰撞效果。

知识链接 ↻
"刚体"标签的具体使用方法请参见"13.1.1 刚体"。

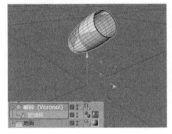

图10-88 图10-89

05▶ 选中"刚体"标签,在"属性"面板中设置"尺寸增减"为0.1cm,"反弹"为5%,如图10-90所示。

06▶ 选中"地面",单击鼠标右键,在弹出的菜单中选择"模拟标签>碰撞体",如图10-91所示。

图10-90 图10-91

07▶ 单击"向前播放"按钮▶,可以观察到杯子向下坠落,在触碰到地面的一瞬间裂开,如图10-92所示。

08▶ 此时玻璃碎片偏少,选中"破碎(Voronoi)"的"来源"选项卡,然后设置"点数量"为40,如图10-93所示。

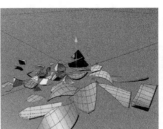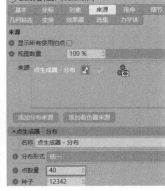

图10-92 图10-93

技巧与提示 ✐
"种子"数值可以将碎片随机分布,这里不作规定,读者可选择自己喜欢的效果。

09▶ 再次单击"向前播放"按钮▶,模拟碰撞碎裂效果,如图10-94所示。

10▶ 选中"动力学"标签,切换到"缓存"选项卡,单击"全部烘焙"按钮 全部烘焙 ,将模拟的动力学效果生成动画关键帧,如图10-95所示。

图10-94 图10-95

11▶ 使用"灯光"工具 ◍ 在场景中创建一盏灯光,位置如图10-96所示。

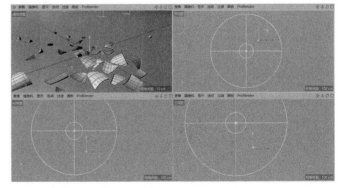

图10-96

12▶ 选中创建的灯光,在"常规"选项卡中设置"颜色"为(R:255, G:255, B:255),"投影"为"区域",如图10-97所示。

13▶ 切换到"细节"选项卡,设置"衰减"为"平方倒数(物理精度)","半径衰减"为500cm,如图10-98所示。

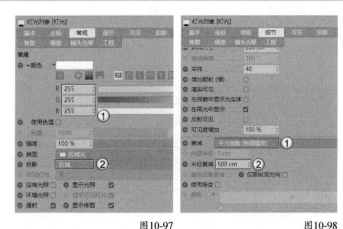

图10-97　　　　　　　　　　图10-98

14 将修改后的灯光复制一盏，位置如图10-99所示。

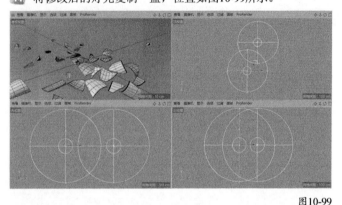

图10-99

15 在"材质"面板创建一个默认材质，在"颜色"选项中设置"颜色"为（R:147，G:173，B:189），如图10-100所示。

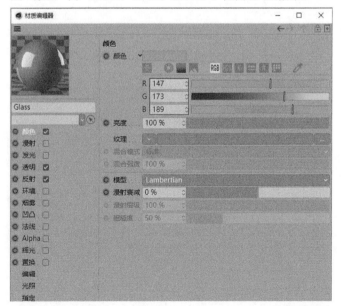

图10-100

16 勾选"透明"选项，设置"折射率预设"为"玻璃"，然后在"纹理"通道中加载"渐变"贴图，接着设置"吸收距离"为3cm，如图10-101所示。

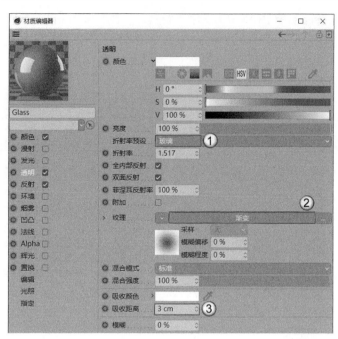

图10-101

17 在"渐变"贴图中设置"渐变"颜色分别为（R:105，G:105，B:105）和（R:255，G:255，B:255），"类型"为"二维-圆形"，如图10-102所示。

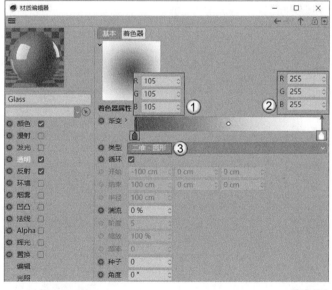

图10-102

疑难问答

问：在"透明"的"纹理"通道中加载贴图的作用是什么？

答：在"透明"的"纹理"通道中加载"渐变"贴图，会根据贴图的黑白信息控制材质的透明度。当贴图为纯黑色时，材质显示为不透明；当贴图为纯白色时，材质显示为透明。利用贴图的黑白信息就可以控制材质的透明度。

18 在"反射"中添加GGX，设置"粗糙度"为3%，"菲涅耳"为"绝缘体"，"预置"为"玻璃"，如图10-103所示。

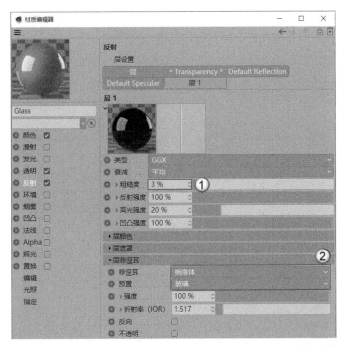

图10-103

10.1.4 追踪对象

演示视频：081-追踪对象

"追踪对象"工具 是将运动对象的路径进行显示，并且可以为其添加材质，形成丰富的效果。其参数面板如图10-108所示。

重要参数讲解

追踪模式：设置追踪对象的模式，默认为"追踪路径"。系统还提供了"连接所有对象"和"连接元素"两种模式。

类型：显示路径线条的类型，如图10-109所示。

图10-108

① 将材质赋予破碎的玻璃模型，效果如图10-104所示。

② 创建一个深灰色的默认材质，直接赋予地面模型，效果如图10-105所示。

图10-104

图10-105

> **技巧与提示**
>
> "追踪对象"工具 在粒子动画中使用较多，具体参见"第14章 粒子技术"中的案例。

线性
立方
阿基玛(Akima)
B-样条
贝塞尔(Bezier)

图10-109

> **技巧与提示**
>
> 材质赋予后，发现模型没有显示材质的效果。这里不用担心，只需要渲染就可以观察到材质效果。

10.1.5 实例

演示视频：082-实例

"实例"工具 可以将源对象复制一个完全一致的新对象，且修改源对象的属性后，复制的新对象也会同时修改。其参数面板如图10-110所示。

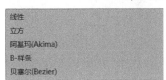

图10-110

② 使用"天空"工具 在场景中创建一个天空模型，然后打开"内容浏览器"，将"预置>Prime>Presets>Light Setups>HDRI>Room 02"文件赋予天空模型，如图10-106所示。

② 选择一个合适的角度创建摄像机，然后按Shift+R组合键渲染场景，最终效果如图10-107所示。

> **疑难问答**
>
> 问：添加实例后为何没有出现实例复制的对象？
>
> 答：为源对象添加"实例"工具后，会发现场景中没有出现复制的对象。这是因为实例复制的对象与源对象完全重合，只要选中"实例"并移动，就可以在视图中观察到复制的对象。

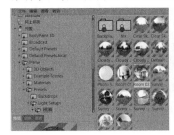

图10-106

图10-107

10.1.6 文本

演示视频：083-文本

"文本"工具 是在场景中创建一个带厚度的文本模型。它不仅可以调节文本模型的厚度，还可以调节倒角等效果。其参数面板如图10-111所示。

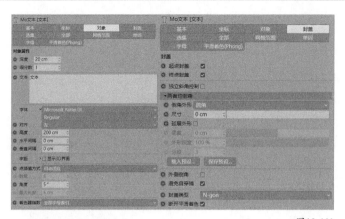

图10-111

重要参数讲解

深度： 设置文本模型的厚度。

细分数： 设置文本模型在厚度上的细分线段数量，如图10-112和图10-113所示。

细分数：1

图10-112

细分数：2

图10-113

文本： 在输入框中输入文本。

字体： 设置文本使用的字体。

高度： 设置文本模型的大小。

水平间隔/垂直间隔： 设置文本间的距离。

起点封盖/终点封盖： 默认勾选，表示文本模型两端呈封盖效果。

独立斜角控制： 勾选该选项后，起点和终点的封盖效果会单独控制。

倒角外形： 设置倒角的轮廓外形。

尺寸： 设置倒角的大小。

技术专题 🔧 运动图形中的"文本"工具

在"运动图形"菜单中也有一个"文本"工具。那么这个绿色的文本工具与"样条"中的文本工具有何区别？

"样条"中的文本工具所生成的文本为样条，没有产生厚度，不能直接被渲染，如图10-114所示。如果想要进一步创建为实体模型，就需要使用"挤压"生成器或"扫描"生成器等。

"运动图形"中的文本工具则是一个文本模型，如图10-115所示，可以直接修改其厚度和倒角等效果。读者可简单理解为样条的文本与"挤压"生成器的结合体。

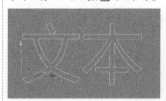

图10-114

图10-115

🔖重点
实战：用文本工具制作发光文字

场景位置	无
实例位置	实例文件>CH10>实战：用文本工具制作发光文字.c4d
视频名称	实战：用文本工具制作发光文字.mp4
难易指数	★★★☆☆
技术掌握	掌握文本工具的使用方法

本案例需要使用文本工具制作发光文字模型，效果如图10-116所示。

图10-116

01 使用"文本"工具 在场景中创建文本模型，设置"深度"为40cm，"文本"为idea，"字体"为Kristen ITC，"高度"为200cm，如图10-117所示。

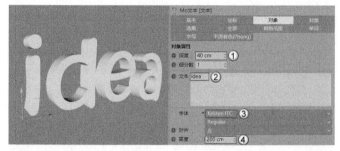

图10-117

02 切换到"封盖"选项卡，勾选"独立斜角控制"选项，设置"倒角外形"为"曲线"，"尺寸"为5cm，然后调整曲线形状，设置"分段"为10，如图10-118所示。

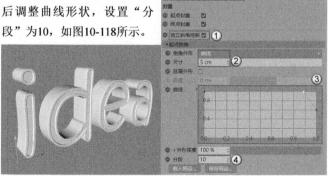

图10-118

技巧与提示 ✍

如果觉得调整曲线控制倒角效果不直观，可以将文字模型转换为可编辑对象，然后对多边形进行挤压、倒角等操作就可以达到同样的效果。

---

03 使用"圆柱"工具 在场景中创建一个圆柱模型，设置"半径"为2cm，"高度"为50cm，"高度分段"为1，然后勾选"圆角"，设置"分段"为3，"半径"为2cm，如图10-119所示。

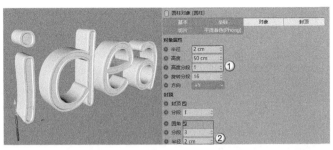

图10-119

04 将圆柱复制一份，然后修改"半径"为3cm，"高度"为60cm，如图10-120所示。

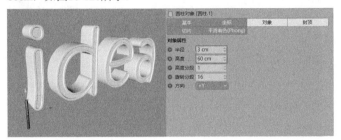

图10-120

05 单击"克隆"按钮，创建克隆效果，将创建的两个圆柱放置在子层级，如图10-121所示。

图10-121

06 选中"克隆"对象，设置"模式"为"网格排列"，"数量"都为5，"尺寸"都为200cm。切换到"变换"选项卡，设置"旋转.P"为90°，如图10-122所示。

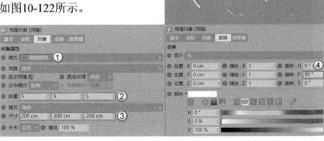

图10-122

07 克隆的圆柱显得太过于规整。选中"克隆"对象，然后执行"运动图形>效果器>随机"菜单命令，添加"随机"效果器，如图10-123所示。

图10-123

08 选中"随机"对象，设置P.X为39cm，P.Y为75cm，P.Z为62cm，勾选"等比缩放"，然后设置"缩放"为0.5，如图10-124所示。

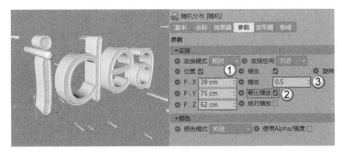

图10-124

09 使用"天空"工具 在场景中创建一个天空模型，然后添加"合成"标签，取消勾选"摄像机可见"选项，如图10-125所示。

图10-125

10 新建一个默认材质，在"发光"中设置"颜色"为（R:28，G:213，B:255），"亮度"为200%，如图10-126所示。

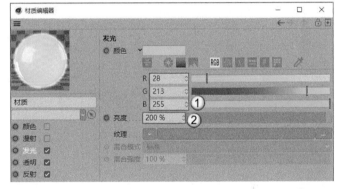

图10-126

11 切换到"透明"选项，设置"亮度"为95%，"折射率预设"为"玻璃"，如图10-127所示。

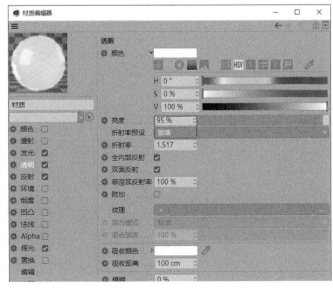

图10-127

⑫ 在"反射"中添加GGX，设置"粗糙度"为1%，"菲涅耳"为"绝缘体"，"预置"为"玻璃"，如图10-128所示。

图10-128

⑬ 切换到"辉光"选项，设置"内部强度"为20%，"外部强度"为200%，"半径"为10cm，"随机"为50%，如图10-129所示。材质效果如图10-130所示。

图10-129　　　　图10-130

⑭ 新建一个默认材质，设置"颜色"为（R:176，G:183，B:191），如图10-131所示。

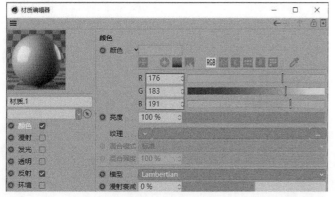

图10-131

⑮ 在"反射"中添加GGX，设置"粗糙度"为10%，"菲涅耳"为"绝缘体"，"预置"为"聚酯"，如图10-132所示。材质效果如图10-133所示。

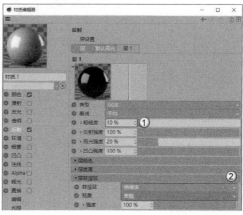

图10-132　　　　图10-133

⑯ 将材质赋予模型，效果如图10-134所示。

图10-134

技术专题 ● 利用选集赋予材质

案例中的文字模型没有转换为可编辑对象，在赋予材质时没有办法直接区分每一个部分分别赋予不同的材质。遇到这种情况就可以利用选集快速选取需要的模型部分。

选中文字模型，切换到"选集"选项卡，面板中列出了不同的选集，如图10-135所示。

勾选相应的选集后就代表激活了该选集，会在"对象"面板中显示一个三角形，如图10-136所示。

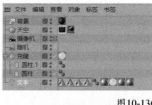

图10-135　　　　图10-136

双击三角形图标，就会在模型上显示相对应的模型区域。图10-137所示是"壳"选集所对应的模型区域。将相应的材质赋予该区域的模型，材质就会显示在该区域中。

每个选集所对应的模型区域可尝试选取，以便加深理解。

图10-137

⑰ 使用"背景"工具 在场景中创建一个背景模型，然后创建一个蓝色的渐变的背景材质，赋予背景，如图10-138所示。

⑱ 为天空对象赋予一个HDRI材质，然后渲染场景，效果如图10-139所示。

图10-138　　　　　　　图10-139

10.2 常用的效果器

效果器可以丰富运动图形工具的效果，执行"运动图形>效果器"菜单命令，可以显示所有的效果器，如图10-140所示。

图10-140

本节工具介绍

工具名称	工具作用	重要程度
随机	将克隆对象生成随机效果	高
推散	将克隆对象沿中心推离	中
样条	将克隆对象沿着样条分布	高
步幅	将克隆对象沿设置曲线分布	中

10.2.1 随机

演示视频：084-随机

"随机"效果器 是效果器中适应频率很高的一种，可以让克隆的对象形成不同的随机效果。其参数面板如图10-141所示。

图10-141

重要参数讲解

强度：设置随机效果器的强度，默认为100%。

随机模式：系统提供了5种类型的随机模式，如图10-142所示。默认使用"随机"效果。

位置：勾选该选项后，可以设置对象在x轴、y轴和z轴上的随机位移。

缩放：勾选该选项后，可以设置对象在x轴、y轴和z轴上的随机缩放。勾选"等比缩放"后，在3个轴上会同时缩放。

旋转：勾选该选项后，可以设置对象在x轴、y轴和z轴上的随机旋转。

图10-142

技巧与提示

在"衰减"选项卡中添加"域"，控制随机的衰减效果。关于"域"的相关内容，请参阅"第12章 体积和域"。

实战：用随机效果器制作穿梭隧道

场景位置	无
实例位置	实例文件>CH10>实战：用随机效果器制作穿梭隧道.c4d
视频名称	实战：用随机效果器制作穿梭隧道.mp4
难易指数	★★★★☆
技术掌握	掌握克隆和随机效果器的使用方法

本案例是通过之前学习的克隆工具配合随机效果器制作科幻通道场景，如图10-143所示。

① 使用"球体"工具 在场景中创建一个球体，设置"半径"为100cm，"分段"为36，如图10-144所示。

图10-143　　　　　　　图10-144

② 为创建的球体添加"克隆"生成器，设置"模式"为"放射"，"数量"为10，"半径"为330cm，如图10-145所示。

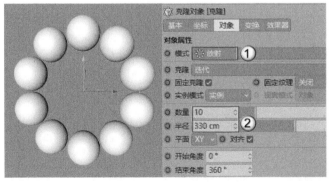

图10-145

③ 继续添加"克隆"生成器，将上一步的克隆放置于其子层级，如图10-146所示。

图10-146

④ 选择"克隆"选项，设置"模式"为"线性"，"数量"为10，"位置.Z"为200cm，如图10-147所示。

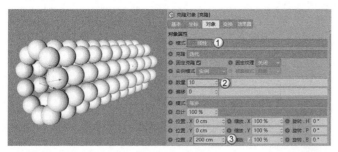

图10-147

05 执行"运动图形>效果器>随机"菜单命令，添加"随机"效果器 ☁随机，在"参数"选项卡中设置P.X为34cm，P.Y为43cm，P.Z为5cm，勾选"等比缩放"并设置"缩放"为0.3，然后设置R.B为50°，如图10-148所示。

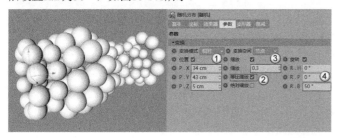

图10-148

06 移动视图，选择一个合适的角度添加摄像机，如图10-149所示。

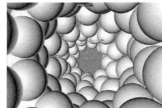

图10-149

07 使用"灯光"工具 在场景中创建一盏灯光，位置如图10-150所示。

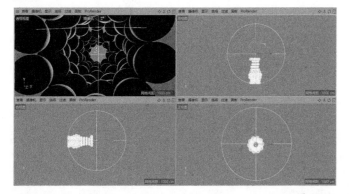

图10-150

08 选中上一步创建的灯光，在"常规"选项卡中设置"颜色"为（R:255，G:172，B:48），"强度"为160%，"投影"为"区域"，如图10-151所示。

09 切换到"细节"选项卡，设置"衰减"为"平方倒数（物理精度）"，"半径衰减"为2288.83cm，如图10-152所示。

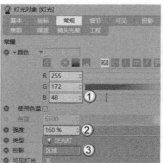

图10-151　　　　图10-152

10 切换到"镜头光晕"选项卡，设置"辉光"为"星形2"，如图10-153所示。

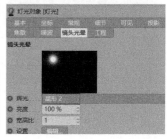

技巧与提示 ✐

添加"镜头光晕"后，会在渲染完成时显示灯光的辉光效果。这个步骤也可以在后期软件中操作。

图10-153

11 继续使用"灯光"工具 在场景中创建一盏灯光，位置如图10-154所示。

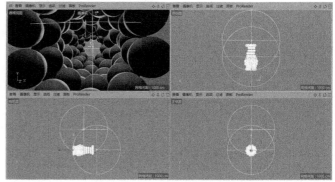

图10-154

12 选中上一步创建的灯光，在"常规"选项卡中设置"颜色"为（R:191，G:231，B:255），"强度"为50%，"投影"为"区域"，如图10-155所示。

13 切换到"细节"选项卡，设置"衰减"为"平方倒数（物理精度）"，"半径衰减"为2288.83cm，如图10-156所示。

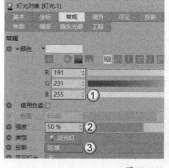

图10-155　　　　图10-156

14 使用"天空"工具 ⊙ 天空 在场景中创建一个天空模型，然后添加"合成"标签 ▣ 合成，并取消勾选"摄像机可见"选项，如图10-157所示。

15 打开"内容浏览器"，将HDRI中的Sunset Inlet 01赋予天空模型，如图10-158所示。

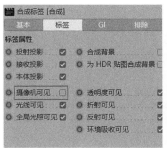 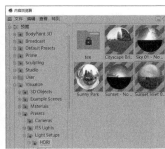

图10-157　　　　　　　　图10-158

16 在"材质"面板新建一个默认材质，在"颜色"中设置"颜色"为（R:45，G:40，B:74），如图10-159所示。

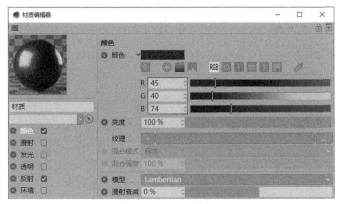

图10-159

17 在"反射"中添加GGX，然后设置"粗糙度"为15%，"菲涅耳"为"绝缘体"，"预置"为"珍珠"，如图10-160所示。

图10-160

18 将材质赋予克隆的球体模型，效果如图10-161所示。

19 按Shift+R组合键渲染场景，效果如图10-162所示。

图10-161　　　　　　　　图10-162

技巧与提示

如果觉得Cinema 4D自带的镜头光晕效果不理想，可以在其他后期软件中合成镜头光晕。

实战：用随机效果器制作黑金背景

场景位置	无
实例位置	实例文件>CH10>实战：用随机效果器制作黑金背景.c4d
视频名称	实战：用随机效果器制作黑金背景.mp4
难易指数	★★★★☆
技术掌握	掌握克隆和随机效果器的使用方法

本案例需要使用随机效果器制作宝石模型散落的效果，从而形成黑金效果的背景，如图10-163所示。

01 使用"宝石"工具 ⊙ 宝石 在场景中创建一个宝石模型，设置"类型"为"八面"，如图10-164所示。

 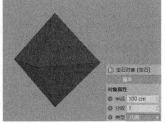

图10-163　　　　　　　　图10-164

02 为创建的宝石模型添加"克隆"生成器 ▣，设置"模式"为"网格排列"，"数量"都为3，"尺寸"分别为260cm、305cm和454cm，如图10-165所示。

图10-165

03 选中"克隆"选项，然后为其添加"随机"效果器 ▣ 随机，如图10-166所示。

图10-166

04 选中"随机"效果器，设置P.X为120cm，P.Y为120cm，P.Z为120cm，勾选"等比缩放"和"绝对缩放"，设置"缩放"为-0.6，然后设置R.H为110°，R.P为57°，R.B为80°，如图10-167所示。

图10-167

05 将克隆的模型复制一份，效果如图10-168所示。

图10-168

06 为复制的克隆模型添加新的"随机"效果器，设置P.X为180cm，P.Y为180cm，P.Z为180cm，勾选"等比缩放"，设置"缩放"为0.15，然后设置R.H为60°，R.P为50°，R.B为80°，如图10-169所示。

图10-169

07 选择一个合适的角度，然后单击"摄像机"按钮，在场景中添加一个摄像机，如图10-170所示。

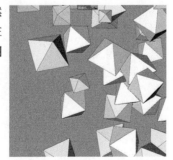

图10-170

08 新建一个默认材质，设置"粗糙度"为4%，"层颜色"中的"颜色"为（R:255, G:234, B:189），"菲涅耳"为"导体"，"预置"为"金"，如图10-171所示。材质效果如图10-172所示。

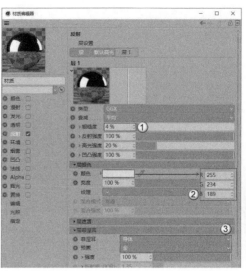

图10-171　　图10-172

09 将材质复制一份，设置"粗糙度"为10%，"层颜色"中的"颜色"为（R:48, G:57, B:69），"菲涅耳"为"导体"，"预置"为"钢"，如图10-173所示。材质效果如图10-174所示。

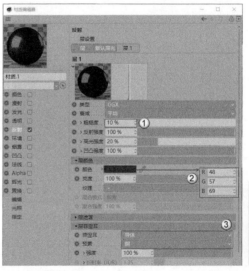

图10-173　　图10-174

10 将材质赋予模型，效果如图10-175所示。

11 使用"背景"工具创建一个背景模型，然后赋予深黑色的材质，如图10-176所示。

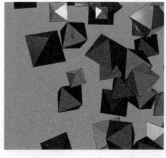

图10-175　　图10-176

⑫ 使用"天空"工具 天空 创建一个天空模型，然后添加"合成"标签 合成，取消勾选"摄像机可见"选项，如图10-177所示。

⑬ 打开"内容浏览器"，将预置文件Sunny – Neighborhood赋予天空模型，如图10-178所示。

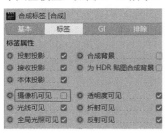

图10-177　　　　　　　　　　图10-178

⑭ 使用"灯光"工具 在场景中添加两盏灯光，位置如图10-179所示。

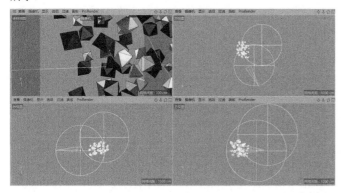

图10-179

⑮ 选中两盏灯光，设置"颜色"为白色，"投影"为"区域"，如图10-180所示。

⑯ 切换到"细节"选项卡，设置"衰减"为"平方倒数（物理精度）"，"半径衰减"为1927.533cm，如图10-181所示。

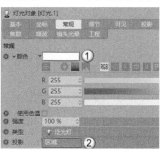

图10-180　　　　　　　　　　图10-181

⑰ 测试预览渲染效果，如图10-182所示。

图10-182

⑱ 选中摄像机，设置"焦距"为135，然后单击"目标距离"后的箭头按钮，在视图中单击红圈中的宝石模型作为焦点，此时"目标距离"的数值为2870.984cm，如图10-183所示。

图10-183

技巧与提示
"目标距离"的数值仅供参考。

⑲ 在"渲染设置"面板中切换"渲染器"为"物理"，然后在"物理"选项中勾选"景深"选项，如图10-184所示。

⑳ 按Shift+R组合键渲染场景，案例最终效果如图10-185所示。

图10-184　　　　　　　　　　图10-185

10.2.2 推散

演示视频：085-推散

"推散"效果器 推散 可以将对象沿着任意方向进行推离，其参数面板如图10-186所示。

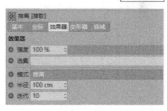

图10-186

重要参数讲解

强度：设置推散效果器的强度，默认为100%。

模式：系统提供了6种类型的推散模式，如图10-187所示。默认使用"推离"。

半径：设置对象推离的距离。

图10-187

10.2.3 样条

演示视频：086-样条

"样条"效果器 样条 可以让对象按照样条的路径进行排列，适合做路径动画，其参数面板如图10-188所示。

重要参数讲解

强度：设置样条效果器的强度，默认为100%。

样条：在通道中加载样条，克隆的对象会自动生成在样条上，如图10-189所示。

偏移：克隆的对象会沿着路径移动。

开始/终点：设置克隆对象在样条上的分布，如图10-190所示。

图10-188

图10-189

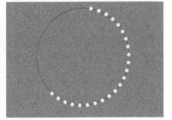

图10-190

<table>
<tr><td>场景位置</td><td>无</td></tr>
<tr><td>实例位置</td><td>实例文件>CH10>实战：用样条效果器制作霓虹灯牌.c4d</td></tr>
<tr><td>视频名称</td><td>实战：用样条效果器制作霓虹灯牌.mp4</td></tr>
<tr><td>难易指数</td><td>★★★★☆</td></tr>
<tr><td>技术掌握</td><td>掌握样条效果器的使用方法</td></tr>
</table>

实战：用样条效果器制作霓虹灯牌

本案例使用样条效果器制作霓虹灯牌，如图10-191所示。

01 使用"文本"工具在场景中创建文本样条，在"文本"输入框中输入C4D，设置"字体"为"方正兰亭粗黑"，"高度"为200cm，如图10-192所示。

图10-191

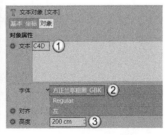

图10-192

技巧与提示

文本字体不是固定的，若是系统中没有该字体，可以选择其他粗体类字体。

02 为文本样条添加"挤压"生成器，设置"移动"为30cm，如图10-193所示。

图10-193

技巧与提示

若使用旧版本的Cinema 4D，则需要勾选"创建单一对象"选项。勾选此选项后，挤压的模型转换为可编辑对象的模型会形成一个完整的模型。如果不勾选该选项，转换为可编辑对象后，封顶与弧面会形成两个独立的模型，不利于实现倒角等功能。

03 将模型转换为可编辑对象，在"多边形"模式下选中图10-194所示的多边形，并使用"内部挤压"工具向内挤压4cm，如图10-195所示。

图10-194

图10-195

04 保持选中的多边形不变，使用"挤压"工具向内挤出-20cm，如图10-196所示。

图10-196

05 进入"边"模式，选中图10-197所示的边，使用"倒角"工具倒角1cm，如图10-198所示。

图10-197 图10-198

06 使用"文本"工具分别输入C、4和D，然后修改文本样条的形状，如图10-199所示。若文本样条不好操控，也可以使用"画笔"工具沿着模型轮廓绘制样条。

07 使用"圆环"工具在场景中创建3个"半径"为2cm的圆环，然后使用"扫描"生成器将其与3个文本样条连接生成文字模型，如图10-200所示。

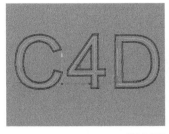

图10-199　　　　　　　　　　　　　　　图10-200

08 将3个文字模型复制一份，并修改圆环的"半径"为5cm，如图10-201所示。

图10-201

09 此时文字模型的封盖部分不美观，选中C和4的"扫描"生成器 ✐ 扫描，设置"倒角外形"为"圆角"，"尺寸"为3cm，"分段"为2，如图10-202所示。

图10-202

10 使用"星形"工具 ☆ 星形 在文字模型后方创建一个"内部半径"为130cm，"外部半径"为250cm，"点"为5的星形样条，如图10-203所示。

图10-204　　　　　　　　　　　　　　　图10-205

13 此时会发现场景中的克隆球体并没有沿着星形样条排列。选中"克隆"选项，切换到"效果器"选项卡，将"样条"效果器向下拖曳到"效果器"选项框中，如图10-206所示。此时球体模型自动移动到星形样条上，如图10-207所示。

图10-206　　　　　　　　　　　　　　　图10-207

14 选中"克隆"，然后切换到"对象"选项卡，设置"数量"为52，接着选中"样条"效果器 ☆ 样条，设置"开始"为20%，如图10-208所示。

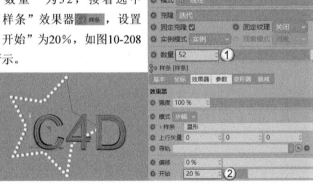

图10-208

15 将"星形"样条复制一份，使用"圆环"工具 ◎ 圆环 创建一个"半径"为3cm的圆环，并为其添加"扫描"生成器 ✐ 扫描，生成的模型效果如图10-209所示。

16 使用"平面"工具 ▱ 平面 在场景中创建一个平面作为背景模型，如图10-210所示。

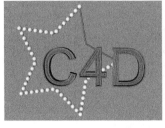

图10-209　　　　　　　　　　　　　　　图10-210

图10-203

11 使用"球体"工具 ◎ 球体 在场景中创建一个"半径"为10cm的球体，然后添加"克隆"工具 ✿ 克隆，如图10-204所示。

12 现在需要将克隆的球体沿着星形样条排列，就需要使用"样条"效果器 ☆ 样条。执行"运动图形>效果器>样条"菜单命令，创建一个"样条"效果器 ☆ 样条，然后将"星形"向下拖曳到"样条"效果器的"样条"选项框中，如图10-205所示。

213

17 使用"灯光"工具 🔆 在场景中创建一盏灯光,位置如图10-211所示。

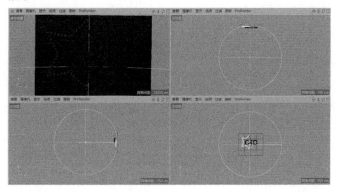

图10-211

18 选中创建的灯光,在"常规"选项卡中设置"强度"为20%,"投影"为"区域",如图10-212所示。

19 切换到"细节"选项卡,设置"衰减"为"平方倒数(物理精度)","半径衰减"为1141.418cm,如图10-213所示。

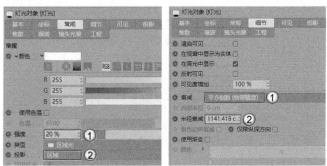

图10-212　　　　　　图10-213

20 在"材质"面板创建一个默认材质,然后设置"颜色"为(R:13,G:13,B:13),如图10-214所示。

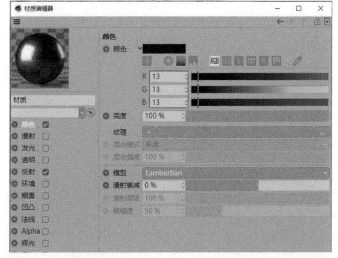

图10-214

21 在"反射"中添加GGX,然后设置"粗糙度"为20%,"数量"为30%,"菲涅耳"为"导体","预置"为"钨",如图10-215所示。

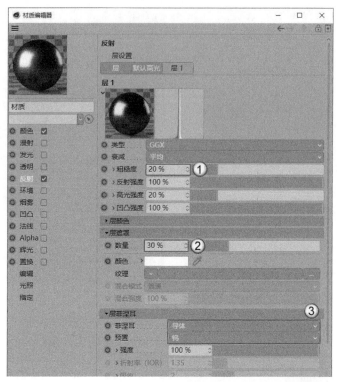

图10-215

22 将材质赋予字体模型和星形模型,效果如图10-216所示。

图10-216

23 创建一个默认材质,取消勾选"颜色"选项,然后勾选"发光"选项,设置"颜色"为(R:255,G:168,B:5),"亮度"为120%,如图10-217所示。

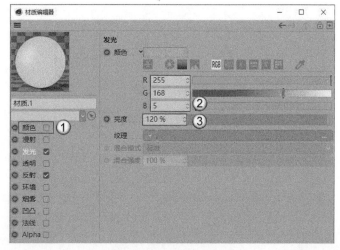

图10-217

24 将材质赋予克隆的小球和灯丝模型,效果如图10-218所示。

图10-218

25 创建一个默认材质,然后勾选"透明"选项,设置"折射率预设"为"玻璃",如图10-219所示。

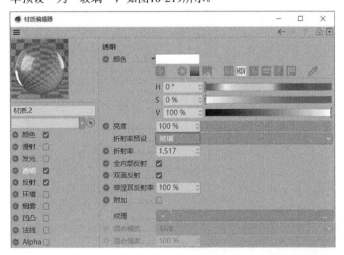

图10-219

26 将材质赋予灯管模型,效果如图10-220所示。

图10-220

27 创建一个默认材质,设置"颜色"为(R:51,G:51,B:51),如图10-221所示。

图10-221

28 将材质赋予背景的平面模型,效果如图10-222所示。

29 为场景添加摄像机,渲染效果如图10-223所示。

图10-222　　　　　　　　　　　图10-223

10.2.4 步幅

演示视频:087-步幅

"步幅"效果器 会将克隆的对象按照设置的样条逐渐形成不同的大小,其参数面板如图10-224所示。

 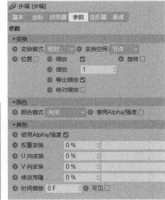

图10-224

重要参数讲解

强度:设置步幅效果器的强度,默认为100%。

样条:在面板中设置曲线,从而控制克隆对象的样式,如图10-225所示。

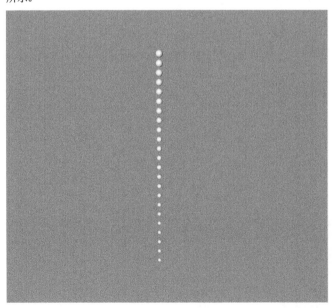

图10-225

第 11 章　毛发技术

技术专题

疑难问答

知识链接

技巧与提示

Learning Objectives
学习要点 ❤

R21

220页
用毛发工具制作毛绒文字

223页
用毛发工具制作毛绒小怪兽

226页
用毛发工具制作马赛克城市

229页
用毛发工具制作发光线条

231页
用毛发工具制作草地

234页
用毛发工具制作心形挂饰

Employment Direction
从业方向 ❤

电商设计　　包装设计

产品设计　　UI设计

栏目包装　　动画设计

11.1　毛发对象

🎬 演示视频：088-毛发对象

在"模拟"菜单中有毛发相关的命令，如图11-1所示。这些命令不仅可以创建毛发，而且可以对毛发进行属性上的修改。

图11-1

本节工具介绍

工具名称	工具作用	重要程度
添加毛发	用于添加毛发	高
引导线	设置毛发的样条	高
毛发	设置毛发生长数量、分段	高
编辑	设置毛发的显示效果	高

11.1.1　添加毛发

选中需要添加毛发的对象，然后执行"模拟>毛发对象>添加毛发"菜单命令，即可为对象添加毛发，添加的毛发会以引导线的形式呈现，如图11-2所示。

> 🔔 **技巧与提示**
> 在创建毛发模型的同时，会在"材质"面板中创建相关联的毛发材质。

图11-2

11.1.2　编辑毛发对象

在"属性"面板中可调节毛发的相关属性，下面重点讲解常用的选项卡。

👉 **引导线**

"引导线"选项卡用来设置毛发引导线的相关参数。通过引导线，能直观地观察毛发的生长形状，如图11-3所示。

重要参数讲解

链接：设置生长毛发的对象。

数量：设置引导线的显示数量。

分段：设置引导线的分段。

长度：设置引导线的长度，也是毛发的长度。

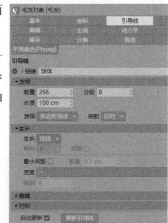

图11-3

发根：设置发根生长的位置，如图11-4所示。

生长：设置毛发生长的方向，默认为对象的法线方向。

图11-4

毛发

"毛发"选项卡可设置毛发生长数量和分段等信息，如图11-5所示。

重要参数讲解

数量：设置毛发的渲染数量，如图11-6和图11-7所示。

> **技巧与提示**
>
> 只有通过渲染，才能观察毛发的实际效果。

图11-5

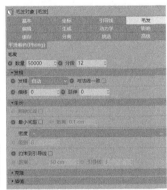
50000
图11-6

10000
图11-7

分段：设置毛发的分段。

发根：设置毛发的分布形式。

偏移：设置发根与对象表面的距离，如图11-8所示。

最小间距：设置毛发间距，也可以加载贴图进行控制，图11-9所示是"距离"为100cm的效果。

图11-8

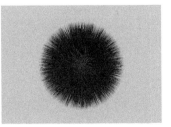
图11-9

编辑

"编辑"选项卡用来设置毛发的显示效果，如图11-10所示。

重要参数讲解

显示：设置毛发在视图中显示的效果，如图11-11~图11-14所示。

生成：设置显示的样式，默认为"与渲染一致"选项。

图11-10

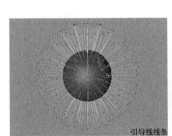

引导线线条
图11-11

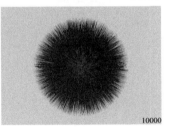
引导线多边形
图11-12

毛发线条
图11-13

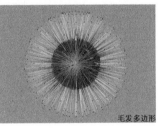
毛发多边形
图11-14

11.2 毛发材质

演示视频：089-毛发材质

当创建毛发模型时，会在"材质"面板自动创建相对应的毛发材质。双击毛发材质，会打开"材质编辑器"，如图11-15所示。比起普通材质的"材质"面板，毛发材质的属性会更多。

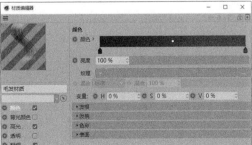
图11-15

本节工具介绍

工具名称	工具作用	重要程度
颜色	设置毛发的颜色	高
高光	设置毛发的高光颜色	中
粗细	设置发根与发梢的粗细	高
长度	设置毛发的长度	高
集束	设置毛发形成集束的效果	中
弯曲	将毛发进行弯曲	中

11.2.1 颜色

"颜色"选项可设置毛发的颜色以及纹理效果,如图11-16所示。

图11-16

重要参数讲解

颜色:毛发的颜色,通常用渐变色条进行设置。

亮度:设置材质颜色显示的程度。当设置0%时为纯黑色,100%时为材质的颜色,超过100%时为自发光效果。

纹理:为材质加载内置纹理或外部贴图的通道。

11.2.2 高光

"高光"选项可设置毛发的高光颜色,默认为白色,如图11-17所示。

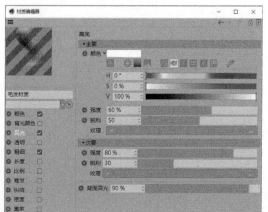

图11-17

重要参数讲解

颜色:设置毛发的高光颜色,白色表示反光为最强。

强度:设置毛发的高光强度。

锐利:设置高光与毛发的过渡效果,数值越大,边缘越锐利,如图11-18和图11-19所示。

图11-18   图11-19

11.2.3 粗细

"粗细"选项可设置发根与发梢的粗细,如图11-20所示。

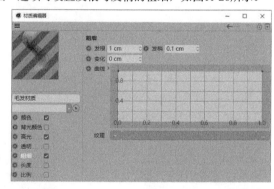

图11-20

重要参数讲解

发根:设置发根的粗细数值。

发梢:设置发梢的粗细数值。

变化:设置发根到发梢粗细的变化数值。

11.2.4 长度

"长度"选项可设置毛发的长度以及变化,如图11-21所示。

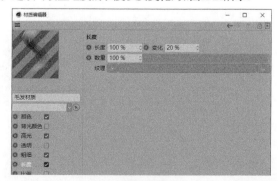

图11-21

重要参数讲解

长度：设置毛发长度。

变化：设置毛发长度变化的数量，数值越大，毛发长度差距越大，如图11-22和图11-23所示。

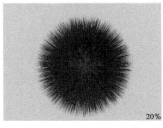 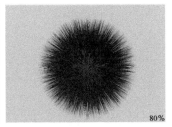

图11-22   图11-23

数量：设置毛发长度进行变化的数量。

11.2.5 集束

"集束"选项可设置毛发形成集束的效果，参数面板如图11-24所示。

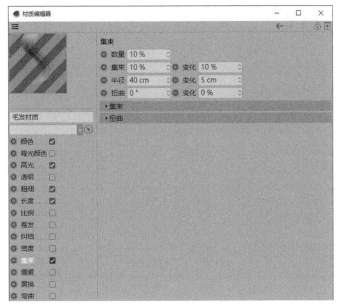

图11-24

重要参数讲解

数量：设置毛发需要集束的数量。

集束：设置毛发集束的程度，数值越大，集束效果越明显，如图11-25和图11-26所示。

图11-25   图11-26

半径：设置集束的半径，如图11-27和图11-28所示。

40cm   60cm

图11-27   图11-28

11.2.6 弯曲

"弯曲"选项是将毛发进行弯曲，参数面板如图11-29所示。

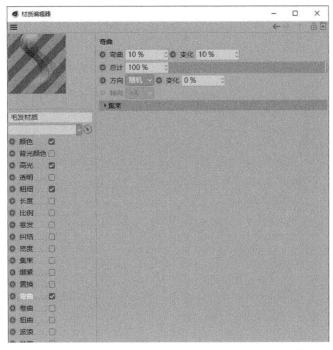

图11-29

重要参数讲解

弯曲：设置毛发弯曲的程度，如图11-30和图11-31所示。

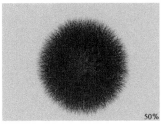 

50%   80%

图11-30   图11-31

变化：设置毛发在弯曲时的差异性。

总计：设置需要弯曲的毛发数量。

方向：设置毛发弯曲的方向，有"随机""局部""全局""对象"4种方式。

轴向：设置毛发弯曲的方向。

11.2.7 卷曲

"卷曲"选项是将毛发进行卷曲,其参数面板如图11-32所示。

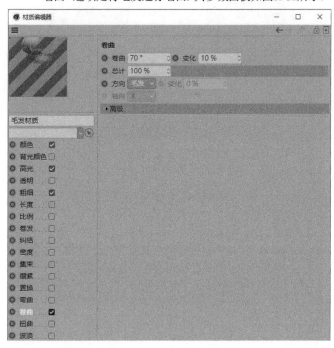

图11-32

重要参数讲解

卷曲:设置毛发卷曲的程度,如图11-33和图11-34所示。

图11-33   图11-34

变化:设置毛发在卷曲时的差异性。

总计:设置需要卷曲的毛发数量。

方向:设置毛发卷曲的方向,有"随机""局部""全局""对象"4种方式。

> **技巧与提示**
>
> "弯曲"与"卷曲"的参数基本一致,但所呈现的效果完全不同,请加以区分。

实战:用毛发工具制作毛绒文字

场景位置	无
实例位置	实例文件>CH11>实战:用毛发工具制作毛绒文字.c4d
视频名称	实战:用毛发工具制作毛绒文字.mp4
难易指数	★★★★☆
技术掌握	掌握毛发工具的使用方法

本案例是为一个文字模型添加毛发,并通过毛发材质调整毛发的效果,如图11-35所示。

图11-35

01 使用"文本"工具 在场景中创建R21的文本样条,设置"字体"为"方正兰亭粗黑","高度"为200cm,"水平间隔"为20cm,如图11-36所示。

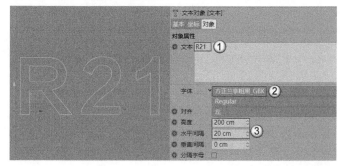

图11-36

02 为文本样条创建"挤压"生成器 ,设置"移动"为30cm,如图11-37所示。

03 选中"挤压",然后按C键将其转换为可编辑对象,进入"边"模式 ,选中图11-38所示的边。

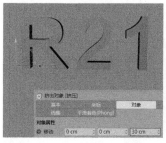

图11-37   图11-38

04 使用"倒角"工具 为模型倒角6cm,效果如图11-39所示。

05 在"多边形"模式 下,使用"三角化"工具 和"细分"工具 为模型增加布线,如图11-40所示。

图11-39   图11-40

疑难问答 ❓

问：为何要增加模型的布线？

答：模型的布线越多，在生成毛发时，毛发分布得越均匀。

06 使用"添加毛发"工具 📷添加毛发 为文字模型添加毛发效果，设置引导线的"长度"为20cm，如图11-41所示。

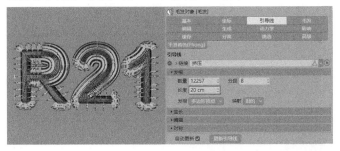

图11-41

07 按Ctrl+R组合键渲染毛发效果，如图11-42所示。可以观察到毛发长度合适，密度也合适。

图11-42

08 双击打开"毛发材质"的材质编辑器面板，在"颜色"中设置"颜色"分别为（R:16，G:37，B:143）（R:96，G:107，B:191）和（R:71，G:191，B:209），如图11-43所示。渲染效果如图11-44所示。

09 在"高光"中设置"强度"为30%，如图11-45所示。

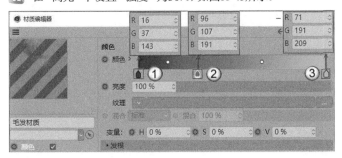

图11-43

图11-44

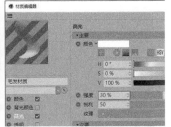

图11-45

10 在"粗细"中设置"发根"为0.8cm，"发梢"为0.2cm，"变化"为0.2cm，然后设置"曲线"的样式，如图11-46所示。渲染效果如图11-47所示。

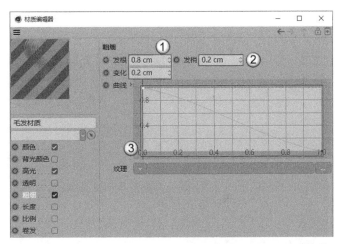

图11-46

图11-47

11 勾选"长度"，参数保持默认，如图11-48所示。渲染效果如图11-49所示。

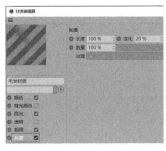

图11-48

图11-49

12 勾选"集束"，设置"数量"为30%，"集束"为7%，"变化"为2%，"半径"为40cm，"变化"为15cm，"扭曲"为20°，"变化"为10%，如图11-50所示。渲染效果如图11-51所示。可以发现勾选"集束"后，毛发成小团聚拢状态。

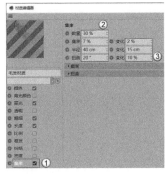

图11-50

图11-51

13 勾选"卷曲",设置"卷曲"为70°,"变化"为20%,如图11-52所示。渲染效果如图11-53所示。

图11-52   图11-53

14 使用"背景"工具 为场景创建一个背景模型,效果如图11-54所示。

图11-54

15 使用"灯光"工具 在场景中创建一盏灯光,位置如图11-55所示。

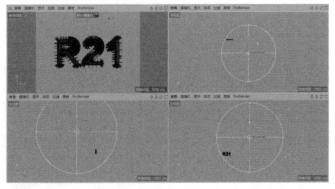

图11-55

16 选中上一步创建的灯光,在"常规"选项卡中设置"颜色"为(R:139,G:206,B:217),"强度"为120%,"投影"为"区域",如图11-56所示。

17 切换到"细节"选项卡,设置"衰减"为"平方倒数(物理精度)","半径衰减"为1775.252cm,如图11-57所示。

 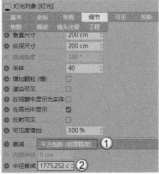

图11-56   图11-57

18 将修改后的灯光复制一盏,位置如图11-58所示。

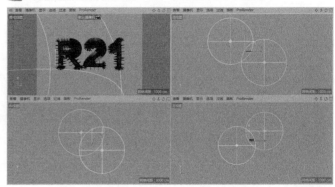

图11-58

19 选中复制的灯光,在"常规"选项卡中设置"颜色"为(R:194,G:217,B:255),"强度"为100%,如图11-59所示。

20 使用"天空"工具 在场景中创建一个天空模型,然后添加"合成"标签 ,并取消勾选"摄像机可见"选项,如图11-60所示。

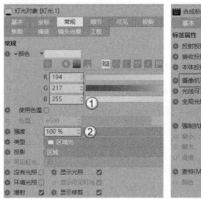 

图11-59   图11-60

21 按Shift+F8组合键打开"内容浏览器",将"预置>Prime>Presets>Light Setups>HDRI>Photo Studio"文件赋予天空模型,如图11-61所示。

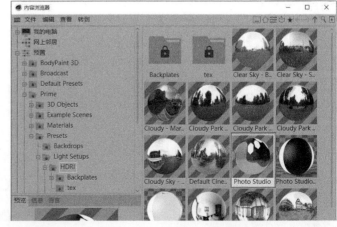

图11-61

22 在"材质"面板创建一个默认材质，然后在"颜色"选项的"纹理"通道中加载"渐变"贴图，如图11-62所示。

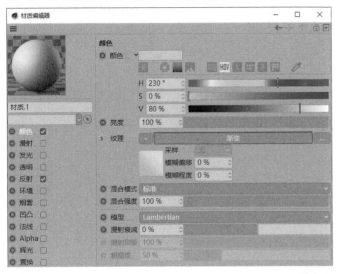

图11-62

23 进入"渐变"贴图，设置"渐变"颜色分别为（R:157，G:190，B:242）和（R:185，G:230，B:237），"类型"为"二维-U"，"角度"为45°，如图11-63所示。

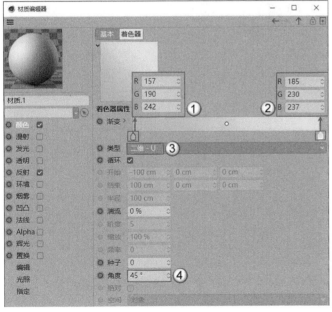

图11-63

24 将材质赋予背景模型，然后找到合适角度为场景添加摄像机，案例最终效果如图11-64所示。

图11-64

实战：用毛发工具制作毛绒小怪兽

场景位置	无
实例位置	实例文件>CH11>实战：用毛发工具制作毛绒小怪兽.c4d
视频名称	实战：用毛发工具制作毛绒小怪兽.mp4
难易指数	★★★★☆
技术掌握	掌握毛发工具的使用方法

本案例使用毛发工具制作毛绒小怪兽，案例效果如图11-65所示。

01 使用"球体"工具 在场景中创建一个"半径"为150cm，"分段"为48的球体模型，如图11-66所示。

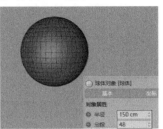

图11-65　　　　　图11-66

02 使用"添加毛发"工具 为球体添加毛发，然后设置"长度"为20cm，如图11-67所示。

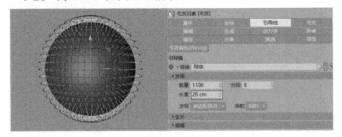

图11-67

03 选中"毛发材质"，设置"颜色"分别为（R:213，G:81，B:10）（R:237，G:157，B:19）（R:255，G:226，B:97），如图11-68所示。毛发效果如图11-69所示。

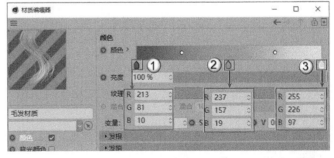

图11-68

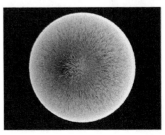

图11-69

04 在"高光"中设置"强度"为50%，如图11-70所示。毛发效果如图11-71所示。

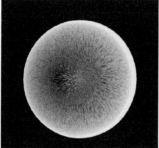

图11-70　　　　　　　　　　图11-71

05 在"粗细"中设置"发根"为2.5cm，"发梢"为0.2cm，"变化"为0.5cm，如图11-72所示。毛发效果如图11-73所示。

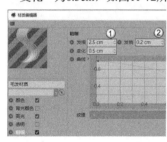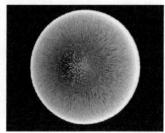

图11-72　　　　　　　　　　图11-73

06 在"长度"中设置"变化"为80%，如图11-74所示。毛发效果如图11-75所示。

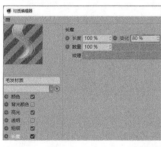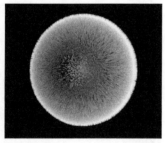

图11-74　　　　　　　　　　图11-75

07 在"集束"中设置"数量"为40%，"集束"为5%，"变化"为10%，"半径"为100cm，"变化"为15cm，"扭曲"为10°，"变化"为5%，如图11-76所示。毛发效果如图11-77所示。

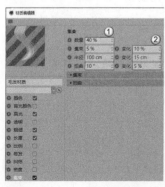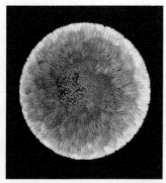

图11-76　　　　　　　　　　图11-77

08 在"弯曲"中设置"弯曲"为20%，"变化"为20%，如图11-78所示。毛发效果如图11-79所示。

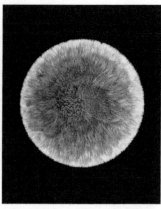

图11-78　　　　　　　　　　图11-79

09 使用"球体"工具 创建一个"半径"为15cm，"分段"为16的球体，作为怪兽的眼睛，如图11-80所示。

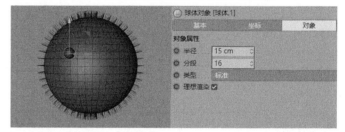

图11-80

10 将小球复制一份，作为另一只眼睛，如图11-81所示。

11 将小球再复制一份，修改"半径"为30cm，如图11-82所示。

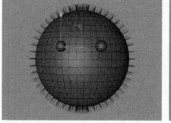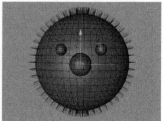

图11-81　　　　　　　　　　图11-82

12 在"材质"面板新建一个默认材质，设置"颜色"为黑色，如图11-83所示。

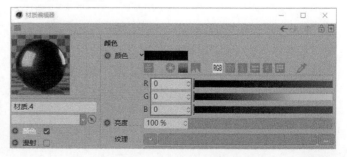

图11-83

⓭ 在"反射"中添加GGX，设置"粗糙度"为10%，"菲涅耳"为"绝缘体"，"预置"为"聚酯"，如图11-84所示。

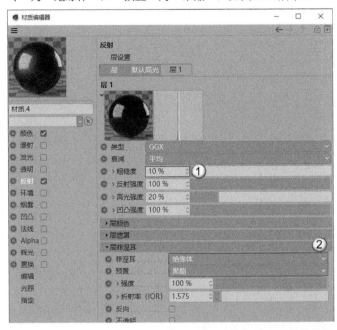

图11-84

⓮ 将材质赋予3个球体模型，如图11-85所示。

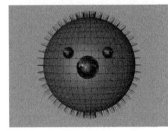

图11-85

⓯ 新建一个默认材质，设置"颜色"为（R:213，G:81，B:10），如图11-86所示。

图11-86

⓰ 将材质赋予最大的球体，效果如图11-87所示。

⓱ 使用"背景"工具 在场景中创建一个背景，然后为其赋予深蓝色的默认材质，如图11-88所示。

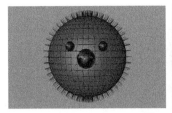
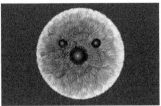

图11-87   图11-88

⓲ 使用"灯光"工具 在场景中创建一盏灯光，位置如图11-89所示。

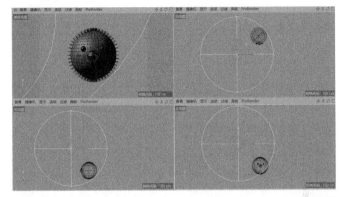

图11-89

⓳ 选中上一步创建的灯光，设置"颜色"为（R:255，G:241，B:176），"投影"为"区域"，如图11-90所示。

⓴ 切换到"细节"选项卡，设置"衰减"为"平方倒数（物理精度）"，"半径衰减"为713.394cm，如图11-91所示。

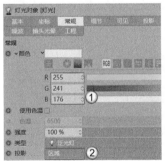

图11-90   图11-91

㉑ 将灯光复制一份，位置如图11-92所示。

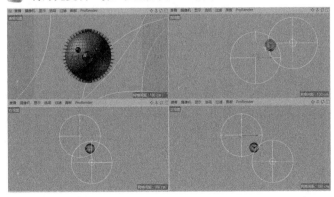

图11-92

22 选中复制的灯光，修改"颜色"为（R:176，G:234，B:255），"强度"为60%，如图11-93所示。

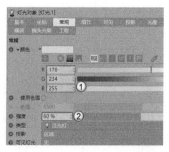

图11-93

23 使用"天空"工具 ◎天空 创建天空模型，然后将"内容浏览器"中的预置HDRI中的Photo Studio文件赋予天空模型，并添加"合成"标签 合成，取消勾选"摄像机可见"选项，效果如图11-94所示。

24 将模型复制一份并摆出造型，然后设置渲染参数，案例效果如图11-95所示。

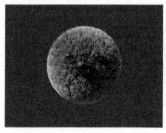

图11-94 图11-95

实战：用毛发工具制作马赛克城市

场景位置	无
实例位置	实例文件>CH11>实战：用毛发工具制作马赛克城市.c4d
视频名称	实战：用毛发工具制作马赛克城市.mp4
难易指数	★★★★☆
技术掌握	掌握毛发工具的使用方法

本案例通过在毛发材质中添加贴图，制作马赛克城市，案例效果如图11-96所示。

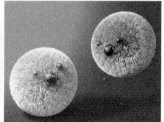

图11-96

01 使用"平面"工具 平面 在场景中创建一个平面模型，设置"宽度"和"高度"都为400cm，"宽度分段"和"高度分段"都为40，如图11-97所示。

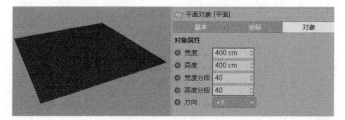

图11-97

02 使用"添加毛发"工具 添加毛发 为平面模型添加毛发，设置"引导线"的"长度"为20cm，"毛发"的"数量"为5000，如图11-98所示。

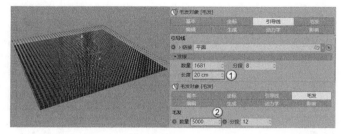

图11-98

03 在"毛发材质"的"纹理"通道中加载一张"渐变"贴图，如图11-99所示。

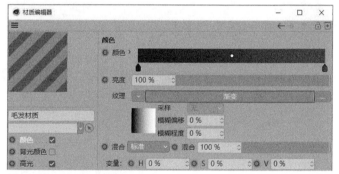

图11-99

04 在"渐变"贴图中设置"渐变"颜色分别为（R:54，G:100，B:217）（R:205，G:140，B:255）（R:255，G:112，B:112）（R:255，G:217，B:92），"类型"为"三维-球面"，"半径"为300cm，"湍流"为40%，如图11-100所示。毛发效果如图11-101所示。

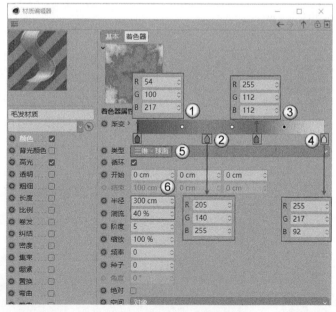

图11-100

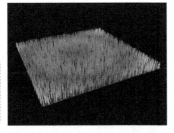

图11-101

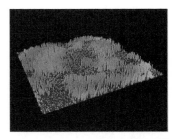

图11-107

05 在"高光"中设置"强度"为20%，如图11-102所示。毛发效果如图11-103所示。

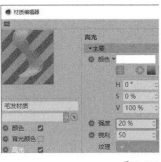
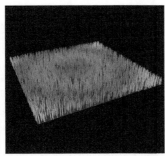

图11-102　　　　　　　　图11-103

06 在"粗细"中设置"发根"和"发梢"都为2cm，如图11-104所示。毛发效果如图11-105所示。

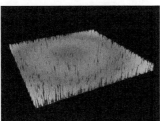

图11-104　　　　　　　　图11-105

07 在"长度"的"纹理"通道中加载学习资源文件"实例文件>CH11>实战：用毛发制作马赛克城市>tex>20151012160626_799.jpg"，如图11-106所示。毛发效果如图11-107所示。

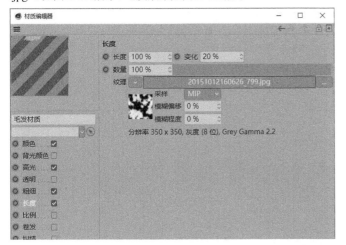

图11-106

技术专题 贴图与毛发长度的关系

在"长度"的"纹理"通道中加载的贴图可以控制毛发的长度，其原理是根据贴图的黑白信息控制毛发长度。

贴图中的白色部分代表毛发显示全部长度，黑色部分代表毛发不显示长度。贴图的颜色越白，毛发显示的长度就越长。根据这个原理，读者可以根据需要自己制作黑白贴图，以控制毛发生产的长度和样式。

08 新建一个默认材质，在"反射"中加载GGX，设置"粗糙度"为5%，"菲涅耳"为"绝缘体"，"预置"为"有机玻璃"，如图11-108所示。

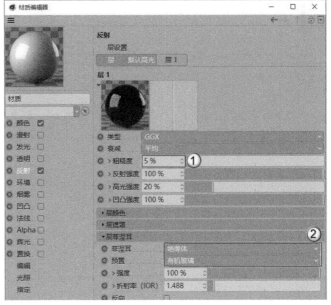

图11-108

09 将材质赋予平面模型，效果如图11-109所示。

10 寻找一个合适的角度，单击"摄像机"按钮，添加摄像机，如图11-110所示。

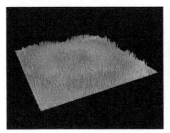
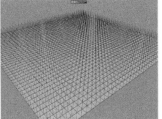

图11-109　　　　　　　　图11-110

11 选中摄像机，设置"焦距"为28毫米，如图11-111所示。此时场景呈现广角效果。

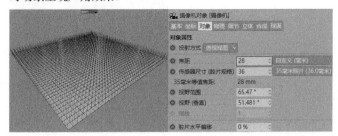

图11-111

疑难问答 👩❓

问：为何要添加广角效果？

答：广角效果会让场景显得更大，拥有更多的纵深，特别适合表现大场景。在设置广角效果时要注意，"焦距"的数值越小，广角效果越明显，但模型边缘的部分就会形成畸变。读者需要达成广角与畸变之间的平衡。

12 使用"灯光"工具💡在场景中创建一盏灯光，位置如图11-112所示。

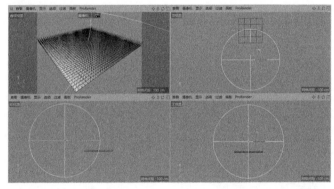

图11-112

13 选中上一步创建的灯光，设置"颜色"为（R:255，G:255，B:255），"投影"为"区域"，如图11-113所示。

14 切换到"细节"选项卡，设置"衰减"为"平方倒数（物理精度）"，"半径衰减"为500cm，如图11-114所示。

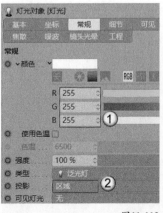

图11-113

图11-114

15 将灯光复制一份，位置如图11-115所示。

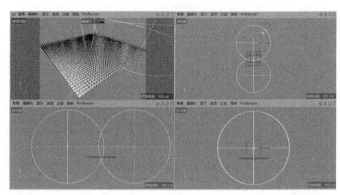

图11-115

16 选中复制的灯光，设置"强度"为60%，如图11-116所示。

17 使用"天空"工具🌤️天空在场景中创建天空模型，并添加"合成"标签🏷️合成，然后取消勾选"摄像机可见"选项，如图11-117所示。

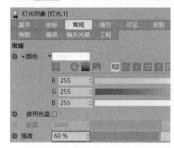

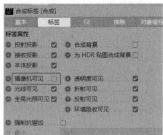

图11-116   图11-117

18 在"内容浏览器"中选择HDRI中的Cityscape Bright Day赋予"天空"模型，如图11-118所示。

19 使用"背景"工具🎨背景在场景中创建背景模型，并赋予白色默认材质，如图11-119所示。

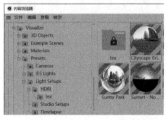

图11-118   图11-119

20 观察渲染效果，毛发之间的距离较大。设置毛发的"数量"为50000，如图11-120所示。

21 推进摄像机的镜头，然后渲染场景，最终渲染效果如图11-121所示。

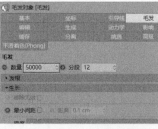

图11-120   图11-121

实战：用毛发工具制作发光线条

场景位置	无
实例位置	实例文件>CH11>实战：用毛发工具制作发光线条.c4d
视频名称	实战：用毛发工具制作发光线条.mp4
难易指数	★★★★☆
技术掌握	掌握毛发工具的使用方法

本案例用球体和毛发制作发光的线条，案例效果如图11-122所示。

图11-122

01 使用"球体"工具在场景中创建一个"半径"为100cm，"分段"为32的球体模型，如图11-123所示。

02 选中创建的球体，为其添加毛发对象，如图11-124所示。

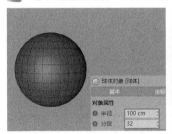
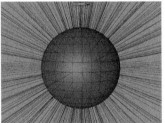

图11-123　　　　　　　　　图11-124

03 选中"毛发对象"选项，在"引导线"选项卡中设置"长度"为300cm。切换到"毛发"选项卡，设置"数量"为100，如图11-125所示。毛发效果如图11-126所示。

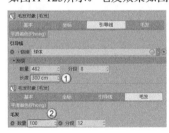

图11-125　　　　　　　　　图11-126

04 由于毛发材质无法发光，所以需要材质颜色和灯光的配合。双击"材质"面板的"毛发材质"图标，然后打开"材质编辑器"，在"颜色"选项中设置"颜色"的渐变为（R:68，G:159，B:212）和（R:98，G:210，B:227），如图11-127所示。

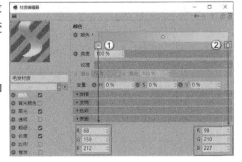

图11-127

05 在"高光"的"纹理"通道中加载"渐变"贴图，如图11-128所示。

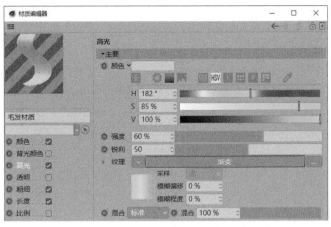

图11-128

06 在"渐变"贴图中设置"渐变"颜色分别为（R:38，G:248，B:255）和（R:242，G:168，B:255），然后设置"类型"为"二维-U"，如图11-129所示。

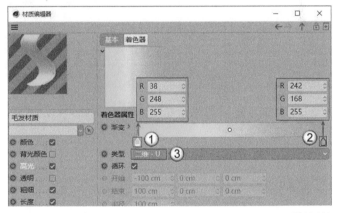

图11-129

07 在"粗细"选项中设置"发根"为2cm，"变化"为0.3cm，"发梢"为1.8cm，如图11-130所示。

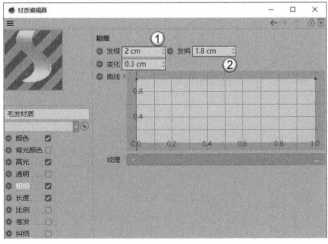

图11-130

08 在"长度"选项卡中设置"变化"为20%，如图11-131所示。材质效果如图11-132所示。

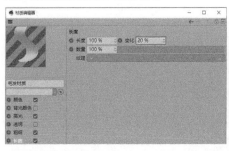 

图11-131　　　　　　图11-132

09 新建一个默认材质，设置"颜色"为（R:107，G:107，B:107），如图11-133所示。材质效果如图11-134所示。

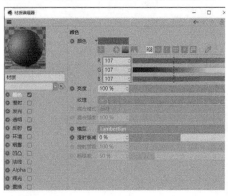 

图11-133　　　　　　图11-134

10 将材质赋予模型，效果如图11-135所示。

11 将球体模型复制几份，并任意修改其半径大小，效果如图11-136所示。

图11-135　　　　　　图11-136

12 在场景中找到一个合适的角度，然后单击"摄像机"按钮，在场景中创建一个摄像机，如图11-137所示。

13 渲染场景，查看毛发效果，如图11-138所示。

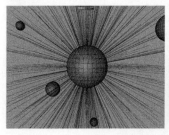 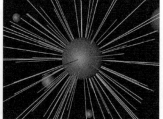

图11-137　　　　　　图11-138

14 使用"灯光"工具在场景中创建一盏灯光，位置如图11-139所示。

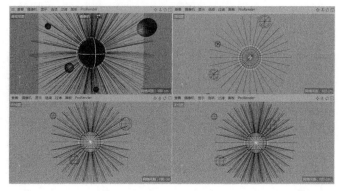

图11-139

15 选中创建的灯光，设置"强度"为300%，如图11-140所示。

16 切换到"细节"选项卡，设置"衰减"为"平方倒数（物理精度）"，"半径衰减"为112.744cm，如图11-141所示。

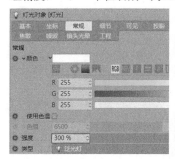 

图11-140　　　　　　图11-141

17 按Shift+R组合键渲染灯光效果，如图11-142所示。

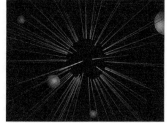

图11-142

18 在场景的左下角和右上角分别创建两盏灯光，位置如图11-143所示。

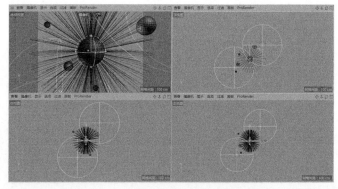

图11-143

19 选中创建的灯光，设置"颜色"为（R:181，G:235，B:255），"投影"为"区域"，如图11-144所示。

20 切换到"细节"选项卡，设置"衰减"为"平方倒数（物理精度）"，"半径衰减"为591.009cm，如图11-145所示。

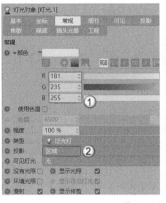

图11-144　　　　　　　　图11-145

21 按Shift+R组合键渲染灯光效果，如图11-146所示。

22 使用"背景"工具创建一个背景模型，然后新建一个黑色渐变材质并赋予背景模型。按Shift+R组合键渲染场景，最终效果如图11-147所示。

图11-146　　　　　　　　图11-147

实战：用毛发工具制作草地

场景位置	无
实例位置	实例文件>CH11>实战：用毛发工具制作草地.c4d
视频名称	实战：用毛发工具制作草地.mp4
难易指数	★★★★☆
技术掌握	掌握毛发工具的使用方法

本案例需要为一个灯泡场景添加草地，并制作材质和灯光效果，如图11-148所示。

01 使用"样条画笔"工具绘制灯泡的剖面，如图11-149所示。

图11-148　　　　　　　　图11-149

02 为绘制的样条添加"旋转"生成器，设置"细分数"为64，如图11-150所示。

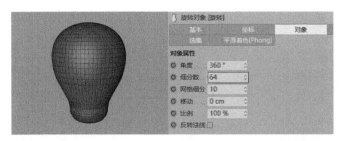

图11-150

03 继续使用"样条画笔"工具在灯泡下方绘制样条，如图11-151所示。

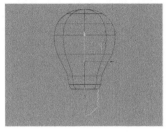

图11-151

04 为绘制的样条添加"旋转"生成器，设置"细分数"为64，如图11-152所示。

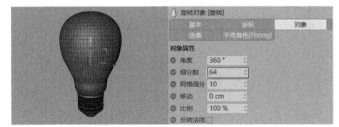

图11-152

05 使用"圆盘"工具在模型下方创建一个圆盘模型，设置"内部半径"为0cm，"外部半径"为100cm，"圆盘分段"为22，"旋转分段"为50，如图11-153所示。

图11-153

06 为圆盘模型使用"添加毛发"工具，在"引导线"选项卡中设置"长度"为10cm，如图11-154所示。

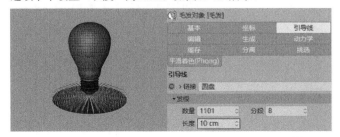

图11-154

07 双击"毛发材质",打开"材质编辑器",设置"颜色"为(R:46,G:102,B:52),如图11-155所示。

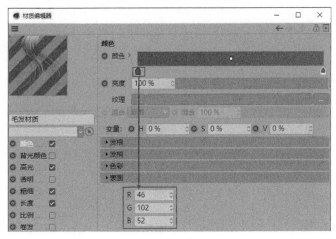

图11-155

08 在"粗细"选项中设置"发根"为1cm,"变化"为0.4cm,"发梢"为0.1cm,如图11-156所示。

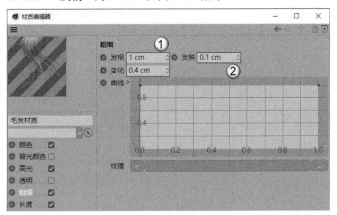

图11-156

09 在"长度"选项中设置"变化"为20%,如图11-157所示。

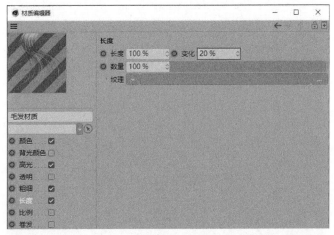

图11-157

10 在"弯曲"选项中设置"弯曲"为50%,"变化"为20%,如图11-158所示。

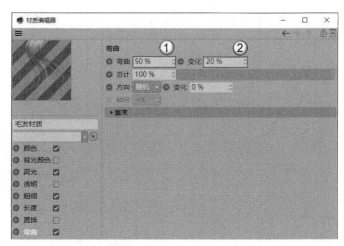

图11-158

11 按Shift+R组合键渲染毛发,效果如图11-159所示。

12 使用"样条画笔"工具和"矩形"工具绘制电池的形状,如图11-160所示。

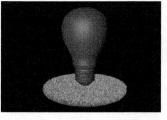
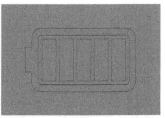

图11-159   图11-160

13 为绘制的样条添加"挤压"生成器,设置"移动"为1.5cm,"倒角外形"为"圆角","尺寸"为0.5cm,"分段"为3,如图11-161所示。模型效果如图11-162所示。

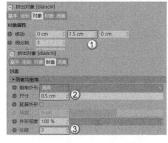
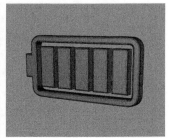

图11-161   图11-162

14 将电池模型复制两份,摆在场景中,如图11-163所示。

15 使用"平面"工具在场景中创建两个平面模型作为背景板和地面,如图11-164所示。

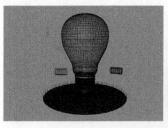
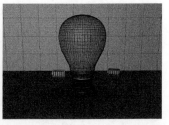

图11-163   图11-164

16 寻找一个合适的角度，单击"摄像机"按钮 👀 ，在场景中创建一个摄像机，如图11-165所示。

17 使用"天空"工具 ☁️天空 在场景中创建一个天空模型，然后将预置文件中的Photo Studio赋予天空模型，如图11-166所示。

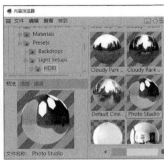

图11-165　　　　　　　　　　　　图11-166

18 使用"灯光"工具 💡 在场景上方创建一盏灯光，位置如图11-167所示。

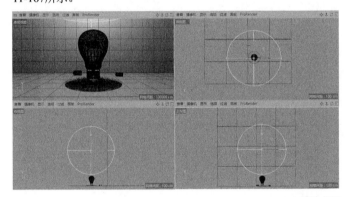

图11-167

19 选中创建的灯光，在"常规"选项卡中设置"投影"为"区域"，如图11-168所示。

20 切换到"细节"选项卡，设置"衰减"为"平方倒数（物理精度）"，"半径衰减"为450.118cm，如图11-169所示。

图11-168　　　　　　　　　　　　图11-169

21 新建一个默认材质，设置"颜色"为（R:230，G:230，B:230），如图11-170所示。

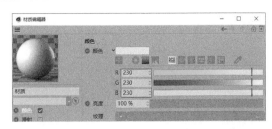

图11-170

22 在"反射"中添加GGX，设置"粗糙度"为5%，"反射强度"为70%，"菲涅耳"为"绝缘体"，如图11-171所示。材质效果如图11-172所示。

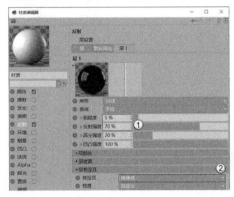

图11-171　　　　　　　　　　　　图11-172

23 新建一个默认材质，取消勾选"颜色"选项，在"反射"中添加GGX，然后设置"粗糙度"为10%，"菲涅耳"为"导体"，"预置"为"钢"，如图11-173所示。材质效果如图11-174所示。

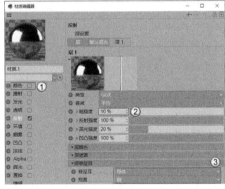

图11-173　　　　　　　　　　　　图11-174

24 新建一个默认材质，在"透明"选项中设置"折射率预设"为"玻璃"，如图11-175所示。

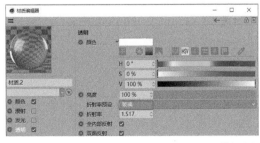

图11-175

233

㉕ 在"反射"中添加GGX，设置"粗糙度"为1%，"菲涅耳"为"绝缘体"，"预置"为"玻璃"，如图11-176所示。材质效果如图11-177所示。

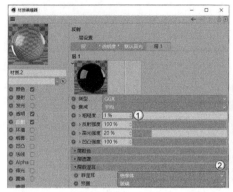

图11-176　　　　　图11-177

㉖ 新建一个默认材质，设置"颜色"为（R:46，G:102，B:52），如图11-178所示。材质效果如图11-179所示。

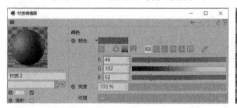

图11-178　　　　　图11-179

㉗ 将材质赋予模型，效果如图11-180所示。

㉘ 按Shift+R组合键渲染场景，案例最终效果如图11-181所示。

图11-180　　　　　图11-181

疑难问答

问：灯泡渲染效果不理想怎么办？

答：如果渲染的灯泡效果看起来比较奇怪，可能是因为灯泡模型是单面的，所以造成的折射错误。可以选中灯泡模型后，为其添加"布料曲面"生成器，稍微设置一点厚度，使其成为带厚度的双面模型，这样渲染出来的灯泡折射效果会更加自然。

实战：用毛发工具制作心形挂饰

场景位置	场景文件>CH11>01.c4d
实例位置	实例文件>CH11>实战：用毛发工具制作心形挂饰.c4d
视频名称	实战：用毛发工具制作心形挂饰.mp4
难易指数	★★★★☆
技术掌握	掌握毛发工具的使用方法

本案例使用毛发工具制作心形挂饰，案例效果如图11-182所示。

① 打开本书学习资源文件"场景文件>CH11>01.c4d"，如图11-183所示。

图11-182　　　　　图11-183

② 选中一个心形模型，为其添加毛发，如图11-184所示。

③ 在"引导线"选项卡中设置"长度"为100cm，切换到"毛发"选项卡，设置"数量"为20000，如图11-185所示。

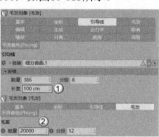

图11-184　　　　　图11-185

④ 双击"毛发材质"，打开"材质编辑器"面板，设置"颜色"分别为（R:255，G:130，B:143）和（R:255，G:209，B:211），如图11-186所示。

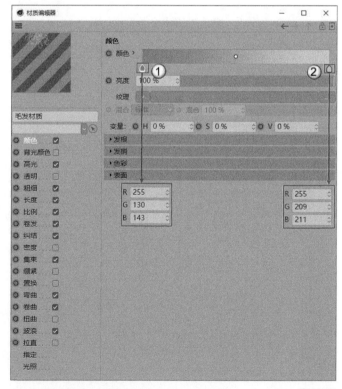

图11-186

⑤ 在"粗细"中设置"发根"为0.6cm，"变化"为0.3cm，"发梢"为0.5cm，如图11-187所示。

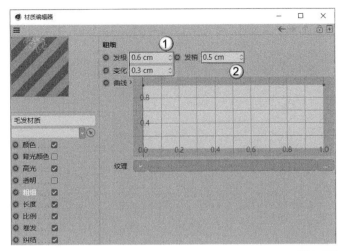

图11-187

06 在"长度"选项中设置"长度"为50%，"变化"为50%，如图11-188所示。

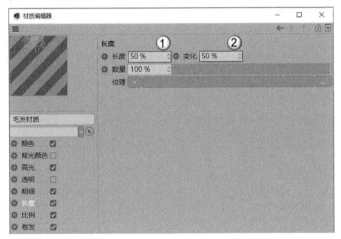

图11-188

07 在"比例"选项中设置"比例"为40%，"变化"为40%，如图11-189所示。

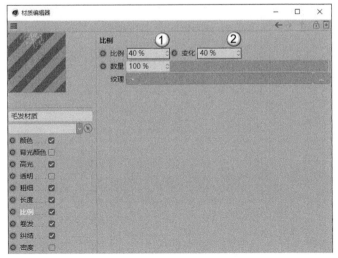

图11-189

08 在"卷发"选项中，设置"卷发"为100%，"变化"为100%，如图11-190所示。

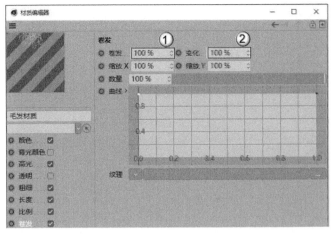

图11-190

09 在"纠结"选项中，设置"纠结"为100%，"变化"为100%，然后设置曲线，如图11-191所示。

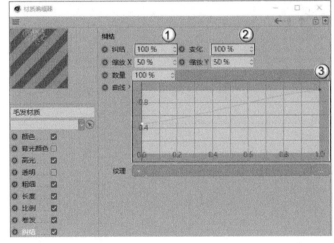

图11-191

10 在"集束"选项中，设置"数量"为50%，"集束"为40%，"变化"为40%，"扭曲"为9°，如图11-192所示。

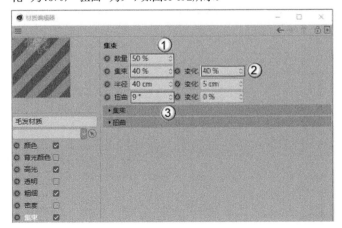

图11-192

11 在"弯曲"选项中，设置"弯曲"为50%，"变化"为50%，如图11-193所示。

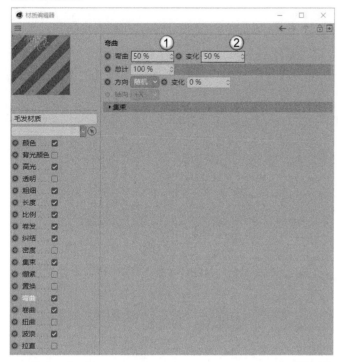

图11-193

12 在"卷曲"选项中，设置"卷曲"为70°，"变化"为70%，如图11-194所示。

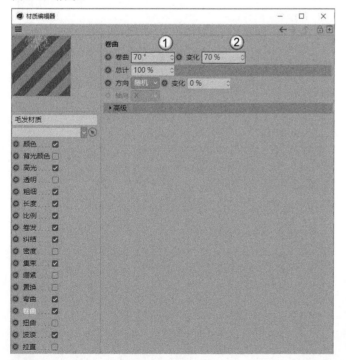

图11-194

13 在"波浪"选项中，设置"波浪"为50%，"变化"为50%，如图11-195所示。材质效果如图11-196所示。

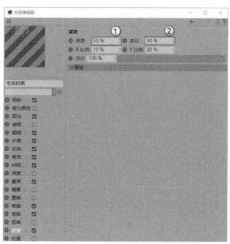

图11-195　　　　图11-196

14 按Shift+R组合键渲染场景，效果如图11-197所示。

15 按照上述方法为其他几个心形模型添加毛发，并调节材质，如图11-198所示。

图11-197　　　　图11-198

技巧与提示

毛发材质的其他参数设置完全相同，只是颜色有所区别。读者可以将调整好的毛发材质复制多个后，逐一调整其颜色，然后赋予毛发模型。

16 新建一个默认材质，在"反射"中添加GGX，然后设置"粗糙度"为5%，"反射强度"为80%，"菲涅耳"为"绝缘体"，"预置"为"聚酯"，如图11-199所示。材质效果如图11-200所示。

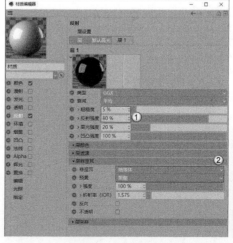

图11-199　　　　图11-200

17 将材质赋予圆环模型和吊绳模型，效果如图11-201所示。

图11-201

18 新建一个默认材质，设置"颜色"为（R:255，G:163，B:163），如图11-202所示。材质效果如图11-203所示。

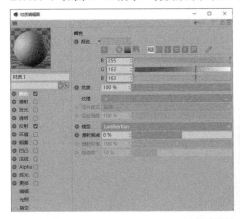

图11-202　　　　图11-203

19 将材质赋予背景模型，效果如图11-204所示。

图11-204

20 使用"灯光"工具在右上方创建一盏灯光，位置如图11-205所示。

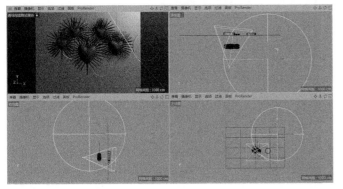

图11-205

21 选中上一步创建的灯光，在"常规"选项卡中设置"投影"为"区域"，如图11-206所示。

22 切换到"细节"选项卡，设置"衰减"为"平方倒数（物理精度）"，"半径衰减"为2317.276cm，如图11-207所示。

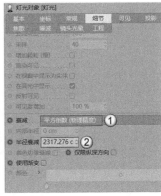

图11-206　　　　　　　　图11-207

23 使用"天空"工具创建一个天空模型，然后将预置中的Photo Studio赋予天空模型，如图11-208所示。

24 按Shift+R组合键渲染场景，最终效果如图11-209所示。

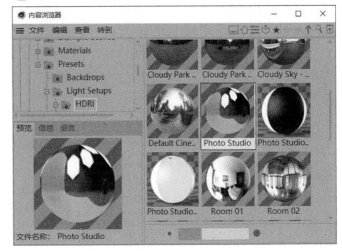

图11-208

图11-209

CINEMA 4D
DESIGNER

技术专题
疑难问答
知识链接
技巧与提示

Employment Direction
从业方向 ≫

电商设计　　包装设计

产品设计　　UI设计

栏目包装　　动画设计

第12章 体积和域

12.1 体积

　　体积可以理解为一种加强版的布尔运算，让模型之间形成不同的效果。在制作一些异形模型时，体积可以大幅减少制作步骤。

本节工具介绍

工具名称	工具作用	重要程度
体积生成	生成体积模型	高
体积网格	将体积模型实体化	高

12.1.1 体积生成

演示视频：090-体积生成

　　"体积生成" 可以将多个对象合并为一个新的对象，但这个对象不能被渲染。"体积生成"可以理解为一种高级的布尔运算，所生成的模型效果更好，布线更均匀。图12-1所示是"体积生成"的参数面板。

图12-1

重要参数讲解

　　体素类型：设置体积模型的类型。系统提供SDF、"雾""矢量"3种类型，如图12-2~图12-4所示。

图12-2

图12-3

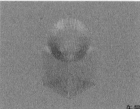
图12-4

　　体素尺寸：设置生成模型的精度，数值越小，模型精度越高。

> **技巧与提示** ◢
>
> 　　需要注意，"体素尺寸"设置太小后，系统会发出警告，可能会造成系统崩溃。

　　对象：显示需要合成的对象。

　　模式：显示对象间的合成模型，系统提供"加""减""相交"3种模式，如图12-5~图12-7所示。

　　SDF平滑：单击此按钮，会在"对象"中增加"SDF平滑"层，对象会形成平滑效果，如图12-8所示。

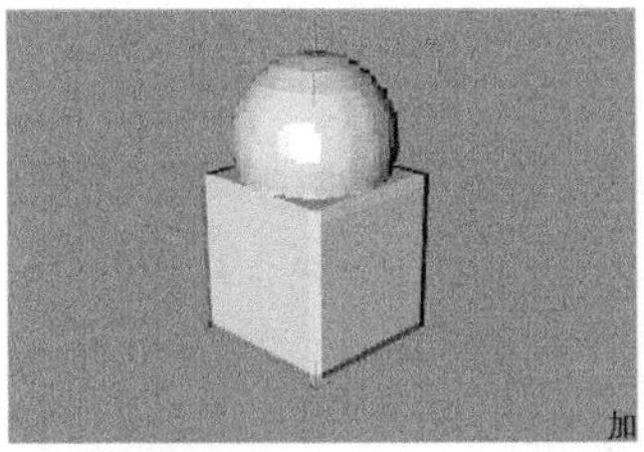

图12-5

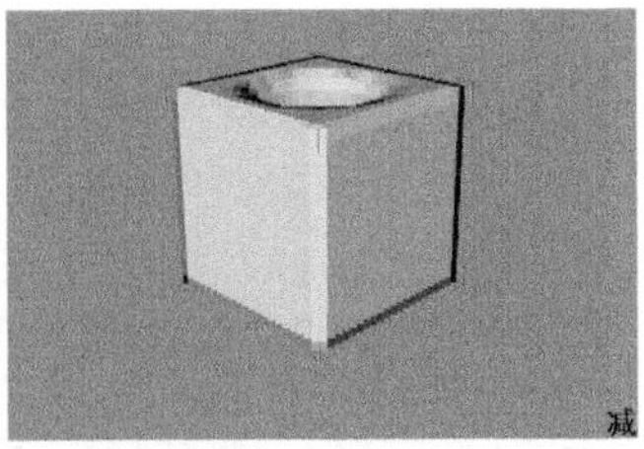

图12-6

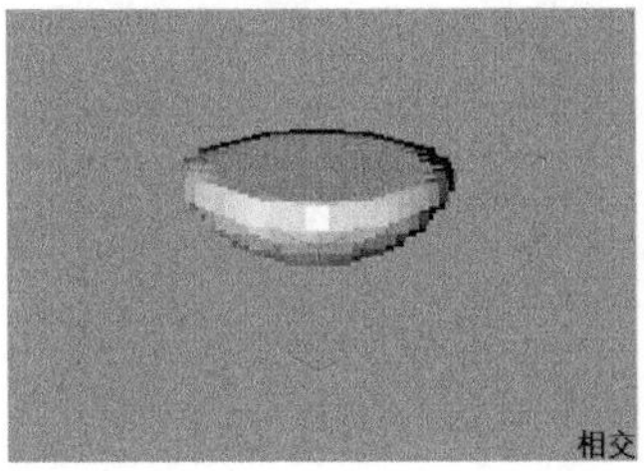

图12-7

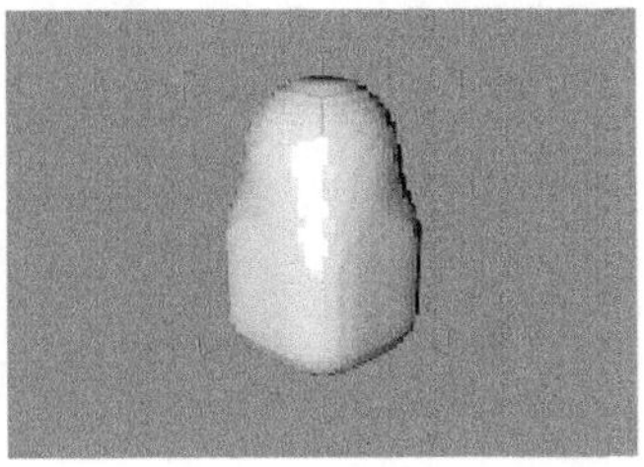

图12-8

强度：设置模型平滑的强度。

执行器：设置平滑的模型，默认为“高斯”。

体素距离：设置平滑的大小，数值越大，平滑效果越明显，如图12-9和图12-10所示。

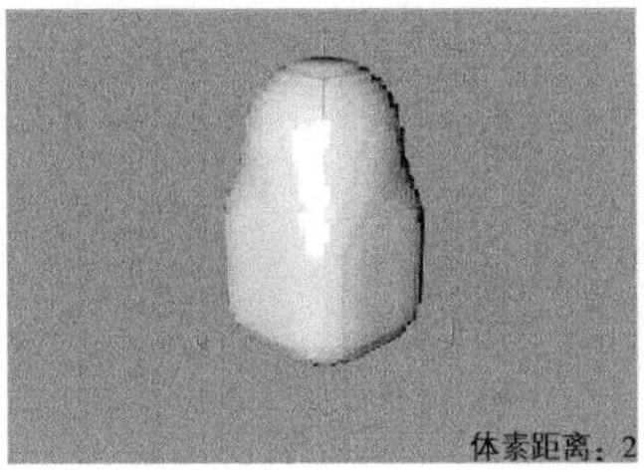

图12-9

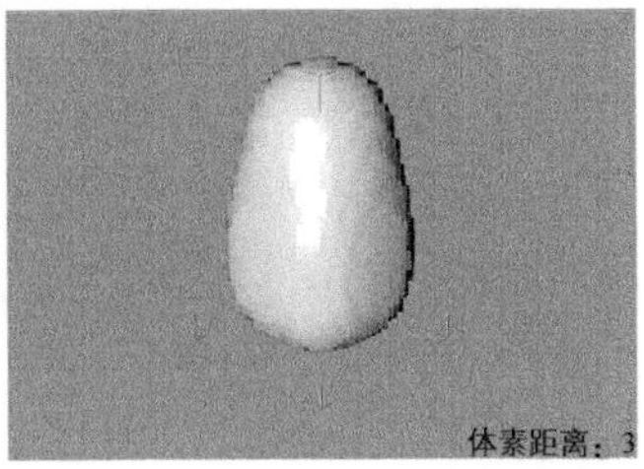

图12-10

重点

12.1.2 体积网格

演示视频：091-体积网格

“体积网格”工具体积网格是为“体积生成”所形成的对象添加网格，形成实体模型。添加了“体积网格”的对象才可以被渲染。图12-11所示是“体积网格”的参数面板。

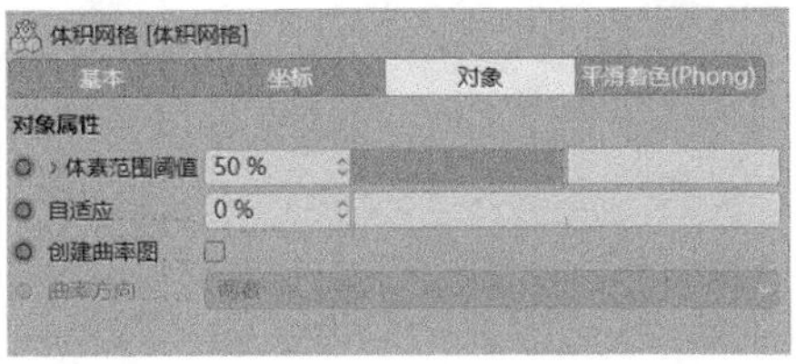

图12-11

重要参数讲解

体素范围阈值：设置网格生成的大小，一般保持默认即可。

自适应：设置模型布线的多少，默认为0%。

> **疑难问答**
>
> 问：为何在旧版本的软件中没有“体积生成”和“体积网格”？
>
> 答：“体积生成”和“体积网格”工具是Cinema 4D R20版本中添加的新工具。如果读者使用Cinema 4D R20版本之前的软件版本，则无法使用这两个工具。

重点

实战：用体积生成工具制作融化的字母

场景位置　无
实例位置　实例文件>CH12>实战：用体积生成工具制作融化的字母.c4d
视频名称　实战：用体积生成工具制作融化的字母.mp4
难易指数　★★★☆☆
技术掌握　掌握体积生成和体积网格工具的使用方法

本案例用文本、挤压生成器、胶囊和体积生成等工具制作融化的字母模型，效果如图12-12所示。

图12-12

01 使用“矩形”工具矩形在场景中绘制一个“宽度”和“高度”都为250cm的矩形样条，如图12-13所示。

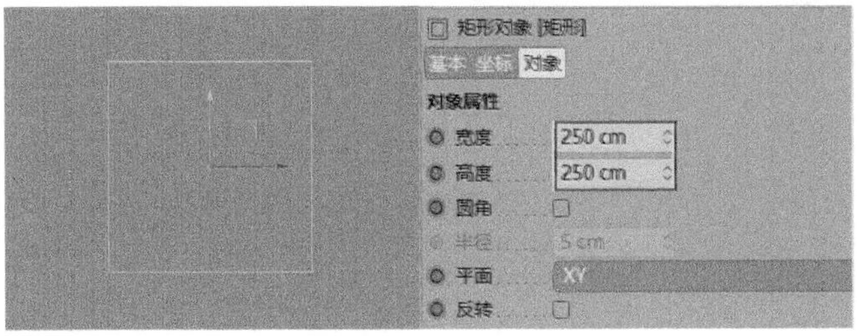

图12-13

02 单击“转为可编辑对象”按钮，将上一步绘制的矩形样条转换为可编辑样条，然后使用“创建轮廓”工具创建轮廓设置样条的“距离”为30cm，如图12-14所示。

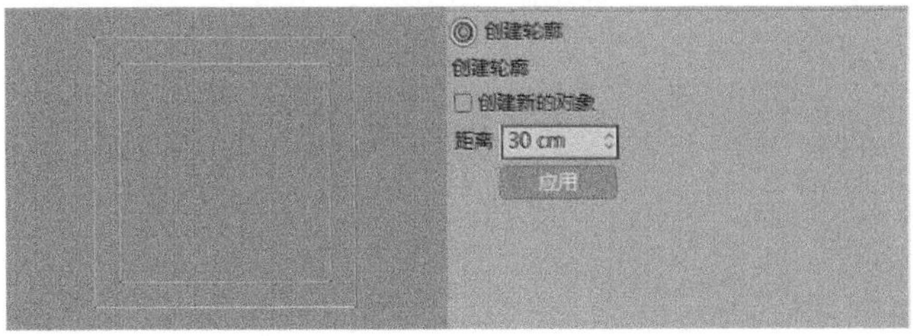

图12-14

03 选中矩形所有的顶点，使用"倒角"工具 ，设置"半径"为20cm，如图12-15所示。

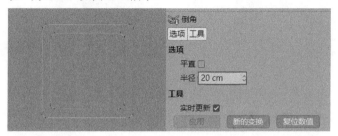

图12-15

04 为矩形样条添加"挤压"生成器 ，设置"移动"为20cm，"尺寸"为5cm，"分段"为3，如图12-16所示。

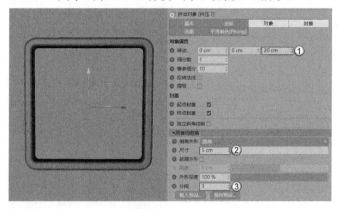

图12-16

05 使用"文本"工具 创建文本样条，设置"文本"为Ps，"字体"为"苹方粗体"，"高度"为170cm，如图12-17所示。

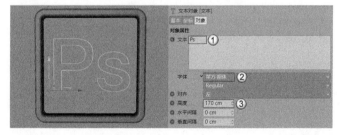

图12-17

06 为文本样条添加"挤压"生成器 ，设置"移动"为18cm，"尺寸"为5cm，"分段"为3，如图12-18所示。

图12-18

07 使用"胶囊"工具 在文字模型旁边创建一个胶囊模型，如图12-19所示。

> **技巧与提示** ✐
>
> "胶囊"模型的具体尺寸这里不作规定，请按照自身喜好进行设置。

图12-19

08 为"胶囊"和"挤压"的文本添加"体积生成"生成器 ，设置"体素类型"为SDF，"体素尺寸"为2cm，如图12-20所示。

图12-20

09 单击"SDF平滑"按钮 ，添加"平滑层"，设置"强度"为80%，如图12-21所示。此时胶囊模型和文本模型形成粘连的效果。

图12-21

10 将胶囊模型复制多个，并修改其参数，效果如图12-22所示。

11 为"体积生成"添加"体积网格"生成器 ，形成实体模型，如图12-23所示。

图12-22　　　　　　　　图12-23

12 在"材质"面板新建一个默认材质，设置"颜色"为（R:0，G:199，B:246），如图12-24所示。

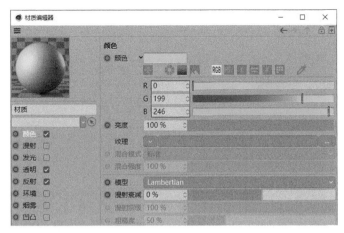

图12-24

13 在"透明"中设置"亮度"为30%，"折射率预设"为"玉石"，如图12-25所示。

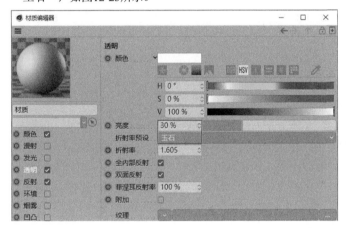

图12-25

14 在"反射"中添加GGX，设置"粗糙度"为40%，"反射强度"为60%，"菲涅耳"为"绝缘体"，"预置"为"玉石"，如图12-26所示。材质效果如图12-27所示。

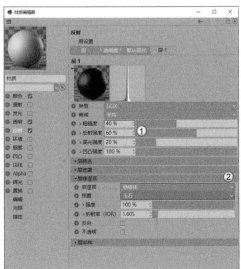

图12-26　　　　　　图12-27

15 将材质赋予场景中的模型，效果如图12-28所示。

16 使用"天空"工具 在场景中创建一个天空模型，然后添加"合成"标签 ，并取消勾选"摄像机可见"选项，如图12-29所示。

图12-28　　　　　　　　图12-29

17 按Shift+F8组合键打开"内容浏览器"，将"预置>Prime>Presets>Light Setups>HDRI>Photo Studio"文件赋予天空模型，如图12-30所示。

18 使用"背景"工具 创建一个背景模型，然后创建一个深蓝色默认材质并赋予背景模型，案例渲染效果如图12-31所示。

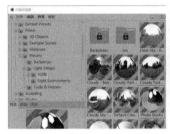

图12-30　　　　　　　　图12-31

技巧与提示
本案例只用HDRI文件作为场景的照明灯光，不需要额外添加灯光。

实战：用体积生成工具制作视觉模型

场景位置	无
实例位置	实例文件>CH12>实战：用体积生成工具制作视觉模型.c4d
视频名称	实战：用体积生成工具制作视觉模型.mp4
难易指数	★★★★☆
技术掌握	掌握体积生成和体积网格工具的使用方法

本案例用球体、管道和体积生成等工具制作视觉类模型，案例效果如图12-32所示。

01 使用"球体"工具 在场景中创建一个"半径"为100cm，"分段"为8，"类型"为"六面体"的球体，如图12-33所示。

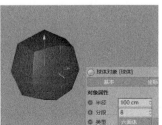

图12-32　　　　　　　　图12-33

02 使用"管道"工具 ▣管道 在场景中创建一个"内部半径"为12cm，"外部半径"为20cm，"旋转分段"为64，"高度"为40cm，"高度分段"为14的管状体，勾选"圆角"，设置"分段"为4，"半径"为4cm，如图12-34所示。

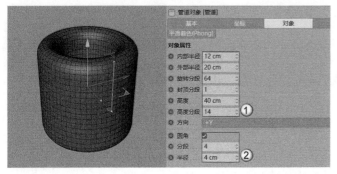

图12-34

03 为"管道"添加一个"锥化"变形器 ◐锥化，设置"强度"为-70%，如图12-35所示。此时的管状体呈现向外扩张的效果。

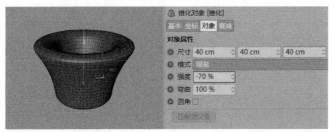

图12-35

04 为"管道"模型添加"克隆"生成器 ❄克隆，设置"克隆"的"模式"为"对象"，"对象"为"球体"，"分布"为"多边形中心"，如图12-36所示。

图12-36

05 切换到"变换"选项卡，设置"旋转.P"为90°，如图12-37所示。

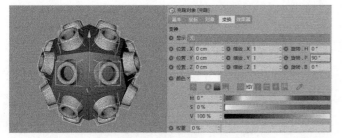

图12-37

技巧与提示 ✅

读者也可以将管状体旋转-90°，会形成不一样的效果。

06 使用"球体"工具 ◯球体 创建一个"半径"为95cm，"分段"为64的球体，并隐藏原来的球体，如图12-38所示。

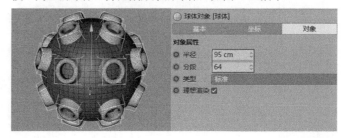

图12-38

07 为"克隆"和"球体.1"添加"体积生成"工具 ❋体积生成，设置"体素尺寸"为1.5cm，添加"平滑层"，并设置"强度"为80%，如图12-39所示。

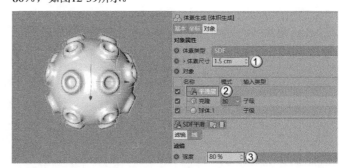

图12-39

技巧与提示 ✅

若设置"体素尺寸"时软件出现提示，说明系统计算不了这么多面，需要适当增加该数值，以减少模型的面数。

08 给模型添加"体积网格"工具 ❋体积网格，生成实体模型，如图12-40所示。

09 使用"球体""克隆"和"随机"效果器 ❋随机 创建场景的配景，效果如图12-41所示。该步骤运用之前所学的知识较为简单，具体过程可查看本书配套的教学视频。

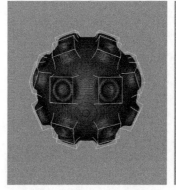

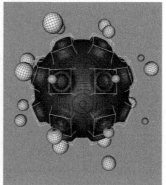

图12-40   图12-41

技巧与提示 ✅

"随机"效果器 ❋随机 也可以替换为"推散"效果器 ❋推散。

10 在"材质"面板新建一个默认材质，设置"颜色"为（R:38，G:38，B:38），如图12-42所示。

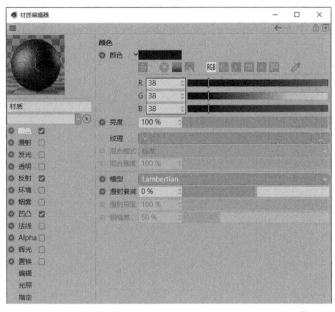

图12-42

11 在"反射"中添加GGX，设置"粗糙度"为50%，"层颜色"中的"颜色"为（R:96，G:97，B:105），"菲涅耳"为"导体"，"预置"为"钢"，如图12-43所示。

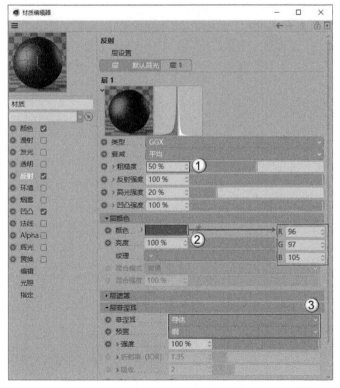

图12-43

12 在"凹凸"的"纹理"通道中添加"噪波"贴图，设置"强度"为30%，如图12-44所示。

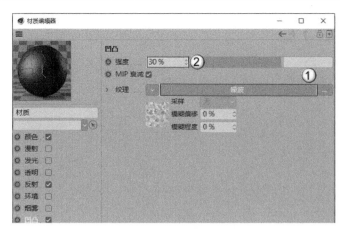

图12-44

13 在"噪波"贴图中设置"噪波"类型为"细胞沃洛"，如图12-45所示。

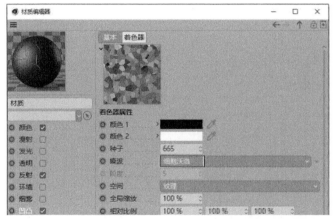

图12-45

14 将材质赋予模型，效果如图12-46所示。

图12-46

15 新建一个默认材质，取消勾选"颜色"选项，在"发光"中添加"渐变"贴图，如图12-47所示。

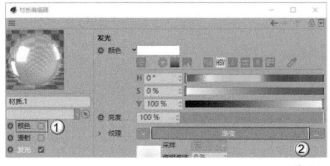

图12-47

16 在"渐变"贴图中设置"渐变"颜色分别为（R:170，G:228，B:242）和（R:255，G:255，B:255），"类型"为"二维-圆形"，如图12-48所示。

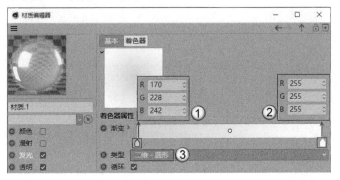

图12-48

17 在"透明"中设置"亮度"为95%，"折射率预设"为"蓝宝石"，如图12-49所示。

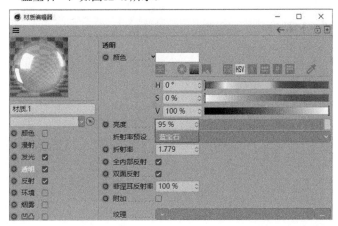

图12-49

18 在"反射"中添加GGX，设置"粗糙度"为3%，"菲涅耳"为"绝缘体"，"预置"为"蓝宝石"，如图12-50所示。

图12-50

19 勾选"辉光"，设置"内部强度"为20%，"外部强度"为100%，"半径"为10cm，"随机"为20%，如图12-51所示。

图12-51

20 将材质赋予克隆的小球模型，效果如图12-52所示。

21 使用"天空"工具在场景中创建一个天空模型，然后添加"合成"标签，并取消勾选"摄像机可见"选项，如图12-53所示。

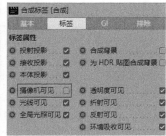

图12-52　　　　图12-53

22 按Shift+F8组合键打开"内容浏览器"，将"预置>Prime>Presets>Light Setups>HDRI>Photo Studio"文件赋予天空模型，如图12-54所示。

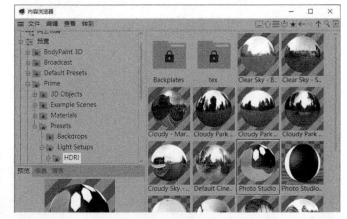

图12-54

244

23 在"材质"面板新建一个默认材质，在"颜色"的"纹理"通道中加载"渐变"贴图，如图12-55所示。

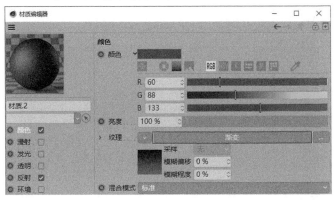

图12-55

24 进入"渐变"贴图，设置"渐变"颜色分别为（R:73，G:110，B:158）和（R:18，G:23，B:43），"类型"为"二维-V"，如图12-56所示。

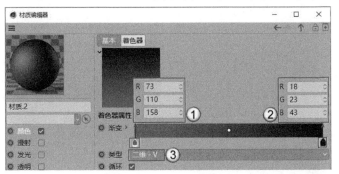

图12-56

25 使用"背景"工具创建一个背景模型，然后赋予上一步创建的材质。选择一个合适的角度创建一个摄像机，案例最终效果如图12-57所示。

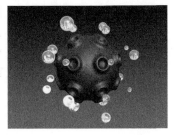

图12-57

实战：用体积生成工具制作冰块模型

场景位置	无
实例位置	实例文件>CH12>实战：用体积生成工具制作冰块模型.c4d
视频名称	实战：用体积生成工具制作冰块模型.mp4
难易指数	★★★★☆
技术掌握	掌握体积生成和体积网格工具的使用方法

本案例用立方体、球体和体积生成等工具制作冰块模型，案例效果如图12-58所示。

图12-58

01 使用"立方体"工具在场景中创建一个立方体模型，如图12-59所示。

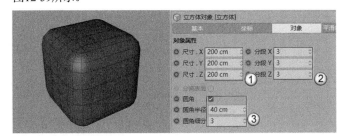

图12-59

02 为立方体模型添加"置换"变形器，设置"高度"为20cm，并在"着色器"通道中添加"噪波"贴图，如图12-60所示。

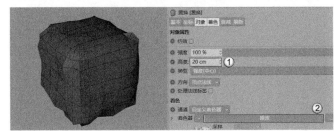

图12-60

03 使用"球体"工具在场景中创建一个球体模型，设置"半径"为100cm，"分段"为32，然后放置在立方体模型的边角位置，如图12-61所示。

图12-61

04 同样为球体模型添加"置换"变形器，设置"高度"为10cm，然后在"着色器"通道中加载"噪波"贴图，如图12-62所示。

图12-62

05 单击"体积生成"按钮，将"球体"和"立方体"放置在其子层级，如图12-63所示。

图12-63

06 在"体积生成"的属性面板中,设置"体素尺寸"为3cm,"球体"的"模式"为"减",如图12-64所示。

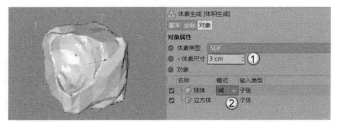

图12-64

07 观察模型效果,其边缘的棱角过于明显。单击"SDF平滑"按钮 SDF平滑,为模型添加平滑效果,如图12-65所示。

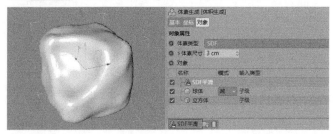

图12-65

08 使用"文本"工具 T 文本 在场景内创建一个文本模型,设置"深度"为40cm,"文本"为S,"字体"为"方正兰亭中黑","高度"为250cm。切换到"封盖"选项卡,设置"倒角外形"为"圆角","尺寸"为5cm,"分段"为3,如图12-66所示。文本模型效果如图12-67所示。

图12-66　　　　　图12-67

09 将文本模型与冰块模型拼合,效果如图12-68所示。

10 此时冰块模型还不能渲染,需要为其添加"体积网格"生成器 体积网格,如图12-69所示。

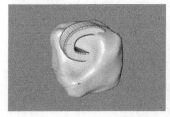

图12-68　　　　　图12-69

11 将冰块模型复制5份,然后随机调整球体的位置和大小,形成不同的冰块效果,如图12-70所示。

12 将文本模型也复制5个,然后依次修改文本的内容为U、M、M、E和R,如图12-71所示。

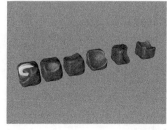

图12-70　　　　　图12-71

13 将模型组合摆放,效果如图12-72所示。

14 使用"地面"工具 在场景中创建一个地面模型,如图12-73所示。

图12-72　　　　　图12-73

15 使用"背景"工具 背景 在场景中创建一个背景模型,然后使用"天空"工具 天空 在场景中创建一个天空模型,如图12-74所示。

16 为"天空"模型添加"合成"标签 合成,然后取消勾选"摄像机可见",如图12-75所示。

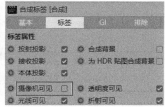

图12-74　　　　　图12-75

17 使用"灯光"工具 在场景上方创建一盏灯光,位置如图12-76所示。

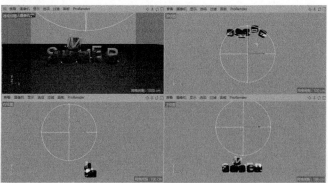

图12-76

18. 选中创建的灯光，在"常规"选项卡中设置"投影"为"区域"，如图12-77所示。

19. 切换到"细节"选项卡，设置"衰减"为"平方倒数（物理精度）"，"半径衰减"为811.359cm，如图12-78所示。

图12-77   图12-78

20. 按Shift+R组合键渲染灯光，效果如图12-79所示。

21. 观察渲染效果，地面与背景之间没有连接。为"地面"对象添加"合成"标签 合成，然后勾选"合成背景"选项，如图12-80所示。

图12-79   图12-80

22. 按Shift+R组合键渲染，效果如图12-81所示。

23. 打开"内容浏览器"，将预置文件Photo Studio赋予"天空"对象，如图12-82所示。

图12-81   图12-82

24. 按Shift+R组合键渲染，效果如图12-83所示。

图12-83

25. 新建一个默认材质，在"透明"中设置"折射率预设"为"水（冰）"，如图12-84所示。

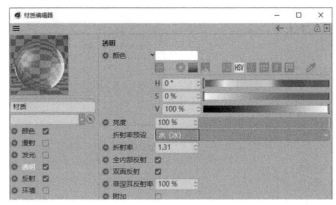

图12-84

26. 在"反射"中添加GGX，设置"粗糙度"为1%，"层颜色"中的"颜色"为（R:224，G:245，B:255），"菲涅耳"为"绝缘体"，"预置"为"水（冰）"，如图12-85所示。材质效果如图12-86所示。

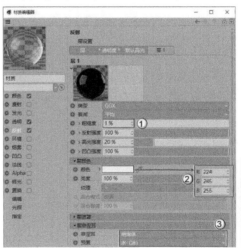

图12-85   图12-86

27. 新建一个默认材质，取消勾选"颜色"，在"反射"中添加GGX，然后设置"粗糙度"为8%，"反射强度"为80%，"菲涅耳"为"导体"，"预置"为"金"，如图12-87所示。材质效果如图12-88所示。

图12-87   图12-88

28 新建一个蓝色渐变的默认材质，然后赋予地面和背景，效果如图12-89所示。

图12-89

29 此时地面贴图的坐标不对。选中"地面"选项后的材质标签，设置"投射"为"前沿"，如图12-90所示。此时地面的效果如图12-91所示。

图12-90

图12-91

30 将其他材质赋予模型，效果如图12-92所示。

31 按Shift+R组合键渲染，最终效果如图12-93所示。

图12-92

图12-93

12.2 域

在Cinema 4D R20之前的版本中，衰减效果是内置在其他工具中，而Cinema 4D R20版本则将这些衰减效果集合为"域"，以便用户调用。域常见的用法是配合体积生成形成不同的模型形态或配合粒子形成不同的动力学效果。

本节工具介绍

工具名称	工具作用	重要程度
线性域	生成线性衰减范围	高
球体域	生成球形衰减范围	中
立方体域	生成方形衰减范围	中
圆柱体域	生成圆柱形衰减范围	中
圆锥体域	生成圆锥形衰减范围	中
随机域	生成随机的衰减范围	高

12.2.1 线性域

演示视频：092-线性域

"线性域" 是在场景中生成一个线性的衰减区域，其效果与参数面板如图12-94所示。

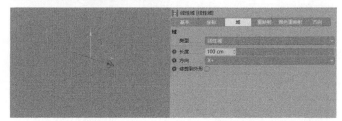

图12-94

重要参数讲解

类型：设置域的种类，如图12-95所示。

长度：设置线性域的长度。

方向：设置线性域的方向。

Python域	球体域
公式域	着色器域
圆柱体域	立方体域
圆环体域	线性域
圆锥体域	组域
声音域	胶囊体域
径向域	随机域

图12-95

实战：用线性域制作消失的文字

场景位置	无
实例位置	实例文件>CH12>实战：用线性域制作消失的文字.c4d
视频名称	实战：用线性域制作消失的文字.mp4
难易指数	★★★★☆
技术掌握	掌握线性域的使用方法，了解随机域的使用方法

本案例使用体积生成、线性域和随机域制作变化的文字模型，案例效果如图12-96所示。

01 长按"克隆"按钮，在弹出的面板中选择"文本"选项，如图12-97所示。

图12-96

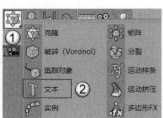

图12-97

02 在"文本"工具的属性面板中设置"深度"为30cm，"文本"为Maxon，"字体"为"苹方粗体"，"高度"为200cm，如图12-98所示。

图12-98

03 为"文本"添加"体积生成"生成器■，设置"体素类型"为"雾"，"体素尺寸"为3cm，如图12-99所示。

04 长按"线性域"按钮■，在弹出的面板中选择"随机域"工具，如图12-100所示。

图12-99　　　　　　　　　图12-100

疑难问答 😊❓

问：低版本的软件如何使用体积生成？

答：在Cinema 4D R20版本以下的软件是不带体积生成功能的，因此也无法使用该功能。只有将软件版本更换为Cinema 4D R20或Cinema 4D R21时才拥有此功能。

05 将"随机域"放置在"体积生成"的子层级，设置"随机域"的"模式"为"最小"，然后选中"随机域"，设置"创建空间"为"对象以下"，如图12-101所示。

图12-101

06 单击"线性域"按钮■，在场景中添加线性域，如图12-102所示。

图12-102

07 将"线性域"添加到"体积生成"的"对象"面板中，设置"线性域"的"模式"为"加"，"创建空间"为"对象以下"，如图12-103所示。

图12-103

技巧与提示 ✐

请注意，这一步不需要将"线性域"放置在"体积生成"的子层级。

08 为"体积生成"添加"体积网格" ■■■，可以将模型实体化，如图12-104所示。可以观察到，在线性域左侧的文字模型会逐渐消失。

图12-104

09 使用"灯光"工具■在模型上方创建一盏灯光，位置如图12-105所示。

图12-105

10 选中上一步创建的灯光，在"常规"选项卡中设置"投影"为"区域"，如图12-106所示。

11 切换到"细节"选项卡，设置"形状"为"矩形"，"水平尺寸"为500cm，"垂直尺寸"为200cm，"衰减"为"平方倒数（物理精度）"，"半径衰减"为500cm，如图12-107所示。

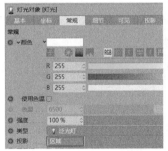
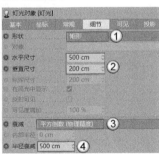

图12-106　　　　　　　　　图12-107

12 将灯光向下复制一盏，位置如图12-108所示。

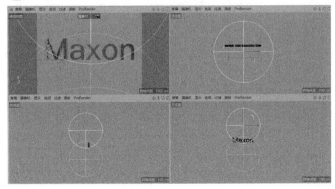

图12-108

13 选中复制的灯光，修改"强度"为80%，如图12-109所示。

14 在"材质"面板新建一个默认材质，设置"颜色"为（R:140，G:90，B:24），如图12-110所示。

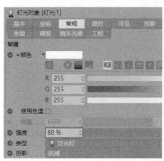
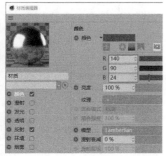

图12-109　　　　　　　　　　图12-110

15 在"反射"中添加GGX，设置"粗糙度"为15%，"高光强度"为30%，"菲涅耳"为"导体"，"预置"为"金"，如图12-111所示。

图12-111

16 将材质赋予文字模型，效果如图12-112所示。

17 新建一个"天空"模型，然后添加"合成"标签 合成，并取消勾选"摄像机可见"选项，如图12-113所示。

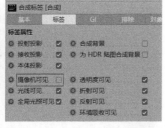

图12-112　　　　　　　　　　图12-113

18 按Shift+F8组合键打开"内容浏览器"，将"预置>Prime>Presets>Light Setups>HDRI>Sunny - Neighborhood 01"文件赋予天空对象，如图12-114所示。

19 使用"背景"工具 背景 新建一个背景，然后赋予一个带渐变的黑色材质。最终渲染效果如图12-115所示。

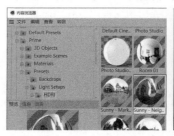

图12-114　　　　　　　　　　图12-115

12.2.2 球体域

演示视频：093-球体域

"球体域"是在场景中生成一个球形的衰减区域，其效果与参数面板如图12-116所示。

图12-116

重要参数讲解

类型：设置域的种类。

尺寸：设置球体域的半径。

12.2.3 立方体域

演示视频：094-立方体域

"立方体域"是在场景中生成一个方形的衰减区域，其效果与参数面板如图12-117所示。

图12-117

重要参数讲解

类型：设置域的种类。

尺寸.X/尺寸.Y/尺寸.Z：设置立方体域各个方向的尺寸。

修剪到外形：勾选该选项后，立方体域会自动与对象的大小相同。

12.2.4 圆柱体域

演示视频：095-圆柱体域

"圆柱体域"是在场景中生成一个圆柱形的衰减区域，其效果与参数面板如图12-118所示。

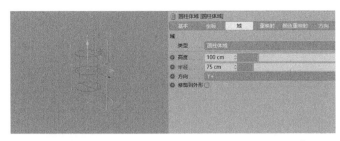

图12-118

重要参数讲解

类型：设置域的种类。

高度：设置圆柱体域的高度尺寸。

半径：设置圆柱体域的半径数值。

12.2.5 圆锥体域

演示视频：096-圆锥体域

"圆锥体域"是在场景中生成一个圆锥形的衰减区域，其效果与参数面板如图12-119所示。

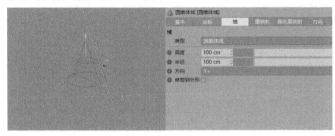

图12-119

重要参数讲解

类型：设置域的种类。

高度：设置圆锥体域的高度尺寸。

半径：设置圆锥体域的半径数值。

方向：设置域生成的方向。

12.2.6 随机域

演示视频：097-随机域

"随机域"是在场景中生成一个立方体的衰减区域，其效果与参数面板如图12-120所示。

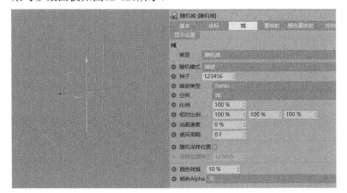

图12-120

重要参数讲解

类型：设置域的种类。

随机模式：设置随机衰减的类型，如图12-121所示。

图12-121

种子：设置衰减的随机分布。

噪波类型：在"噪波"模式下设置噪波的类型，如图12-122所示。

比例：设置随机分布的全局比例。

图12-122

实战：用随机域制作奶酪

场景位置	无
实例位置	实例文件>CH12>实战：用随机域制作奶酪.c4d
视频名称	实战：用随机域制作奶酪.mp4
难易指数	★★★★☆
技术掌握	掌握随机域的使用方法

本案例使用体积生成和随机域制作奶酪模型，案例效果如图12-123所示。

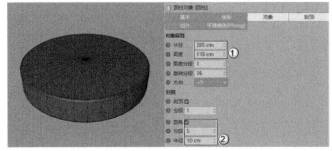

图12-123

01 单击"圆柱"按钮，在场景中创建一个圆柱模型，在"对象"选项卡中设置"半径"为305cm，"高度"为110cm。切换到"封顶"选项卡，勾选"圆角"选项，设置"分段"为5，"半径"为10cm，如图12-124所示。

图12-124

02 常见的奶酪呈扇形，切换到"切片"选项卡，勾选"切片"选项，设置"起点"为0°，"终点"为60°，如图12-125所示。

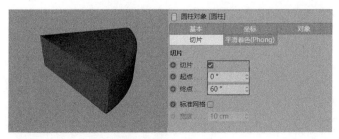

图12-125

03 执行"体积>体积生成"菜单命令，创建"体积生成"生成器，然后在"对象"面板中将"圆柱"作为"体积生成"的子层级，如图12-126所示。效果如图12-127所示。

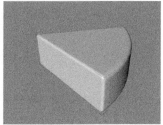

图12-126　　　　　　　　图12-127

技巧与提示 ✐

　　直接在"工具栏"中单击"体积生成"按钮也可以直接添加"体积生成"生成器。

04 选中"体积生成"，在"对象"选项卡中设置"体素类型"为"雾"，"体素尺寸"为1cm，如图12-128所示。

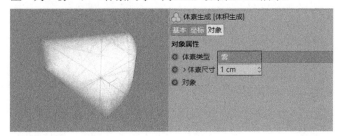

图12-128

05 此时的奶酪模型没有网格，无法形成实体模型。添加"体积网格"工具，将"体积生成"作为其子层级，如图12-129所示。

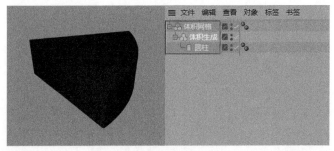

图12-129

06 为模型添加"随机域"，并将其放置于"体积生成"的子层级，如图12-130所示。效果如图12-131所示。

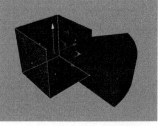

图12-130　　　　　　　　图12-131

技巧与提示 ✐

　　此时场景中的网格数量很多，会造成计算机运行卡顿。读者可以适当增加"体素尺寸"的数值来减少场景中的网格数量，或者关闭模型的网格显示来减少系统的运算量。

07 选中"体积生成"，选择"随机域"，然后设置"创建空间"为"对象以下"，如图12-132所示。此时随机域的范围就由原来的立方体变成扇形的奶酪模型。

图12-132

08 在"对象"面板中选择"随机域"，在"域"选项卡中设置"随机模式"为"噪波"，"噪波类型"为Voronoi 1，"比例"为5000%，"相对比例"都为12%，如图12-133所示。

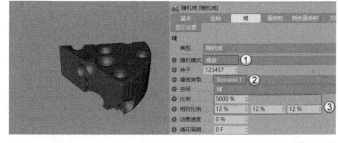

图12-133

技巧与提示 ✐

　　"比例"和"相对比例"的数值不是固定的，与模型本身的尺寸有关。

09 奶酪模型边缘不是很平滑，选中"体积生成"选项，单击"雾平滑"按钮，添加平滑效果，如图12-134所示。

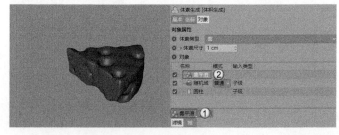

图12-134

10. 奶酪模型的边缘又过于圆滑，选中"雾平滑"选项，设置"强度"为50%，如图12-135所示。

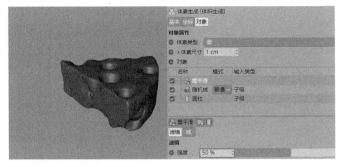

图12-135

------ 技巧与提示 ✐ ------

本案例的模型布线较多，建议读者不要切换到线框显示方式，否则会造成软件卡顿现象，不利于操作。

11. 在"材质"面板新建一个默认材质，在"颜色"的"纹理"通道中加载"菲涅耳（Fresnel）"贴图，如图12-136所示。

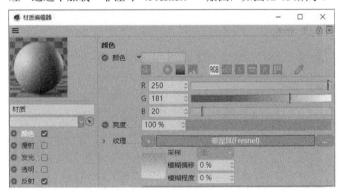

图12-136

12. 进入"菲涅耳（Fresnel）"贴图，设置"渐变"颜色分别为（R:255，G:208，B:20）和（R:247，G:153，B:12），如图12-137所示。

图12-137

13. 在"反射"中添加GGX，设置"粗糙度"为40%，"反射强度"为80%，"菲涅耳"为"绝缘体"，"预置"为"牛奶"，如图12-138所示。材质效果如图12-139所示。

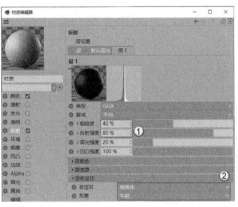

图12-138　　　　图12-139

14. 将材质赋予奶酪模型，效果如图12-140所示。

15. 使用"地面"工具▦在场景中创建一个地面模型，如图12-141所示。

图12-140　　　　图12-141

16. 创建一个默认材质，设置"颜色"为（R:255，G:235，B:163），如图12-142所示。材质效果如图12-143所示。

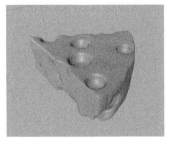

图12-142　　　　图12-143

17. 将设置好的材质赋予地面模型，效果如图12-144所示。

图12-144

18 使用"天空"工具 ⊙ 天空 在场景中创建一个天空模型，然后打开"内容浏览器"，将"预置>Prime>Presets>Light Setups>HDRI>Sunny - Neighborhood 02"文件赋予天空对象，如图12-145所示。

19 找到合适的角度并创建一个摄像机，然后渲染，效果如图12-146所示。

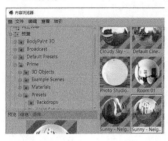 

图12-145   图12-146

实战：用随机域制作饼干

场景位置	无
实例位置	实例文件>CH12>实战：用随机域制作饼干.c4d
视频名称	实战：用随机域制作饼干.mp4
难易指数	★★★★☆
技术掌握	掌握随机域的使用方法

本案例用圆柱和随机域制作饼干模型，案例效果如图12-147所示。

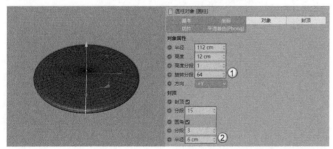

图12-147

01 使用"圆柱"工具 ◉ 圆柱 在场景中创建一个"半径"为112cm，"高度"为12cm，"旋转分段"为64的圆柱模型，然后设置"封顶"的"分段"为15，勾选"圆角"选项，设置"分段"为3，"半径"为6cm，如图12-148所示。

图12-148

02 为上一步创建的圆柱体添加"体积生成"工具 ◈ 体积生成，设置"体素类型"为"雾"，"体素尺寸"为5cm，如图12-149所示。

图12-149

03 创建"随机域" 随机域 ，将其放置于"体积生成"的子层级，然后选中"随机域"，设置"创建空间"为"对象以下"，如图12-150所示。

图12-150

04 为了直观地观察模型的效果，为整体模型添加"体积网格"工具 ◈ 体积网格，生成实体模型，如图12-151所示。

图12-151

05 在"对象"面板选中"随机域"，设置"噪波类型"为Box，"比例"为20%，如图12-152所示。效果如图12-153所示。

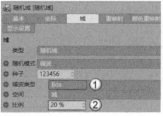 

图12-152   图12-153

06 将饼干模型复制一份，然后调整角度并添加摄像机，如图12-154所示。

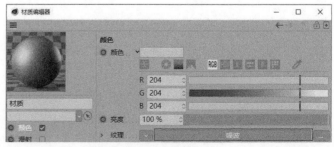

图12-154

07 在"材质"面板中新建一个默认材质，然后在"颜色"的"纹理"通道中加载"噪波"贴图，如图12-155所示。

图12-155

08 进入"噪波"贴图，设置"颜色1"为（R:148，G:88，B:35），"颜色2"为（R:217，G:181，B:85），"噪波"为"噪波"，"全局缩放"为150%，如图12-156所示。

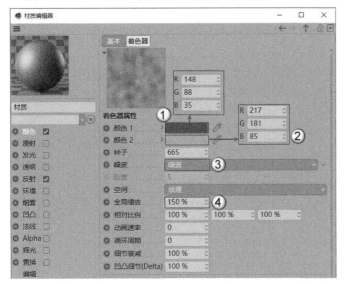

图12-156

技巧与提示 ✐

读者可根据喜好设定"种子"数值，以形成理想的贴图效果。

09 在"反射"中添加GGX，设置"粗糙度"为40%，"反射强度"为80%，"菲涅耳"为"绝缘体"，"预置"为"沥青"，如图12-157所示。材质效果如图12-158所示。

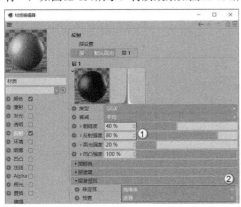

图12-157　　　　图12-158

10 将材质赋予饼干模型，效果如图12-159所示。

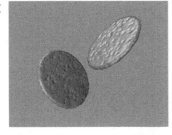

图12-159

11 新建一个默认材质，在"颜色"的"纹理"通道中加载"渐变"贴图，如图12-160所示。

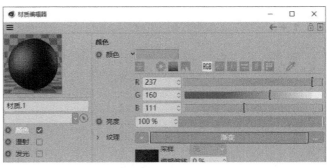

图12-160

12 进入"渐变"贴图，设置"渐变"颜色分别为（R:74，G:47，B:34）和（R:0，G:0，B:0），"类型"为"二维-U"，"角度"为-45°，如图12-161所示。材质效果如图12-162所示。

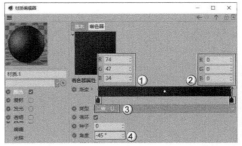

图12-161　　　　图12-162

13 使用"背景"工具 创建一个背景模型，然后将上一步创建的材质赋予背景模型，如图12-163所示。

14 使用"天空"工具 在场景中创建一个天空模型，然后添加"合成"标签，并取消勾选"摄像机可见"，如图12-164所示。

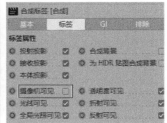

图12-163　　　　图12-164

15 按Shift+F8组合键打开"内容浏览器"，将"预置>Prime>Presets>Light Setups>HDRI>Sunny - Neighborhood 02"文件赋予天空对象，如图12-165所示。

16 按Shift+R组合键渲染场景，最终效果如图12-166所示。

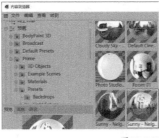

图12-165　　　　图12-166

技术专题

疑难问答

知识链接

技巧与提示

Employment Direction
从业方向 ≫

电商设计　包装设计

产品设计　UI设计

栏目包装　动画设计

第13章　动力学技术

13.1　动力学

制作动力学效果需要使用"模拟标签"，如图13-1所示。"模拟标签"可以模拟刚体、柔体和布料3种类型的动力学效果。

图13-1

本节工具介绍

工具名称	工具作用	重要程度
刚体	模拟表面坚硬的动力学对象	高
柔体	模拟表面柔软的动力学对象	高
碰撞体	模拟与动力学对象碰撞的对象	中

13.1.1　刚体

演示视频：098-刚体

添加了"刚体"标签的对象在模拟动力学动画时，不会因碰撞而产生物体的形变。选中需要成为刚体的对象，然后在"对象"面板上单击鼠标右键，在弹出的菜单中选择"模拟标签>刚体"选项，即可为该对象添加"刚体"标签，如图13-2所示。

图13-2

选中"刚体"标签的图标，在下方的"属性"面板中可以设置其属性，如图13-3所示。

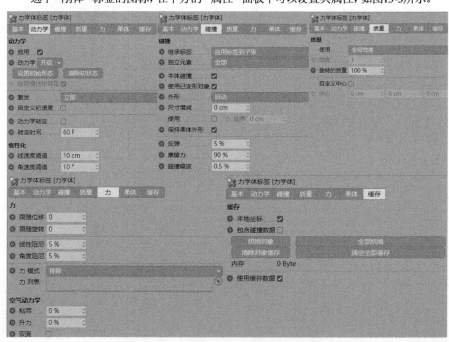

图13-3

重要参数讲解

动力学：设置是否开启动力学效果，默认为"开启"。

设置初始状态 设置初始形态：单击该按钮，设置刚体对象的初始状态。

清除初始状态 清除初始状态：单击该按钮，可以清除设置的初始状态。

激发：设置刚体对象的计算方式，有"立即""在峰速""开启碰撞""由XPresso"4种模式，默认"立即"选项会无视初速度进行模拟。

自定义初速度：勾选该选项后，可以设置刚体对象的"初始线速度"和"初始角速度"，如图13-4所示。

本体碰撞：默认勾选该选项，表示模型本身也会产生碰撞。

外形：设置刚体对象模拟的外轮廓，如图13-5所示。

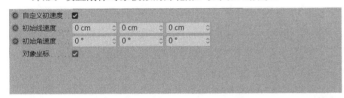

图13-4

图13-5

反弹：设置刚体碰撞的反弹力度，数值越大，反弹越强烈。

摩擦力：设置刚体与碰撞对象的摩擦力，数值越大，摩擦力越大。

使用：设置刚体对象的质量，从而改变碰撞效果，如图13-6所示。

图13-6

全局密度：根据场景中对象的尺寸自行设定密度。

自定义密度：自行设置刚体对象的密度。

自定义质量：自行设置刚体对象的质量。

自定义中心：勾选该选项后，可自定义对象的中心位置。

跟随位移：添加力后刚体对象跟随力的位移。

烘焙对象 烘焙对象：将选中对象的刚体碰撞效果生成为关键帧动画。

全部烘焙 全部烘焙：将场景中所有对象的刚体碰撞效果生成为关键帧动画。

实战：用动力学制作小球弹跳动画

场景位置	场景文件>CH13>01.c4d
实例位置	实例文件>CH13>实战：用动力学制作小球弹跳动画.c4d
视频名称	实战：用动力学制作小球弹跳动画.mp4
难易指数	★★★★☆
技术掌握	练习刚体标签的使用方法

本案例用刚体标签和碰撞体标签模拟小球的弹跳动画，如图13-7所示。

图13-7

01 打开本书学习资源文件
"场景文件>CH13>01.c4d",
如图13-8所示。场景中已经创
建了小球和地面。

图13-8

02 选中所有的小球模型,在"对象"面板单击鼠标右键,选择"模拟标签>刚体"选项,如图13-9所示。在每个小球选项的后方都会增加"刚体"标签 ,如图13-10所示。

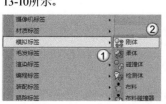
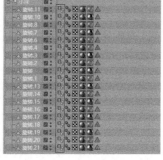

图13-9　　　　　　　　　　　图13-10

03 选中地面模型,在"对象"面板单击鼠标右键,选择"模拟标签>碰撞体"选项,如图13-11所示。在地面选项后方会增加"碰撞体"标签 ,如图13-12所示。

图13-11　　　　　　　　　　　图13-12

疑难问答 ❓

问:为何要添加碰撞体?

答:如果只有"刚体"对象而没有"碰撞体"对象,"刚体"对象会在动力学模拟时一直下落,不与地面模型产生碰撞效果。

04 单击"向前播放"按钮▶,所有小球下落与地面模型产生碰撞和滚动,如图13-13所示。

05 观察模拟的效果,小球模型比较重,与地面的反弹较少。选中所有的"刚体"标签 ,在"碰撞"选项卡中设置"反弹"为80%,"摩擦力"为15%,如图13-14所示。

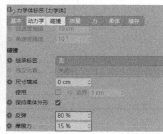

图13-13　　　　　　　　　　　图13-14

06 单击"向前播放"按钮▶,模拟动力学效果,可以观察到小球与地面产生较大的碰撞,如图13-15所示。

技巧与提示 ✎

除了调整"刚体"标签中的"反弹"和"摩擦力"外,也可以调整"碰撞体"标签中的相同参数,两者的效果相同。

07 观察动力学模拟效果已经合适,选中"碰撞体"标签 ,在"缓存"选项卡中单击"全部烘焙"按钮 ,将模拟的动力学记录为关键帧动画,如图13-16所示。

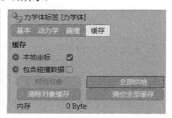

图13-15　　　　　　　　　　　图13-16

08 为场景建立摄像机和灯光,任意渲染几帧,效果如图13-17所示。

图13-17

实战：用动力学制作小球坠落动画

场景位置	无
实例位置	实例文件>CH13>实战：用动力学制作小球坠落动画.c4d
视频名称	实战：用动力学制作小球坠落动画.mp4
难易指数	★★★★☆
技术掌握	掌握刚体标签的使用方法

本案例使用刚体标签和碰撞体标签模拟小球坠落的效果,如图13-18所示。

图13-18

01 使用"球体"工具 球体 在场景中创建一个球体模型，具体参数设置如图13-19所示。

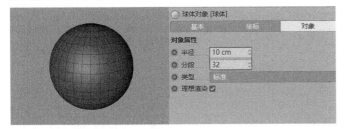

图13-19

02 将球体模型原位复制一份，修改"半径"为25cm，如图13-20所示。

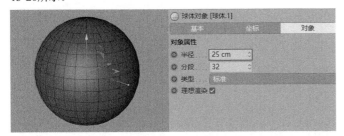

图13-20

03 为两个球体对象添加"克隆"生成器，如图13-21所示。

图13-21

04 选中"克隆"对象，设置"模式"为"网格排列"，"数量"都为7，"尺寸"都为50cm，如图13-22所示。

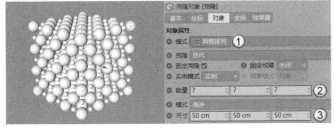

图13-22

05 使用"地面"工具 在场景中创建地面模型，放到小球模型的下方，如图13-23所示。

06 此时小球的模型很整齐，选中"克隆"选项，然后为其添加"随机"效果器，如图13-24所示。

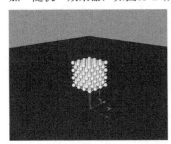

图13-23　　　　　图13-24

07 选中"随机"效果器 随机，设置"位置"都为50cm，然后勾选"等比缩放"，设置"缩放"为0.5，如图13-25所示。

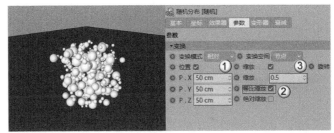

图13-25

08 选中"克隆"对象，然后为其添加"刚体"标签 刚体，如图13-26所示。

09 选中"刚体"标签 刚体，设置"继承标签"为"应用标签到子级"，"反弹"为50%，"摩擦力"为30%，如图13-27所示。

图13-26　　　　　图13-27

10 选中"地面"对象，然后为其添加"碰撞体"标签 碰撞体，如图13-28所示。

11 选中"碰撞体"标签 碰撞体，设置"继承标签"为"无"，"反弹"为50%，"摩擦力"为30%，如图13-29所示。

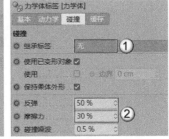

图13-28　　　　　图13-29

12 单击"向前播放"按钮 ▶，观察动画效果，如图13-30所示。

13 在"缓存"选项卡中单击"全部烘焙"按钮 全部烘焙，将模拟的动力学动画效果记录为关键帧动画，如图13-31所示。

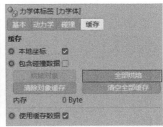

图13-30　　　　　图13-31

14 新建一个默认材质，在"颜色"的"纹理"通道中加载"菲涅耳（Fresnel）"贴图，如图13-32所示。

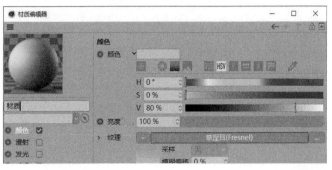

图13-32

15 在"菲涅耳（Fresnel）"贴图中，设置"渐变"颜色分别为（R:204，G:217，B:224）和（R:123，G:179，B:209），如图13-33所示。

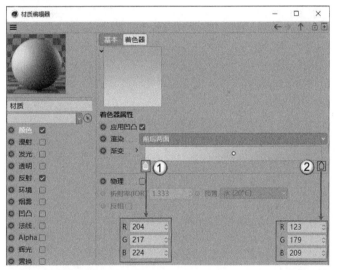

图13-33

16 在"反射"中添加GGX，设置"粗糙度"为50%，"反射强度"为60%，"菲涅耳"为"绝缘体"，如图13-34所示。材质效果如图13-35所示。

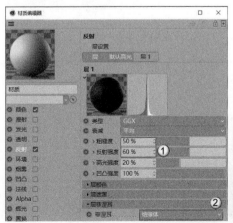

图13-34　　　　图13-35

17 使用"背景"工具 创建背景模型，然后新建一个白色渐变材质，并将其赋予地面和背景，如图13-36所示。

图13-36

18 材质赋予地面后，效果不理想。选中地面的材质标签，然后设置"投射"为"前沿"，如图13-37所示。效果如图13-38所示。

图13-37　　　　　　　　　　　　图13-38

19 使用"天空"工具 新建一个天空模型，然后添加"合成"标签 ，并取消勾选"摄像机可见"选项，如图13-39所示。

图13-39

20 打开"内容浏览器"，将"预置>Prime>Presets>Light Setups>HDRI>Sunny - Marketplace 03"文件赋予天空对象，如图13-40所示。

21 按Shift+R组合键渲染场景，效果如图13-41所示。

图13-40　　　　　　　　　　　　图13-41

22 任意选择几帧渲染场景，效果如图13-42所示。

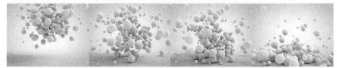

图13-42

实战：用动力学制作碰撞动画

场景位置　场景文件>CH13>02.c4d
实例位置　实例文件>CH13>实战：用动力学制作碰撞动画.c4d
视频名称　实战：用动力学制作碰撞动画.mp4
难易指数　★★★★☆
技术掌握　掌握刚体标签的使用方法

本案例用刚体标签和碰撞体标签模拟小球的碰撞动画，如图13-43所示。

图13-43

01 打开本书学习资源文件"场景文件>CH13>02.c4d"，如图13-44所示。

02 选中所有的立方体模型，然后添加"刚体"标签，其参数保持默认，如图13-45所示。

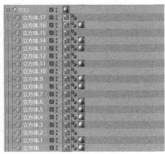

图13-44　　　　图13-45

03 选中地面模型，然后添加"碰撞体"标签，如图13-46所示。

04 选中球体模型，添加"刚体"标签，然后在"动力学"选项卡中勾选"自定义初速度"，并设置"初始线速度"为500cm，如图13-47所示。

图13-46　　　　图13-47

技巧与提示

"初始线速度"的3个输入框分别代表x轴、y轴和z轴。

05 单击"向前播放"按钮▶，可以观察到小球模型朝立方体移动，在碰到立方体后停下，如图13-48所示。

06 小球没有击穿立方体是因为小球的质量太轻。选中小球的"刚体"标签，然后切换到"质量"选项卡，设置"使用"为"自定义质量"，"质量"为500，如图13-49所示。

图13-48　　　　图13-49

07 单击"向前播放"按钮▶，可以观察到小球击穿了立方体，如图13-50所示。

08 由于小球的速度较慢，立方体散落的距离太接近。将小球的"初始线速度"设置为800cm，模拟的效果如图13-51所示。

图13-50　　　　图13-51

09 切换到摄像机视图，观察碰撞效果，如图13-52所示。

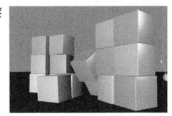

图13-52

10 切换到"缓存"选项卡，单击"全部烘焙"按钮，将动力学效果转换为关键帧动画，然后任意选取4帧进行渲染，效果如图13-53所示。

图13-53

261

实战：用动力学制作多米诺骨牌动画

场景位置	无
实例位置	实例文件>CH13>实战：用动力学制作多米诺骨牌动画.c4d
视频名称	实战：用动力学制作多米诺骨牌动画.mp4
难易指数	★★★★☆
技术掌握	掌握刚体标签的使用方法

本案例使用刚体标签和碰撞体标签模拟小球撞击多米诺骨牌的效果，如图13-54所示。

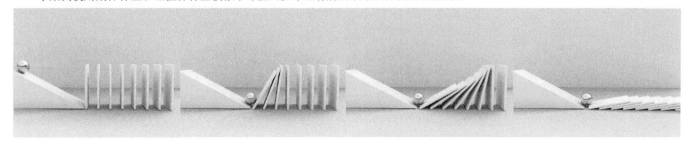

图13-54

01▶ 使用"立方体"工具 在场景中创建一个立方体模型，具体参数设置如图13-55所示。

图13-55

02▶ 为创建的立方体添加"克隆"生成器 ，设置"模式"为"线性"，"数量"为8，"位置.X"为56cm，如图13-56所示。

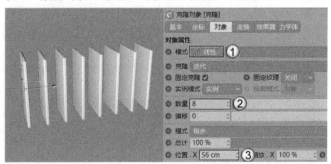

图13-56

03▶ 使用"多边"工具 在场景中绘制一个3边的样条，然后将其转换为可编辑对象，并调整样条的造型，如图13-57所示。

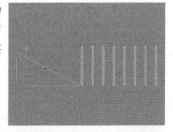

图13-57

04▶ 为样条添加"挤压"生成器 ，设置"移动"为110cm，如图13-58所示。

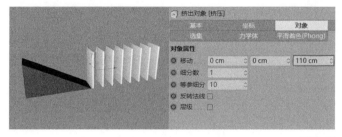

图13-58

05▶ 使用"球体"工具 在场景中创建一个球体模型，如图13-59所示。

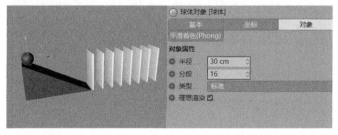

图13-59

06▶ 使用"地面"工具 创建地面模型，如图13-60所示。

07▶ 为"球体"和"克隆"对象添加"刚体"标签 ，然后为"挤压"和"地面"对象添加"碰撞体"标签 ，如图13-61所示。

图13-60   图13-61

08▶ 单击"向前播放"按钮▶，可以观察到小球从斜坡滚下撞击立方体，形成多米诺骨牌的效果，如图13-62所示。

09 在"缓存"选项卡中单击"全部烘焙"按钮 全部烘焙 ，将模拟的动力学效果转换为关键帧动画，如图13-63所示。

图13-62

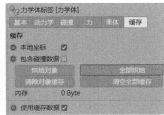
图13-63

10 使用"天空"工具 ☁天空 在场景中创建天空模型，然后添加"合成"标签 ▇合成 ，取消勾选"摄像机可见"选项，如图13-64所示。

11 打开"内容浏览器"，将"预置>Prime>Presets>Light Setups>HDRI>Sunny - Marketplace 03"文件赋予天空对象，如图13-65所示。

图13-64

图13-65

12 新建一个默认材质，设置"颜色"为（R:255，G:201，B:201），如图13-66所示。材质效果如图13-67所示。

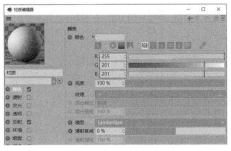

图13-66

图13-67

13 将材质复制一份，设置"颜色"为（R:245，G:216，B:157），如图13-68所示。材质效果如图13-69所示。

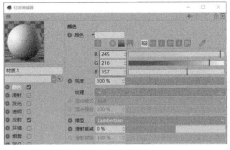

图13-68

图13-69

14 将材质复制一份，设置"颜色"为（R:172，G:207，B:227），如图13-70所示。材质效果如图13-71所示。

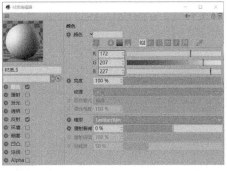

图13-70

图13-71

15 新建一个默认材质，取消勾选"颜色"，在"反射"中添加GGX，设置"粗糙度"为10%，"菲涅耳"为"导体"，"预置"为"钢"，如图13-72所示。材质效果如图13-73所示。

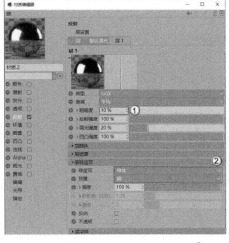

图13-72

图13-73

16 将材质赋予场景中的模型，效果如图13-74所示。

17 找到一个合适的角度，单击"摄像机"按钮 ，添加一个摄像机，然后预览渲染效果，如图13-75所示。

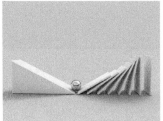
图13-74

图13-75

18 任意选择几帧渲染动画效果，如图13-76所示。

图13-76

13.1.2 柔体

演示视频：099-柔体

添加了"柔体"标签 柔体 的对象在模拟动力学动画时，会因碰撞而产生物体的形变。选中需要成为柔体的对象，然后在"对象"面板上单击鼠标右键，接着在弹出的菜单中选择"模拟标签>柔体"选项，即可为该对象添加"柔体"标签，如图13-77所示。

选中"柔体"标签的图标，在下方的"属性"面板中可以设置其属性。"柔体"与"刚体"的属性面板相同，这里只单独讲解"柔体"选项卡，如图13-78所示。

图13-77

图13-78

重要参数讲解

柔体：默认为"由多边形/线构成"选项，模拟柔体效果。若选择为"无"选项，则为刚体效果。

构造：设置柔体对象在碰撞时的形变效果，数值为0时完全形变。

阻尼：设置柔体与碰撞体之间的摩擦力。

弹性极限：设置柔体弹力的极限值。

硬度：设置柔体外表的硬度，如图13-79和图13-80所示。

压力：设置柔体对象内部的强度，如图13-81和图13-82所示。

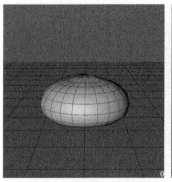

图13-79

图13-80

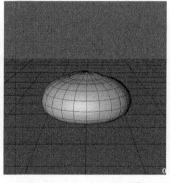

图13-81

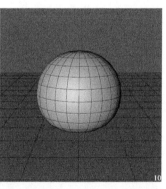

图13-82

实战：用动力学制作篮球弹跳动画

场景位置	场景文件>CH13>03.c4d
实例位置	实例文件>CH13>实战：用动力学制作篮球弹跳动画.c4d
视频名称	实战：用动力学制作篮球弹跳动画.mp4
难易指数	★★★★☆
技术掌握	练习柔体标签的使用方法

本案例用柔体标签和碰撞体标签模拟篮球的弹跳动画，案例效果如图13-83所示。

图13-83

01 打开本书学习资源文件
"场景文件>CH13>03.c4d",
如图13-84所示。

图13-84

02 选中篮球模型,在"对象"面板单击鼠标右键,选择"模拟标签>柔体",如图13-85所示。在"球体"对象后会出现"柔体"标签 柔体,如图13-86所示。

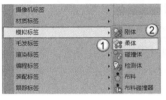 

图13-85　　　　　　　　图13-86

03 选中"地面"模型,在"对象"面板单击鼠标右键,选择"模拟标签>碰撞体",如图13-87所示。在"地面"对象的后方会出现"碰撞体"标签 碰撞体,如图13-88所示。

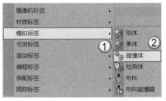 

图13-87　　　　　　　　图13-88

04 单击"向前播放"按钮▶,模拟动力学效果,可发现篮球模型很柔软地落在地面上,如图13-89所示。

图13-89

05 选中"柔体"标签 柔体,切换到"柔体"选项卡,设置"硬度"为50,如图13-90所示。再次模拟动力学效果,可以发现篮球模型出现弹跳效果,如图13-91所示。

图13-90　　　　　　　　图13-91

06 切换到"碰撞"选项卡,设置"反弹"为80%,"摩擦力"为20%,如图13-92所示。模拟动力学效果,可以观察到篮球的弹力增强,如图13-93所示。

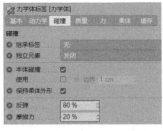 

图13-92　　　　　　　　图13-93

07 切换到"动力学"选项卡,勾选"自定义初速度",设置"初始线速度"为100cm,"初始角速度"为60°,如图13-94所示。模拟动力学效果,可以观察到篮球模型向右抛出并旋转,如图13-95所示。

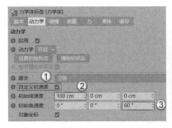 

图13-94　　　　　　　　图13-95

--- 技巧与提示 ✔

"初始角速度"代表动力学物体旋转的方向,3个选项框分别代表x轴、y轴和z轴。如果要确定物体的移动和旋转方向,就打开"移动"工具 和"旋转"工具 ,根据坐标轴进行设置。

08 观察动力学效果无误后,选中"碰撞体"标签 碰撞体,并切换到"缓存"选项卡,单击"全部烘焙"按钮 全部烘焙 ,将模拟的动力学效果记录为关键帧动画,如图13-96所示。

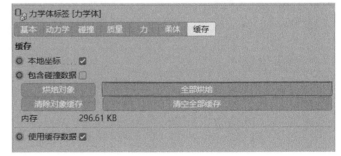

图13-96

09 为场景添加摄像机和灯光,任意渲染几帧效果,如图13-97所示。

图13-97

13.1.3 碰撞体

演示视频：100-碰撞体

添加了"碰撞体"标签 的对象在模拟动力学动画时，是作为与刚体对象或柔体对象产生碰撞的对象。选中需要成为碰撞体的对象，然后在"对象"面板上单击鼠标右键，接着在弹出的菜单中选择"模拟标签>碰撞体"选项，即可为该对象添加"碰撞体"标签，如图13-98所示。

图13-98

选中"碰撞体"标签的图标，在下方的"属性"面板中可以设置其属性，如图13-99所示。

图13-99

重要参数讲解

反弹：设置刚体或柔体对象的反弹强度，数值越大，反弹效果越强。

摩擦力：设置刚体或柔体对象与碰撞体之间的摩擦力。

全部烘焙：将模拟的动力学动画烘焙关键帧后，可进行动画播放。

清除对象缓存：将选中对象所烘焙的关键帧删除，以便重新进行模拟。

清空全部缓存：将场景中所有对象所烘焙的关键帧全部删除。

> **技巧与提示**
>
> 只有将模拟的动力学动画烘焙后才能进行动画播放，否则无法后退观察动画效果。

13.2 布料

在"模拟标签"中除了可以制作刚体和柔体等动力学效果外，还可以制作布料效果。

本节工具介绍

工具名称	工具作用	重要程度
布料	模拟布料对象	高
布料碰撞器	模拟与布料对象产生碰撞的对象	高
布料绑带	模拟与布料连接的对象	中

13.2.1 布料

演示视频：101-布料

添加了"布料"标签 的对象在模拟动力学动画时，会模拟布料碰撞的效果。选中需要成为布料的对象，然后在"对象"面板上单击鼠标右键，在弹出的菜单中选择"模拟标签>布料"选项，即可为该对象添加"布料"标签，如图13-100所示。

图13-100

> **技巧与提示**
>
> 模拟布料的对象需要转换为可编辑对象后才能产生布料模拟效果，普通的参数化几何体无法实现该效果。

"布料"标签的"属性"面板中包含"标签""影响""修整""缓存""高级"5个选项卡，如图13-101所示。

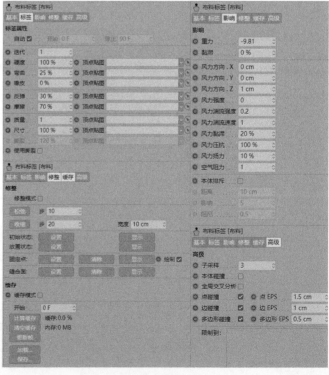

图13-101

重要参数讲解

自动：勾选该选项后，从时间线的第1帧开始模拟布料效果。不勾选该选项则可设置布料模拟的帧范围。

迭代：设置布料模拟的精确度，数值越高模拟效果越好，速度也越慢。

硬度：设置布料模拟时的形变与穿插，如图13-102和图13-103所示。

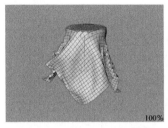

100%   0%

图13-102   图13-103

弯曲：设置布料弯曲的效果，如图13-104和图13-105所示。

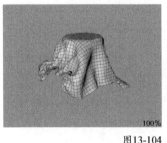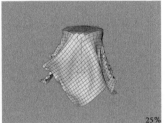

100%   25%

图13-104   图13-105

橡皮：设置布料的拉伸弹力效果，如图13-106所示。

反弹：设置布料间的碰撞效果。

摩擦：设置布料间碰撞的摩擦力。

质量：设置布料的质量。

使用撕裂：勾选后布料会形成碰撞撕裂效果。

图13-106

重力：设置布料受到的重力强度，默认不更改。

黏滞：形成与重力相反的力，减缓布料下坠的速度。

风力方向.X/风力方向.Y/风力方向.Z：设置布料初始速度的方向。

风力强度：设置风力的强度。

风力黏滞：形成与风力方向相反的力，减缓风力的大小。

本体排斥：勾选该选项后，会减少布料模型相互穿插的效果，但会增加计算时间。

松弛：平缓布料的褶皱。

计算缓存 ：将模拟的布料动画烘焙为关键帧动画。

13.2.2 布料碰撞器

演示视频：102-布料碰撞器

"布料碰撞器"标签 与"碰撞体"标签类似，是模拟布料碰撞的对象，其"属性"面板如图13-107所示。

图13-107

重要参数讲解

使用碰撞：勾选该选项后，布料与碰撞器产生碰撞效果。

反弹：设置布料与碰撞器之间的反弹强度。

摩擦：设置布料与碰撞器之间的摩擦力。

实战：用布料模拟透明塑料布

场景位置	场景文件>CH13>04.c4d
实例位置	实例文件>CH13>实战：用布料模拟透明塑料布.c4d
视频名称	实战：用布料模拟透明塑料布.mp4
难易指数	★★★★☆
技术掌握	掌握布料标签的使用方法

本案例使用平面、布料曲面和布料标签制作一块塑料布，案例效果如图13-108所示。

01 打开本书学习资源文件"场景文件>CH13>04.c4d"，如图13-109所示。场景中制作了一组简单的造型模型和地面，这些模型都已经转换为可编辑对象。

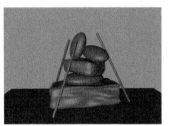

图13-108   图13-109

02 使用"平面"工具 在场景中创建一个平面，设置"宽度"为500cm，"高度"为400cm，"宽度分段"和"高度分段"都为40，如图13-110所示。

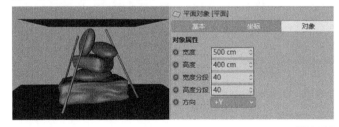

图13-110

技巧与提示

平面的分段越多，模拟的布料效果越好，但平面的分段越多，模拟布料时的速度也越慢。

03 将创建的平面转换为可编辑对象后，在"对象"面板为其添加"布料"标签 ，如图13-111所示。

图13-111

04 在"对象"面板选中地面模型和造型模型，并为其添加"布料碰撞器"标签 ![布料碰撞器]，如图13-112所示。

05 单击"向前播放"按钮▶，模拟布料效果，如图13-113所示。

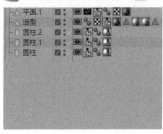
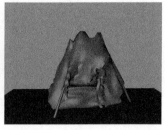

图13-112　　　　　　　　　图13-113

06 在"属性"面板的"标签"选项卡中设置"弯曲"为7%，"反弹"为8%，如图13-114所示。这样可以减少布料的弹性。

07 切换到"高级"选项卡，勾选"本体碰撞"，如图13-115所示。这样可以避免布料之间的穿插效果。

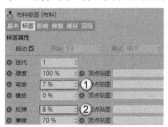

图13-114　　　　　　　　　图13-115

08 单击"向前播放"按钮▶，模拟布料效果，如图13-116所示。

09 添加"布料曲面"生成器 ![布料曲面]，在"对象"面板中将"平面"作为"布料曲面"的子层级，如图13-117所示。

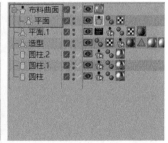

图13-116　　　　　　　　　图13-117

10 选中"布料曲面"，设置"厚度"为2cm，效果如图13-118所示。

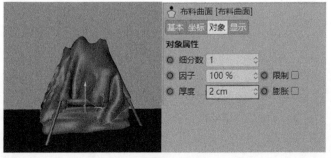

图13-118

将"布料曲面"工具 ![布料曲面] 在之前的制作中出现过，用来增加模型的厚度。"布料曲面"工具 ![布料曲面] 位于"模拟>布料"菜单中，绿色的图标代表其作为对象的父层级。

"布料曲面"的参数很简单，如图13-119所示。

图13-119

细分数：增加模型的细分数。图13-120所示是没有添加"布料曲面"时的模型，图13-121所示是添加了"布料曲面"时的模型。"细分数"的数值越大，增加的分段线也就越多。

图13-120　　　　　　　　　图13-121

厚度：设置对象的厚度，如图13-122所示。

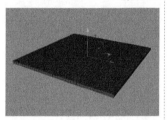

图13-122

11 选中"布料"标签 ![布料] 的图标，然后在"缓存"选项卡中单击"计算缓存"按钮 ![计算缓存]，生成动画关键帧，如图13-123所示。

图13-123

12 在"材质"面板新建一个默认材质，然后设置"颜色"为（R:255，G:102，B:102），如图13-124所示。

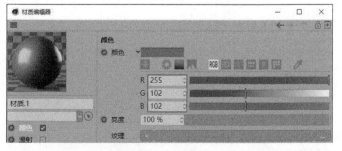

图13-124

13 在"反射"中添加GGX，设置"粗糙度"为20%，"菲涅耳"为"绝缘体"，"预置"为"聚酯"，如图13-125所示。材质效果如图13-126所示。

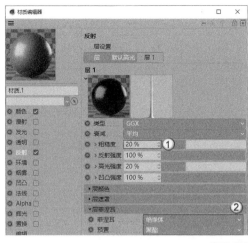

图13-125　　　　图13-126

14 将材质复制一份，然后修改"颜色"为（R:204，G:204，B:204），如图13-127所示。材质效果如图13-128所示。

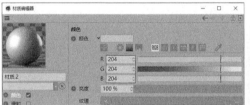

图13-127　　　　图13-128

15 将以上两个材质赋予底座模型，效果如图13-129所示。

技巧与提示

底座模型为一个整体，最好建立选集后赋予材质。

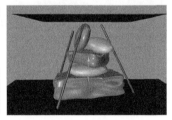

图13-129

16 新建一个默认材质，取消勾选"颜色"，在"反射"中添加GGX，设置"粗糙度"为40%，"菲涅耳"为"导体"，"预置"为"银"，如图13-130所示。材质效果如图13-131所示。

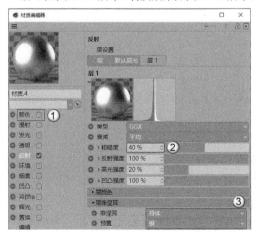

图13-130　　　　图13-131

17 将材质赋予3个圆柱模型，效果如图13-132所示。

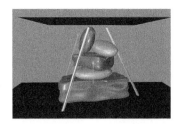

图13-132

18 在"材质"面板新建一个材质，然后设置"颜色"为（R:219，G:253，B:255），如图13-133所示。

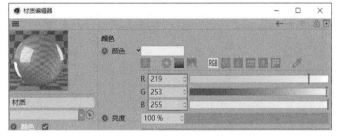

图13-133

19 勾选"透明"，设置"亮度"为95%，"折射率预设"为"塑料（PET）"，如图13-134所示。

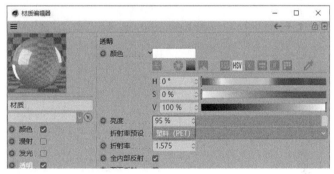

图13-134

20 在"反射"中添加GGX，然后设置"粗糙度"为5%，"菲涅耳"为"绝缘体"，"预置"为"有机玻璃"，如图13-135所示。材质效果如图13-136所示。

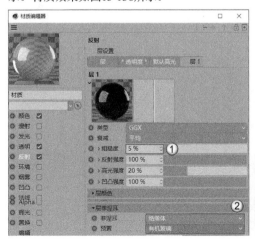

图13-135　　　　图13-136

21 将材质赋予布料模型，效果如图13-137所示。

图13-137

22 在"材质"面板新建一个默认材质，然后设置"颜色"为（R:255，G:102，B:102），如图13-138所示。材质效果如图13-139所示。

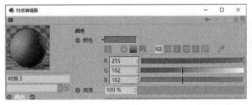

图13-138　　　　图13-139

23 将材质赋予地面模型，效果如图13-140所示。

24 为地面模型添加"合成"标签 合成，然后勾选"合成背景"选项，如图13-141所示。这样就能渲染出无缝背景。

图13-140　　　　图13-141

25 使用"背景"工具 背景 创建一个背景模型，然后赋予和地面相同的粉色材质，如图13-142所示。

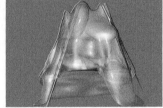

图13-142

26 使用"灯光"工具 在场景中创建一盏灯光，位置如图13-143所示。

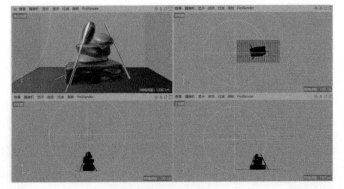

图13-143

27 选中上一步创建的灯光，在"常规"选项卡中设置"颜色"为（R:255，G:254，B:242），"强度"为80%，"投影"为"区域"，如图13-144所示。

28 切换到"细节"选项卡，设置"衰减"为"平方倒数（物理精度）"，"半径衰减"为652.266cm，如图13-145所示。

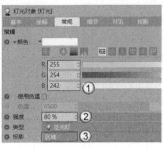

图13-144　　　　图13-145

29 将修改后的灯光复制一份，位置如图13-146所示。

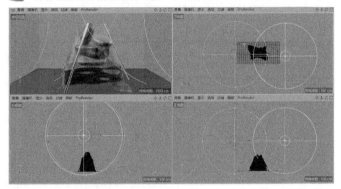

图13-146

30 在"常规"选项卡中修改"颜色"为（R:224，G:252，B:255），如图13-147所示。

31 测试渲染灯光效果，如图13-148所示。可以发现场景中的物体很黑，需要添加环境光。

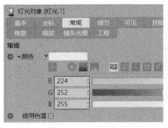

图13-147　　　　图13-148

32 使用"天空"工具 天空 在场景中创建一个天空模型，然后添加"合成"标签 合成，并取消勾选"摄像机可见"，如图13-149所示。

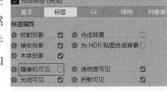

图13-149

33 打开"内容浏览器"，将"预置>Prime>Presets>Light Setups>HDRI>Photo Studio"文件赋予天空对象，如图13-150所示。

34 为场景创建摄像机，渲染效果如图13-151所示。

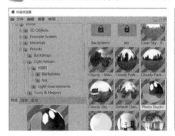

图13-150　　　　　　　　　　图13-151

实战：用布料模拟撕裂的布条

场景位置	无
实例位置	实例文件>CH13>实战：用布料模拟撕裂的布条.c4d
视频名称	实战：用布料模拟撕裂的布条.mp4
难易指数	★★★★☆
技术掌握	掌握布料标签的使用方法，了解风力的使用方法

本案例使用圆锥、平面和风力等制作撕裂的布条，案例效果如图13-152所示。

01 使用"圆锥"工具在场景中创建5个大小不等的圆锥体，参数可根据需要任意设置，如图13-153所示。

图13-152　　　　　　　　　　图13-153

02 将上一步创建的圆锥模型转换为可编辑对象，并添加"布料碰撞器"标签，如图13-154所示。

图13-154

03 在场景中创建一个平面，设置"宽度"和"高度"都为600cm，"宽度分段"和"高度分段"都为40，如图13-155所示。

图13-155

04 将平面模型转换为可编辑对象，添加"布料"标签，如图13-156所示。

图13-156

05 选中"布料"标签，在"标签"选项卡中勾选"使用撕裂"，切换到"影响"选项卡，设置"重力"为0，如图13-157所示。

图13-157

06 单击"向前播放"按钮▶，模拟动力学效果，可发现布料没有移动，这是因为场景中没有外力产生。执行"模拟>力场>风力"菜单命令，在场景中创建风力的图标，然后放置在平面的前方，如图13-158和图13-159所示。

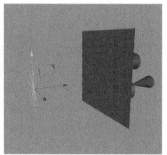

图13-158　　　　　　　　　　图13-159

07 单击"向前播放"按钮▶，模拟动力学效果，可以观察到受到风力的影响，平面朝圆锥方向移动并产生撕裂效果，如图13-160所示。

图13-160

知识链接

如果觉得风力太弱，模拟的速度很慢。选中"风力"，增加"速度"的数值即可。"风力"的具体使用方法详见"14.2.8 风力"。

08 为"平面"添加"布料曲面"工具，设置"厚度"为2cm，如图13-161所示。添加"布料曲面"后，撕裂的布料效果会变得真实，如图13-162所示。

图13-161　　　　　　　　　　图13-162

09 模拟效果无误后，在"布料"标签 ^{布料} 的"缓存"选项卡中单击"计算缓存"按钮 计算缓存 ，将模拟的动力学记录为关键帧动画，如图13-163所示。

图13-163

10 使用"灯光"工具 在场景中创建一盏灯光，位置如图13-164所示。

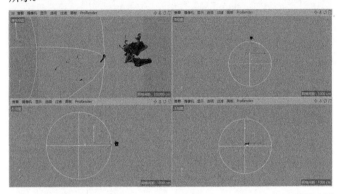

图13-164

11 选中上一步创建的灯光，在"常规"选项卡中设置"颜色"为（R:255，G:245，B:204），"投影"为"区域"，如图13-165所示。

12 切换到"细节"选项卡，设置"衰减"为"平方倒数（物理精度）"，"半径衰减"为2552.416cm，如图13-166所示。

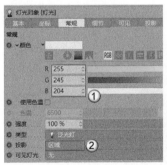

图13-165　　　　图13-166

13 将修改后的灯光复制一盏，位置如图13-167所示。

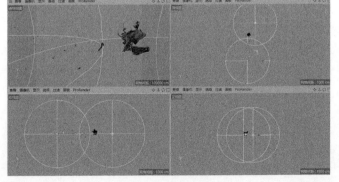

图13-167

14 在"常规"选项卡中修改"颜色"为（R:204，G:241，B:255），"强度"为50%，如图13-168所示。

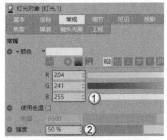

图13-168

15 在"材质"面板新建一个默认材质，然后在"颜色"的"纹理"通道中加载"渐变"贴图，如图13-169所示。

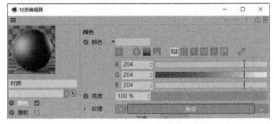

图13-169

16 进入"渐变"贴图，设置"渐变"颜色分别为（R:235，G:82，B:82）和（R:120，G:0，B:0），"类型"为"二维-圆形"，如图13-170所示。

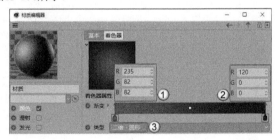

图13-170

17 在"反射"中添加GGX，然后设置"粗糙度"为50%，"菲涅耳"为"绝缘体"，"预置"为"珍珠"，如图13-171所示。材质效果如图13-172所示。

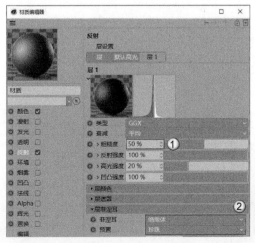

图13-171　　　　图13-172

18 将材质赋予布料模型，效果如图13-173所示。

19 测试渲染场景，效果如图13-174所示。观察渲染效果会发现整体画面很黑，需要添加环境光。纯黑色的背景显得过于死板，需要调整背景。

图13-173　　　　　　　　图13-174

20 新建一个黑色渐变的默认材质，然后创建一个背景模型，并将该材质赋予背景模型，如图13-175所示。

21 使用"天空"工具 天空 创建一个天空模型，然后添加"合成"标签 合成，并取消勾选"摄像机可见"，如图13-176所示。

图13-175　　　　　　　　图13-176

22 打开"内容浏览器"，将"预置>Prime>Presets>Light Setups>HDRI>Photo Studio"文件赋予天空对象，如图13-177所示。

23 为场景添加摄像机，渲染效果如图13-178所示。注意，设置圆锥体不被渲染，场景中就只会出现布料模型。

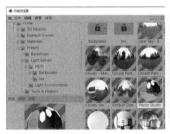 

图13-177　　　　　　　　图13-178

13.2.3 布料绑带

演示视频：103-布料绑带

添加了"布料"标签的对象添加"布料绑带"标签，就可以与相连接的对象形成连接关系，其属性面板如图13-179所示。

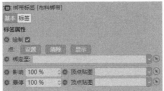

图13-179

重要参数讲解

设置：单击此按钮，会将布料与连接对象相关联。

绑定至：连接需要绑定的对象。

技术专题　布料绑带详解

"布料绑带"标签可以让布料与其他对象产生连接效果，具体使用方法如下。

第1步：创建一个平面，转换为可编辑对象后添加"布料"标签，如图13-180所示。

第2步：创建一个立方体作为连接对象，并放在平面的左上角，如图13-181所示。

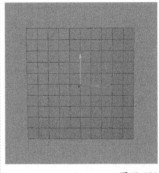 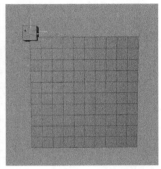

图13-180　　　　　　　　图13-181

第3步：在"点"模式 中选中平面左上角的点，然后添加"布料绑带"标签 布料绑带，如图13-182所示。

第4步：在"布料绑带"标签的属性面板中，将创建的立方体拖曳到"绑定至"通道中，如图13-183所示。

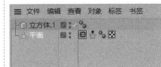 

图13-182　　　　　　　　图13-183

第5步：单击"设置"按钮，即可将平面和立方体进行绑定，如图13-184所示。

第6步：单击"向前播放"按钮 ，即可模拟布料效果，可以观察到布料的左上角与立方体连接，形成悬挂效果，如图13-185所示。

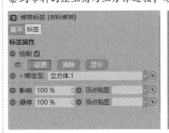 

图13-184　　　　　　　　图13-185

273

CINEMA 4D
DESIGNER

- 技术专题
- 疑难问答
- 知识链接
- 技巧与提示

Learning Objectives
学习要点 ❤

275页
用粒子制作气泡动画

278页
用粒子发射器制作旋转的粒子

282页
用粒子制作运动光线

285页
用粒子制作旋转光线

286页
用粒子制作发光线条

288页
用粒子制作线条空间

Employment Direction
从业方向 ❤

电商设计   包装设计

产品设计   UI设计

栏目包装   动画设计

第
14
章

粒子技术

14.1 粒子发射器

演示视频：104-粒子发射器

粒子是通过"发射器"生成的，然后通过属性模拟粒子的一些生成状态。

本节工具介绍

工具名称	工具作用	重要程度
发射器	模拟粒子的生成和效果	高
烘焙粒子	将模拟的粒子烘焙为关键帧动画	高

14.1.1 粒子发射器

执行"模拟>粒子>发射器"菜单命令，会在场景中创建一个发射器，如图14-1和图14-2所示。

技巧与提示 ✍

拖曳"时间线"的滑块，可以预览粒子的效果。

图14-1

图14-2

14.1.2 粒子属性

"发射器"的"属性"面板，如图14-3所示。

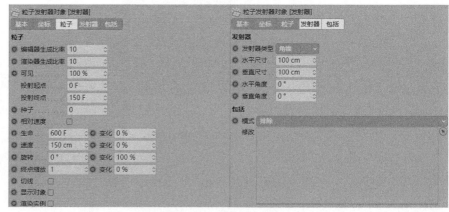

图14-3

重要参数讲解

编辑器生成比率：设置发射器发射粒子的数量。

渲染器生成比率：粒子在渲染过程中实际生成粒子的数量，一般情况下渲染器生成比率和编辑器生成比率的数量是一样的。

可见：设置粒子在视图中的可视化的百分比数量。

投射起点：设置粒子发射的起始帧数。

投射终点：设置粒子发射的末尾帧数。

生命：设置粒子寿命，并对粒子寿命进行随机变化。

速度：设置粒子的运动速度，并对粒子速度进行随机变化。

旋转：设置粒子的旋转方向，并对粒子的旋转进行随机变化，如图14-4所示。

终点缩放：设置粒子在运动结束前的缩放大小比例，并对粒子的缩放比例进行随机变化，如图14-5所示。

切线：勾选"切线"，发出的粒子方向将与z轴水平对齐，如图14-6所示。

显示对象：显示场景中替换粒子的对象。

渲染实例：勾选后，把发射器变成可以编辑的对象或者直接选中发射器，按C键，发射的粒子都会变成渲染实例对象。

发射器类型：设置"圆锥"和"角锥"两种发射器的类型。

水平尺寸/垂直尺寸：设置发射器的大小。

水平角度/垂直角度：设置发射器的角度。

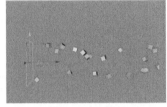  

图14-4　　　　　　　　　　　图14-5　　　　　　　　　　　图14-6

14.1.3 烘焙粒子

当模拟了粒子效果后，需要将模拟的效果转换为关键帧动画，这时候就需要使用"烘焙粒子"。执行"模拟>粒子>烘焙粒子"菜单命令，会打开"烘焙粒子"对话框，如图14-7和图14-8所示。

重要参数讲解

起点/终点：设置烘焙粒子的帧范围。

每帧采样：设置粒子采样的质量。

烘焙全部：设置烘焙帧的频率。

图14-7　　　　　　　　　　　图14-8

实战：用粒子制作气泡动画

场景位置	无
实例位置	实例文件>CH14>实战：用粒子制作气泡动画.c4d
视频名称	实战：用粒子制作气泡动画.mp4
难易指数	★★★★☆
技术掌握	掌握粒子发射器的用法

本案例使用发射器和球体模拟气泡动画，案例效果如图14-9所示。

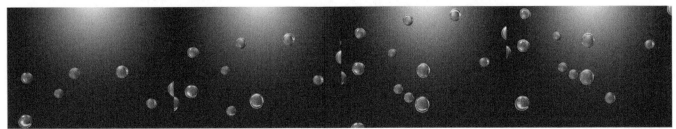

图14-9

01 在场景中创建一个发射器，在"发射器"选项卡中设置"垂直尺寸"为300cm，如图14-10所示。

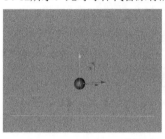

图14-10

02 使用"球体"工具 ● 球体 在场景中创建一个"半径"为3cm的球体，如图14-11所示。

03 将"球体"作为"发射器"的子层级，然后在"发射器"的"属性"面板中勾选"显示对象"和"渲染实例"，如图14-12所示。此时球体代替原有的粒子。

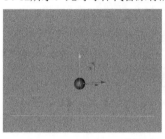

图14-11   图14-12

04 在"属性"面板中继续设置"可见"为50%，"投射起点"为-30F，"投射终点"为90F，"速度"为50cm，"变化"为20%，"终点缩放"为0.2，"变化"为20%，如图14-13所示。

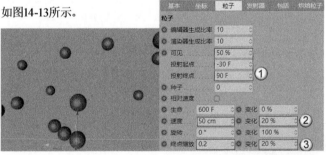

图14-13

05 使用"平面"工具 平面 在场景后方创建一个平面模型作为背景，如图14-14所示。

图14-14

06 使用"灯光"工具 在场景上方创建一盏灯光，位置如图14-15所示。

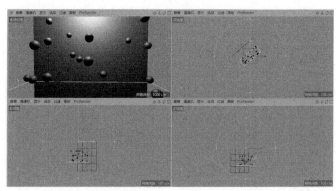

图14-15

07 选中上一步创建的灯光，在"常规"选项卡中设置"颜色"为（R:255，G:255，B:255），"强度"为70%，"投影"为"区域"，如图14-16所示。

08 切换到"细节"选项卡，设置"衰减"为"平方倒数（物理精度）"，"半径衰减"为500cm，如图14-17所示。

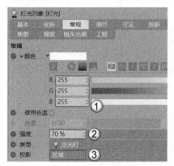 

图14-16   图14-17

09 在"材质"面板新建一个默认材质，取消勾选"颜色"，然后勾选"发光"，在"纹理"通道中加载"渐变"贴图，如图14-18所示。

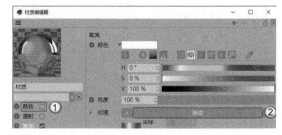

图14-18

10 进入"渐变"贴图，设置"渐变"颜色为彩色，"类型"为"二维-U"，如图14-19所示。

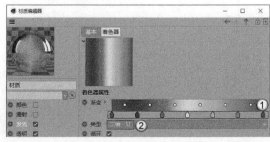

图14-19

技巧与提示 ✏

渐变的颜色仅供参考，读者可设置自己喜欢的颜色。

11 勾选"透明"，设置"亮度"为90％，"折射率"为0.8，如图14-20所示。

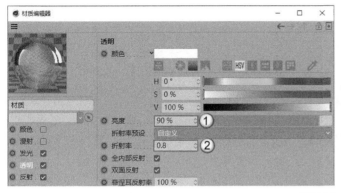

图14-20

12 在"反射"的"纹理"通道中加载"渐变"贴图，如图14-21所示。该通道中的"渐变"贴图与"发光"的"纹理"通道中的贴图参数设置完全一致。

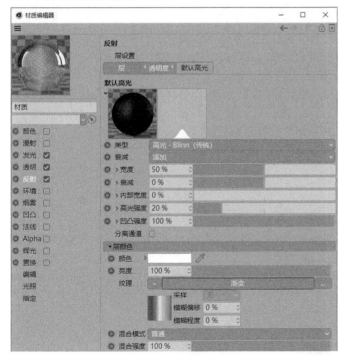

图14-21

13 将材质赋予气泡模型，效果如图14-22所示。

图14-22

14 新建一个默认材质，然后在"颜色"的"纹理"通道中加载"渐变"贴图，如图14-23所示。

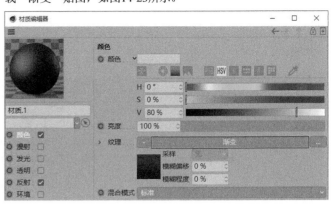

图14-23

15 进入"渐变"贴图，设置"渐变"颜色为（R:0，G:0，B:20）和（R:32，G:63，B:82），"类型"为"二维-V"，如图14-24所示。

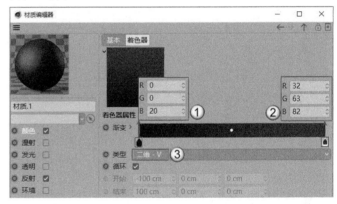

图14-24

16 将材质赋予背景的平面模型，效果如图14-25所示。

17 使用"天空"工具 在场景中创建一个天空模型，然后打开"内容浏览器"，将"预置>Studio>Presets>Light Setups>HDRI>Promenade Under-Bridge"文件赋予天空对象，如图14-26所示。

图14-25　　　　　　　　　　图14-26

18 为场景添加摄像机，渲染效果如图14-27所示。

图14-27

实战：用粒子发射器制作旋转的粒子

场景位置	无
实例位置	实例文件>CH14>实战：用粒子发射器制作旋转的粒子.c4d
视频名称	实战：用粒子发射器制作旋转的粒子.mp4
难易指数	★★★☆
技术掌握	掌握粒子发射器的用法

本案例使用粒子发射器制作旋转的粒子，案例效果如图14-28所示。

图14-28

01 在场景中创建一个发射器，在"发射器"选项卡中设置"垂直尺寸"为200cm，同时旋转发射器的方向，使粒子朝左侧发射，如图14-29所示。

图14-29

02 使用"角锥"工具 在场景中创建一个角锥模型，设置"尺寸"都为20cm，如图14-30所示。

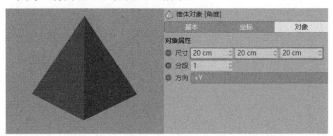

图14-30

03 使用"球体"工具 在场景中创建一个球体模型，设置"半径"为5cm，如图14-31所示。

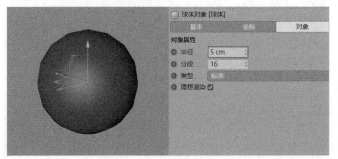

图14-31

04 将"角锥"和"球体"都放置于"发射器"的子层级，如图14-32所示。

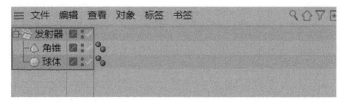

图14-32

05 在"粒子"选项卡中勾选"显示对象"和"渲染实例"选项，然后移动时间滑块，可以观察到角锥模型和球体模型替代了原有的粒子，如图14-33所示。

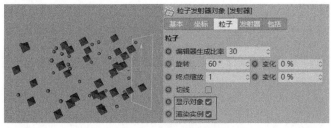

图14-33

06 继续在"粒子"选项卡中设置"编辑器生成比率"和"渲染器生成比率"都为30，"速度"的"变化"为30%，"旋转"为60°，"终点缩放"的"变化"为30%，如图14-34所示。可以观察到粒子呈现差异化效果。

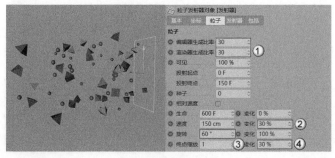

图14-34

07 执行"模拟>力场>旋转"菜单命令，在场景中添加"旋转"力场，如图14-35所示。

> 知识链接
> "旋转"力场的相关概念，请参阅"14.2.6 旋转"。

08 移动时间滑块，可以观察到粒子呈现旋转移动的效果，如图14-36所示。

图14-35　　　　　　　　　　图14-36

09 使用"天空"工具 在场景中创建一个天空模型，然后添加"合成"标签，并取消勾选"摄像机可见"选项，如图14-37所示。

10 打开"内容浏览器"，将"预置>Prime>Presets>Light Setups>HDRI>Clear Sky - Buildings"文件赋予天空对象，如图14-38所示。

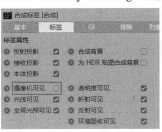
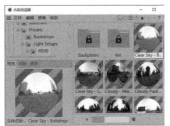

图14-37　　　　　　　　　　图14-38

11 使用"灯光"工具 在场景中创建一盏灯光，位置如图14-39所示。

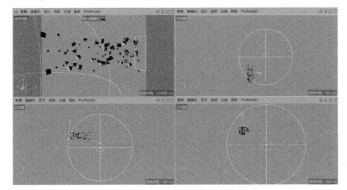

图14-39

12 选中创建的灯光，在"常规"选项卡中设置"颜色"为（R:255，G:182，B:87），"强度"为200%，"投影"为"区域"，如图14-40所示。

13 切换到"细节"选项卡，设置"衰减"为"平方倒数（物理精度）"，"半径衰减"为798.954cm，如图14-41所示。

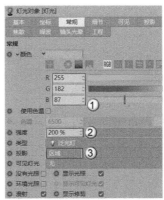
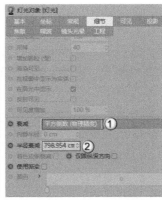

图14-40　　　　　　　　　　图14-41

14 将灯光复制一盏，位置如图14-42所示。

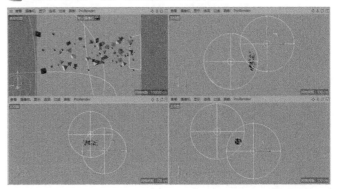

图14-42

15 选中复制的灯光，设置"强度"为100%，如图14-43所示。

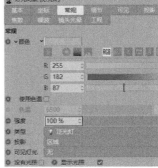

图14-43

16 继续复制一盏灯光，位置如图14-44所示。

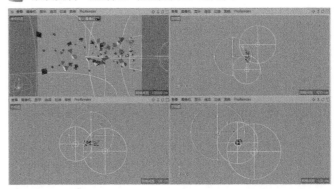

图14-44

17 选中复制的灯光，设置"颜色"为（R:87，G:157，B:255），"强度"为100%，"投影"为"区域"，如图14-45所示。

18 切换到"细节"选项卡，设置"半径衰减"为599.142cm，如图14-46所示。

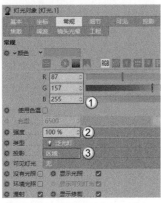 

图14-45　　　　　　图14-46

19 新建一个默认材质，取消勾选"颜色"选项，在"反射"中添加GGX，设置"粗糙度"为20%，"反射强度"为60%，"高光强度"为40%，"菲涅耳"为"导体"，"预置"为"钢"，如图14-47所示。材质效果如图14-48所示。

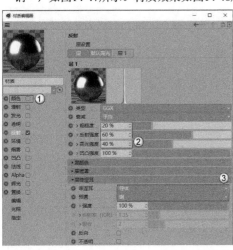

图14-47　　　　　　图14-48

20 将材质赋予粒子模型，效果如图14-49所示。

21 在场景中找到一个合适的角度，然后单击"摄像机"按钮，在场景中添加一个摄像机，如图14-50所示。

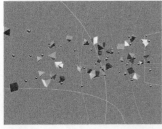 

图14-49　　　　　　图14-50

22 按Shift+R组合键渲染场景，案例最终效果如图14-51所示。

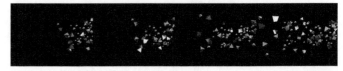

图14-51

技术专题 Thinking Particle粒子和X Particle粒子

Thinking Particle粒子（思维粒子）是一个基于规则，并能够提供巨大的能力和灵活性的粒子系统。TP粒子是靠事件驱动的。

思维粒子是基于节点进行编辑，并使用Cinema 4D的Xpresso编辑器创建和编辑它的各个节点，所以在使用Thinking Particle之前，请确定你了解如何使用Xpresso。

学习TP粒子，首先应该熟悉Xpresso是如何操作的，一些常用的节点是如何使用的，尤其是TP粒子的节点，带P字头的，都要掌握；其次在明白TP粒子的运作原理的同时，要会一些常用的固定设置方法；最后，多看范例，多多练习。

X Particle粒子是Cinema 4D的一款插件类粒子系统。X Particle粒子可以快速、轻松地模拟出流体、动力学和碰撞效果，如图14-52所示。

图14-52

14.2 力场

在"模拟>力场"菜单的下方全部都是力场的相关属性，如图14-53所示。

图14-53

本节工具介绍

工具名称	工具作用	重要程度
引力	模拟粒子间的吸引与排斥	中
反弹	模拟粒子间的反弹	低
破坏	模拟粒子消失	低
摩擦	模拟粒子间的摩擦	低
重力	为粒子添加重力	中
旋转	模拟粒子旋转	中
湍流	模拟粒子的随机抖动	中
风力	为粒子添加风力	低

14.2.1 引力

演示视频：105-引力

"引力"是对粒子进行吸引和排斥的作用，如图14-54所示。

重要参数讲解

强度：设置粒子吸附和排斥的效果。当数值是正值时为吸附效果，当数值为负值时为排斥效果。

速度限制：限制粒子引力之间的距离。当数值越小，粒子与引力产生的距离效果越小；当数值越大，粒子与引力产生的距离效果越强。

图14-54

模式：通过引力的"加速度"和"力"两种模式去影响粒子的运动效果，一般默认为"加速度"即可。

域：通过添加不同形式的域设置引力的衰减效果，如图14-55所示。

图14-55

14.2.2 反弹

演示视频：106-反弹

"反弹"是对粒子产生反弹的效果，如图14-56所示。

重要参数讲解

弹性：设置弹力，数值越大弹力效果越好。

分裂波束：勾选此选项后，可对部分粒子进行反弹。

水平尺寸/垂直尺寸：设置弹力形状的尺寸。

图14-56

14.2.3 破坏

演示视频：107-破坏

"破坏"是当粒子在接触破坏力场时可以消失，如图14-57所示。

重要参数讲解

随机特性：设置粒子在接触破坏力场时消失的数量。数值越小，粒子消失的数量越多；数值越大，粒子消失的数量越少。

尺寸：设置破坏力场的尺寸大小，如图14-58所示。

图14-57

图14-58

14.2.4 摩擦

演示视频：108-摩擦

"摩擦"是粒子在运动过程中产生阻力效果，如图14-59所示。

重要参数讲解

强度：设置粒子在运动中的阻力效果，数值越大，阻力效果越强。

角度强度：设置粒子在运动中的角度变化效果，数值越大，角度变化越小。

图14-59

14.2.5 重力

演示视频：109-重力

"重力"是使粒子在运动过程中有下落的效果，如图14-60所示。

重要参数讲解

加速度：设置粒子在重力作用下的运动速度。加速度数值越大，粒子的重力速度与效果越明显；加速度数值越小，粒子的重力速度与效果越不明显。

模式：通过重力的"加速度""力""空气动力学风"3

图14-60

种模式影响粒子的重力效果，一般默认为"加速度"即可。

14.2.6 旋转

演示视频：110-旋转

"旋转"是使粒子在运动过程中产生旋转的力场，如图14-61所示。

重要参数讲解

角速度：设置粒子在运动中的旋转速度，数值越大，粒子在运动中旋转的速度越快。

模式：通过旋转的"加速度""力""空气动力学风"3种模式影响粒子的旋转效果，一般默认为"加速度"即可。

图14-61

14.2.7 湍流

演示视频：111-湍流

"湍流"是粒子在运动过程中产生随机的抖动效果，如图14-62所示。

重要参数讲解

强度：设置湍流对粒子的强度。数值越大，湍流对粒子产生的效果越明显。

缩放：设置粒子在湍流缩放下产生的聚集和散开的效果。数值越大，聚集和散开效果越明显。

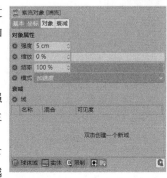
图14-62

频率：设置粒子的抖动幅度和次数。频率越高，粒子抖动的幅度和效果越明显。

14.2.8 风力

演示视频：112-风力

"风力"是设置粒子在风力作用下的运动效果，如图14-63所示。

重要参数讲解

速度：设置风力的速度。速度数值越大，对粒子运动的效果越强烈。

紊流：设置粒子在风力运动下的抖动效果。数值越大，粒子抖动的效果越强烈。

图14-63

紊流缩放：设置粒子在风力运动下抖动时聚集和散开效果。

紊流频率：设置粒子的抖动幅度和次数。频率越高，粒子抖动的幅度和效果越明显。

实战：用粒子制作运动光线

场景位置	无
实例位置	实例文件>CH14>实战：用粒子制作运动光线.c4d
视频名称	实战：用粒子制作运动光线.mp4
难易指数	★★★★☆
技术掌握	练习粒子发射器、追踪对象和引力的用法

本案例使用发射器、球体和追踪对象等模拟光线动画，如图14-64所示。

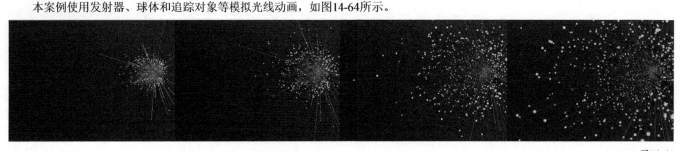
图14-64

01 使用"发射器"工具 发射器 在场景中创建一个发射器，如图14-65所示。

图14-65

02 在"发射器"的"属性"面板中设置"编辑器生成比率"和"渲染器生成比率"都为500，"速度"为300cm，"变化"为20%，"终点缩放"为1，"变化"为20%，如图14-66所示。

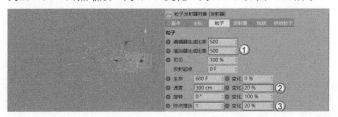
图14-66

03 在场景中创建一个"半径"为1cm的球体，并与"发射器"关联，如图14-67所示。

04 执行"运动图形>追踪对象"菜单命令，创建"追踪对象"工具 追踪对象，此时移动时间滑块，可以看到小球运动的轨迹显示在视图中，如图14-68所示。

图14-67

图14-68

05 执行"模拟>力场>引力"菜单命令，在场景中创建"引力"力场 引力，然后设置"强度"为-30，如图14-69所示。

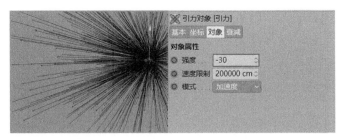

图14-69

06 执行"模拟>力场>湍流"菜单命令，在场景中添加"湍
流"力场 ，然后设置"强度"为15cm，如图14-70所示。

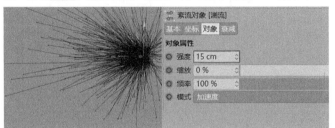

图14-70

07 移动时间滑块，观察动画效
果合适后，执行"模拟>粒子>烘
焙粒子"菜单命令，将模拟的效
果记录为动画，如图14-71所示。

图14-71

08 在"材质"面板创建一个默认材质，勾选"发光"，设置
"颜色"为（R:76，G:246，B:255），如图14-72所示。

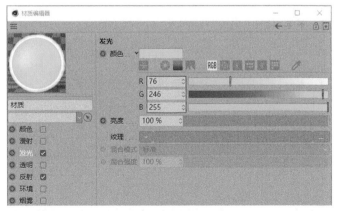

图14-72

09 勾选"辉光"，设置"内部强度"为50%，"外部强度"
为800%，"半径"为3cm，"随机"为20%，如图14-73所示。
材质效果如图14-74所示。

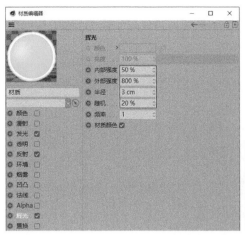

图14-73　　　　　　图14-74

10 将该材质赋予球体，效果
如图14-75所示。

图14-75

11 在"材质"面板执行"创建>材质>新建毛发材质"菜单命
令，创建一个毛发材质，如图14-76所示。

图14-76

12 在"颜色"选项的"纹理"通道中加载"渐变"贴图，如
图14-77所示。

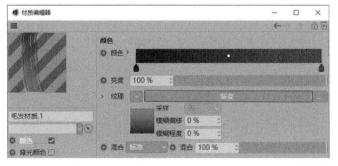

图14-77

13 在"渐变"贴图中设置渐变颜色分别为（R:0，G:0，B:138）和（R:9，G:133，B:235），"类型"为"二维-V"，如图14-78所示。

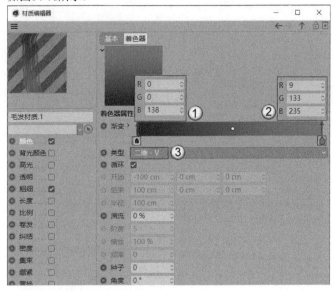

图14-78

14 勾选"粗细"，设置"发根"为0.8cm，"变化"为0.2cm，"发梢"为1.5cm，如图14-79所示。材质效果如图14-80所示。

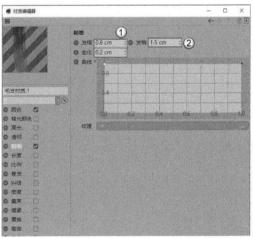

图14-79　　图14-80

15 将该材质赋予追踪对象，效果如图14-81所示。

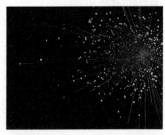

图14-81

16 在"材质"面板新建一个默认材质，在"颜色"的"纹理"通道中加载"渐变"贴图，如图14-82所示。

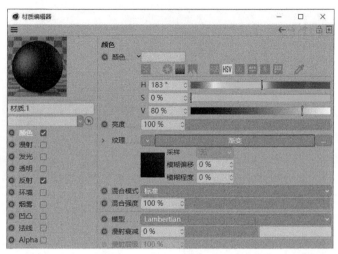

图14-82

17 在"渐变"贴图中设置渐变颜色分别为（R:0，G:0，B:0）和（R:3，G:36，B:54），"类型"为"二维-U"，"角度"为45°，如图14-83所示。材质效果如图14-84所示。

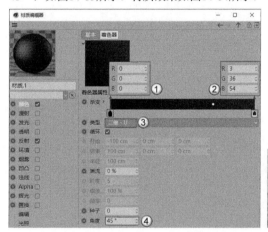

图14-83　　　　图14-84

技巧与提示 ◢
渐变颜色与画面亮度的方向要一致。

18 在场景中创建一个"背景"模型，并将上一步调整的材质赋予该模型，效果如图14-85所示。

图14-85

19 在场景中创建摄像机和灯光，渲染效果如图14-86所示。

图14-86

实战：用粒子制作旋转光线

场景位置　无
实例位置　实例文件>CH14>实战：用粒子制作旋转光线.c4d
视频名称　实战：用粒子制作旋转光线.mp4
难易指数　★★★☆☆
技术掌握　练习粒子发射器和旋转力场的用法

本案例通过旋转和引力等力场模拟旋转光线动画，案例效果如图14-87所示。

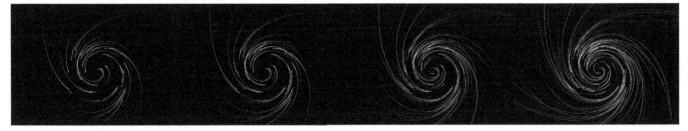

图14-87

01 使用"发射器"工具 [发射器] 在视图中创建一个发射器，如图14-88所示。

02 在"属性"面板的"发射器"选项卡中设置"水平尺寸"和"垂直尺寸"都为200cm，如图14-89所示。

图14-88　　　　　　　　　　图14-89

03 添加"追踪对象" [追踪对象]，显示粒子运动的轨迹，如图14-90所示。

04 执行"模拟>力场>旋转"菜单命令，添加"旋转"力场 [旋转]，设置"角速度"为30，如图14-91所示。

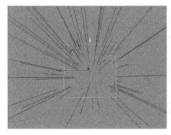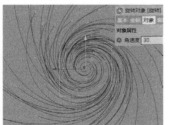

图14-90　　　　　　　　　　图14-91

05 继续添加"湍流"力场 [湍流]，设置"强度"为5cm，效果如图14-92所示。

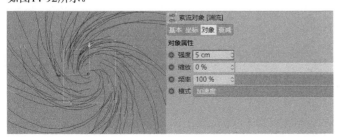

图14-92

06 新建"毛发材质"，设置"颜色"分别为（R:73，G:172，B:230）（R:223，G:59，B:245）（R:245，G:214，B:135），如图14-93所示。

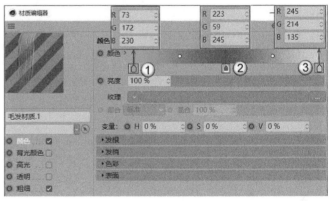

图14-93

07 在"粗细"中设置"发根"为1.2cm，"变化"为0.2cm，"发梢"为0.8cm，如图14-94所示。材质效果如图14-95所示。

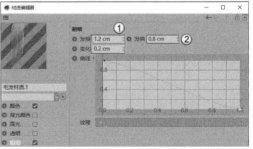

图14-94　　　　图14-95

08 将材质赋予追踪对象，然后在场景中添加灯光、摄像机和背景，渲染效果如图14-96所示。

图14-96

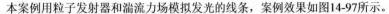

实战：用粒子制作发光线条

场景位置	无
实例位置	实例文件>CH14>实战：用粒子制作发光线条.c4d
视频名称	实战：用粒子制作发光线条.mp4
难易指数	★★★☆
技术掌握	练习粒子发射器和湍流力场的用法

本案例用粒子发射器和湍流力场模拟发光的线条，案例效果如图14-97所示。

图14-97

01 使用"发射器"工具 发射器 在场景中创建一个"水平尺寸"为200cm、"垂直尺寸"为800cm的发射器，如图14-98所示。

图14-98

02 在"粒子"选项卡中设置"编辑器生成比率"和"渲染器生成比率"都为50，"投射起点"为-30F，"投射终点"为150F，"速度"为150cm，"变化"为20%，"旋转"为60°，如图14-99所示。

图14-99

03 使用"球体"工具 球体 创建一个"半径"为1.5cm、"分段"为24的球体，如图14-100所示。

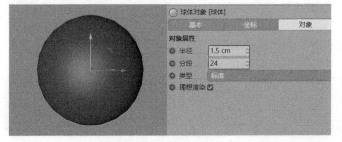

图14-100

04 将上一步创建的球体模型转换为可编辑对象，然后调整外形，如图14-101所示。

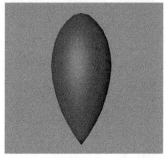

图14-101

05 将变形后的球体放置于"发射器"的子层级，并在"发射器"的"粒子"选项卡中勾选"显示对象"和"渲染实例"选项，如图14-102所示。

图14-102

06 选中发射器并添加"追踪对象"工具 追踪对象，效果如图14-103所示。

07 添加"湍流"力场 湍流，设置"强度"为25cm，粒子效果如图14-104所示。

图14-103

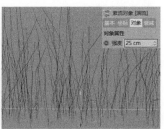

图14-104

08 新建一个默认材质，在"发光"中设置"颜色"为（R:146，G:255，B:3），如图14-105所示。

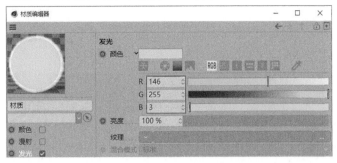

图14-105

09 勾选"辉光"，设置"内部强度"为20%，"外部强度"为300%，"半径"为10cm，"随机"为40%，如图14-106所示。材质效果如图14-107所示。

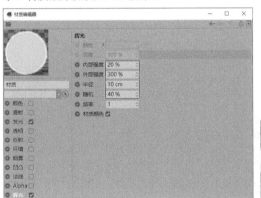

图14-106　　图14-107

10 将材质赋予场景中的球体，效果如图14-108所示。

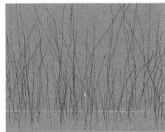

图14-108

11 新建一个"毛发材质"，然后在"颜色"中添加"渐变"贴图，如图14-109所示。

图14-109

12 在"渐变"贴图中设置"渐变"颜色分别为（R:0，G:130，B:33）和（R:146，G:255，B:3），"类型"为"二维-V"，如图14-110所示。

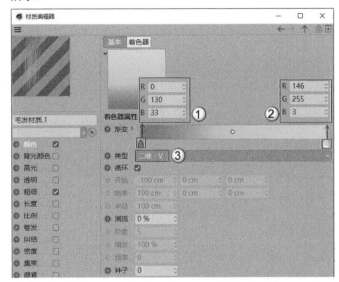

图14-110

13 在"粗细"中设置"发根"为0.8cm，"变化"为0.1cm，"发梢"为0.1cm，如图14-111所示。材质效果如图14-112所示。

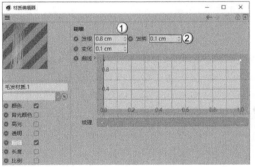

图14-111　　图14-112

14 将材质赋予"追踪对象"，如图14-113所示。

图14-113

15 为场景添加背景、摄像机和灯光，渲染效果如图14-114所示。

图14-114

实战：用粒子制作线条空间

场景位置	无
实例位置	实例文件>CH14>实战：用粒子制作线条空间.c4d
视频名称	实战：用粒子制作线条空间.mp4
难易指数	★★★★☆
技术掌握	练习粒子发射器和湍流力场的用法

本案例使用粒子发射器和湍流力场制作线条空间，案例效果如图14-115所示。

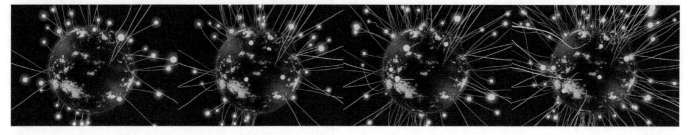

图14-115

01 使用"球体"工具 ⊙ 球体 在场景中创建一个球体模型，具体参数设置如图14-116所示。

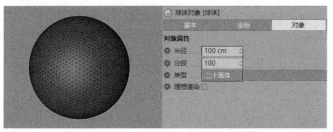

图14-116

02 为球体模型添加"置换"变形器 置换 ，设置"高度"为20cm，然后在"着色器"通道中添加"噪波"贴图，如图14-117所示。

图14-117

03 在"噪波"贴图中设置"噪波"为"电子"，"全局缩放"为200%，如图14-118所示。模型效果如图14-119所示。

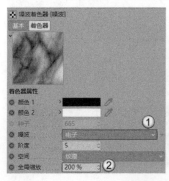

图14-118

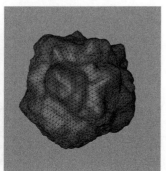

图14-119

04 切换到"衰减"选项卡，添加"球体域" ⊙ 球体域 在面板中，如图14-120所示。

05 将球体域移动到球体模型的右上角，此时域的范围内的模型会呈现置换后的效果，如图14-121所示。

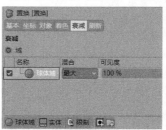

图14-120　　　　　　　　图14-121

06 使用"发射器"工具 发射器 在球体内部创建一个发射器，设置"水平角度"为360°，"垂直角度"为180°，如图14-122所示。此时粒子会从球体内部朝任意方向发射，如图14-123所示。

图14-122　　　　　　　　图14-123

07 使用"球体"工具 ⊙ 球体 在场景中创建一个"半径"为4cm的球体，然后放置在"发射器"的子层级，如图14-124所示。

图14-124

08 选中发射器，设置"编辑器生成比率"和"渲染器生成比率"都为100，"速度"为200cm，"变化"为50%，"终点缩放"的"变化"为20%，然后勾选"显示对象"和"渲染实例"选项，如图14-125所示。

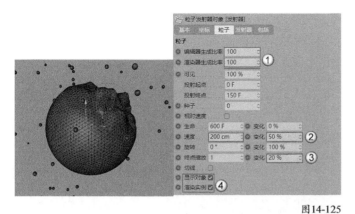

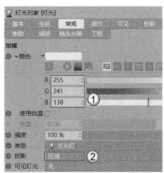

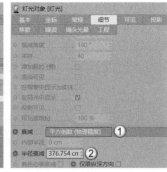

图14-125

图14-129   图14-130

09 为发射器添加"追踪对象"工具 追踪对象 ，拖曳时间滑块，就可以观察到小球的路径，如图14-126所示。

14 将灯光复制一份，放在模型的右下角，位置如图14-131所示。

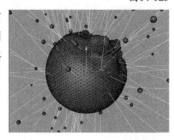

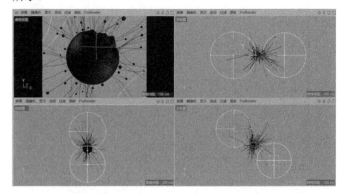

图14-126

图14-131

10 添加"湍流"力场 湍流 ，设置"强度"为50cm，效果如图14-127所示。

15 选中复制的灯光，修改"颜色"为（R:138，G:216，B:255），如图14-132所示。

16 使用"天空"工具 天空 在场景中创建天空，然后添加"合成"标签 合成 ，并取消勾选"摄像机可见"选项，如图14-133所示。

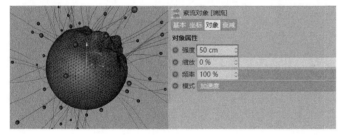

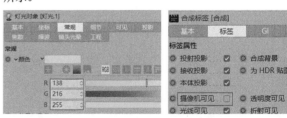

图14-127

图14-132   图14-133

11 使用"灯光"工具 在模型的左上角创建一盏灯光，位置如图14-128所示。

17 新建一个默认材质，在"纹理"通道中添加"图层"贴图，如图14-134所示。

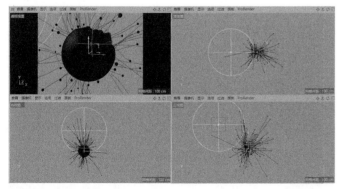

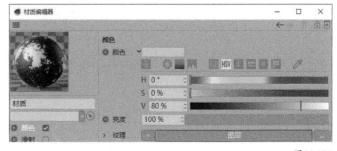

图14-128

图14-134

12 选中创建的灯光，设置"颜色"为（R:255，G:241，B:138），"投影"为"区域"，如图14-129所示。

13 切换到"细节"选项卡，设置"衰减"为"平方倒数（物理精度）"，"半径衰减"为376.754cm，如图14-130所示。

18 在"图层"贴图中添加"颜色"和"位图"贴图，设置"颜色"的混合模式为"正片叠底"，如图14-135所示。

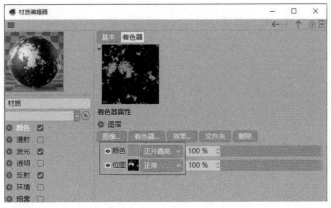

图14-135

19 进入"颜色"贴图，设置"颜色"为（R:255，G:142，B:28），如图14-136所示。

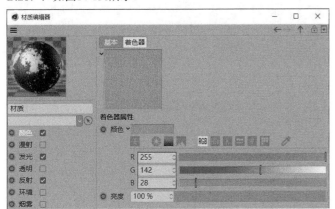

图14-136

20 进入"位图"贴图，设置"文件"为学习资源文件"实例文件>CH14>实战：用粒子制作线条空间>20151012160613_9088.jpg"，如图14-137所示。

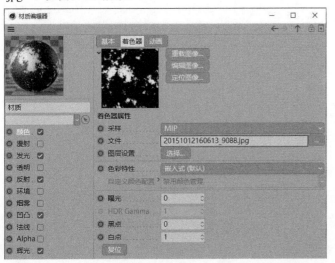

图14-137

21 勾选"发光"选项，然后将"颜色"中加载的"图层"贴图复制到"发光"的"纹理"通道中，并设置"亮度"为150%，如图14-138所示。

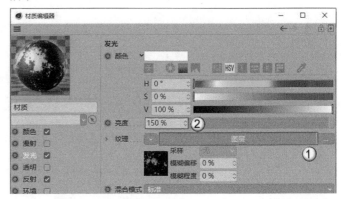

图14-138

22 勾选"凹凸"选项，在"纹理"通道中加载学习资源文件"实例文件>CH14>实战：用粒子制作线条空间>20151012160613_908.jpg"，并设置"强度"为50%，如图14-139所示。

图14-139

23 勾选"辉光"选项，设置"内部强度"为30%，"外部强度"为120%，"半径"为10cm，"随机"为50%，如图14-140所示。材质效果如图14-141所示。

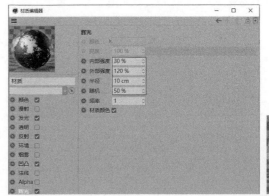

图14-140　　　　　图14-141

24 新建一个默认材质，取消勾选"颜色"，在"发光"中添加"渐变"贴图，如图14-142所示。

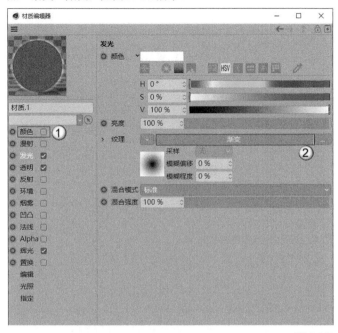

图14-142

25 进入"渐变"贴图，设置"类型"为"三维-球面"，"半径"为3cm，如图14-143所示。

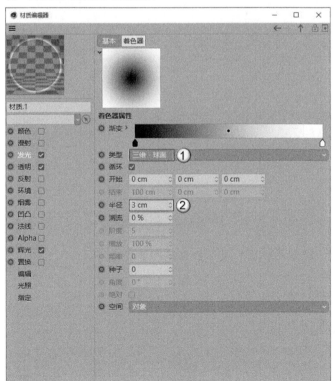

图14-143

26 将"渐变"贴图复制一份，然后粘贴到"透明"的"纹理"通道中，并设置"折射率"为0.8，如图14-144所示。

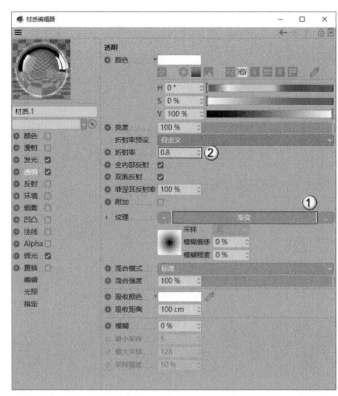

图14-144

27 勾选"辉光"，设置"内部强度"为20%，"外部强度"为200%，"半径"为10cm，"随机"为50%，如图14-145所示。材质效果如图14-146所示。

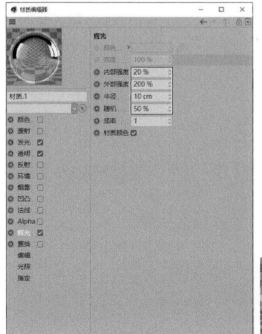

图14-145　　图14-146

28 新建一个毛发材质，设置"颜色"分别为（R:105，G:105，B:105）和（R:199，G:199，B:199），如图14-147所示。

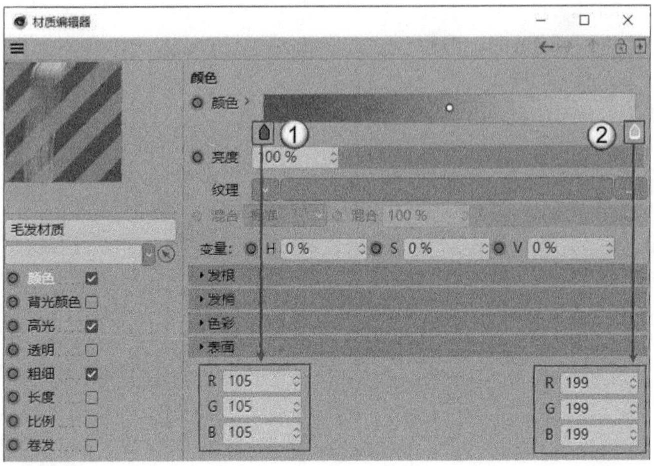

图14-147

29 在“粗细”选项中设置“发根”为1cm，“发梢”为0.5cm，如图14-148所示。材质效果如图14-149所示。

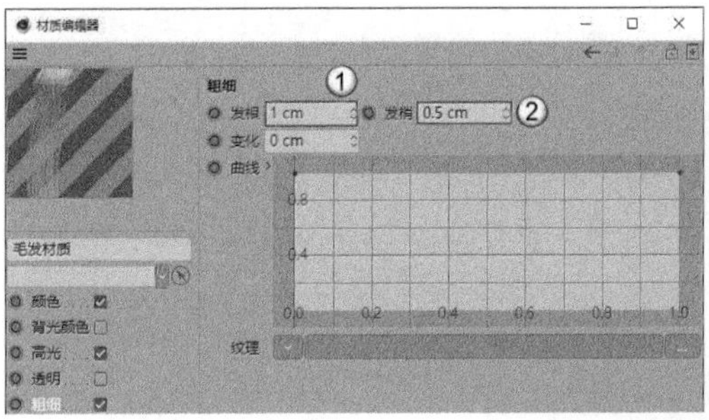

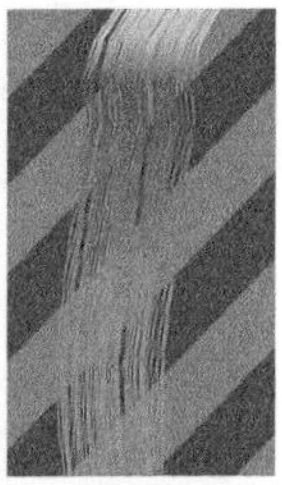

图14-148　　图14-149

30 将材质赋予模型，效果如图14-150所示。

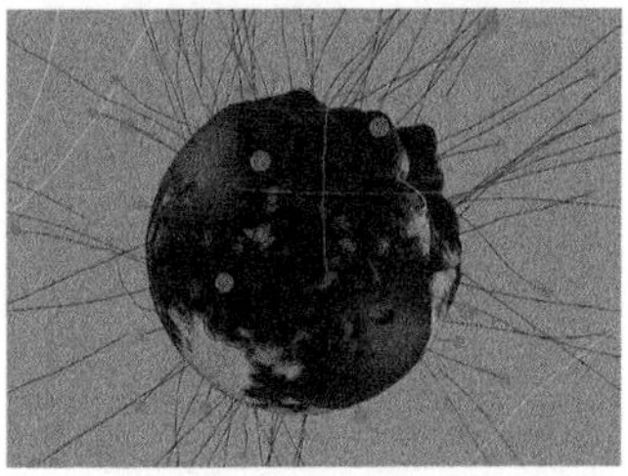

图14-150

31 中心球体模型的贴图坐标不合适。选中材质标签，设置“投射”为“球状”，“长度U”为30%，“长度V”为40%，如图14-151所示。效果如图14-152所示。

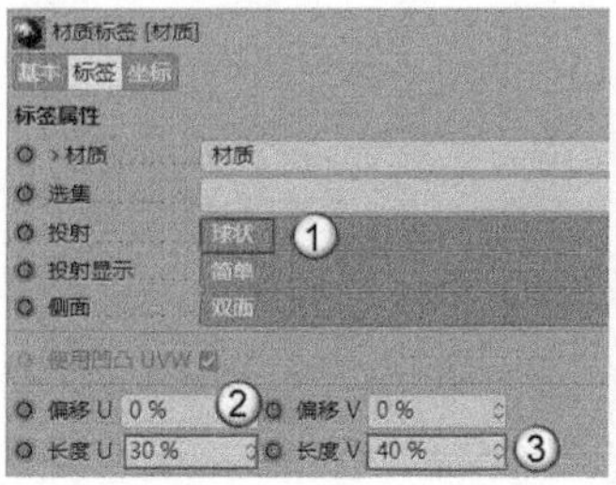

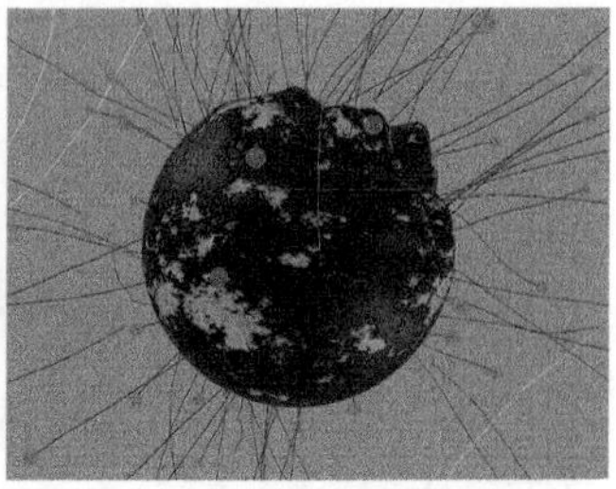

图14-151　　图14-152

32 打开“内容浏览器”，将“预置>Prime>Presets>Light Setups>HDRI>Photo Studio”文件赋予天空对象，如图14-153所示。

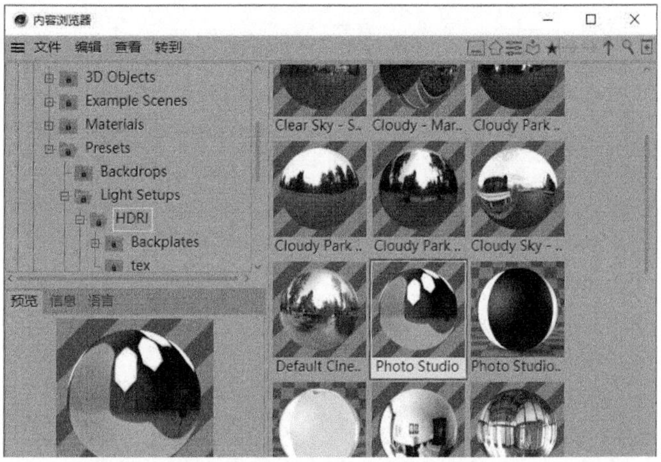

图14-153

33 烘焙粒子后渲染场景，效果如图14-154所示。

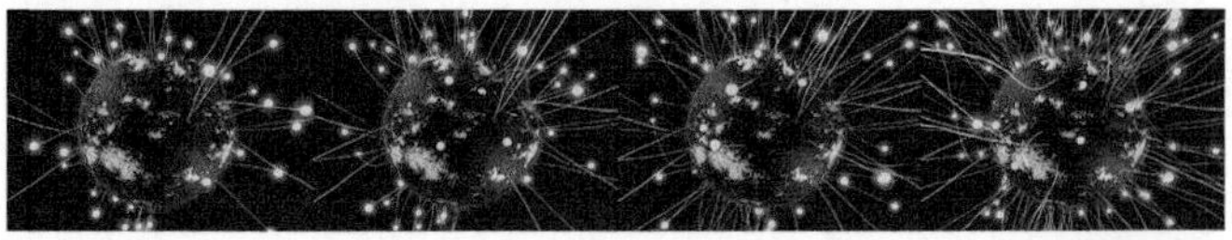

图14-154

重点

实战：用粒子制作抽象线条

场景位置	无
实例位置	实例文件>CH14>实战：用粒子制作抽象线条.c4d
视频名称	实战：用粒子制作抽象线条.mp4
难易指数	★★★★☆
技术掌握	练习粒子发射器和旋转力场的用法

本案例使用粒子发射器和旋转力场模拟抽象线条，案例效果如图14-155所示。

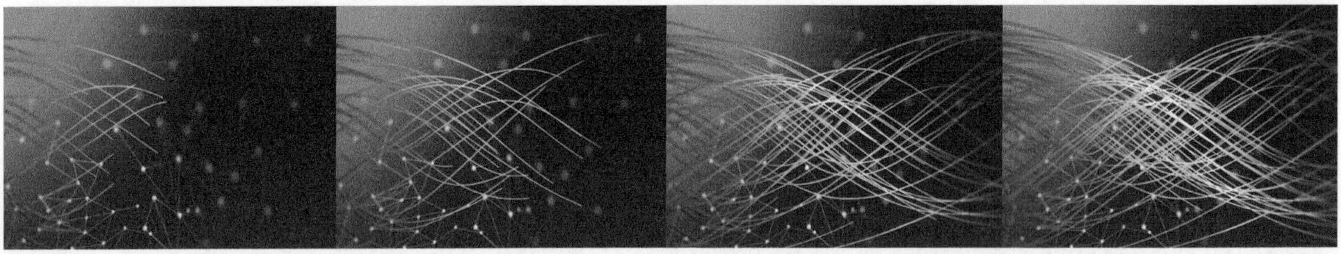

图14-155

01 使用"发射器"工具 在场景左侧创建一个发射器，设置"垂直尺寸"为230cm，如图14-156所示。

图14-156

02 在"粒子"选项卡中设置"编辑器生成比率"和"渲染器生成比率"都为30，"速度"为200cm，"变化"为20%，如图14-157所示。

03 为粒子发射器添加"追踪对象"工具 ，移动时间滑块，可以观察到粒子呈现线条效果，如图14-158所示。

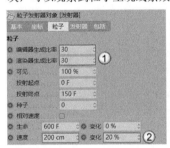

图14-157　　　　　　　　　　　图14-158

04 为粒子添加"旋转"力场 ，设置"角速度"为30，如图14-159所示。

图14-159

05 使用"灯光"工具 在场景中创建一盏灯光，位置如图14-160所示。

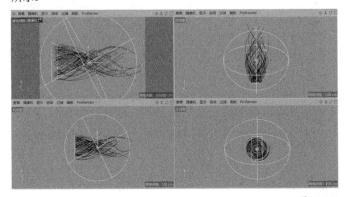

图14-160

06 选中创建的灯光，设置"颜色"为（R:143，G:255，B:210），"投影"为"无"，如图14-161所示。

07 切换到"细节"选项卡，设置"衰减"为"平方倒数（物理精度）"，"半径衰减"为315.17cm，如图14-162所示。

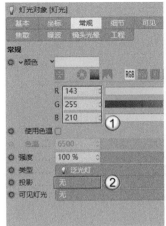
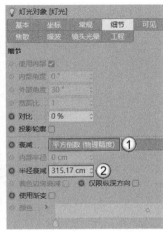

图14-161　　　　　　　　　　图14-162

08 将创建的灯光复制一盏，位置如图14-163所示。

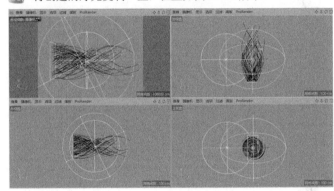

图14-163

09 选中复制的灯光，设置"颜色"为（R:255，G:255，B:255），如图14-164所示。

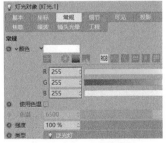

图14-164

10 使用"天空"工具 在场景中创建一个天空模型，如图14-165所示。

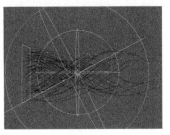

图14-165

11 新建一个默认材质，在"颜色"的"纹理"通道中加载本书学习资源文件"实例文件>CH14>实战：用粒子制作抽象线条>500554556.jpg"，如图14-166所示。

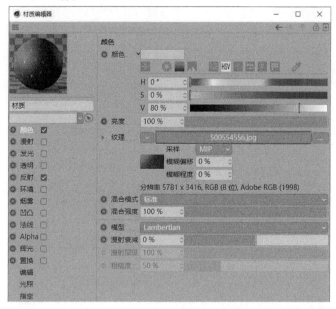

图14-166

12 新建一个毛发材质，设置"颜色"分别为（R:54，G:40，B:156）和（R:42，G:106，B:235），如图14-167所示。

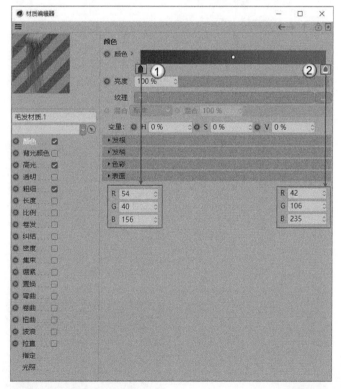

图14-167

13 在"粗细"中设置"发根"为1cm，"发梢"为0.3cm，如图14-168所示。材质效果如图14-169所示。

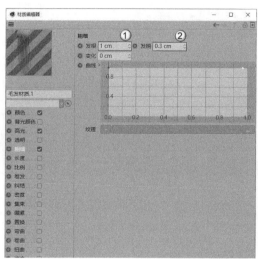

图14-168　　图14-169

14 将材质赋予模型，效果如图14-170所示。

图14-170

15 观察背景，贴图的坐标不对。选中纹理标签，设置"投射"为"前沿"，如图14-171所示。修改后的效果如图14-172所示。

图14-171　　图14-172

16 在场景中找到一个合适的角度，然后单击"摄像机"按钮，添加一个摄像机，如图14-173所示。

图14-173

17 按Shift+R组合键渲染场景，效果如图14-174所示。

图14-174

实战：用粒子制作弹跳的小球

场景位置　无
实例位置　实例文件>CH14>实战：用粒子制作弹跳的小球.c4d
视频名称　实战：用粒子制作弹跳的小球.mp4
难易指数　★★★★☆
技术掌握　练习粒子发射器、重力力场和反弹力场的用法

本案例用粒子发射器模拟弹跳的小球，案例效果如图14-175所示。

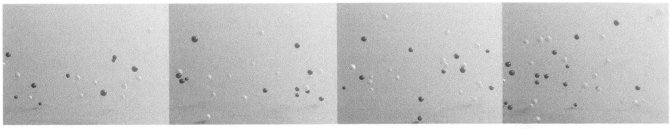

图14-175

01 使用"发射器"工具 在场景中创建一个粒子发射器，设置"垂直尺寸"为200cm，"水平角度"为90°，如图14-176所示。

图14-176

02 使用"球体"工具 在场景中创建一个球体，设置"半径"为3cm，如图14-177所示。

03 选中发射器，在"粒子"选项卡中设置"编辑器生成比率"和"渲染器生成比率"都为30，"速度"为250cm，"变化"为30%，"终点缩放"的"变化"为20%，然后勾选"显示对象"和"渲染实例"，如图14-178所示。

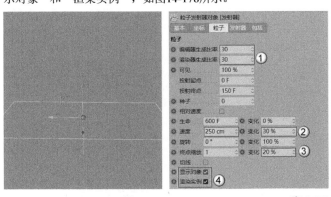

图14-177　　　　　　　　图14-178

04 将"球体"放置于"发射器"的子层级，移动时间滑块，可以观察到小球代替了粒子，如图14-179所示。

05 选中发射器，然后为其添加"重力"力场 ，设置"加速度"为400cm，如图14-180所示。

图14-179　　　　　　　　图14-180

06 移动时间滑块，可以观察到向上运动的小球受到重力的影响而向下坠落，如图14-181所示。

07 继续选中发射器，然后添加"反弹"力场，设置"水平尺寸"和"垂直尺寸"都为400cm，如图14-182所示。

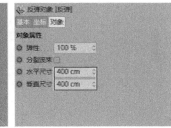

图14-181　　　　　　　　图14-182

08 移动时间滑块，可以观察到小球坠落在黄色线框的范围内会形成反弹效果，如图14-183所示。

09 将"球体"对象复制两份，同样作为"发射器"的子层级，如图14-184所示。这样可方便后面赋予不同颜色的材质。

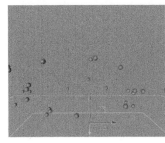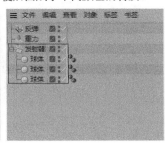

图14-183　　　　　　　　图14-184

中文版 Cinema 4D R21完全自学教程

10 使用"地面"工具⬚创建一个地面，使其与发射器一样高，如图14-185所示。

11 使用"天空"工具⬚在场景中创建天空模型，然后添加"合成"标签⬚，并取消勾选"摄像机可见"选项，如图14-186所示。

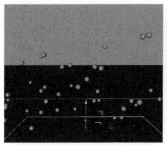

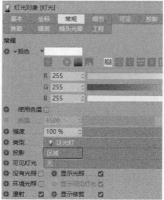

15 切换到"细节"选项卡，设置"衰减"为"平方倒数（物理精度）"，"半径衰减"为354.804cm，如图14-190所示。

图14-185　　　　　　　　　　　图14-186

12 打开"内容浏览器"，将"预置>Prime>Presets>Light Setups>HDRI>Sunny - Neighborhood 02"文件赋予天空对象，如图14-187所示。

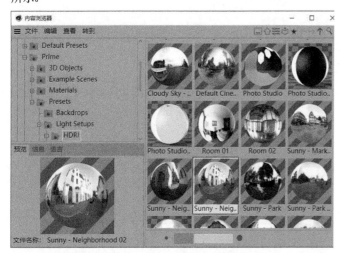

图14-189　　　　　　　　　　　图14-190

16 新建一个默认材质，设置"颜色"为（R:204，G:67，B:67），如图14-191所示。

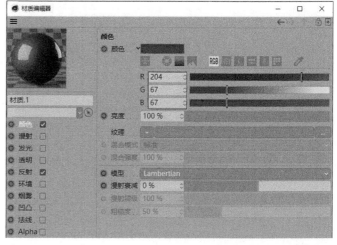

图14-187

13 使用"灯光"工具⬚在场景的右上角创建一盏灯光，位置如图14-188所示。

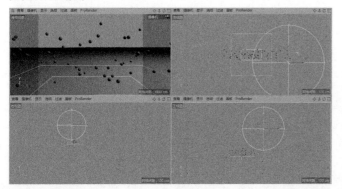

图14-191

17 在"反射"中添加GGX，设置"粗糙度"为3%，"菲涅耳"为"绝缘体"，"预置"为"聚酯"，如图14-192所示。材质效果如图14-193所示。

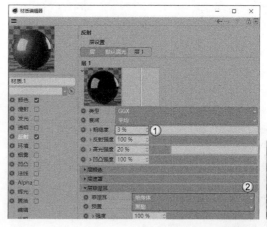

图14-188

14 选中创建的灯光，设置"投影"为"区域"，如图14-189所示。

图14-192　　　　　　　　　　　图14-193

18 将材质复制一份，修改"颜色"为（R:255，G:183，B:15），如图14-194所示。材质效果如图14-195所示。

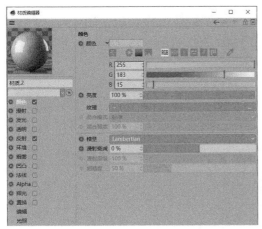

图14-194　　　图14-195

19 继续复制一份材质，修改"颜色"为（R:96，G:189，B:240），如图14-196所示。材质效果如图14-197所示。

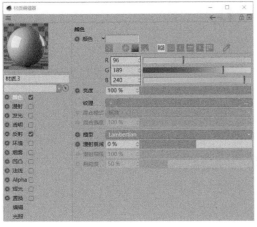

图14-196　　　图14-197

20 新建一个默认材质，设置"颜色"为（R:240，G:192，B:156），如图14-198所示。材质效果如图14-199所示。

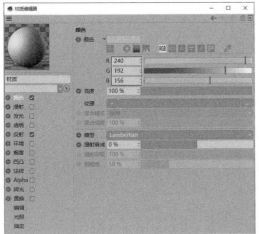

图14-198　　　图14-199

21 将材质赋予模型，效果如图14-200所示。

图14-200

22 烘焙粒子后渲染场景，效果如图14-201所示。

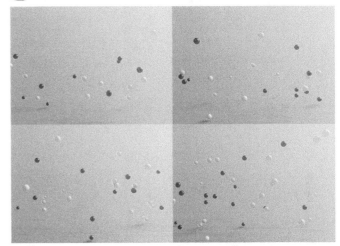

图14-201

CINEMA 4D
DESIGNER

技术专题
疑难问答
知识链接
技巧与提示

Employment Direction
从业方向 ≫

电商设计　　包装设计

产品设计　　UI设计

栏目包装　　动画设计

第15章　动画技术

15.1　基础动画

本节将讲解Cinema 4D的基础动画技术。通过关键帧和时间线窗口，可以制作出一些基础的动画效果。

本节工具介绍

工具名称	工具作用	重要程度
动画制作工具	建立和播放动画的工具	高
时间线窗口	调整动画关键帧	高
点级别动画	制作变形动画	高
参数动画	记录参数变化	高

15.1.1　动画制作工具

演示视频：113-动画制作工具

Cinema 4D的动画制作工具基本位于"时间线"面板，如图15-1所示。

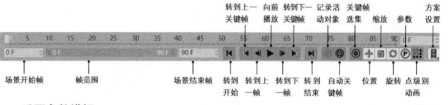

图15-1

转到上一关键帧　向前播放　转到下一关键帧　记录活动对象　关键帧选集　缩放　参数　方案设置

场景开始帧　帧范围　场景结束帧　转到开始　转到上一帧　转到下一帧　转到结束　自动关键帧　位置　旋转　点级别动画

重要参数讲解

场景开始帧 0 F ：通常为0。

帧范围 0 F 　 90 F ：显示窗口帧的范围，当前是0到90帧的范围。

场景结束帧 90 F ：场景最后帧。

转到开始：跳转到开始帧的位置。

转到上一关键帧：跳转到上一个关键帧。

转到上一帧：跳转到上一帧。

向前播放：正向播放动画。

转到下一帧：跳转到下一帧。

转到下一关键帧：跳转到下一个关键帧。

转到结束：跳转到最后一帧的位置。

记录活动对象：单击该按钮后，记录选择对象的关键帧。

自动关键帧：单击该按钮后，自动记录选择对象的关键帧。此时视口的边缘会出现红色的框，表示正在记录关键帧，如图15-2所示。

图15-2

关键帧选集：设置关键帧选集对象。

位置：控制是否记录对象的位置信息（默认开启）。

缩放：控制是否记录对象的缩放信息（默认开启）。

旋转 ◎：控制是否记录对象的旋转信息（默认开启）。

参数 ⓟ：控制是否记录对象的参数层级动画。

点级别动画 ⠿：控制是否记录对象的点层级动画。

方案设置 ⏷：设置回放比率，如图15-3所示。

✓ 全部帧	24
✓ 方案设置	25
	30
1	50
5	60
10	100
15	250
18	500

图15-3

15.1.2 时间线窗口

演示视频：114-时间线窗口

"时间线窗口"是制作动画时经常使用到的一个编辑器。使用"时间线窗口"可以快速地调节曲线来控制物体的运动状态。执行"窗口>时间线（函数曲线）"菜单命令，可以打开图15-4所示的面板。

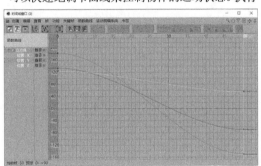

图15-4

Cinema 4D还提供了"时间线（摄影表）"面板，如图15-5所示。

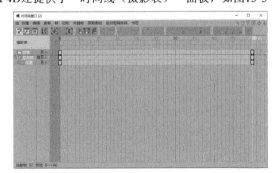

图15-5

重要参数讲解

摄影表 ▣：单击该按钮，会将函数曲线面板切换到摄影表面板。

函数曲线模式 ▣：单击该按钮，会将摄影表面板切换到函数曲线面板。

运动剪辑 ▦：单击该按钮，会切换到运动剪辑面板。

显示轨迹数值 ▣：单击该按钮，会显示对象运动的数值距离，如图15-6所示。

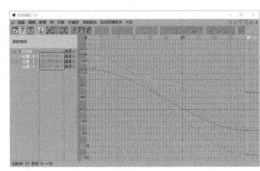

图15-6

框显所有 ▣：单击该按钮，会显示所有对象的信息。

转到当前帧 ▣：单击该按钮，会跳转到时间滑块所在帧的位置。

创建标记在当前帧 ▣：在当前时间添加标记。

创建标记在视图边界 ▣：在可视范围的起点和终点添加标记。

删除全部标记 ▣：删除所有的标记。

线性 ▣：将所选关键帧设置为尖锐的角点。

步幅 ▣：将所选关键帧设置为步幅插值。

样条 ▣：将所选关键帧设置为圆滑的样条。

技术专题 ⬡ 函数曲线与动画的关系

在同样的关键帧之间，曲线形式不同，就会呈现不同的动画效果。下面讲解一下它们之间的关系。

图15-7所示的是位于x轴的位移动画曲线，两个关键帧之间呈一条直线，这种曲线就表示对象沿着x轴匀速运动。

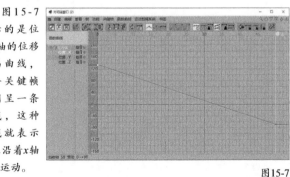

图15-7

图15-8所示是位于x轴的位移动画曲线，两个关键帧之间呈向下的抛物线，这种曲线就表示对象沿着x轴加速运动。

图15-8

299

图15-9所示是位于z轴的位移动画曲线，两个关键帧之间呈抛物线，这种曲线就表示对象沿着z轴减速运动。

图15-10所示是位于z轴的位移动画曲线，两个关键帧之间呈S形曲线，这种曲线就表示对象沿着z轴先加速，然后匀速，最后减速的运动。

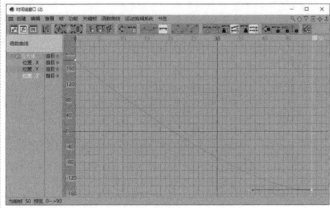

图15-9

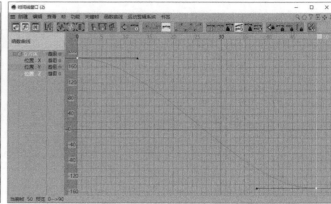

图15-10

通过以上4幅图，可以总结出对象的运动速度是与曲线的斜率有关。当曲线的斜率一致时，呈现直线效果，即匀速运动；当曲线斜率逐渐增加时，呈抛物线效果，即加速运动；当曲线斜率逐渐减少时，呈抛物线效果，即减速运动。

实战：制作齿轮转动动画

场景位置	场景文件>CH15>01.c4d
实例位置	实例文件>CH15>实战：制作齿轮转动动画.c4d
视频名称	实战：制作齿轮转动动画.mp4
难易指数	★★★★☆
技术掌握	掌握旋转关键帧动画

本案例制作齿轮模型的旋转动画，如图15-11所示。

图15-11

01 打开本书学习资源文件"场景文件>CH15>01.c4d"，如图15-12所示。

02 选中左侧的齿轮模型，然后打开"自动关键帧"按钮 ⊙，在第90帧设置沿z轴旋转180°，如图15-13所示。

在z轴上精确旋转180°的效果，如图15-14所示。"旋转"的H和P分别对应y轴和x轴。

位置	尺寸	旋转
X 5.469 cm	X 28.004 cm	H 0°
Y 0 cm	Y 28.003 cm	P 0°
Z 0.827 cm	Z 0.426 cm	B 180°

图15-14

03 选中右侧大的齿轮模型，在第90帧时设置沿z轴旋转-366.218°，如图15-15所示.

04 选中右侧小的齿轮模型，在第90帧时设置沿z轴旋转500°，如图15-16所示。

图15-12

图15-13

疑难问答

问：如何快速且精确地设置旋转角度？

答：在"坐标"面板中，设置"旋转"的B为180°，就可以实现

图15-15

图15-16

05 关闭"自动关键帧"按钮 ⓒ 并播放动画，会发现齿轮旋转存在缓起缓停的效果。打开"时间线窗口"，将齿轮的旋转抛物线都设置为直线，如图15-17所示。

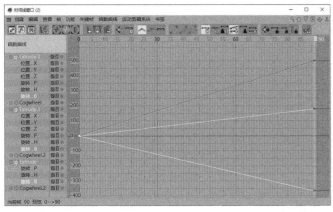

图15-17

06 选取几帧渲染动画，效果如图15-18所示。

图15-18

⚑重点
实战：**制作过场MG动画**

场景位置	场景文件>CH15>02.c4d
实例位置	实例文件>CH15>实战：制作过场MG动画.c4d
视频名称	实战：制作过场MG动画.mp4
难易指数	★★★★☆
技术掌握	掌握位移和旋转关键帧动画

本案例制作一个烤面包的过场MG动画，需要制作按钮和面包的位移与旋转动画，如图15-19所示。

图15-19

01 打开本书学习资源中的"场景文件>CH15>02.c4d"文件，如图15-20所示。这是一个烤面包机模型。

02 制作按键动画。选中黑色的按键模型，然后打开"自动关键帧"按钮 ⓒ，在第0帧设置效果如图15-21所示。

图15-20

图15-21

03 将时间滑块移动到第25帧，然后向下移动黑色的按键模型，如图15-22所示。

图15-22

技巧与提示 ✎

一定要先移动时间滑块，再调整模型的位置，这样才能得到正确的动画效果。

04 继续移动时间滑块到第50帧，然后向上移动按键模型到第0帧时的位置，如图15-23所示。

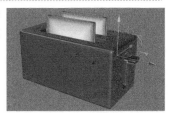

图15-23

疑难问答 ❓

问：如何复制关键帧？

答：在上面的步骤中，需要在50帧和在0帧时的模型位置相同。如果移动模型的位置，不太容易做到完全相同，这里就可以复制第0帧的关键帧到第50帧。

具体方法是选中第0帧的关键帧，然后按住Ctrl键并使用"移动"工具将关键帧拖曳到第50帧的位置，这样就能复制出完全一样的关键帧。

05 单击"向前播放"按钮▶，观察动画效果，发现黑色按键模型运动的速度很规律，而理想的动画效果需要有加速和减速效果。打开"时间线窗口"，选中"位置.Y"曲线，如图15-24所示。将曲线调整为图15-25所示的效果，就能呈现先加速再匀速，最后加速的效果。

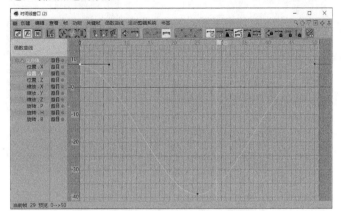

图15-24

图15-25

06 下面制作面包动画。在第0帧时将两片面包模型隐藏在面包机的缝隙内，如图15-26所示。

07 将时间滑块移动到第25帧，然后将面包模型移动到面包机上方，如图15-27所示。

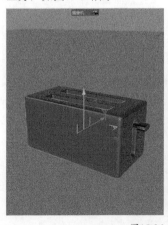

图15-26

图15-27

08 继续在第25帧旋转两片面包模型呈一定的角度，如图15-28所示。

09 在第50帧时，将两片面包模型隐藏在面包机内，如图15-29所示。

图15-28

图15-29

10 打开"时间线窗口"，调整两片面包的曲线效果，如图15-30和图15-31所示。

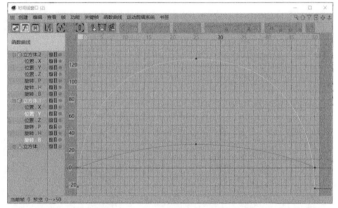

图15-30

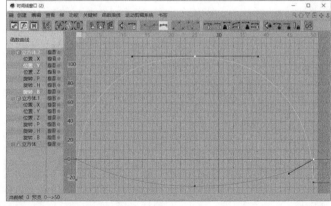

图15-31

11 单击"向前播放"按钮▶，预览动画，效果无误后渲染动画单帧，如图15-32所示。

图15-32

实战：制作游乐场动画

场景位置　场景文件>CH15>03.c4d
实例位置　实例文件>CH15>实战：制作游乐场动画.c4d
视频名称　实战：制作游乐场动画.mp4
难易指数　★★★★☆
技术掌握　掌握旋转关键帧动画

本案例是一个游乐场模型，需要为旋转木马和摩天轮模型制作动画效果，如图15-33所示。

图15-33

01 打开本书学习资源文件"场景文件>CH15>03.c4d"，如图15-34所示。这是一个游乐场场景。

图15-34

02 打开"自动关键帧"按钮◎，将时间滑块移动到第90帧，然后在"对象"面板中选中"转盘"组，并使用"旋转"工具◎沿着z轴旋转-400°，如图15-35所示。

图15-35

03 在"对象"面板中选中"木马"组，同样在第90帧使用"旋转"工具◎沿着y轴旋转230°，如图15-36所示。

图15-36

04 关闭"自动关键帧"按钮◎，然后单击"向前播放"按钮▶，播放动画，发现动画不是匀速运动，如图15-37所示。

图15-37

05 打开"时间线窗口"，选中"转盘"组，会发现运动呈曲线效果，如图15-38所示。

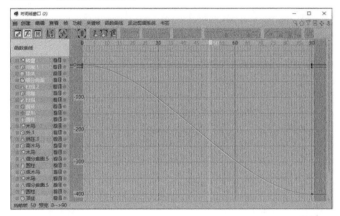

图15-38

06 选中曲线的两个端点，单击"线性"按钮◤，将其变成直线，如图15-39所示。

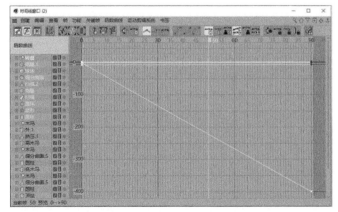

图15-39

07 在左侧选中"木马"组，运动效果也呈曲线效果，如图15-40所示。

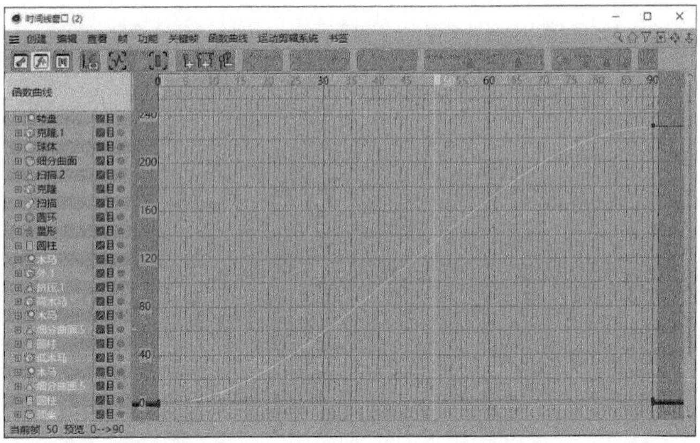

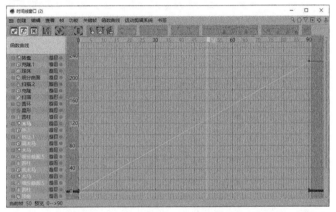

图15-40

08 按照同样的方法，将曲线变成直线，如图15-41所示。

图15-41

09 单击"向前播放"按钮▶，观察动画效果，此时摩天轮和木马都呈现匀速运动，如图15-42所示。

图15-42

10 选择任意几帧渲染动画效果，如图15-43所示。

图15-43

15.1.3 点级别动画

演示视频：115-点级别动画

单击"点级别动画"按钮，可以在可编辑多边形对象的"点""边""多边形"模式下制作关键帧动画。点级别动画常用于制作对象的变形效果。

实战：制作小球弹跳动画

场景位置	场景文件>CH15>04.c4d
实例位置	实例文件>CH15>实战：制作小球弹跳动画.c4d
视频名称	实战：制作小球弹跳动画.mp4
难易指数	★★★★☆
技术掌握	掌握点级别动画

本案例的弹跳小球动画是用点级别动画进行制作，如图15-44所示。

图15-44

01. 打开本书学习资源中的"场景文件>CH15>04.c4d"文件，如图15-45所示。

02. 将场景中的小球转换为可编辑对象，然后进入"点"模式，接着单击"启用轴心"按钮，将小球的轴心移动到底部，如图15-46所示。

图15-45　　　　　　　图15-46

技巧与提示

移动好轴心的位置后，及时将"启用轴心"按钮关闭，以免影响对小球的操作。

03. 单击"自动关键帧"按钮，然后将时间滑块移动到第10帧，接着全选小球的点后用"缩放"工具压缩，如图15-47所示。

04. 保持选中的点不变，然后将时间滑块移动到第15帧，接着用"缩放"工具拉伸小球到最大位置，如图15-48所示。

图15-47　　　　　　　图15-48

05. 将时间滑块移动到第20帧，然后用"缩放"工具压缩小球，压缩的量要比第1次少，如图15-49所示。

06. 将时间滑块移动到第25帧，然后用"缩放"工具拉伸小球，如图15-50所示。

图15-49　　　　　　　图15-50

07. 将时间滑块移动到第27帧，然后用"缩放"工具压缩小球，如图15-51所示。

技巧与提示

小球压缩和拉伸的幅度逐次递减，间隔时间也逐次缩短，直至恢复到初始状态。

图15-51

08. 将时间滑块移动到第28帧，然后用"缩放"工具拉伸小球到初始效果，如图15-52所示。

图15-52

疑难问答

问：如何快速恢复小球初始状态？

答：在"坐标"面板中设置"尺寸"Y的数值与X和Z相同，小球会恢复到初始状态，如图15-53所示。

图15-53

09. 返回"模型"模式，在第15帧时向上移动小球的位置，如图15-54所示。

10. 移动时间滑块，会发现动画效果不合理，在第10帧收缩时就向上移动。返回第10帧，使其在y轴的位置与第0帧相同，如图15-55所示。

图15-54　　　　　　　图15-55

11. 同样在第20帧时，使小球在y轴上的位置与第0帧相同，如图15-56所示。

图15-56

12. 单击"向前播放"按钮，观察动画效果，然后选择关键帧进行渲染，如图15-57所示。

图15-57

15.1.4 参数动画

演示视频：116-参数动画

在对象的"属性"面板中，会观察到一些参数之前会出现灰色的圆点按钮，这代表该参数可以被记录动画，如图15-58所示。

单击灰色的圆点按钮后，按钮呈红色，代表参数开启动画记录的状态，如图15-59所示。

立方体对象 [立方体]		
基本	坐标	对象
对象属性		
○ 尺寸 . X 200 cm	○ 分段 X 1	
○ 尺寸 . Y 200 cm	○ 分段 Y 1	
○ 尺寸 . Z 200 cm	○ 分段 Z 1	
○ 分离表面		
○ 圆角		

图15-58

立方体对象 [立方体]		
基本	坐标	对象
对象属性		
○ 尺寸 . X 200 cm	○ 分段 X 1	
○ 尺寸 . Y 200 cm	○ 分段 Y 1	
○ 尺寸 . Z 200 cm	○ 分段 Z 1	
○ 分离表面		
○ 圆角		

图15-59

疑难问答

问：为何参数处于动画记录状态仍不能生成动画？

答：当参数处于动画记录状态时，还需要单击"自动关键帧"按钮◎才能记录动画效果。两者缺一不可，需要谨记。

实战：制作楼房灯光动画

场景位置	场景文件>CH15>05.c4d
实例位置	实例文件>CH15>实战：制作楼房灯光动画.c4d
视频名称	实战：制作楼房灯光动画.mp4
难易指数	★★★★☆
技术掌握	掌握材质参数动画

本案例制作灯光动画，需要对灯光的位置、亮度和材质的自发光效果制作关键帧，如图15-60所示。

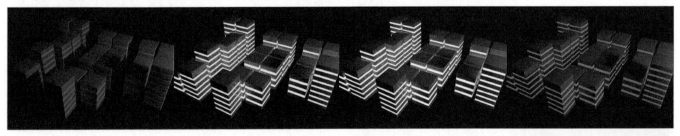

图15-60

01 打开本书学习资源文件"场景文件>CH15>05.c4d"，如图15-61所示。

02 选中"材质"面板中的"自发光"材质，然后打开"自动关键点"按钮◎，在第0帧时勾选"发光"，设置"亮度"为0%，如图15-62所示。此时材质保持默认的白色。

图15-61

图15-62

03 移动时间滑块到第25帧，设置"亮度"为100%，然后设置"颜色"为（R:255，G:255，B:76），如图15-63所示。

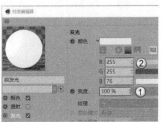

图15-63

04 此时材质会从第0帧到第25帧逐渐变亮，如图15-64所示。

图15-64

05 移动时间滑块到第50帧，设置"颜色"为（R:255，G:255，B:255），如图15-65所示。

06 从第25帧到第50帧，灯光的颜色由黄色变为白色，如图15-66所示。

图15-65

图15-66

07 将时间滑块移动到第75帧，设置"颜色"为（R:255，G:255，B:76），"亮度"为100%，灯光的颜色再次变为黄色，如图15-67和图15-68所示。

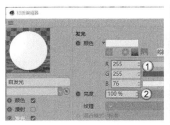

图15-67　　　　　　　　　　图15-68

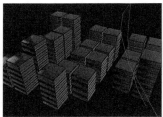

图15-69　　　　　　　　　　图15-70

技巧与提示 ✍

　　第75帧的信息与第25帧完全相同，可以直接将第25帧的关键帧复制到第75帧。

10 关闭"自动关键点"按钮 ◎，任意渲染几帧，效果如图15-71所示。

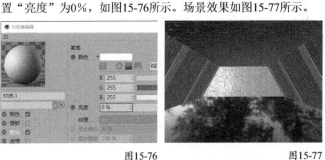

08 移动时间滑块到第90帧，设置"亮度"为0%，如图15-69所示。

09 此时场景的效果与第0帧相同，如图15-70所示。

图15-71

📢 重点

实战：制作走廊灯光动画

场景位置	场景文件>CH15>06.c4d
实例位置	实例文件>CH15>实战：制作走廊灯光动画.c4d
视频名称	实战：制作走廊灯光动画.mp4
难易指数	★★★★☆
技术掌握	掌握材质参数动画

本案例用一个科幻走廊场景制作不同颜色的走廊灯光，案例效果如图15-72所示。

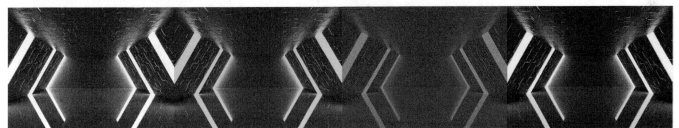

图15-72

01 打开本书学习资源文件"场景文件>CH15>06.c4d"，如图15-73所示。

02 新建一个默认材质，勾选"发光"，设置"颜色"为（R:255，G:255，B:255），"亮度"为150%，如图15-74所示。

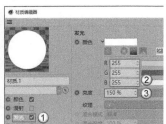

图15-73　　　　　　　　　　图15-74

03 将发光材质赋予灯片模型，效果如图15-75所示。

图15-75

04 打开"自动关键帧"按钮 ◎，移动时间滑块到第10帧，设置"亮度"为0%，如图15-76所示。场景效果如图15-77所示。

图15-76　　　　　　　　　　图15-77

05 将时间滑块移动到第20帧，设置"颜色"为（R:36，G:222，B:255），"亮度"为150%，如图15-78所示。场景效果如图15-79所示。

图15-78　　　　　　　　　　图15-79

06 将时间滑块移动到第30帧，设置"亮度"为0%，如图15-80所示。场景效果如图15-81所示。

图15-80　　　　　　　　　　　　图15-81

07 将时间滑块移动到第40帧，设置"颜色"为（R:160，G:36，B:255），"亮度"为150%，如图15-82所示。场景效果如图15-83所示。

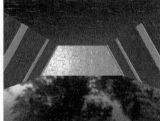

图15-82　　　　　　　　　　　　图15-83

08 将时间滑块移动到第50帧，设置"亮度"为0%，如图15-84所示。场景效果如图15-85所示。

图15-84　　　　　　　　　　　　图15-85

09 将时间滑块移动到第60帧，设置"颜色"为（R:136，G:255，B:89），"亮度"为150%，如图15-86所示。场景效果如图15-87所示。

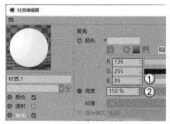

图15-86　　　　　　　　　　　　图15-87

10 关闭"自动关键帧"按钮 ⦿ ，任意渲染几帧，效果如图15-88所示。

图15-88

实战：制作小球喷射动画

场景位置	场景文件>CH15>07.c4d
实例位置	实例文件>CH15>实战：制作小球喷射动画.c4d
视频名称	实战：制作小球喷射动画.mp4
难易指数	★★★★☆
技术掌握	掌握对象参数动画

本案例是在之前制作的模型的基础上制作动画效果，如图15-89所示。

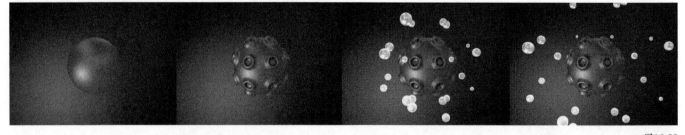

图15-89

01 打开本书学习资源文件"场景文件>CH15>07.c4d"，如图15-90所示。这是在第12章中制作的一个模型，通过对参数建立关键帧来达到一定的动画效果。

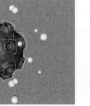

图15-90

02 在"对象"面板关闭向外发射的克隆小球，只显示中间的模型，如图15-91所示。这样可以在做动画时做到条理清晰，不受其他因素干扰。

图15-91

03 选中"管道",在第0帧单击"自动关键点"按钮◎,设置"内部半径"为0cm,"高度"为0cm,如图15-92所示。

图15-92

技巧与提示 ✐

在记录参数动画时,一定要单击参数之前的圆点,否则无法记录动画。

04 将时间滑块移动到第10帧,设置"内部半径"为12cm,"高度"为40cm,如图15-93所示。此时球体模型变成之前打开场景时的效果。

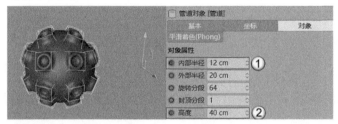

图15-93

05 返回第0帧,显示克隆的小球,如图15-94所示。

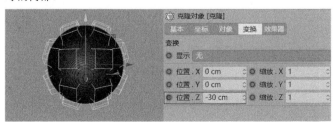

图15-94

06 选中小球的"克隆"选项,在"变换"选项卡中设置"位置.Z"为-30cm,如图15-95所示。此时克隆的小球全部隐藏在大球的内部。

图15-95

07 移动时间滑块到第10帧,同样设置"位置.Z"为-30cm,如图15-96所示。这样可以确保大球在变形之前,克隆的小球不会露出来。

图15-96

08 移动时间滑块到第30帧,设置"位置.Z"为150cm,如图15-97所示。这样克隆小球的喷射动画就制作完成了。

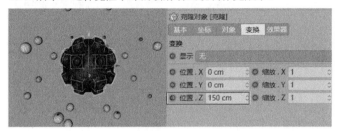

图15-97

09 关闭"自动关键点"按钮◎后移动时间滑块,观察动画效果,发现克隆小球的喷射速度不理想。打开"时间线窗口",选中"克隆",此时右侧的曲线呈S形,如图15-98所示。将曲线由原来的S形变成抛物线,如图15-99所示。克隆的小球就呈现减速运动。

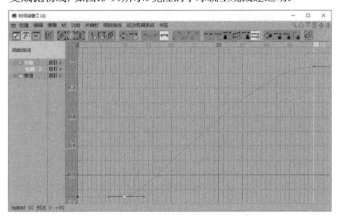

图15-98

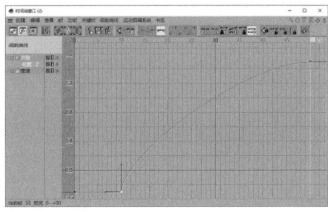

图15-99

10 克隆小球喷射的速度过快，需要延长动画时间。选中"克隆"，在时间线上将关键帧图标从第30帧移动到第50帧，如图15-100所示。

11 单击"向前播放"按钮▶，播放动画效果合适后，使用"平面"工具 ▱平面 在场景的后方创建一个平面模型作为背景，如图15-101所示。

12 为场景添加灯光和材质，然后任意渲染几帧，效果如图15-102所示。

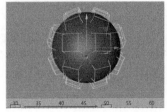

图15-100

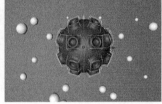

图15-101

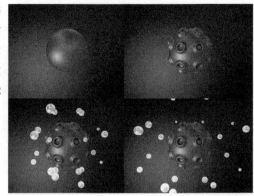

图15-102

⌂重点

实战：制作旋转的隧道动画

场景位置	无
实例位置	实例文件>CH15>实战：制作旋转的隧道动画.c4d
视频名称	实战：制作旋转的隧道动画.mp4
难易指数	★★★★☆
技术掌握	掌握对象参数动画

本案例需要用克隆制作一个隧道，并制作随机移动和旋转效果，如图15-103所示。

图15-103

01 使用"立方体"工具◻在场景中创建一个立方体模型，具体参数设置如图15-104所示。

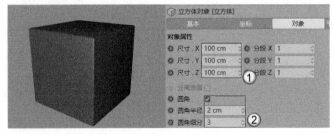

图15-104

02 为立方体添加"阵列"生成器 阵列，设置"半径"为250cm，"副本"为11，如图15-105所示。

图15-105

03 为阵列对象添加"克隆"生成器，设置"模式"为"线性"，"数量"为20，"位置.Y"为100cm，如图15-106所示。

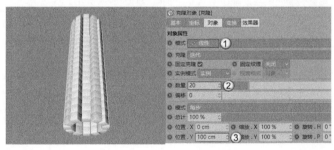

图15-106

04 为"克隆"选项添加"随机"效果器 随机，然后找到一个合适的角度添加摄像机，如图15-107所示。

05 打开"自动关键帧"按钮 ⊙，在第0帧设置"随机"效果器的P.X为2cm，P.Y为2cm，P.Z为2cm，R.H为4°，如图15-108所示。

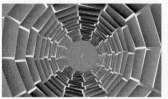

图15-107

图15-108

06 移动时间滑块到第90帧，设置P.X为14cm，P.Y为21cm，P.Z为15cm，R.H为200°，如图15-109所示。模型效果如图15-110所示。

图15-109   图15-110

07 关闭"自动关键帧"按钮 ，然后使用"平面"工具 ，在隧道的尽头创建一个平面模型进行遮挡，如图15-111所示。

08 新建一个默认材质，设置"颜色"为（R:217，G:217，B:217），如图15-112所示。

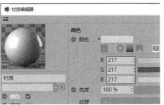

图15-111   图15-112

09 在"反射"中添加GGX，设置"粗糙度"为10%，"菲涅耳"为"绝缘体"，"预置"为"玻璃"，如图15-113所示。材质效果如图15-114所示。

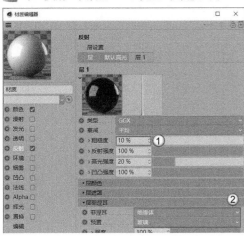

图15-113   图15-114

10 新建一个默认材质，勾选"发光"选项，设置"颜色"为（R:255，G:255，B:255），如图15-115所示。材质效果如图15-116所示。

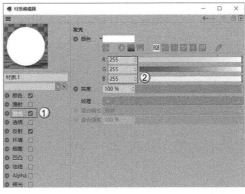

图15-115   图15-116

11 将材质赋予模型，效果如图15-117所示。

12 使用"天空"工具 创建一个天空模型，然后将"预置>Prime>Presets>Light Setups>HDRI\Photo Studio - 2 Light Setup"文件赋予天空对象，如图15-118所示。

图15-117   图15-118

13 移动时间滑块渲染几帧，效果如图15-119所示。

图15-119

实战：制作动态山水画

场景位置　　场景文件>CH15>08.c4d
实例位置　　实例文件>CH15>实战：制作动态山水画.c4d
视频名称　　实战：制作动态山水画.mp4
难易指数　　★★★★☆
技术掌握　　掌握位移动画和材质参数动画

本案例需要对一幅山水画场景制作动态效果，要将位移动画和参数动画相结合，如图15-120所示。

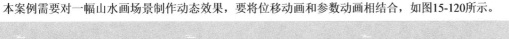

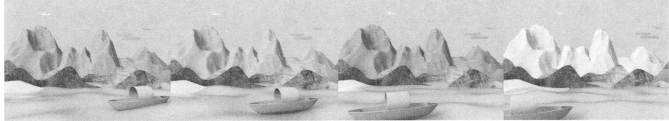

图15-120

01 打开本书学习资源文件"场景文件>CH15>08.c4d",如图15-121所示。

02 制作小船位移动画。选中小船模型,然后打开"自动关键帧"按钮 ,将时间滑块移动到第50帧的位置,接着移动小船到图15-122所示的位置。

图15-121　　　　　　　图15-122

03 打开"时间线窗口",将小船的移动曲线都更改为直线,如图15-123所示。

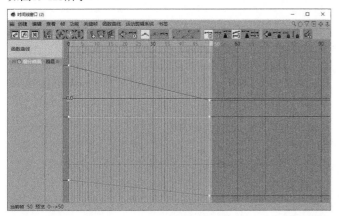

图15-123

04 制作云朵位移动画。同样在第50帧选中云朵模型,然后移动到图15-124所示的位置。

05 打开"时间线窗口",将云朵的移动曲线也转换为直线,如图15-125所示。

图15-124

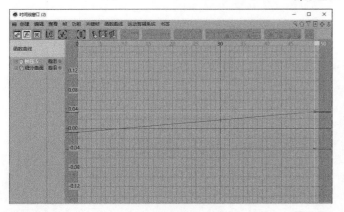

图15-125

06 设置水波动画。选中水面模型,在"置换"变形器中选中"噪波"贴图,如图15-126所示。

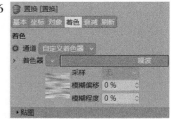

图15-126

07 进入"噪波"贴图,设置"动画速率"为1,如图15-127所示。移动时间滑块,就可以观察到水面模型形成波动效果,如图15-128所示。

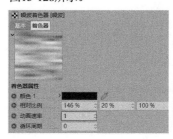 

图15-127　　　　　　　图15-128

技巧与提示

"动画速率"参数不需要添加关键帧,只需设置数值后就能形成动画效果。

08 制作远山颜色动画。选中远山模型的材质,在第12帧时设置"颜色"为(R:140,G:148,B:118),如图15-129所示。场景效果如图15-130所示。

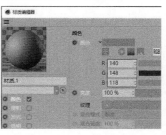 

图15-129　　　　　　　图15-130

09 移动时间滑块到第25帧,设置材质的"颜色"为(R:88,G:110,B:88),如图15-131所示。场景效果如图15-132所示。

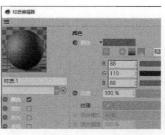 

图15-131　　　　　　　图15-132

10 移动时间滑块到第38帧,设置材质的"颜色"为(R:191,G:129,B:94),如图15-133所示。场景效果如图15-134所示。

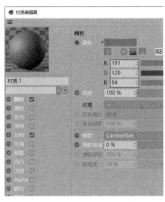

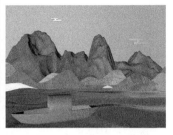

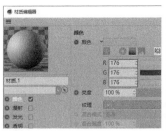

图15-135　　　　　　　　　　图15-136

⓬ 关闭"自动关键帧"按钮，任意选择几帧进行渲染，效果如图15-137所示。

图15-133　　　　　　　　　图15-134

⓫ 移动时间滑块到第50帧，设置材质的"颜色"为（R:176，G:176，B:176），如图15-135所示。场景效果如图15-136所示。

图15-137

实战：制作电量动画

场景位置	场景文件>CH15>09.c4d
实例位置	实例文件>CH15>实战：制作电量动画.c4d
视频名称	实战：制作电量动画.mp4
难易指数	★★★★☆
技术掌握	掌握位移动画和材质参数动画

本案例需要制作一个电量动画，要制作电量的位移动画和霓虹灯的亮度动画两部分，如图15-138所示。

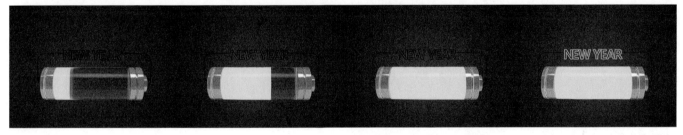

图15-138

⓵ 打开本书学习资源文件"场景文件>CH15>09.c4d"，如图15-139所示。

⓶ 制作电量动画。选中电量条的圆柱模型，然后打开"自动关键帧"按钮，将时间滑块移动到第40帧，设置圆柱的"高度"为180cm，如图15-140所示。

图15-139　　　　　　　　　图15-140

⓷ 此时电量条超出电池模型的边缘，保持"自动关键帧"开启状态，移动电量条模型的位置，如图15-141所示。

⓸ 移动时间滑块，观察动画效果，如果电量条在第0帧时长度有误，需要设置其"高度"为30cm，如图15-142所示。

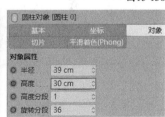

图15-141　　　　　　　　　图15-142

⓹ 选中字体的材质，在"发光"中设置"颜色"为（R:207，G:94，B:255），"亮度"为0%，如图15-143所示。此时场景效果如图15-144所示。

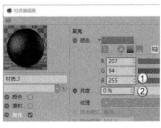

图15-143　　　　　　　　　图15-144

06 移动时间滑块到第42帧，设置"亮度"为150%，如图15-145所示。场景效果如图15-146所示。

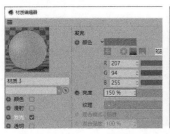 

图15-145　　　　　　　　图15-146

07 需要在第42帧时点亮字体模型，之前不点亮。将时间滑块移动到第40帧的位置，然后设置"亮度"为0%，如图15-147所示。

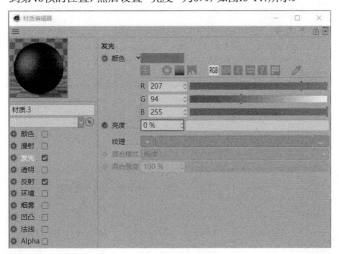

图15-147

08 单击"向前播放"按钮▶，预览动画效果无误后，任意渲染几帧，效果如图15-148所示。

图15-148

技术专题 ⏱ 播放动画的方法

如果想在播放器软件中观看动画效果有两种方法。

第1种：创建预览。执行"渲染>创建动画预览"菜单命令（快捷键为Alt+B），打开"创建动画预览"对话框，如图15-149所示。在对话框中可以设置预览模式、预览范围、格式、图像尺寸和帧频。单击"确定"按钮后，会在后台自动渲染输出预览动画，等渲染完成后会在播放器内自动播放。

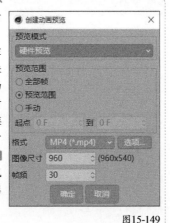

图15-149

第2种：渲染序列帧。打开"渲染设置"面板，设置"帧范围"为"预览范围"，如图15-150所示。在"保存"选项卡中设置文件保存的路径，在"格式"中选择文件的格式为视频类格式，如图15-151所示。

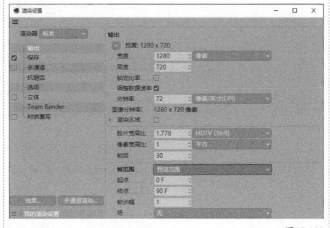

图15-150

图15-151

除了上图中显示的MP4格式，Cinema 4D还提供了图15-152所示的其他视频格式，可供用户选择。

图15-152

15.2 角色动画

Cinema 4D的高级动画是指角色动画。在"角色"菜单中，罗列了制作角色动画的工具，如图15-153所示。角色动画可以为角色模型创建骨骼、蒙皮和肌肉，还可以控制权重和添加约束命令。

图15-153

本节工具介绍

工具名称	工具作用	重要程度
角色	建立预置角色骨骼	低
关节	建立角色关节和骨骼	中

15.2.1 角色

演示视频：117-角色

Cinema 4D提供了预置的骨骼系统，可以方便用户快速创建一整套骨骼。在"角色"菜单中单击"角色"按钮，可以选择不同类型的骨骼，如图15-154所示。

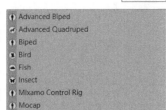

重要参数讲解

Advanced Biped（高级骨骼）：创建完整的人体骨骼系统。

图15-154

Advanced Quadruped（高级四足动物）：创建完整的四足动物骨骼，如猫、狗等。

Biped（骨骼）：创建完整的人体骨骼系统。

Bird（鸟）：创建鸟类骨骼。

Fish（鱼）：创建鱼类骨骼。

Insect（昆虫）：创建昆虫类骨骼。

Mixamo Control Rig（控制装置）：创建人体骨骼。

Mocap（动作捕捉）：创建人体骨骼。

Quadruped（四足动物）：创建四足动物的骨骼。

Reptile（爬行动物）：创建爬行动物的骨骼。

Wings（翅膀）：创建带翅膀类动物的骨骼。

15.2.2 关节

演示视频：118-关节

"关节"是用来创建角色模型的关节和骨骼。"关节"模型由黄色的"关节"和蓝色的"骨骼"两部分组成，如图15-155所示。单击"关节"按钮后，在场景中只出现黄色的关节模型。

在"属性"面板的"对象"选项卡中，可以设置关节和骨骼的参数，如图15-156所示。

图15-155

图15-156

重要参数讲解

骨骼：设置骨骼生长的方式，如图15-157所示。

轴向：设置骨骼生长的方向。

长度：设置骨骼的长度。

显示：设置骨骼的显示方式，如图15-158所示，默认为"标准"。

图15-157　图15-158

尺寸：设置骨骼粗细的方式，如图15-159所示。

自定义：在"尺寸"中设置任意数值为骨骼的粗细。

长度：根据骨骼长度自动设置骨骼的粗细。

显示：设置关节的显示方式，如图15-160所示，默认为"轴向"。

图15-159　图15-160

技术专题　关节的父子层级

当场景中存在多个关节时，需要设置骨骼彼此间的父子层级，从而控制这些关节。

图15-161所示的3个关节中，最上方的"关节1"是其他两个关节的父层级，中间的"关节2"是最下面"关节3"的父层级，如图15-162所示。

图15-161　　　　图15-162

当选择"关节1"并旋转时，可观察到"关节2"和"关节3"也随之进行旋转，如图15-163所示。

当选择"关节2"并旋转时，可观察到"关节3"会随着"关节2"进行旋转，但"关节1"没有发生改变，如图15-164所示。

图15-163　　　　图15-164

当选择"关节3"并旋转时，可观察到"关节1"和"关节2"都没有发生改变，如图15-165所示。

图15-165

通过上面3个演示，可以总结出父层级的关节会影响子层级关节的位置，但子层级的关节不会影响父层级的位置。掌握了这个规律后，在制作模型的关节时，就更能清楚地划分出关节的层级关系。

第 16 章　综合实例

16.1

综合实例：
体素风格：情人节电商海报

体素风格的场景较为简单，多使用参数对象完成场景拼搭，少部分模型会用到可编辑对象。

本案例通过情人节电商海报讲解体素风格的场景的制作方法，案例效果如图16-1所示。

◎ 场景位置▶无
◎ 实例位置▶实例文件>CH16>体素风格：情人节电商海报.c4d
◎ 视频名称▶体素风格：情人节电商海报.mp4
◎ 难易指数▶★★★★★
◎ 技术掌握▶掌握体素风格场景的制作方法

Learning Objectives
学习要点 ≫

Employment Direction
从业方向 ≫

电商设计　　包装设计

产品设计　　UI设计

栏目包装　　动画设计

Valentine's Day
C4D R21

2.14

LOVE

Hang Cheng Studio
Designed by Zurako

图16-1

16.1.1　模型制作

　　本案例的模型分为主体模型、元素模型和地面三部分，下面将逐一进行讲解。本案例中的参数仅供参考，读者可在此基础上自由发挥。

👉 主体

01 使用"球体"工具 🔘球体 在场景中创建一个"半径"为200cm，"分段"为36的半球体，如图16-2所示。

02 将创建的半球体模型转换为可编辑对象，然后沿着y轴适当挤压，如图16-3所示。

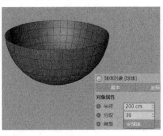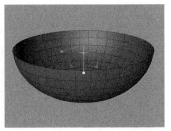

图16-2　　　　　　　　图16-3

03 使用"圆柱"工具 🔘圆柱 在半球体的上方创建一个圆柱体模型，设置"半径"为210cm，"高度"为10cm，"高度分段"为1，"旋转分段"为36，然后勾选"圆角"，设置"分段"为1，"半径"为1cm，如图16-4所示。

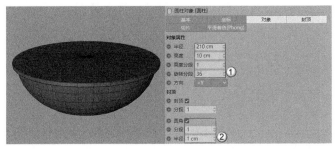

图16-4

👉 元素

01 制作心形立牌。使用"圆环"工具 🔘圆环 在场景中创建一个"半径"为50cm的圆环样条，如图16-5所示。

02 将圆环样条转换为可编辑对象，在"点"模式🔘中调整点的位置，形成心形效果，如图16-6所示。

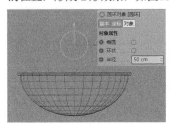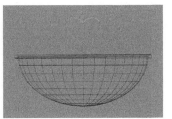

图16-5　　　　　　　　图16-6

03 为心形样条添加"挤压"生成器🔘，设置"移动"为3cm，"尺寸"为1cm，"分段"为1，如图16-7所示。

图16-7

04 使用"立方体"工具🔘在心形模型下方创建一个"尺寸.X"为10cm，"尺寸.Y"为50cm，"尺寸.Z"为3cm的立方体模型，然后勾选"圆角"，设置"圆角半径"为1cm，"圆角分段"为1，如图16-8所示。

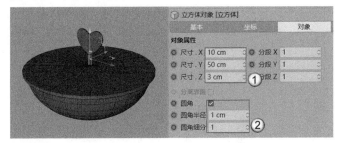

图16-8

05 制作模型树。使用"立方体"工具🔘在场景中创建一个立方体模型，设置"尺寸.X"为5cm，"尺寸.Y"为50cm，"尺寸.Z"为5cm，如图16-9所示。

06 将上一步创建的立方体转换为可编辑对象，在"边"模式🔘中添加分段线并调整造型，如图16-10所示。

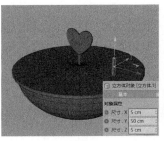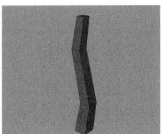

图16-9　　　　　　　　图16-10

技巧与提示 ✏

将立方体孤立显示，可以方便制作。使用"循环/路径切割"工具 🔘循环/路径切割 能快速添加分段线。

07 在"多边形"模式 ⬡ 中选中图16-11所示的多边形，然后使用"挤压"工具 挤压 向外挤出一定长度，如图16-12所示。

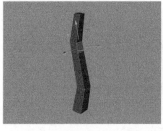 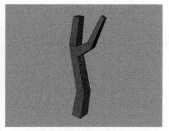

图16-11　　　　　　　　图16-12

08 在"边"模式 中选中图16-13所示的边，然后使用"倒角"工具 倒角 设置"偏移"为0.8cm，如图16-14所示。

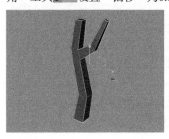 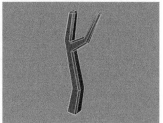

图16-13　　　　　　　　图16-14

09 使用"球体"工具 球体 创建多个大小不等的球体作为树冠，如图16-15所示。

10 将制作好的树木模型成组，然后复制多个，摆放在主体模型上，如图16-16所示。

图16-15　　　　　　　　图16-16

11 制作冰激凌。使用"圆锥"工具 ▲圆锥 创建一个圆锥模型，设置"顶部半径"为12cm，"底部半径"为8cm，"高度"为20cm，"高度分段"为1，如图16-17所示。

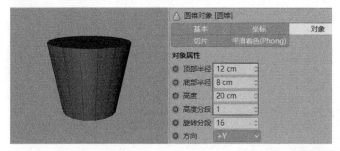

图16-17

12 将圆锥模型向上复制一份，设置"顶部半径"为15cm，"底部半径"为12cm，"高度"为5cm，如图16-18所示。

13 将上一步创建的圆锥模型转换为可编辑对象，在"多边形"模式 中选中图16-19所示的多边形。

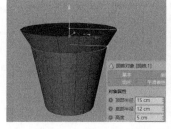 

图16-18　　　　　　　　图16-19

14 使用"内部挤压"工具 内部挤压 向内挤压0.5cm，如图16-20所示。

15 保持选中的多边形不变，使用"挤压"工具 挤压 向下挤出-3cm，并向内收缩，如图16-21所示。

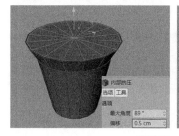 

图16-20　　　　　　　　图16-21

16 使用"螺旋"工具 螺旋 绘制一段螺旋样条，设置"起始半径"为15cm，"终点半径"为1cm，"结束角度"为1983°，"高度"为30cm，如图16-22所示。

图16-22

17 将螺旋样条转换为可编辑对象，然后调整样条的细节，如图16-23所示。

18 使用"圆环"工具 圆环 创建一个"半径"为3.5cm的圆环样条，然后添加"扫描"生成器，将"圆环"和"螺旋"进行扫描，效果如图16-24所示。

图16-23　　　　　　　　图16-24

疑难问答

问：扫描对象的两端如何缩小？

答：在"扫描"生成器的"对象"选项卡中，展开"细节"卷展栏，里面有"缩放"的曲线。当调整曲线的效果为图16-25所示时，就可以形成两端缩小，而其余部分不变的效果。

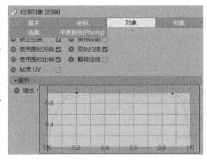

图16-25

19 制作篱笆模型。使用"立方体"工具 在场景中创建一个立方体模型，设置"尺寸.X"为10cm，"尺寸.Y"为30cm，"尺寸.Z"为2cm，"分段X"为2，如图16-26所示。

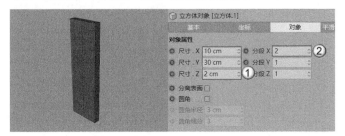

图16-26

20 将上一步创建的立方体转换为可编辑对象，然后在"点"模式 中调整立方体的造型，如图16-27所示。

21 在"边"模式 中为模型添加"倒角"效果，如图16-28所示。

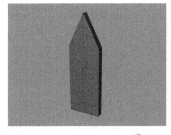 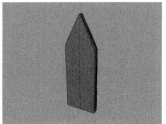

图16-27　　　　　　图16-28

22 使用"圆弧"工具 在场景中绘制一个"半径"为160cm的弧形样条，如图16-29所示。

图16-29

23 为编辑后的立方体模型添加"克隆"生成器 ，设置"模式"为"线性"，"数量"为12，"位置.X"为15cm，如图16-30所示。

图16-30

24 为"克隆"添加"样条"效果器 ，然后链接前面绘制的圆弧样条，效果如图16-31所示。

25 此时会发现篱笆模型方向不合适。在"样条"效果器中设置"上行矢量"为1，如图16-32所示。

 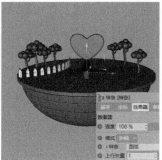

图16-31　　　　　　图16-32

26 将篱笆模型复制一份并放在另一侧，如图16-33所示。

技巧与提示

在旋转复制的篱笆模型时，旋转"圆弧"样条就可以不改变篱笆本身的角度。

27 制作心形元素。将大的心形模型复制多份，缩小并放置在场景中，效果如图16-34所示。

图16-33　　　　　　图16-34

28 制作文字模型。使用"文本"工具 在场景中创建文本模型，设置"深度"为2cm，"文本"为LOVE，"字体"为"方正兰亭中黑"，"高度"为40cm，如图16-35所示。

319

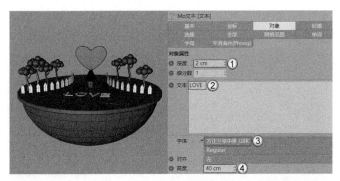

图16-35

29 将文本模型复制一份，修改"文本"为2.14，"高度"为30cm，如图16-36所示。

图16-36

☞ 地面

01 使用"立方体"工具▣在场景中创建一个立方体模型，如图16-37所示。

图16-37

02 为上一步创建的立方体添加"克隆"生成器▣，设置"模式"为"网格排列"，"数量"为40和26，"尺寸"都为30cm，如图16-38所示。

图16-38

03 为克隆添加"随机"效果器▣，设置"P.X""P.Y""P.Z"都为5cm，然后勾选"等比缩放"，设置"缩放"为0.5，如图16-39所示。

图16-39

04 使用"平面"工具▱创建一个背景板模型，如图16-40所示。至此，本案例的模型全部制作完成。

图16-40

16.1.2 灯光和环境创建

先在场景中创建灯光和环境，再创建材质，这样可以方便观察场景的整体效果，使材质调整一步到位。但这种步骤不是绝对的，也可以先调整材质再创建灯光和环境。读者按自己喜欢的顺序进行制作即可。

☞ 主光源

01 使用"灯光"工具▣在场景中创建一盏灯光，位置如图16-41所示。

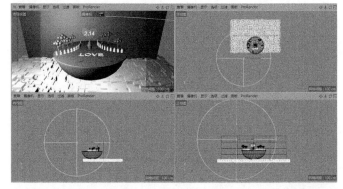

图16-41

02 选中创建的灯光，在"常规"选项卡中设置"颜色"为（R:255，G:255，B:255），"投影"为"区域"，然后在"细节"选项卡中设置"衰减"为"平方倒数（物理精度）"，"半径衰减"为661.289cm，如图16-42所示。

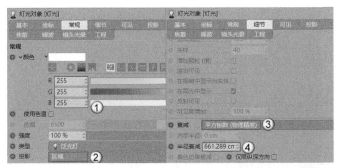

图16-42

03 按Ctrl+R组合键渲染灯光效果，如图16-43所示。

图16-43

---- 技术专题 ⑩ "材质覆写"的使用方法

模型在没有材质的情况下，渲染的灯光效果不明显，可以为场景整体赋予一个白色的材质，以便观察灯光效果，如图16-44所示。

具体操作方法：按Ctrl+B组合键打开"渲染设置"面板，勾选"材质覆写"，将一个默认材质拖曳到"自定义材质"选项框中，如图16-45所示。

图16-44

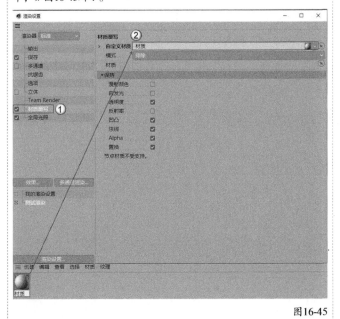

图16-45

辅助光源 ----

01 将创建的灯光复制一盏放在右侧，位置如图16-46所示。

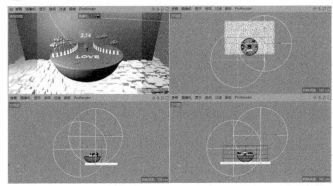

图16-46

02 选中复制的灯光，在"常规"选项卡中修改"强度"为60%，如图16-47所示。

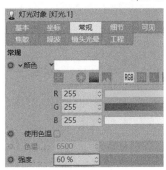

图16-47

03 按Ctrl+R组合键渲染，效果如图16-48所示。

04 此时灯光的投影会投射到背景平面模型上，将平面模型替换为"背景"模型，效果如图16-49所示。

图16-48   图16-49

环境光源 ----

01 使用"天空"工具在场景中创建天空模型，如图16-50所示。

图16-50

321

02▶ 按Shift+F8组合键打开"内容浏览器",在"预置>Prime>Presets>Light Setups>HDRI"中选中Photo Studio文件,然后将其赋予天空模型,如图16-51和图16-52所示。

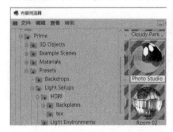

图16-51　　　　　　　　　　　图16-52

03▶ 在"对象"面板选中"天空",为其添加"合成"标签 ■ 合成 ,然后取消勾选"摄像机可见",如图16-53所示。

04▶ 按Ctrl+R组合键渲染,效果如图16-54所示。

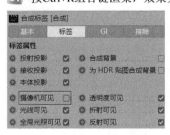

图16-53　　　　　　　　　　　图16-54

16.1.3 材质制作

本案例中场景的材质大多数是纯色材质。

👉 浅粉色材质-----------

01▶ 在"材质"面板创建一个默认材质,设置"颜色"为(R:249,G:228,B:225),如图16-55所示。

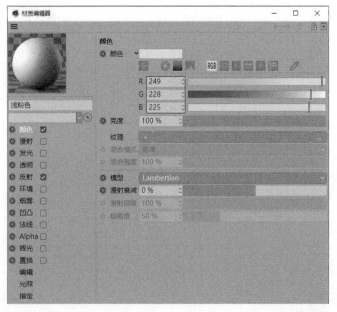

图16-55

02▶ 在"反射"中添加GGX,设置"粗糙度"为50%,"反射强度"为80%,"菲涅耳"为"绝缘体","预置"为"沥青",如图16-56所示。材质效果如图16-57所示。

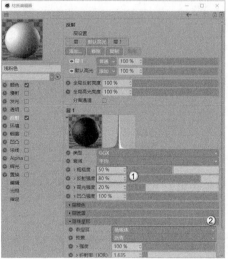

图16-56　　　　　　　　　　　图16-57

03▶ 将材质赋予模型,效果如图16-58所示。

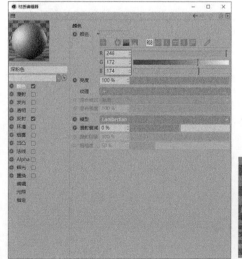

图16-58

👉 深粉色材质-----------

01▶ 在"材质"面板将"浅粉色"材质复制一份,修改"颜色"为(R:248,G:172,B:174),如图16-59所示。材质效果如图16-60所示。

图16-59　　　　　　　　　　　图16-60

02 将材质赋予场景中的模型，效果如图16-61所示。

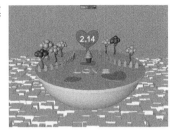

图16-61

👆 绿色材质

01 在"材质"面板将"浅粉色"材质复制一份，修改"颜色"为（R:137，G:199，B:58），如图16-62所示。材质效果如图16-63所示。

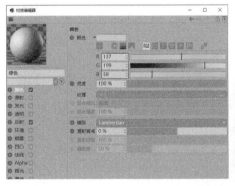

图16-62　　　　图16-63

02 将材质赋予场景中的模型，效果如图16-64所示。

图16-64

👆 红褐色材质

01 在"材质"面板将"浅粉色"材质复制一份，修改"颜色"为（R:142，G:42，B:48），如图16-65所示。材质效果如图16-66所示。

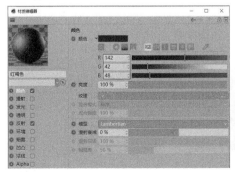

图16-65　　　　图16-66

02 将材质赋予树干模型，效果如图16-67所示。

图16-67

👆 淡粉色材质

01 在"材质"面板将"浅粉色"材质复制一份，修改"颜色"为（R:253，G:218，B:198），如图16-68所示。材质效果如图16-69所示。

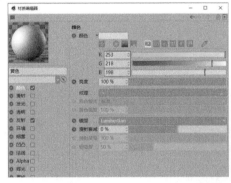

图16-68　　　　图16-69

02 将材质赋予相应模型，效果如图16-70所示。

图16-70

👆 粉红色材质

01 在"材质"面板将"浅粉色"材质复制一份，修改"颜色"为（R:253，G:164，B:150），如图16-71所示。材质效果如图16-72所示。

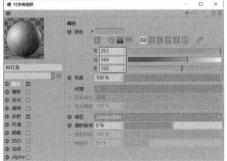

图16-71　　　　图16-72

02 将材质赋予地面和背景模型，效果如图16-73所示。

图16-73

📌 **金色材质**

01 新建一个默认材质，然后在"反射"中添加GGX，设置"粗糙度"为30%，"菲涅耳"为"导体"，"预置"为"金"，如图16-74所示。材质效果如图16-75所示。

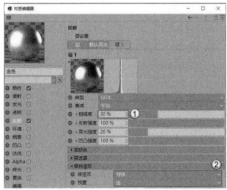

图16-74　　　　　图16-75

02 将材质赋予场景中的文本模型，效果如图16-76所示。

图16-76

16.1.4 渲染输出

01 按Ctrl+B组合键打开"渲染设置"面板，在"输出"中设置"宽度"为1200像素，"高度"为900像素，如图16-77所示。

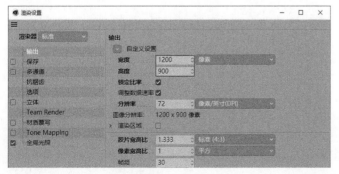

图16-77

02 切换到"抗锯齿"，设置"抗锯齿"为"最佳"，"最小级别"为2×2，"最大级别"为4×4，"过滤"为Mitchell，如图16-78所示。

03 单击"效果"按钮，添加"全局光照"，设置"首次反弹算法"和"二次反弹算法"都为"准蒙特卡洛（QMC）"，如图16-79所示。

图16-78　　　　　　　　图16-79

> **技巧与提示** ✏️
>
> 读者可根据计算机的配置选择合适的算法类型，案例中的参数仅为最优效果的参考。

04 按Shift+R组合键渲染场景，效果如图16-80所示。

> **技巧与提示** ✏️
>
> 在渲染案例效果时，可以灵活地对场景的灯光和材质做适当的调整。

图16-80

16.1.5 后期处理

01 打开Photoshop，然后打开渲染好的图片，如图16-81所示。

图16-81

02 选中"背景"图层，为其添加"色阶"调整图层，参数设置及效果如图16-82和图16-83所示。

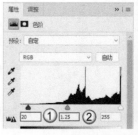

图16-82　　　　　图16-83

03 添加"可选颜色"调整图层,参数设置及效果如图16-84和图16-85所示。

图16-84

图16-85

04 添加"自然饱和度"调整图层,参数设置及效果如图16-86和图16-87所示。

图16-86 图16-87

05 为海报添加一些文字线条作为装饰,案例最终效果如图16-88所示。

图16-88

16.2

综合实例:
体素风格:趣味网页办公场景

本案例通过一个趣味网页办公场景制作体素风格模型,案例效果如图16-89所示。

- ◎ 场景位置 » 无
- ◎ 实例位置 » 实例文件>CH16>体素风格:趣味网页办公场景.c4d
- ◎ 视频名称 » 体素风格:趣味网页办公场景.mp4
- ◎ 难易指数 » ★★★★★
- ◎ 技术掌握 » 掌握体素风格场景的制作方法

图16-89

16.2.1 模型制作

本案例的模型由网页模型、键盘模型、台灯模型和配景模型组成。

👉 网页模型

01 使用"矩形"工具在场景中绘制一个矩形样条,设置"宽度"为110cm,"高度"为80cm,"半径"为8cm,如图16-90所示。

图16-90

325

02 为绘制的矩形样条添加"挤压"生成器📦，在"对象"选项卡中设置"移动"为1cm，在"封盖"选项卡中设置"尺寸"为0.3cm，如图16-91所示。模型效果如图16-92所示。

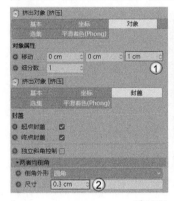
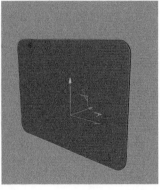

图16-91　　　　　　　　　　图16-92

03 将挤压的模型复制一份，选中"矩形"选项，设置"宽度"为100cm，"高度"为70cm，"半径"为6cm，如图16-93所示。

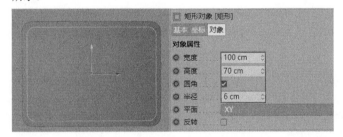

图16-93

04 选中"挤压"选项，设置"移动"为2cm，效果如图16-94所示。

图16-94

05 使用"圆柱"工具 ▣ 圆柱 在场景中创建一个圆柱模型，具体参数设置及位置如图16-95所示。

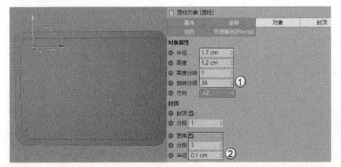

图16-95

06 将上一步创建的圆柱模型向右复制3个，如图16-96所示。

07 使用"矩形"工具 ▣ 矩形 在场景中绘制一个矩形样条，设置"宽度"为85cm，"高度"为5cm，"半径"为2.5cm，如图16-97所示。

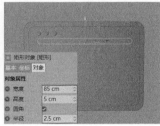

图16-96　　　　　　　　　　图16-97

08 为矩形添加"挤压"生成器📦，设置"移动"为1cm，"尺寸"为0.2cm，如图16-98所示。模型效果如图16-99所示。

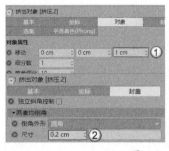

图16-98　　　　　　　　　　图16-99

09 将上一步挤压的矩形模型复制一份，设置"矩形"的"宽度"为15cm，"高度"为1.5cm，"半径"为0.75cm，如图16-100所示。

10 将模型继续向右复制两个，然后修改参数，效果如图16-101所示。

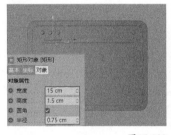

图16-100　　　　　　　　　　图16-101

11 使用"矩形"工具 ▣ 矩形 在场景中创建一个"宽度"为35cm，"高度"为50cm，"半径"为2.5cm的矩形样条，然后添加"挤压"生成器📦，效果如图16-102所示。

图16-102

💡 技巧与提示
"挤压"生成器📦的参数基本相同，这里不再赘述。

12 将上一步创建的模型向右复制一个,然后设置"矩形"的
"宽度"为50cm,如图16-103所示。

13 调整矩形之间的距离,可适当修改模型的参数,效果如图
16-104所示。

图16-103   图16-104

14 将图16-105中选中的两个模型向下复制多个,然后进行摆
放,效果如图16-106所示。

图16-105   图16-106

15 选中图16-107所示的模型并复制一个,然后修改"宽度"为
30cm,"高度"为40cm,如图16-108所示。

图16-107   图16-108

16 将上一步创建的模型复制
一个,修改"宽度"为25cm,
"高度"为30cm,如图16-109
所示。

技巧与提示

为了让画面的层次感更好,可
以适当将模型的厚度减小。

图16-109

17 选中图16-110所示的圆柱模型,然后向下复制,位置如图
16-111所示。

图16-110   图16-111

18 将复制的圆柱模型的"半
径"设置为1.2cm,模型效果如
图16-112所示。

图16-112

19 选中图16-113所示的模型并复制一个,然后调整"矩形"的
"宽度"为25cm,"高度"为25cm,如图16-114所示。

图16-113   图16-114

20 将上一步的模型复制一份,设置"矩形"的"宽度"和
"高度"都为20cm,如图16-115所示。

21 使用"圆柱"工具 创建一个圆柱模型,设置"半
径"为3cm,"高度"为0.5cm,"高度分段"为1,"旋转分
段"为36,如图16-116所示。

图16-115   图16-116

22 使用"样条画笔"工具 绘制样条,如图16-117所示。然后
为其添加"挤压"生成器 ,设置"移动"为0.5cm,如图16-118
所示。

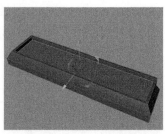

04 使用"挤压"工具⊙将多边形向下挤出-2cm,效果如图16-125所示。

图16-117　　　　　　　　　图16-118

23 将模型成组后旋转一定角度,效果如图16-119所示。

图16-125

05 切换到"边"模式▨,调整键盘模型的高度,然后使用"倒角"工具❤️ 倒角进行倒角,如图16-126和图16-127所示。

图16-119

👉 **键盘模型**

01 使用"立方体"工具◻在场景中创建一个立方体模型,具体参数设置如图16-120所示。

图16-126　　　　　　　　　图16-127

06 使用"圆柱"工具◻ 圆柱在键盘模型内创建一个圆柱模型作为按键,设置"半径"为1.2cm,"高度"为3cm,"高度分段"为1,如图16-128所示。

图16-120

02 将上一步创建的立方体转换为可编辑对象,在"边"模式▨中使用"循环/路径切割"工具❤️ 循环/路径切割为模型添加一条分割线,然后调整立方体的造型,如图16-121和图16-122所示。

图16-128

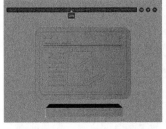

07 将圆柱模型转换为可编辑对象,然后在"边"模式▨中使用"循环/路径切割"工具❤️ 循环/路径切割添加两条分割线,如图16-129所示。

图16-121　　　　　　　　　图16-122

03 在"多边形"模式◼中选中图16-123所示的多边形,然后使用"内部挤压"工具❤️ 内部挤压向内挤出1.2cm,如图16-124所示。

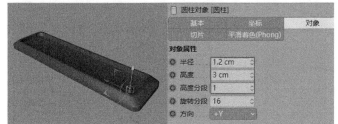

图16-129

08 选中图16-130所示的边,然后使用"缩放"工具◻向内收缩,效果如图16-131所示。

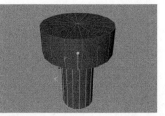

图16-123　　　　　　　　　图16-124

图16-130　　　　　　　　　图16-131

09 选中图16-132所示的边,然后使用"倒角"工具 ⬛ 倒角 为其倒角,效果如图16-133所示。

图16-132　　　　　　　　　　　　图16-133

10 将按键模型复制多个,然后排列在键盘模型内,如图16-134所示。

图16-134

11 使用"立方体"工具 ⬛ 在场景中创建一个立方体模型,具体参数设置如图16-135所示。

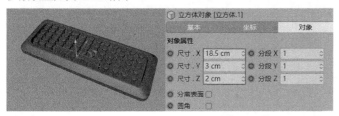

图16-135

12 按照制作圆柱形按键的方法制作立方体按键,效果如图16-136所示。

图16-136

👉 台灯模型

01 使用"圆柱"工具 ⬛ 圆柱 在场景中创建一个圆柱模型,具体参数设置如图16-137所示。

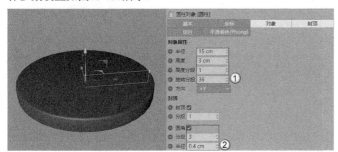

图16-137

02 将圆柱模型向上复制一份,然后修改其参数,如图16-138所示。

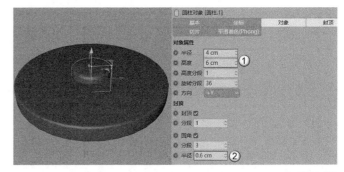

图16-138

03 继续向上复制一个圆柱模型,然后修改其参数,如图16-139所示。

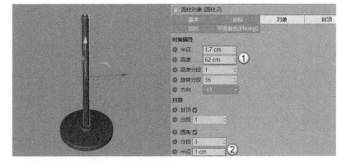

图16-139

04 使用"圆柱"工具 ⬛ 圆柱 创建一个圆柱模型,然后使用"旋转"工具 ⬛ 将其旋转一定角度,参数设置如图16-140所示。

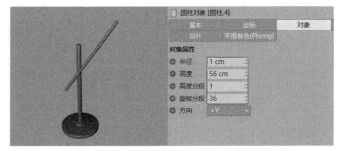

图16-140

05 将上一步创建的圆柱向下复制一个,然后修改其参数,如图16-141所示。

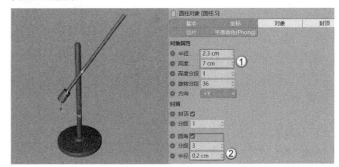

图16-141

06 将圆柱向上复制一个，然后修改其参数，如图16-142所示。

图16-142

07 使用"圆柱"工具 ▣圆柱 创建一个圆柱模型，放在连接位置，具体参数设置如图16-143所示。

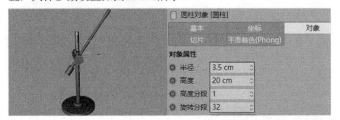

图16-143

08 将上一步创建的圆柱模型转换为可编辑对象，然后添加分段线并挤压，接着为其倒角，效果如图16-144所示。

技巧与提示 ✎

圆柱造型的调整方法较为简单，因篇幅限制，这里不再赘述。

图16-144

09 使用"圆柱"工具 ▣圆柱 在模型顶部创建一个圆柱模型，具体参数设置如图16-145所示。

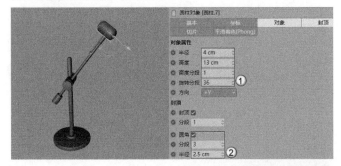

图16-145

10 使用"圆柱"工具 ▣圆柱 在下方创建一个圆柱模型，然后将其转换为可编辑对象并进行造型调整，效果如图16-146所示。

技巧与提示 ✎

读者也可以使用"圆锥"工具 ▲圆锥 创建灯罩模型。

图16-146

11 为上一步调整好的模型添加"细分曲面"生成器 ◉，效果如图16-147所示。

12 使用"球体"工具 ◉球体 在灯罩内创建一个球体模型作为灯泡，如图16-148所示。

图16-147　　　　图16-148

👉 配景模型

01 使用"管道"工具 ▣管道 在场景中创建一个管道模型，具体参数设置如图16-149所示。

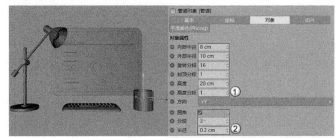

图16-149

02 使用"圆柱"工具 ▣圆柱 在管道模型内创建一个圆柱模型，具体参数设置如图16-150所示。

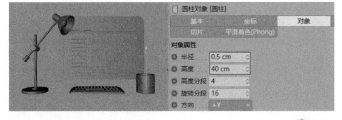

图16-150

03 使用"球体"工具 ◉球体 在场景中创建一个球体模型，然后将其转换为可编辑对象，如图16-151所示。

04 使用"缩放"工具 ⬚ 将球体压缩，效果如图16-152所示。

图16-151　　　　图16-152

技巧与提示 ✎

只有将球体模型转换为可编辑对象，才能使用"缩放"工具 ⬚ 压扁球体模型。

05 将圆柱模型复制几个，然后将其缩小，拼合为叶脉的效果，如图16-153所示。

06 将叶片模型复制两个，然后将其缩小，效果如图16-154所示。

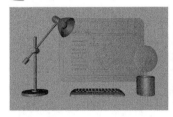

图16-153　　　　　　　图16-154

07 将叶片模型再复制两个，摆放在网页模型的后方，如图16-155所示。

08 使用"球体"工具 ●球体 在左下角创建一个"半径"为6cm的球体模型，如图16-156所示。

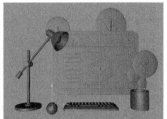

图16-155　　　　　　　图16-156

09 使用"地面" 和"背景"工具 在场景内创建地面和背景模型，如图16-157所示。至此，本案例的模型制作完成。

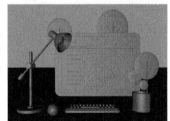

图16-157

16.2.2 灯光和环境创建

本案例需要环境光源和辅助光源两部分对场景进行照亮。

👉 环境光源

01 使用"天空"工具 在场景中创建天空模型，如图16-158所示。

图16-158

02 按Shift+F8组合键打开"内容浏览器"，在"预置>Prime>Presets>Light Setups>HDRI"中选中Photo Studio文件，然后将其赋予天空模型，如图16-159所示。

03 在"对象"面板选中"天空"，为其添加"合成"标签，然后取消勾选"摄像机可见"，如图16-160所示。

图16-159　　　　　　　图16-160

04 在"渲染设置"面板中调用测试渲染的参数，然后按Ctrl+R组合键渲染，效果如图16-161所示。

05 观察画面，台灯的高度有些高，画面显得不和谐。将台灯模型进行修改，降低高度，如图16-162所示。

图16-161　　　　　　　图16-162

06 地面和背景之间存在明显的分界线。为"地面"添加"合成"标签，然后勾选"合成背景"选项，如图16-163所示。

07 按Shift+R组合键渲染场景，效果如图16-164所示。

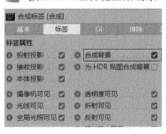

图16-163　　　　　　　图16-164

👉 辅助光源

01 虽然场景中添加了环境光源，但模型部分仍然偏暗。使用"灯光"工具 在场景中创建一盏灯光，位置如图16-165所示。

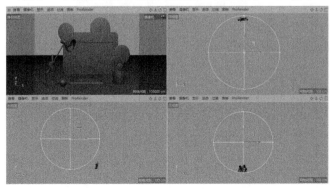

图16-165

02 选中创建的灯光，在"常规"选项卡中设置"投影"为"无"，如图16-166所示。

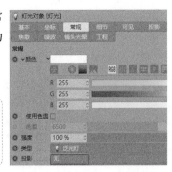

03 切换到"细节"选项卡，设置"衰减"为"平方倒数（物理精度）"，"半径衰减"为500cm，如图16-167所示。

04 按Shift+R组合键渲染场景，效果如图16-168所示。

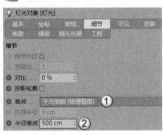
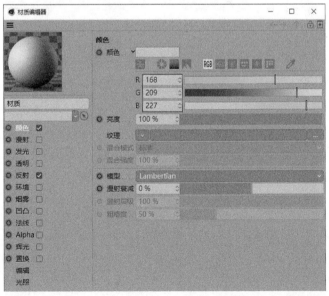

图16-167　　　　　　　图16-168

16.2.3 材质制作

01 在场景中新建一个默认材质，设置"颜色"为（R:168，G:209，B:227），如图16-169所示。

图16-169

02 在"反射"中添加GGX，设置"粗糙度"为40%，"反射强度"为60%，"高光强度"为5%，"菲涅耳"为"绝缘体"，"预置"为"聚酯"，如图16-170所示。材质效果如图16-171所示。

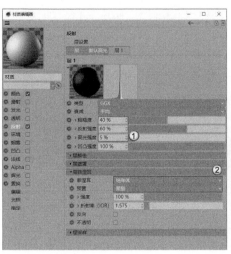

图16-170　　　　　　　图16-171

03 将材质复制一份，设置"颜色"为（R:145，G:214，B:217），如图16-172所示。材质效果如图16-173所示。

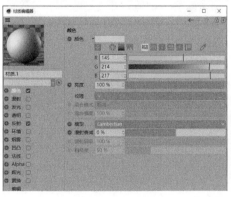

图16-172　　　　　　　图16-173

04 将材质复制一份，设置"颜色"为（R:205，G:214，B:191），如图16-174所示。材质效果如图16-175所示。

图16-174　　　　　　　图16-175

05 将材质复制一份，设置"颜色"为（R:242，G:182，B:160），如图16-176所示。材质效果如图16-177所示。

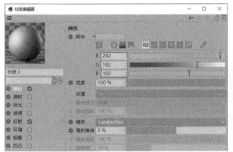 

图16-176　　　　　　　　图16-177

06 将材质复制一份，设置"颜色"为（R:237，G:192，B:192），如图16-178所示。材质效果如图16-179所示。

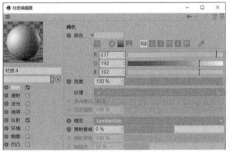 

图16-178　　　　　　　　图16-179

07 将材质复制一份，设置"颜色"为（R:204，G:204，B:204），如图16-180所示。材质效果如图16-181所示。

图16-180　　　　　　　　图16-181

08 将材质复制一份，设置"颜色"为（R:191，G:198，B:219），如图16-182所示。材质效果如图16-183所示。

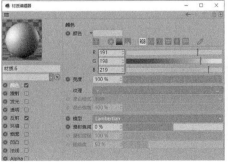 

图16-182　　　　　　　　图16-183

09 将材质复制一份，设置"颜色"为（R:140，G:140，B:186），如图16-184所示。材质效果如图16-185所示。

图16-184　　　　　　　　图16-185

10 将材质赋予场景中的模型，效果如图16-186所示。

图16-186

16.2.4　渲染输出

01 按Ctrl+B组合键打开"渲染设置"面板，在"输出"中设置"宽度"为1200像素，"高度"为900像素，如图16-187所示。

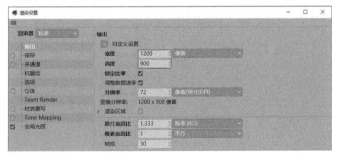

图16-187

02 切换到"抗锯齿"，设置"抗锯齿"为"最佳"，"最小级别"为2×2，"最大级别"为4×4，"过滤"为Mitchell，如图16-188所示。

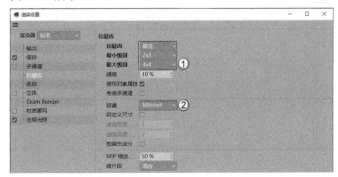

图16-188

03 单击"效果"按钮 ，添加"全局光照"，设置"首次反弹算法"和"二次反弹算法"都为"准蒙特卡洛（QMC）"，如图16-189所示。

04 按Shift+R组合键渲染场景，效果如图16-190所示。

图16-189　　　　　　　　　　图16-190

16.2.5 后期处理

01 打开Photoshop，然后打开渲染好的图片，如图16-191所示。

图16-191

02 选中"背景"图层，为其添加"色阶"调整图层，参数设置及效果如图16-192和图16-193所示。

图16-192　　　　　　　　　　图16-193

03 添加"自然饱和度"调整图层，参数设置及效果如图16-194和图16-195所示。

图16-194　　　　　　　　　　图16-195

04 按Ctrl+Shift+Alt+E组合键盖印可见图层，图层面板如图16-196所示。

05 选中"图层1"，然后执行"选择>色彩范围"菜单命令，

在弹出的对话框中用吸管吸取背景的浅绿色，然后设置"颜色容差"为30，如图16-197所示。

图16-196　　　　　　　　　　图16-197

06 单击"确定"按钮 后，会在盖印的图层上新建选区，如图16-198所示。

07 按Ctrl+J组合键将选区进行复制，形成新的图层，如图16-199所示。

图16-198　　　　　　　　　　图16-199

08 新建"色阶"调整图层并设置参数，这时会发现整个画面都发生了变化，单击"此调整剪切到此图层"按钮，就可以将调整效果应用到复制的图层中，如图16-200和图16-201所示。

图16-200　　　　　　　　　　图16-201

09 继续添加"色相/饱和度"调整图层，参数设置如图16-202所示。添加一些文字和元素作为装饰，案例最终效果如图16-203所示。

图16-202　　　　　　　　　　图16-203

16.3

综合实例：
机械风格：霓虹灯效果图

机械风格的场景较为复杂，场景中模型较多。本案例通过
霓虹灯文字场景讲解机械风格场景的制作方法，案例效果
如图16-204所示。

- ◎ 场景位置 » 无
- ◎ 实例位置 » 实例文件>CH16>机械风格：霓虹灯效果图.c4d
- ◎ 视频名称 » 机械风格：霓虹灯效果图.mp4
- ◎ 难易指数 » ★★★★★
- ◎ 技术掌握 » 掌握机械风格场景的制作方法

图16-204

16.3.1 模型制作

本案例模型由霓虹灯、齿轮配件和背景板三部分组成。案
例中的参数仅供参考，读者可在此基础上自由发挥。

👉 霓虹灯

01 使用"文本"工具在场景中创建文本模型，设置"深
度"为40cm，"文本"为ZURAKO，"字体"为Arial Black，
"高度"为200cm，"水平间隔"为20cm，如图16-205所示。

图16-205

02 将文本模型转换为可编辑
对象，会发现"文本"工具
会将每个字母单独转为对象，如
图16-206所示。

图16-206

> **技巧与提示** ✅
>
> 转换为可编辑对象后，每个字母都是单独的挤压效果，需要再转
> 换一次才能成为可编辑对象。

03 在"多边形"模式中选中图16-207所示的多边形，使用
"内部挤压"工具向内挤压5cm，如图16-207所示。

图16-207

04 保持选中的多边形不变，然后使用"挤压"工具向内
挤压-20cm，如图16-208所示。

图16-208

05 切换到"边"模式，选
中模型的轮廓进行倒角，效果
如图16-209所示。

> **技巧与提示** ✅
>
> 倒角的数值根据模型的实际
> 情况决定，这里不作强制要求。

图16-209

06 使用"样条画笔"工具 沿着字母模型的凹陷部分绘制灯管的路径，如图16-210所示。需要注意的是，路径之间要留出一定的距离，否则生成的灯管模型会交叉。

07 使用"圆环"工具 绘制一个"半径"为2cm的圆环样条，然后与上一步绘制的样条进行"扫描"，生成发光灯管模型，如图16-211所示。

图16-210　　　　　　　　　图16-211

08 将发光灯管模型复制一份，修改圆环的"半径"为6cm，"内部半径"为5.5cm，如图16-212所示。这样就制作好玻璃灯管模型。

09 使用"圆环"工具 在字母模型后方创建一个"半径"为280cm的圆环样条，如图16-213所示。

图16-212　　　　　　　　　图16-213

10 继续创建一个"半径"为2cm的圆环样条，然后与上一步创建的圆环进行扫描，效果如图16-214所示。

11 继续制作出玻璃管模型，如图16-215所示。

图16-214　　　　　　　　　图16-215

疑难问答

问：玻璃管模型怎样显示为半透明效果？

答：选中"扫描"选项，然后在"基本"选项卡中勾选"透显"选项，就可以将模型显示为半透明效果，如图16-216所示。需要注意的是，半透明效果只是在视图中方便用户观察，渲染时仍然为不透明的实体模型。

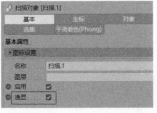

图16-216

12 使用"圆柱"工具 在圆环灯管后创建一个"半径"为300cm，"高度"为20cm的圆柱体模型，并设置"高度分段"为1，"旋转分段"为64，然后勾选"圆角"，设置"分段"为3，"半径"为5cm，如图16-217所示。

图16-217

☞ 齿轮配件

01 使用"齿轮"工具 在场景中创建一个齿轮样条，在"嵌体"选项卡中设置"类型"为"轮辐"，"外半径"为155cm，"内半径"为67cm，"外宽度"为26%，"内宽度"为23%，"半径"为50cm，如图16-218所示。

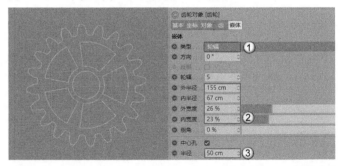

图16-218

02 为齿轮添加"挤压"生成器 ，设置"移动"为10cm，"尺寸"为2cm，"分段"为1，如图16-219所示。模型效果如图16-220所示。

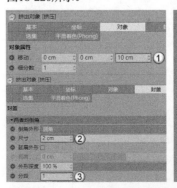

图16-219　　　　　　　　　图16-220

03 将齿轮缩小，然后放置在图16-221所示的位置。

04 将上一步创建的齿轮模型复制一份，然后取消勾选"中心孔"选项，如图16-222所示。

图16-221　　　　　　　　图16-222

05 将齿轮缩小，与另一个齿轮拼合，效果如图16-223所示。

06 将步骤03中的齿轮复制一份并缩小，然后调整齿轮的整体位置，如图16-224所示。

图16-223　　　　　　　　图16-224

07 继续在场景中创建大小不等的齿轮模型，摆放在圆柱模型的后方，如图16-225所示。

技巧与提示

读者可根据自己的喜好设置齿轮的样式和组合，案例中的样式仅供参考。

08 使用"样条画笔"工具绘制样条，如图16-226所示。样条位于圆柱模型和齿轮模型之间。

图16-225　　　　　　　　图16-226

09 使用"圆环"工具绘制一个"半径"为5cm的圆环样条，然后与上一步绘制的样条进行扫描，效果如图16-227所示。

10 将生成的圆柱模型向下复制4份，效果如图16-228所示。至此，齿轮配件模型制作完成。

图16-227　　　　　　　　图16-228

背景板

01 使用"立方体"工具在场景中创建一个长方体模型，具体参数设置如图16-229所示。

图16-229

02 为创建的立方体添加"克隆"生成器，具体参数设置和效果如图16-230所示。

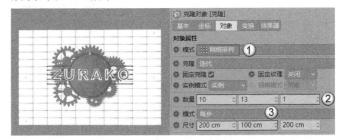

图16-230

03 找到一个合适的角度，然后单击"摄像机"按钮，在场景中创建一个摄像机，如图16-231所示。至此，本案例的模型全部创建完成。

图16-231

16.3.2 灯光和环境创建

先在场景中创建灯光和环境，再创建材质，可以方便观察场景的整体效果，使材质调整一步到位。但这种步骤不是绝对的，也可以先调整材质，再创建灯光和环境。读者按自己喜欢的顺序进行制作即可。

主光源

01 使用"灯光"工具在场景中创建一盏灯光，位置如图16-232所示。

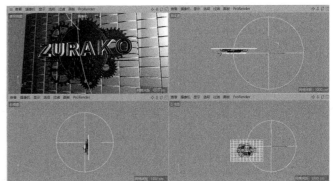

图16-232

02 选中创建的灯光，在"常规"选项卡中设置"颜色"为（R:255，G:236，B:189），"强度"为80%，"投影"为"区域"，如图16-233所示。

图16-233

03 在"细节"选项卡中设置"衰减"为"平方倒数（物理精度）"，"半径衰减"为1528.243cm，如图16-234所示。

04 按Ctrl+R组合键渲染灯光效果，如图16-235所示。

图16-234　　　　　　　　　图16-235

☞ 辅助光源

01 将创建的灯光复制一盏放在左侧，位置如图16-236所示。

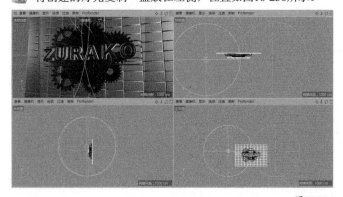

图16-236

02 选中复制的灯光，在"常规"选项卡中修改"颜色"为（R:102，G:150，B:255）"强度"为60%，如图16-237所示。

03 按Ctrl+R组合键渲染，效果如图16-238所示。

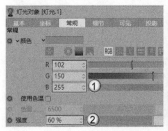 

图16-237　　　　　　　　　图16-238

☞ 环境光源

01 使用"天空"工具 在场景中创建天空模型，然后按Shift+F8组合键打开"内容浏览器"，在"预置>Prime>Presets>Light Setups>HDRI"中选中Photo Studio文件，然后将其赋予天空模型，如图16-239所示。

02 在"对象"面板选中"天空"，为其添加"合成"标签 合成，然后取消勾选"摄像机可见"，如图16-240所示。

图16-239　　　　　　　　　图16-240

03 按Ctrl+R组合键渲染，效果如图16-241所示。

04 此时环境光的亮度太强。双击"材质"面板的Photo Studio材质，然后进入"发光"中的"纹理"贴图，设置"白点"为3，如图16-242所示。

 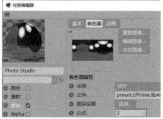

图16-241　　　　　　　　　图16-242

05 按Ctrl+R组合键重新渲染，效果如图16-243所示。

图16-243

16.3.3 材质制作

本案例的材质较为简单，需要制作自发光材质、玻璃材质和金属材质。

☞ 自发光材质

01 在"材质"面板新建一个默认材质，勾选"发光"，设置"颜色"为（R:0，G:217，B:255），如图16-244所示。材质效果如图16-245所示。

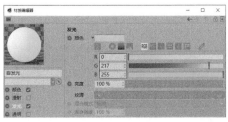

图16-244　　　　　图16-245

02 将材质赋予发光灯管模型，效果如图16-246所示。

图16-246

☞ 玻璃材质

01 在"材质"面板新建一个默认材质，然后勾选"透明"，设置"折射率预设"为"玻璃"，如图16-247所示。

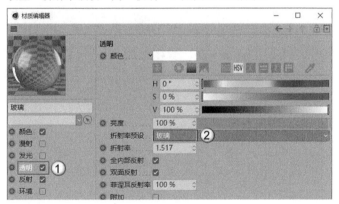

图16-247

02 在"反射"中添加GGX，设置"粗糙度"为1%，"菲涅耳"为"绝缘体"，"预置"为"玻璃"，如图16-248所示。材质效果如图16-249所示。

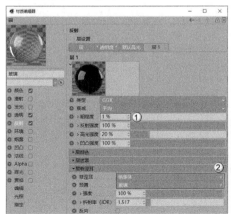

图16-248　　　　　图16-249

03 将材质赋予玻璃管模型，效果如图16-250所示。

图16-250

☞ 金属材质

01 在"材质"面板新建一个默认材质，取消勾选"颜色"，然后在"反射"中添加GGX，设置"粗糙度"为30%，"反射强度"为60%，"菲涅耳"为"导体"，"预置"为"钢"，如图16-251所示。材质效果如图16-252所示。

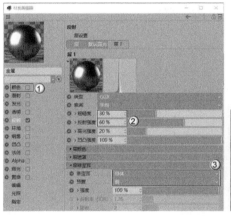

图16-251　　　　　图16-252

02 将材质赋予场景中的其他模型，效果如图16-253所示。

图16-253

16.3.4 渲染输出

01 按Ctrl+B组合键打开"渲染设置"面板，在"输出"中设置"宽度"为1200像素，"高度"为900像素，如图16-254所示。

图16-254

02 切换到"抗锯齿",设置"抗锯齿"为"最佳","最小级别"为2×2,"最大级别"为4×4,"过滤"为Mitchell,如图16-255所示。

图16-255

03 单击"效果"按钮 效果 ,添加"全局光照",设置"首次反弹算法"和"二次反弹算法"都为"准蒙特卡洛(QMC)",如图16-256所示。

图16-256

━ 技巧与提示 ⊘ ━

读者可根据计算机的配置选择合适的算法类型,案例中的参数仅为最优效果的参考。

04 按Shift+R组合键渲染场景,效果如图16-257所示。

━ 技巧与提示 ⊘ ━

在渲染案例效果时,可以灵活地对场景的灯光和材质做适当的调整。

图16-257

16.3.5 后期处理

01 打开Photoshop,然后打开渲染好的图片,如图16-258所示。

图16-258

02 选中"背景"图层,为其添加"色阶"调整图层,参数设置及效果如图16-259和图16-260所示。

图16-259　　　　图16-260

03 添加"可选颜色"调整图层,参数设置及效果如图16-261和图16-262所示。

图16-261　　　　图16-262

04 添加"色彩平衡"调整图层,参数设置及效果如图16-263和图16-264所示。

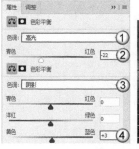

图16-263　　　　图16-264

05 添加"自然饱和度"调整图层,参数设置及效果如图16-265和图16-266所示。

图16-265　　　　图16-266

16.4

综合实例：

机械风格："双十二"海报

机械风格也常常应用在电商海报的制作中，本案例就是制作一个机械风格的"双十二"电商海报场景，案例效果如图16-267所示。

- 场景位置 » 无
- 实例位置 » 实例文件>CH16>机械风格："双十二"海报.c4d
- 视频名称 » 机械风格："双十二"海报.mp4
- 难易指数 » ★★★★★
- 技术掌握 » 掌握机械风格场景的制作方法

图16-267

16.4.1 模型制作

本案例的模型由圆台模型、展示牌模型和配景模型组成。案例中的参数仅供参考，读者可在此基础上自由发挥。

☞ **圆台模型**

01 使用"圆柱"工具 在场景中创建一个圆柱模型，设置"半径"为730cm，"高度"为50cm，"旋转分段"为64，如图16-268所示。

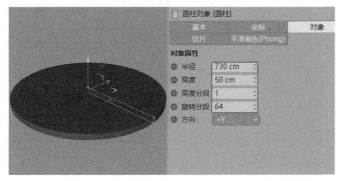

图16-268

02 将上一步创建的圆柱向上复制一份，然后修改"半径"为550cm，"高度"为80cm，如图16-269所示。

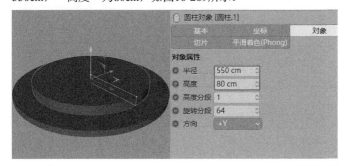

图16-269

03 将圆柱模型继续向上复制一份，然后修改"半径"为600cm，"高度"为40cm，如图16-270所示。

图16-270

技巧与提示

步骤02和步骤03也可以使用可编辑对象建模制作。

04 将上一步创建的圆柱模型转换为可编辑对象，在"多边形"模式 中选中图16-271所示的多边形，然后使用"内部挤压"工具 向内挤出70cm，如图16-272所示。

图16-271　　　　图16-272

05 继续使用"内部挤压"工具 向内挤出25cm和200cm，如图16-273所示。

06 保持选中的多边形不变，然后使用"挤压"工具 向上挤出50cm，如图16-274所示。

图16-273　　　　图16-274

07 选中图16-275所示的多边形，然后使用"挤压"工具 向上挤出10cm，如图16-276所示。

图16-275　　　　　　　　　图16-276

08 选中图16-277所示的多边形，使用"内部挤压"工具 向外挤出-50cm，如图16-278所示。

图16-277　　　　　　　　　图16-278

09 保持选中的多边形不变，使用"挤压"工具 向上挤出30cm，然后使用"内部挤压"工具 向内分别挤出60cm和70cm，如图16-279和图16-280所示。

图16-279　　　　　　　　　图16-280

10 选中图16-281所示的多边形，然后使用"挤压"工具 向下挤出-20cm，如图16-282所示。

图16-281　　　　　　　　　图16-282

11 调整圆台模型的细节，并对模型进行倒角，效果如图16-283所示。

图16-283

12 使用"矩形"工具 绘制一个"宽度"为200cm，"高度"为80cm，"半径"为20cm的圆角矩形，如图16-284所示。

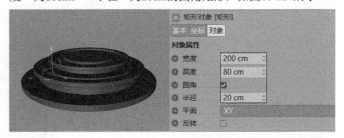

图16-284

13 使用"圆环"工具 绘制一个"半径"为12cm的圆环，然后使用"扫描"生成器 将其与矩形进行扫描，效果如图16-285所示。

图16-285

14 为扫描对象添加"克隆"生成器 ，设置"模式"为"放射"，"数量"为25，"半径"为0cm，如图16-286所示。

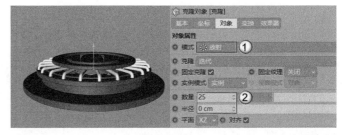

图16-286

15 使用"圆环"工具 在场景中分别绘制"半径"为580cm和13cm的圆环，然后使用"扫描"生成器 生成圆环模型，效果如图16-287所示。

16 将圆环复制一份，修改两个圆环样条的"半径"分别为640cm和14cm，如图16-288所示。

图16-287　　　　　　　　　图16-288

展示牌模型

01 使用"样条画笔"工具 在场景中绘制展示牌的轮廓，如图16-289所示。

02 为上一步绘制的样条添加"挤压"生成器 ，设置"移动"为7cm，如图16-290所示。

图16-289　　　　　　　　　图16-290

03 将展示牌的路径复制一份，然后使用"矩形"工具 ◉ 绘制一个"宽度"和"高度"都为30cm，"半径"为4cm的圆角矩形，接着使用"扫描"生成器 ◉ 生成模型，如图16-291所示。

图16-291

04 将展示牌路径复制一份并放大，然后使用"圆环"工具 ◉ 绘制一个"半径"为18cm的圆环，接着使用"扫描"生成器 ◉ 生成模型，如图16-292所示。

05 将上一步扫描的模型复制一份并放大，设置"圆环"的"半径"为22cm，如图16-293所示。

图16-292　　　　　　　　　图16-293

06 使用"圆柱"工具 ◉ 分别创建两个"半径"为6cm和11cm的圆柱模型，拼合在一起生成吊绳，如图16-294所示。

07 将圆柱模型复制一份，放在展示牌的另一侧，如图16-295所示。

图16-294　　　　　　　　　图16-295

技巧与提示 ✐

圆柱的高度数值这里不作强制要求，读者可根据喜好进行设置。

08 使用"文本"工具 ◉ 在展示牌上创建文本模型，设置"深度"为30cm，"文本"为12.12，"字体"为"汉仪铸字卡酷体W"，"高度"为220cm，"水平间隔"为-15cm，如图16-296所示。

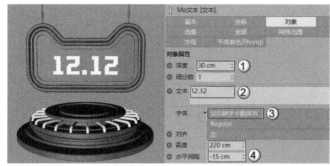

图16-296

▶ **配景模型**

01 使用"立方体"工具 ◉ 创建一个立方体模型，具体参数设置如图16-297所示。

图16-297

02 为立方体添加"克隆"生成器 ◉，设置"模式"为"网格排列"，"数量"为17和14，如图16-298所示。

图16-298

03 为克隆生成器添加"随机"效果器 ◉，设置P.X为20cm，P.Y为20cm，P.Z为35cm，勾选"等比缩放"，设置"缩放"为0.7，如图16-299所示。

图16-299

04 使用"平面"工具 <small>平面</small> 在克隆的立方体模型后创建一个平面模型，效果如图16-300所示。

05 将平面模型复制一份并旋转角度作为地面，如图16-301所示。

图16-300   图16-301

06 使用"圆柱""圆环"和"扫描"生成器制作地面的装饰物，如图16-302所示。

07 使用"样条画笔"工具 <small>⬚</small> 在克隆的墙面模型前任意绘制样条，如图16-303所示。至此，本案例模型制作完成。

图16-302   图16-303

16.4.2 环境创建

01 使用"天空"工具 <small>天空</small> 在场景中创建天空模型，然后按Shift+F8组合键打开"内容浏览器"，在"预置>Prime>Presets>Light Setups>HDRI"中选中Photo Studio文件，然后将其赋予天空模型，如图16-304所示。

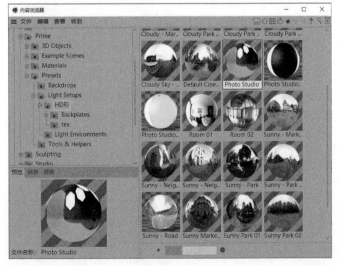

图16-304

02 在"对象"面板选中"天空"，为其添加"合成"标签 <small>合成</small>，然后取消勾选"摄像机可见"，如图16-305所示。

03 在"渲染设置"面板中调用测试渲染的参数，然后按Ctrl+R组合键渲染，效果如图16-306所示。

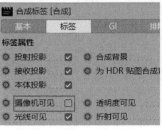 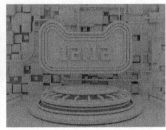

图16-305   图16-306

04 图片的比例不合适。打开"渲染设置"面板，设置"宽度"为1280像素，"高度"为720像素，如图16-307所示。

05 按Ctrl+R组合键渲染，效果如图16-308所示。

图16-307   图16-308

16.4.3 材质制作

本案例的材质大多数是金属类材质，制作相对简单。

👉 黑色材质

01 新建一个默认材质，设置"颜色"为（R:26，G:26，B:26），如图16-309所示。

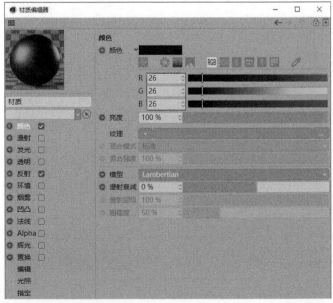

图16-309

02 在"反射"中添加GGX，设置"粗糙度"为30％，"反射强度"为60％，"菲涅耳"为"绝缘体"，"预置"为"沥青"，如图16-310所示。材质效果如图16-311所示。

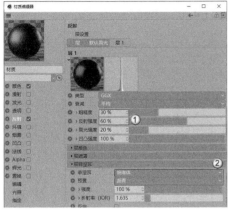 

图16-310　　　　　　图16-311

☞ 黑色金属材质

01 新建一个默认材质，然后取消勾选"颜色"选项，如图16-312所示。

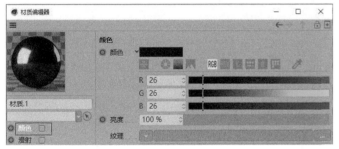

图16-312

02 在"反射"中添加GGX，设置"粗糙度"为10％，"反射强度"为160％，"高光强度"为40％，然后设置"层颜色"中的"颜色"为（R:94，G:94，B:94），"菲涅耳"为"导体"，"预置"为"钢"，如图16-313所示。材质效果如图16-314所示。

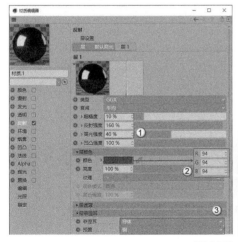 

图16-313　　　　　　图16-314

☞ 不锈钢材质

01 新建一个默认材质，取消勾选"颜色"选项，如图16-315所示。

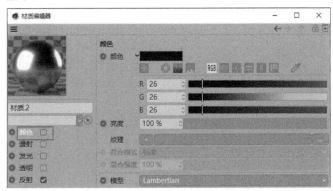

图16-315

02 在"反射"中添加GGX，设置"粗糙度"为25％，"反射强度"为120％，"高光强度"为20％，"菲涅耳"为"导体"，"预置"为"钢"，如图16-316所示。材质效果如图16-317所示。

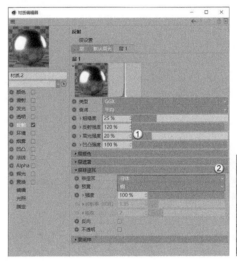 

图16-316　　　　　　图16-317

☞ 金色金属材质

01 新建一个默认材质，然后取消勾选"颜色"选项，如图16-318所示。

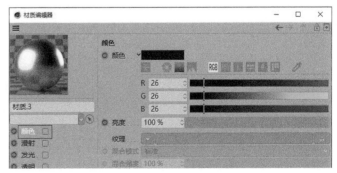

图16-318

02 在"反射"中添加GGX,设置"粗糙度"为30%,"反射强度"为120%,然后设置"层颜色"中的"颜色"为(R:255,G:232,B:201),"菲涅耳"为"导体","预置"为"金",如图16-319所示。材质效果如图16-320所示。

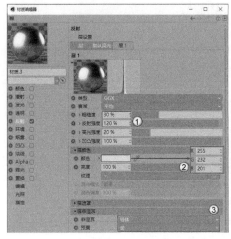

图16-319　　　　图16-320

☞ 自发光材质--------

01 新建一个默认材质,然后勾选"发光"选项,设置"亮度"为100%,如图16-321所示。材质效果如图16-322所示。

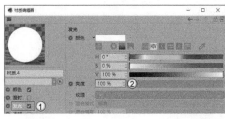

图16-321　　　　图16-322

02 将以上创建的材质赋予场景中的模型,效果如图16-323所示。

图16-323

疑难问答

问:如何为背景的克隆对象赋予不同的材质?

答:背景的克隆立方体是一个整体,赋予材质后也只能显示为一种材质效果。当选中"克隆"选项,然后按C键将其转换为可编辑对象后,"克隆"选项会将每一个立方体都放在子层级中,如图16-324所示。

这时将不同的材质单独赋予模型,即可呈现不同的材质效果。需要注意的是,转换为可编辑对象后,克隆的模型不能再调节参数。

图16-324

16.4.4 渲染输出

01 按Ctrl+B组合键打开"渲染设置"面板,在"输出"中设置"宽度"为1280像素,"高度"为720像素,如图16-325所示。

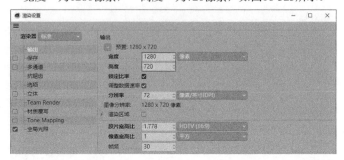

图16-325

02 切换到"抗锯齿",设置"抗锯齿"为"最佳","最小级别"为2×2,"最大级别"为4×4,"过滤"为Mitchell,如图16-326所示。

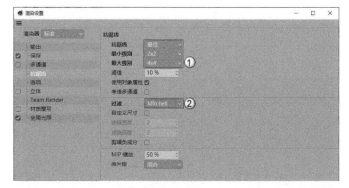

图16-326

03 单击"效果"按钮 效果 ,添加"全局光照",设置"首次反弹算法"和"二次反弹算法"都为"准蒙特卡洛(QMC)",如图16-327所示。

图16-327

04 按Shift+R组合键渲染场景,效果如图16-328所示。

图16-328

16.4.5 后期处理

01 打开Photoshop，然后打开渲染好的图片，如图16-329所示。

图16-329

02 选中"背景"图层，为其添加"色阶"调整图层，参数设置及效果如图16-330和图16-331所示。

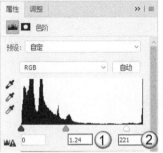

图16-330

图16-331

03 添加"色彩平衡"调整图层，参数设置及效果如图16-332和图16-333所示。

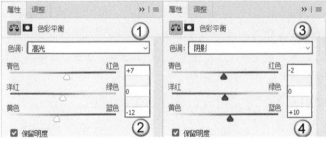

图16-332

图16-333

04 添加"可选颜色"调整图层，参数设置及效果如图16-334和图16-335所示。

图16-334　　　　　　图16-335

05 添加"自然饱和度"调整图层，然后设置参数，如图16-336所示。案例最终效果如图16-337所示。

图16-336　　　　　　图16-337

16.5

综合实例：

低多边形风格：电商促销海报

低多边形风格的模型在之前的案例中讲解过。本案例制作将各种低多边形风格的模型组合成一个电商促销海报的场景，案例效果如图16-338所示。

◎ 场景位置 » 无

◎ 实例位置 » 实例文件>CH16>低多边形风格：电商促销海报.c4d

◎ 视频名称 » 低多边形风格：电商促销海报.mp4

◎ 难易指数 » ★★★★★

◎ 技术掌握 » 掌握低多边形风格场景的制作方法

图16-338

16.5.1 模型制作

本案例的模型由主体模型和各种配景模型组成。本案例中的参数仅供参考，读者可在此基础上自由发挥。

☞ 主体模型

01 使用"球体" ⦿ 球体 在场景中创建一个球体模型，设置"半径"为120cm，"分段"为24，如图16-339所示。

图16-339

02 为创建的球体模型添加"减面"生成器 ⚙减面，设置"减面强度"为75%，如图16-340所示。

图16-340

03 使用"圆柱"工具 ⬚ 圆柱 在球体下方创建一个圆柱模型，设置"半径"为170cm，"高度"为7.5cm，"高度分段"为1，"旋转分段"为36，如图16-341所示。

图16-341

04 将圆柱模型向下复制一份，设置"半径"为220cm，如图16-342所示。

图16-342

05 使用"文本"工具 T 文本 在场景中创建文本样条，设置"文本"为"环球购物节"，"字体"为"站酷高端黑"，"高度"为59cm，"水平间隔"为-3cm，如图16-343所示。

图16-343

06 为文本样条添加"挤压"生成器 ⚙，设置"移动"为7cm，如图16-344所示。

图16-344

☞ 房子模型

01 使用"立方体"工具 🟦 在场景中创建一个立方体模型，具体参数设置如图16-345所示。

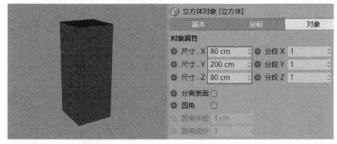

图16-345

02 将上一步创建的立方体转换为可编辑对象，然后在"点"模式 ⬚ 中选中图16-346所示的点。

03 使用"缩放"工具 ⬚ 将其缩小一定尺寸，模型呈现上大下小的效果，如图16-347所示。

图16-346

图16-347

04. 使用"循环/路径切割"工具 循环/路径切割 为立方体添加4条分割线，如图16-348所示。

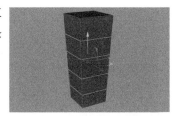
图16-348

疑难问答 ?

问：如何移动添加的分割线？

答：立方体模型呈上大下小的形态，添加了分段线后，若使用"移动"工具移动会破坏原有的造型，这个时候就需要用到"滑动"工具。当选中需要移动的线段，用"滑动"工具就可以沿着模型原有的结构上下移动。

05. 继续使用"循环/路径切割"工具 循环/路径切割 添加一条分段线，效果如图16-349所示。

06. 在"多边形"模式 中选中图16-350所示的多边形。

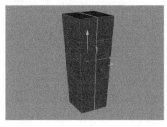
图16-349 　　　　图16-350

07. 使用"内部挤压"工具 内部挤压 向内挤出3cm，然后使用"挤压"工具 挤压 向内挤出-8cm，如图16-351所示。

08. 返回"模型"模式，房子模型效果如图16-352所示。

图16-351 　　　　图16-352

📎 树木模型

01. 使用"圆锥"工具 圆锥 在场景中创建一个圆锥模型，设置"底部半径"为15cm，"高度"为22cm，"高度分段"为6，"旋转分段"为18，如图16-353所示。

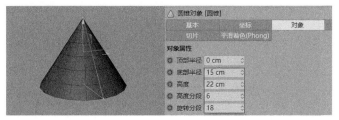
图16-353

02. 为圆锥模型添加"置换"变形器 置换，设置"高度"为1cm，然后在"着色器"通道中添加"噪波"贴图，如图16-354所示。

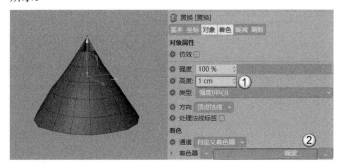
图16-354

03. 为模型添加"减面"生成器 减面，设置"减面强度"为85%，如图16-355所示。

图16-355

04. 将减面后的圆锥模型复制两份，并用"缩放"工具 将其放大，如图16-356所示。

图16-356

05. 使用"圆柱"工具 圆柱 在场景中创建一个圆柱，设置"半径"为2cm，"高度"为37cm，"高度分段"为5，"旋转分段"为16，如图16-357所示。

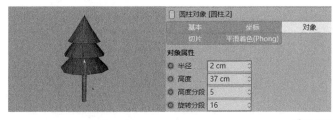
图16-357

06. 为上一步创建的圆柱模型添加"减面"生成器 减面，设置"减面强度"为90%，如图16-358所示。

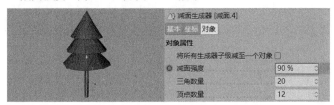
图16-358

☞ 星星模型

01 使用"星形"工具 在场景中创建一个星形样条，设置"内部半径"为11cm，"外部半径"为22cm，"点"为5，如图16-359所示。

图16-359

02 使用"样条画笔"工具 在场景中绘制一个弧形样条，如图16-360所示。

图16-360

03 为绘制的两个样条添加"扫描"生成器 ，在"封盖"选项卡中设置"尺寸"为2cm，"分段"为1，如图16-361所示。

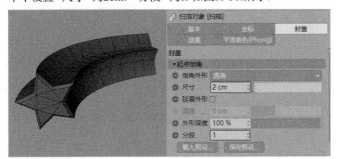

图16-361

04 切换到"对象"选项卡，在"细节"卷展栏中设置"缩放"曲线为图16-362所示效果。模型效果如图16-363所示。

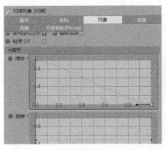

图16-362

图16-363

☞ 礼物模型

01 使用"立方体"工具 创建一个立方体模型，具体参数设置如图16-364所示。

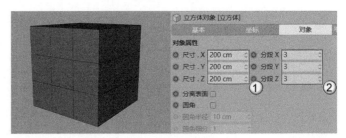

图16-364

02 将上一步创建的立方体转换为可编辑对象，然后在"多边形"模式 中选中图16-365所示的多边形。

03 使用"内部挤压"工具 将选中的多边形向外挤出-20cm，如图16-366所示。

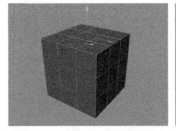

图16-365   图16-366

04 使用"挤压"工具 将选中的多边形向上挤出60cm，如图16-367所示。

05 此时观察模型，挤出的立方体稍微宽了一些。在"点"模式 中选中上方的立方体，然后向内缩小一些，如图16-368所示。

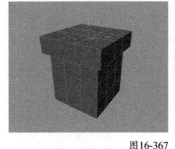

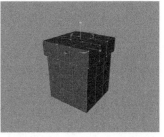

图16-367   图16-368

技巧与提示 ✐

　　在进行"内部挤压"时可以将数值调小一些。

06 调整模型的整体高度，然后对其外轮廓进行倒角，效果如图16-369所示。

07 用"样条画笔" 和"矩形"工具 绘制丝带的路径，如图16-370所示。

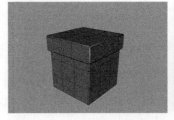

图16-369   图16-370

08 绘制一个"宽度"为15cm，"长度"为3cm的矩形，然后与丝带的样条进行扫描，效果如图16-371所示。

09 将模型成组，然后添加"减面"生成器 减面，效果如图16-372所示。

图16-371　　　　　　　　图16-372

👉 场景搭建————————

01 将礼物模型复制多个，摆放在主体模型的两侧，效果如图16-373所示。

02 将房子和树木模型复制多个，并调整其大小，然后摆放在球体模型上，效果如图16-374所示。

图16-373　　　　　　　　图16-374

03 将星星模型复制几个，并调整方向，然后摆放在球体模型的周围，效果如图16-375所示。

04 使用"样条画笔"工具 绘制无缝背景的样条，然后用"放样"生成器 放样 生成背景模型，效果如图16-376所示。至此，本案例所有模型制作完成。

图16-375　　　　　　　　图16-376

05 在场景中找到一个合适的角度，然后单击"摄像机"按钮 ，在场景中添加一个摄像机，效果如图16-377所示。

图16-377

16.5.2 环境创建

01 使用"天空"工具 天空 在场景中创建天空模型，然后按Shift+F8组合键打开"内容浏览器"，在"预置>Prime>Presets>Light Setups>HDRI"中选中Photo Studio文件，然后将其赋予天空模型，如图16-378所示。

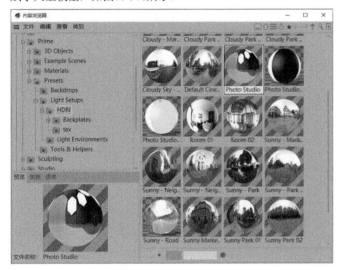

图16-378

02 在"对象"面板选中"天空"，为其添加"合成"标签 合成，然后取消勾选"摄像机可见"，如图16-379所示。

03 在"渲染设置"面板中调用测试渲染的参数，然后按Ctrl+R组合键渲染，效果如图16-380所示。

图16-379　　　　　　　　图16-380

04 渲染后发现图片的亮度不够，打开Photo Studio材质的发光纹理贴图，设置"白点"为0.5，如图16-381所示。

05 按Ctrl+R组合键渲染，效果如图16-382所示。

图16-381　　　　　　　　图16-382

16.5.3 材质制作

01 在"材质"面板创建一个默认材质，设置"颜色"为（R:107，G:214，B:191），如图16-383所示。

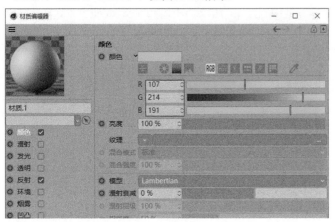

图16-383

02 在"反射"中添加GGX，设置"粗糙度"为50%，"反射强度"为60%，"菲涅耳"为"绝缘体"，"预置"为"沥青"，如图16-384所示。材质效果如图16-385所示。

图16-384　　　　　　图16-385

03 在"材质"面板将青色材质复制一份，修改"颜色"为（R:232，G:223，B:97），如图16-386所示。材质效果如图16-387所示。

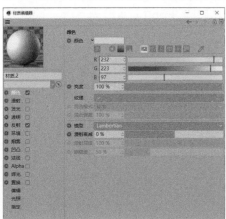

图16-386　　　　　　图16-387

04 在"材质"面板将青色材质复制一份，修改"颜色"为（R:219，G:219，B:219），如图16-388所示。材质效果如图16-389所示。

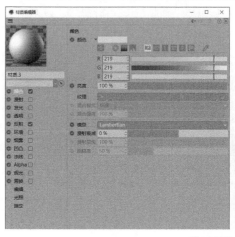

图16-388　　　　　　图16-389

05 在"材质"面板将青色材质复制一份，修改"颜色"为（R:201，G:232，B:107），如图16-390所示。材质效果如图16-391所示。

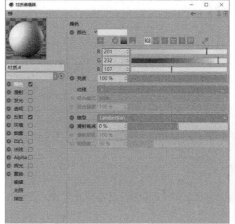

图16-390　　　　　　图16-391

06 在"材质"面板将青色材质复制一份，修改"颜色"为（R:255，G:172，B:5），如图16-392所示。材质效果如图16-393所示。

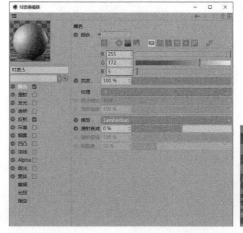

图16-392　　　　　　图16-393

07 在"材质"面板将青色材质复制一份，修改"颜色"为（R:125，G:171，B:27），如图16-394所示。材质效果如图16-395所示。

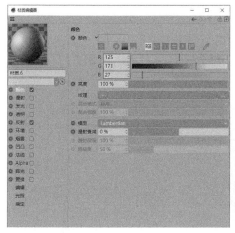

图16-394 　　　　　图16-395

08 将材质赋予场景的模型，效果如图16-396所示。

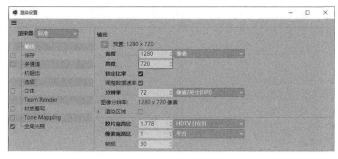

图16-396

16.5.4 渲染输出

01 按Ctrl+B组合键打开"渲染设置"面板，在"输出"中设置"宽度"为1280像素，"高度"为720像素，如图16-397所示。

图16-397

02 切换到"抗锯齿"，设置"抗锯齿"为"最佳"，"最小级别"为2×2，"最大级别"为4×4，"过滤"为Mitchell，如图16-398所示。

图16-398

03 单击"效果"按钮 效果 ，添加"全局光照"，设置"首次反弹算法"和"二次反弹算法"都为"准蒙特卡洛（QMC）"，如图16-399所示。

04 按Shift+R组合键渲染场景，效果如图16-400所示。

图16-399 　　　　　图16-400

16.5.5 后期处理

01 打开Photoshop，然后打开渲染好的图片，如图16-401所示。

图16-401

02 选中"背景"图层，为其添加"色阶"调整图层，参数设置及效果如图16-402和图16-403所示。

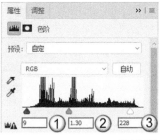

图16-402 　　　　　图16-403

03 添加"色相/饱和度"调整图层，参数设置及效果如图16-404和图16-405所示。

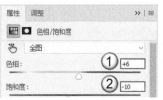

图16-404 　　　　　图16-405

04 按Ctrl+Alt+Shift+E组合键盖印所有可见图层，然后使用"椭圆工具" ◯，在盖印的图层上新建一个椭圆选区，设置"羽化"为200像素，如图16-406所示。

图16-406

05 为选区添加"色阶"调整图层，然后设置参数，如图16-407所示。效果如图16-408所示。

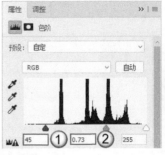

图16-407　　　　　　　图16-408

06 按住Ctrl键并单击色阶图层的蒙版，在视图中会重新显示椭圆选区，然后按Ctrl+Shift+I组合键反选选区，效果如图16-409所示。

图16-409

07 为反选的选区添加"色阶"调整图层，设置参数如图16-410所示。效果如图16-411所示。

图16-410　　　　　　　图16-411

08 使用"裁剪工具" ☐ 将图片两侧的空白部分裁剪，案例最终效果如图16-412所示。

图16-412

16.6

综合实例：

视觉风格：渐变噪波球

视觉风格的效果图在模型造型和材质上与其他类型的场景区别较大。视觉风格的模型一般比较抽象或在具象的物体上进行夸张表现。在材质方面会较为复杂，半透明和自发光都是常见的效果。本案例制作一个抽象模型的视觉效果图，如图16-413所示。

- 场景位置 » 无
- 实例位置 » 实例文件>CH16>视觉风格：渐变噪波球.c4d
- 视频名称 » 视觉风格：渐变噪波球.mp4
- 难易指数 » ★★★★★
- 技术掌握 » 掌握视觉风格场景的制作方法

图16-413

16.6.1 模型制作

本案例的模型看似复杂，其实制作步骤非常简单。

01 使用"球体"工具 ◯ 球体 在场景中创建一个球体模型，设置"半径"为100cm，"分段"为40，"类型"为"六面体"，如图16-414所示。

> **技巧与提示** ✐
>
> 调整球体的类型，可以形成不同的布线效果。"分段"数值不同，后期形成的置换效果也会不同。

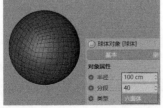

图16-414

02 为球体模型添加"置换"变形器 ▣ 置换，在"对象"选项卡中设置"高度"为300cm，在"着色"选项卡的"着色器"通道中加载"噪波"贴图，如图16-415所示。

图16-415

03 在"噪波"贴图中，设置"种子"为662，"噪波"为"湍流"，如图16-416所示。

图16-416

──── 技巧与提示 ✍ ────

不同的"种子"数值可以形成不同的置换效果。可根据自己的喜好设置该数值。

04 为置换后的模型添加"细分曲面"生成器 ，效果如图16-417所示。至此，案例模型制作完成。

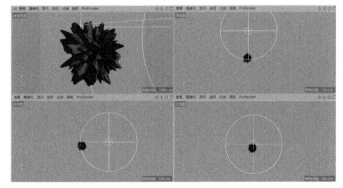

图16-417

16.6.2 灯光创建

本案例的灯光由主光源、辅助光源和环境光源组成。

👉 主光源

01 使用"灯光"工具 在场景中创建一盏灯光，位置如图16-418所示。

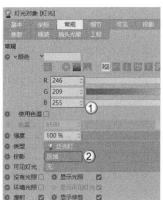

图16-419　　　　　　　图16-420

04 按Ctrl+R组合键渲染灯光，效果如图16-421所示。

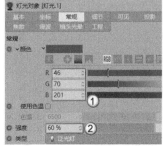

图16-421

👉 辅助光源

01 将创建的灯光复制一盏，放在画面下方，位置如图16-422所示。

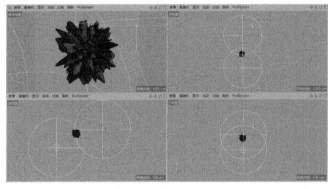

图16-422

02 选中复制的灯光，在"常规"选项卡中修改"颜色"为（R:46，G:70，B:201），"强度"为60%，如图16-423所示。

03 按Ctrl+R组合键渲染，效果如图16-424所示。

图16-423　　　　　　　图16-424

图16-418

02 选中创建的灯光，在"常规"选项卡中设置"颜色"为（R:246，G:209，B:255），"投影"为"区域"，如图16-419所示。

03 在"细节"选项卡中设置"衰减"为"平方倒数（物理精度）"，"半径衰减"为841cm，如图16-420所示。

➤ 环境光源————————————————————

01 模型整体仍有部分黑色。使用"天空"工具 ⚫ 天空 在场景中创建天空模型,如图16-425所示。

02 为天空模型添加"合成"标签 ■ 合成,然后取消勾选"摄像机可见"选项,如图16-426所示。

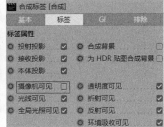

图16-425   图16-426

03 按Shift+F8组合键打开"内容浏览器",在"预置>Prime>Presets>Light Setups>HDRI"中选中Default Cinema Environment文件,然后将其赋予天空模型,如图16-427和图16-428所示。

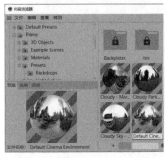

图16-427   图16-428

16.6.3 材质制作

01 在"材质"面板中创建一个默认材质,在"颜色"的"纹理"通道中加载"渐变"贴图,如图16-429所示。

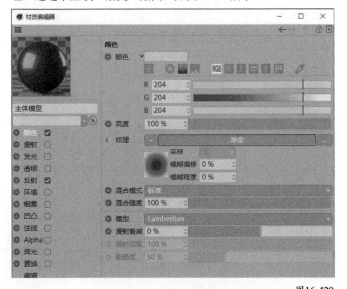

图16-429

02 在"渐变"贴图中设置"渐变"的颜色分别为(R:8,G:8,B:130)(R:155,G:92,B:242)(R:243,G:215,B:247),"类型"为"三维-球面","半径"为180cm,如图16-430所示。

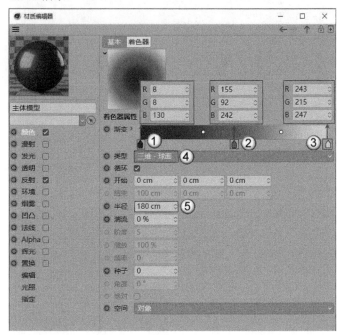

图16-430

03 切换到"反射"并添加GGX,设置"粗糙度"为10%,"反射强度"为50%,"菲涅耳"为"绝缘体","预置"为"玉石",如图16-431所示。材质效果如图16-432所示。

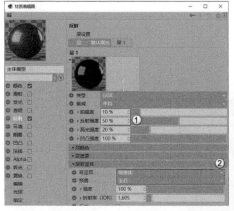

图16-431   图16-432

04 将材质赋予模型,效果如图16-433所示。

图16-433

16.6.4 渲染输出

01 单击"摄像机"按钮，在场景中创建一个摄像机，并调整渲染视图的角度，如图16-434所示。

图16-434

02 按Ctrl+B组合键打开"渲染设置"面板，在"输出"中设置"宽度"为800像素，"高度"为1100像素，如图16-435所示。效果如图16-436所示。

图16-435

图16-436

03 切换到"抗锯齿"，设置"抗锯齿"为"最佳"，"最小级别"为2×2，"最大级别"为4×4，"过滤"为Mitchell，如图16-437所示。

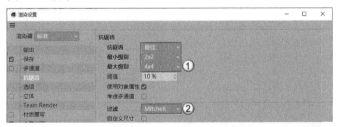

图16-437

04 单击"效果"按钮，添加"全局光照"，设置"首次反弹算法"和"二次反弹算法"都为"辐照缓存"，如图16-438所示。

05 按Shift+R组合键渲染场景，效果如图16-439所示。

图16-438

图16-439

16.6.5 后期处理

01 打开Photoshop，然后打开渲染好的图片，如图16-440所示。

图16-440

02 添加"色阶"调整图层，参数设置及效果如图16-441和图16-442所示。

图16-441

图16-442

03 添加"色彩平衡"调整图层，参数设置及效果如图16-443和图16-444所示。

图16-443

图16-444

04 添加"自然饱和度"调整图层，参数设置及效果如图16-445和图16-446所示。

图16-445　　　　　　　　　　　　图16-446

05 添加"照片滤镜"调整图层，参数设置及效果如图16-447和图16-448所示。

图16-447　　　　　　　　　　　　图16-448

06 按Ctrl+Shift+Alt+E组合键盖印可见图层，如图16-449所示。

07 选中盖印的"图层1"，然后执行"选择>色彩范围"菜单命令，然后吸取画面中的浅色部分，设置"颜色容差"为83，如图16-450所示。

图16-449　　　　　　　　　　　　图16-450

08 单击"确定"按钮后，视图中会自动生成选区，如图16-451所示。

09 按Ctrl+J组合键将选区进行复制，生成一个单独的图层"图层2"，如图16-452所示。

图16-451　　　　　　　　　　　　图16-452

10 为"图层2"添加"照片滤镜"调整图层，参数设置如图16-453所示。效果如图16-454所示。

图16-453　　　　　　　　　　　　图16-454

11 画面的右下角有些空，添加一些文字和装饰元素。案例最终效果如图16-455所示。

图16-455

16.7

综合实例:
视觉风格:抽象花朵

本案例制作一个抽象的花朵效果,在模型制作上虽然与上
一个案例有些类似,但所用的方法会更加复杂,案例效果
如图16-456所示。

◎ 场景位置 » 无
◎ 实例位置 » 实例文件>CH16>视觉风格:抽象花朵.c4d
◎ 视频名称 » 视觉风格:抽象花朵.mp4
◎ 难易指数 » ★★★★★
◎ 技术掌握 » 掌握视觉风格场景的制作方法

图16-456

16.7.1 模型制作

01 使用"圆环"工具 ◎ 在场景中创建一个圆环模型,如图
16-457所示。

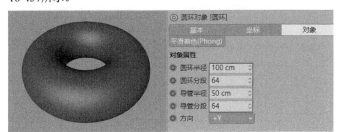

图16-457

02 为圆环模型添加"置换"变形器 █,设置"高度"为
60cm,然后在"着色器"通道中加载"噪波"贴图,如图16-458
所示。

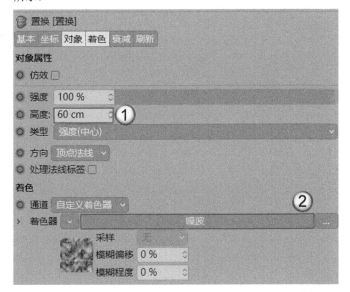

图16-458

03 在"噪波"贴图中设置"噪波"为"气体","全局缩
放"为130%,如图16-459所示。模型效果如图16-460所示。

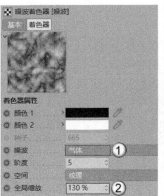

图16-459   图16-460

04 此时模型的边缘较为尖锐,为其添加"细分曲面"生成器 ◎,
设置"编辑器细分"和"渲染器细分"都为3,如图16-461所示。

图16-461

╭─── 技巧与提示 ────────────
添加"细分曲面"生成器 ◎后,模型的布线会很多,建议不要打
开带线框的显示效果,以免造成软件卡顿。

05 将带"置换"变形器的圆环模型复制一份,然后为其添加
"减面"生成器 █,设置"减面强度"为95%,如图16-462
所示。

图16-462

06 为"减面"对象添加"晶格"生成器 ⚙️ 晶格，设置"圆柱半径"和"球体半径"都为0.2cm，如图16-463所示。

图16-463

07 使用"圆环"工具 ◉ 圆环 在场景中创建一个更大的圆环模型，其参数设置如图16-464所示。

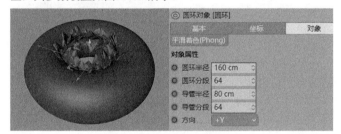

图16-464

08 为圆环模型添加"置换"变形器 ⚙️ 置换，设置"高度"为100cm，然后在"着色器"通道中加载"噪波"贴图，如图16-465所示。

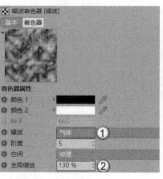

09 在"噪波"贴图中，设置"噪波"为"气体"，"全局缩放"为130%，如图16-466所示。模型效果如图16-467所示。

图16-466　　　　　　　　　　　　　　图16-467

10 同样为圆环模型添加"细分曲面"生成器 ⚙️，设置"编辑器细分"和"渲染器细分"都为3，如图16-468所示。

图16-468

> 技巧与提示 ✍️
>
> 　　两个圆环模型的制作方法完全相同，读者可以将第一个圆环模型复制一份后修改不同的参数。

11 将上一步创建的模型复制一份，将"细分曲面"生成器 ⚙️ 替换为"减面"生成器 ⚙️ 减面，设置"减面强度"为90%，如图16-469所示。

图16-469

12 为"减面"对象添加"晶格"生成器 ⚙️ 晶格，设置"圆柱半径"和"球体半径"都为0.2cm，如图16-470所示。

图16-470

⑬ 使用"球体"工具 ●球体 在花瓣模型中心创建一个"半径"为70cm，"分段"为64的球体模型，如图16-471所示。

图16-471

⑭ 使用"背景"工具 在场景中创建背景模型，然后将花朵模型整体进行旋转，找到一个合适的角度添加摄像机，如图16-472所示。

⑮ 方形构图的效果不是很理想。打开"渲染设置"面板，设置"宽度"为1000像素，"高度"为562.5像素，如图16-473所示。

图16-472　　　　　　　图16-473

⑯ 再次调整摄像机的位置，效果如图16-474所示。

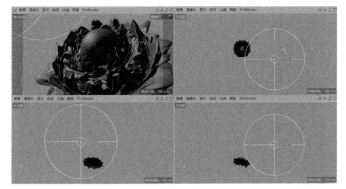

图16-474

16.7.2 灯光创建

本案例需要创建一盏主光源和一盏辅助光源。

☞ 主光源

① 使用"灯光"工具 在场景中创建一盏灯光，位置如图16-475所示。

图16-475

② 选中上一步创建的灯光，在"常规"选项卡中设置"颜色"为（R:179，G:238，B:255），"强度"为150%，"投影"为"区域"，如图16-476所示。

③ 在"细节"选项卡中设置"衰减"为"平方倒数（物理精度）"，"半径衰减"为798.598cm，如图16-477所示。

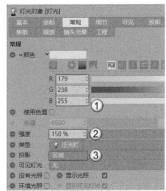

图16-476　　　　　　　图16-477

④ 按Shift+R组合键渲染灯光效果，如图16-478所示。

图16-478

☞ 辅助光源

① 将主光源复制一盏，然后放在画面中，位置如图16-479所示。

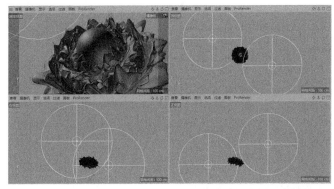

图16-479

② 选中复制的灯光，在"常规"选项卡中设置"颜色"为（R:255，G:196，B:102），"强度"为100%，如图16-480所示。

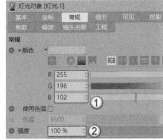

图16-480

361

03 按Shift+R组合键渲染灯光效果，如图16-481所示。

04 由于灯光的阴影造成模型部分地方发黑，将灯光的"投影"设置为"无"，如图16-482所示。

图16-481

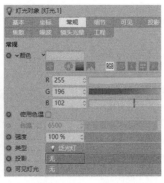

图16-482

05 按Shift+R组合键渲染灯光效果，如图16-483所示。

06 灯光的强度太大，将"强度"设置为70%，如图16-484所示。

图16-483

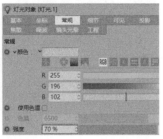

图16-484

07 按Shift+R组合键渲染灯光效果，如图16-485所示。

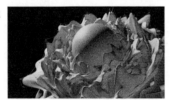

图16-485

> **技巧与提示** ●
>
> 灯光的参数很少能一次设置成功，需要根据测试渲染的情况灵活调整。在添加材质后，还需要根据材质的情况灵活调整灯光强度。

16.7.3 材质制作

本案例的材质较为复杂，需要读者耐心学习。

👉 花芯材质

01 新建一个默认材质，在"颜色"的"纹理"通道中加载"菲涅耳（Fresnel）"贴图，如图16-486所示。

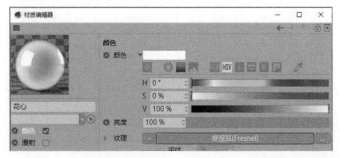

图16-486

02 在"菲涅耳（Fresnel）"贴图中，设置"渐变"颜色分别为（R:174，G:239，B:253）和（R:29，G:109，B:238），如图16-487所示。

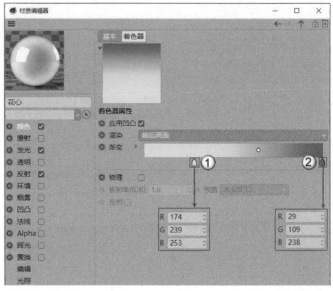

图16-487

03 勾选"发光"选项，将"颜色"中的"菲涅耳（Fresnel）"贴图复制到"纹理"通道中，设置"混合模式"为"正片叠底"，"亮度"为130%，如图16-488所示。

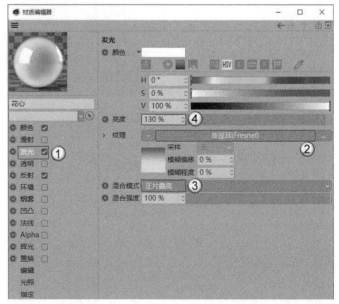

图16-488

> **技巧与提示** ●
>
> "正片叠底"的混合模式可以将"菲涅耳（Fresnel）"贴图中的颜色和白色进行混合，使材质的亮度更强。

04 在"反射"中添加GGX，设置"粗糙度"为2%，"菲涅耳"为"绝缘体"，"预置"为"玉石"，如图16-489所示。材质效果如图16-490所示。

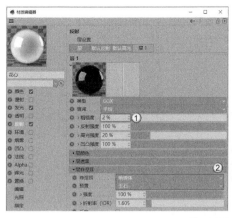

图16-489　　　　　图16-490

☞ 花瓣1材质

01 将前面制作的材质复制一份，然后进入"颜色"中的"菲涅耳（Fresnel）"贴图，设置"渐变"颜色分别为（R:109，G:197，B:253）和（R:10，G:74，B:178），如图16-491所示。

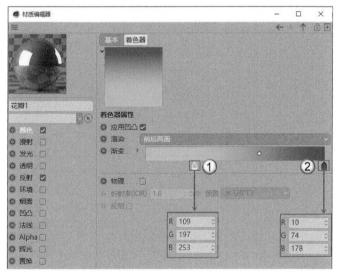

图16-491

02 取消勾选"发光"选项，然后勾选"透明"选项，在"纹理"通道中加载"菲涅耳（Fresnel）"贴图，设置"亮度"为75%，"折射率预设"为"玉石"，如图16-492所示。材质效果如图16-493所示。

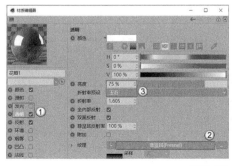

图16-492　　　　　图16-493

技巧与提示

　　添加"透明"属性后，场景的渲染速度会变得很慢，读者可根据实际情况不添加"透明"属性。

☞ 花瓣2材质

01 将"花瓣1"材质复制一份，然后进入"颜色"中的"菲涅耳（Fresnel）"贴图，设置"渐变"颜色分别为（R:95，G:10，B:156）和（R:10，G:74，B:178），如图16-494所示。

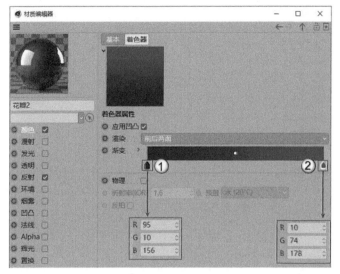

图16-494

02 在"透明"选项中设置"亮度"为60%，如图16-495所示。材质效果如图16-496所示。

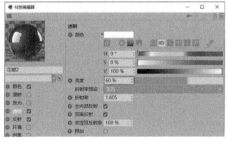

图16-495　　　　　图16-496

☞ 自发光材质

01 新建一个默认材质，在"发光"中设置"颜色"为（R:151，G:205，B:255），"亮度"为130%，如图16-497所示。材质效果如图16-498所示。

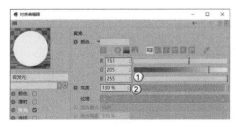

图16-497　　　　　图16-498

02 将所制作的所有材质赋予场景中的模型，效果如图16-499所示。

图16-499

16.7.4 渲染输出

01 按Ctrl+B组合键打开"渲染设置"面板，在"输出"中设置"宽度"为1280像素，"高度"为720像素，如图16-500所示。

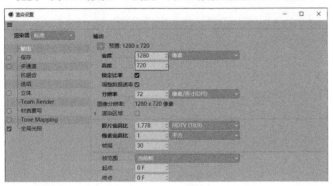

图16-500

02 切换到"抗锯齿"，设置"抗锯齿"为"最佳"，"最小级别"为2×2，"最大级别"为4×4，"过滤"为Mitchell，如图16-501所示。

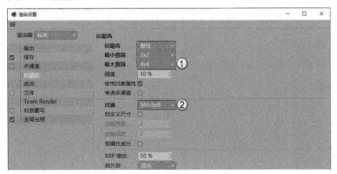

图16-501

03 单击"效果"按钮 效果 ，添加"全局光照"，设置"首次反弹算法"和"二次反弹算法"都为"准蒙特卡洛（QMC）"，如图16-502所示。

04 按Shift+R组合键渲染场景，效果如图16-503所示。

图16-502

图16-503

16.7.5 后期处理

01 打开Photoshop，然后打开渲染好的图片，如图16-504所示。

图16-504

02 添加"色阶"调整图层，参数设置及效果如图16-505和图16-506所示。

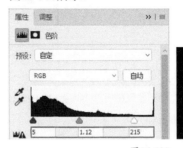

图16-505　　　　　　图16-506

03 添加"色彩平衡"调整图层，参数设置及效果如图16-507和图16-508所示。

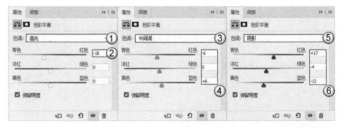

图16-507

图16-508

04 添加"渐变映射"调整图层，设置渐变色条为紫-青渐变，然后设置图层的混合模式为"柔光"，"不透明度"为25%，如图16-509和图16-510所示。效果如图16-511所示。

图16-509

图16-510

图16-511

05 使用"渐变工具"▣在场景中创建一个黑白渐变，然后设置图层混合模式为"叠加"，"不透明度"为36%，如图16-512所示。效果如图16-513所示。

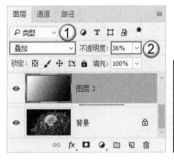

图16-512

图16-513

06 新建一个图层，然后填充黑色，执行"滤镜>渲染>镜头光晕"菜单命令，在场景中添加一个镜头光晕，将发光点移动到左上角，设置"亮度"为200%，如图16-514所示。效果如图16-515所示。

图16-514

图16-515

07 选中添加了镜头光晕的图层，然后设置图层混合模式为"滤色"，"不透明度"为25%，如图16-516所示。效果如图16-517所示。

图16-516

图16-517

08 添加"可选颜色"调整图层，参数设置如图16-518所示。效果如图16-519所示。

图16-518

图16-519

09 添加"自然饱和度"调整图层，参数设置如图16-520所示。效果如图16-521所示。

图16-520

图16-521

10 添加"亮度/对比度"调整图层，参数设置如图16-522所示。案例最终效果如图16-523所示。

图16-522

图16-523

16.8

综合实例:

科幻风格:发光能量柱

科幻风格的场景不会特别复杂,对具象的物体会存在一定的夸张效果。本案例制作发光的能量柱场景,模型的制作较为简单,重点在材质的表现上,案例效果如图16-524所示。

◎ 场景位置 » 无
◎ 实例位置 » 实例文件>CH16>科幻风格:发光能量柱.c4d
◎ 视频名称 » 科幻风格:发光能量柱.mp4
◎ 难易指数 » ★★★★★
◎ 技术掌握 » 掌握科幻风格场景的制作方法

图16-524

16.8.1 模型制作

01 使用"圆柱"工具 在场景中创建一个圆柱模型,如图16-525所示。

图16-525

02 将圆柱模型向下复制一份,设置"半径"为165cm,"高度"为35cm,如图16-526所示。

图16-526

03 将上一步修改的圆柱模型复制一份放在顶端,如图16-527所示。

04 使用"圆环"工具 在顶端绘制一个"半径"为320cm的圆环样条,如图16-528所示。

图16-527　　　　　　　　　　图16-528

05 继续使用"圆环"工具 绘制一个"半径"为7.5cm的圆环样条,然后使用"扫描"生成器 将其生成为一个圆环模型,如图16-529所示。

06 将上一步生成的圆环模型复制两个,分别修改圆环的参数,形成大小不同的圆环模型,如图16-530所示。

图16-529　　　　　　　　　　图16-530

07 使用"圆弧"工具 在场景中创建一个圆弧样条,设置"半径"为380cm,如图16-531所示。

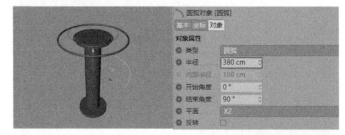

图16-531

08 使用"矩形"工具 在场景中创建一个"宽度"为30cm,"高度"为110cm的矩形样条,然后使用"扫描"生成器 将其生成为一个圆弧模型,如图16-532所示。

图16-532

09 为上一步生成的模型添加"克隆"生成器，设置"模式"为"线性"，"数量"为10，"位置.Y"为80cm，如图16-533所示。

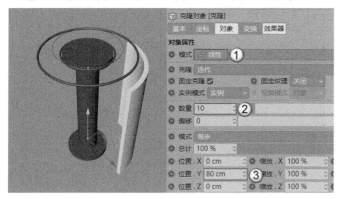

图16-533

10 为"克隆"生成器添加"随机"效果器，设置P.Y为-156cm，勾选"等比缩放"选项，设置"缩放"为0.3，R.H为200°，如图16-534所示。

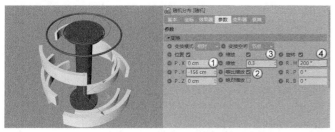

图16-534

11 将克隆对象复制一份，然后修改"圆弧"的"半径"为180cm，"矩形"的"宽度"为10cm，"高度"为6cm，模型效果如图16-535所示。

图16-535

12 选中"克隆.1"选项，设置"数量"为15，"位置.Y"为50cm，如图16-536所示。

图16-536

13 将"克隆.1"选项复制一份，修改"圆弧"的"半径"为230cm，"矩形"的"宽度"和"高度"都为3cm，如图16-537所示。

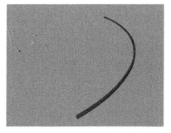

图16-537

14 设置"克隆.2"的"数量"为6，"位置.Y"为180cm，如图16-538所示。

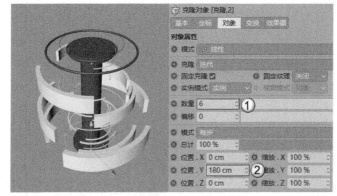

图16-538

15 将所有的克隆对象成组，然后为组添加"细分曲面"生成器，模型的边缘变得圆滑，如图16-539所示。

16 在场景中寻找一个合适的角度，然后添加一个摄像机，如图16-540所示。

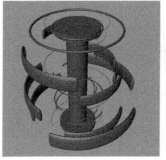 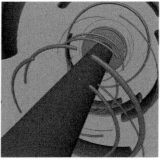

图16-539　　　　　　图16-540

技巧与提示

　　为了让画面更有空间感，建议将摄像机的"焦距"数值调小，这样能产生广角效果。

17 适当修改"随机"效果器的参数，让画面显得更加饱满，如图16-541所示。

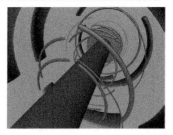

图16-541

16.8.2 环境创建

01 使用"天空"工具 ⊕天空 在场景中创建天空模型,如图16-542所示。

02 按Shift+F8组合键打开"内容浏览器",在"预置>Prime>Presets>Light Setups>HDRI"中选中Photo Studio文件,然后将其赋予天空模型,如图16-543所示。

 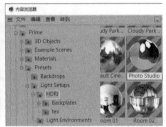

图16-542   图16-543

03 在"对象"面板选中"天空",为其添加"合成"标签 ⊞合成,然后取消勾选"摄像机可见",如图16-544所示。

04 在"渲染设置"面板中调用测试渲染的参数,然后按Ctrl+R组合键预览渲染效果,如图16-545所示。

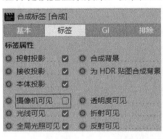 

图16-544   图16-545

16.8.3 材质制作

本案例的材质虽然不多,但制作相对复杂,需要读者耐心学习。

☞ 自发光材质--------

01 新建一个默认材质,取消勾选"颜色"选项,在"发光"中设置"颜色"为(R:255, G:136, B:71),"亮度"为300%,如图16-546所示。

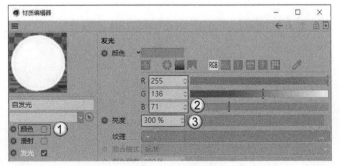

图16-546

02 勾选"辉光"选项,设置"内部强度"为20%,"外部强度"为500%,"半径"为10cm,"随机"为80%,如图16-547所示。材质效果如图16-548所示。

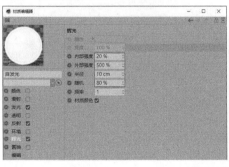 

图16-547   图16-548

☞ 玻璃材质--------

01 新建一个默认材质,在"颜色"的"纹理"通道中加载"菲涅耳(Fresnel)"贴图,如图16-549所示。

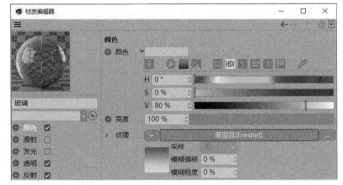

图16-549

02 在"菲涅耳(Fresnel)"贴图中,设置"渐变"颜色分别为(R:181, G:228, B:255)和(R:44, G:109, B:158),如图16-550所示。

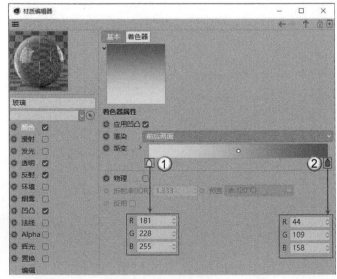

图16-550

03 在"透明"中设置"亮度"为90％，"折射率预设"为"玻璃"，如图16-551所示。

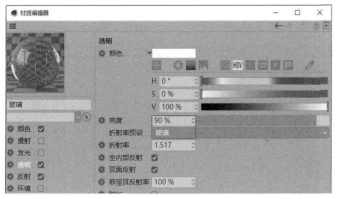

图16-551

04 在"反射"中添加GGX，设置"粗糙度"为5％，"菲涅耳"为"绝缘体"，"预置"为"玻璃"，如图16-552所示。

图16-552

05 在"凹凸"的"纹理"通道中加载"噪波"贴图，设置"强度"为100％，如图16-553所示。

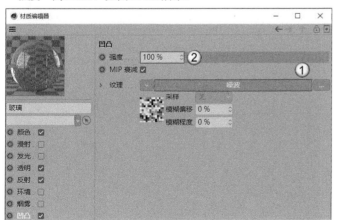

图16-553

06 在"噪波"贴图中设置"噪波"为"单元"，如图16-554所示。材质效果如图16-555所示。

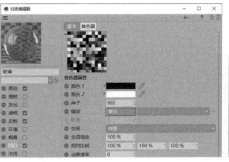

图16-554　　图16-555

黑镜材质

01 新建一个默认材质，设置"颜色"为（R:0，G:0，B:0），如图16-556所示。

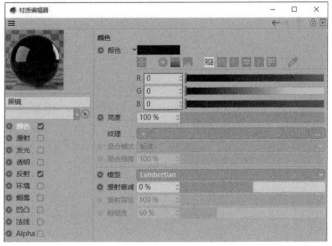

图16-556

02 在"反射"中添加GGX，设置"粗糙度"为0％，"反射强度"为200％，"菲涅耳"为"绝缘体"，"预置"为"自定义"，如图16-557所示。材质效果如图16-558所示。

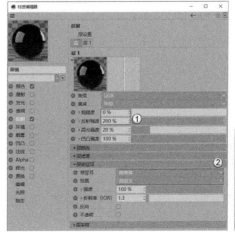

图16-557　　图16-558

▶ 渐变材质

01 新建一个默认材质,在"颜色"的"纹理"通道中加载"菲涅耳(Fresnel)"贴图,如图16-559所示。

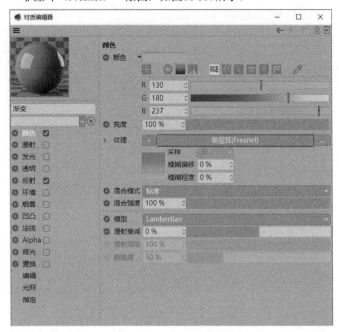

图16-559

02 在"菲涅耳(Fresnel)"贴图中,设置"渐变"颜色分别为(R:255,G:179,B:92)和(R:43,G:139,B:255),如图16-560所示。

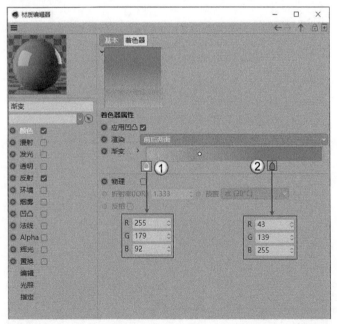

图16-560

03 在"反射"中添加GGX,设置"粗糙度"为0%,"反射强度"为100%,"菲涅耳"为"绝缘体","预置"为"玻璃",如图16-561所示。材质效果如图16-562所示。

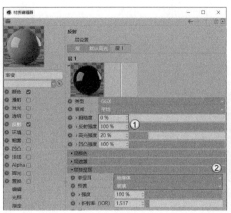

图16-561　　　　　图16-562

技巧与提示

如果为材质添加一定的透明效果,会丰富材质的细节,但渲染速度会非常慢。读者有兴趣可以进行尝试。

04 将材质赋予场景中的对象,效果如图16-563所示。

图16-563

16.8.4 渲染输出

01 按Ctrl+B组合键打开"渲染设置"面板,在"输出"中设置"宽度"为1280像素,"高度"为720像素,如图16-564所示。

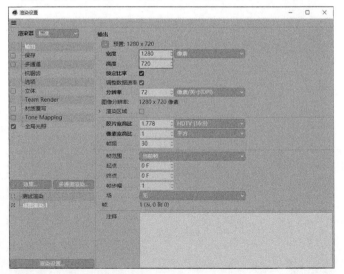

图16-564

02 切换到"抗锯齿",设置"抗锯齿"为"最佳","最小级别"为2×2,"最大级别"为4×4,"过滤"为Mitchell,如图16-565所示。

图16-565

03 单击"效果"按钮 效果... ，添加"全局光照"，设置"首次反弹算法"和"二次反弹算法"都为"准蒙特卡洛（QMC）"，如图16-566所示。

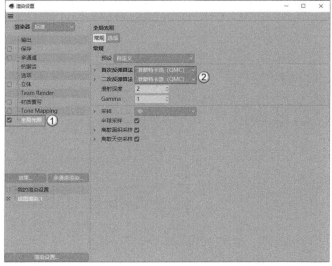

图16-566

04 按Shift+R组合键渲染场景，效果如图16-567所示。

图16-567

16.8.5 后期处理

01 打开Photoshop，然后打开渲染好的图片，如图16-568所示。

图16-568

02 添加"色阶"调整图层，参数设置及效果如图16-569和图16-570所示。

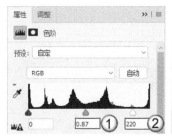

图16-569　　　　　图16-570

03 添加"色彩平衡"调整图层，参数设置如图16-571所示。效果如图16-572所示。

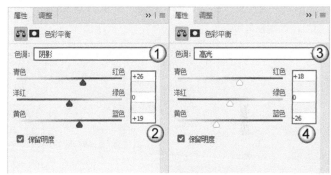

图16-571

图16-572

04 添加"照片滤镜"调整图层，参数设置如图16-573所示。效果如图16-574所示。

图16-573　　　　　图16-574

05 添加"自然饱和度"调整图层，参数设置如图16-575所示。效果如图16-576所示。

图16-575　　　　　图16-576

371

06 添加"可选颜色"调整图层，参数设置如图16-577所示。效果如图16-578所示。

图16-577　　　　　　图16-578

07 按Ctrl+Shift+Alt+E组合键盖印所有可见图层，生成"图层1"，如图16-579所示。

图16-579

08 执行"选择>色彩范围"菜单命令，打开"色彩范围"对话框，吸取视图中的蓝色部分，然后设置"颜色容差"为66，如图16-580所示。单击"确定"按钮（确定）后，选中的区域会生成选区，如图16-581所示。

图16-580　　　　　　图16-581

09 按Ctrl+J组合键将选区复制为一个新的图层"图层2"，如图16-582所示。

图16-582

10 为"图层2"添加"自然饱和度"调整图层，参数设置如图16-583所示。效果如图16-584所示。

图16-583　　　　　　图16-584

11 新建一个图层，填充黑色，然后执行"滤镜>渲染>镜头光晕"菜单命令，打开"镜头光晕"对话框，设置光源的位置，并设置"亮度"为166%，如图16-585所示。效果如图16-586所示。

图16-585　　　　　　图16-586

12 将添加镜头光晕的图层的混合模式设置为"滤色"，"不透明度"为90%，如图16-587所示。案例最终效果如图16-588所示。

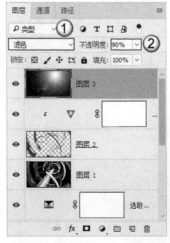

图16-587　　　　　　图16-588

16.9

综合实例：

科幻风格：科技芯片

本案例制作一个科技芯片的效果，材质较为简单，重点在制作模型。虽然模型不是很复杂，但数量较多，如图16-589所示。

◎ 场景位置》无
◎ 实例位置》实例文件>CH16>科幻风格：科技芯片.c4d
◎ 视频名称》科幻风格：科技芯片.mp4
◎ 难易指数》★★★★★
◎ 技术掌握》掌握科幻风格场景的制作方法

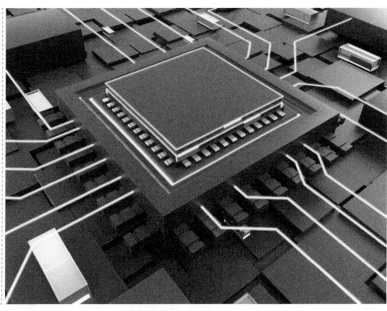

图16-589

16.9.1 模型制作

本案例的模型由芯片模型、光带模型和配件模型组成。

☛ 芯片模型

01 使用"立方体"工具⬛在场景中创建一个立方体模型，具体参数设置如图16-590所示。

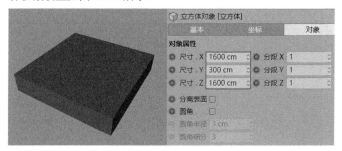

图16-590

02 将创建的立方体模型转换为可编辑对象，在"多边形"模式⬛中选中图16-591所示的多边形，然后使用"内部挤压"工具⬛ 内部挤压向内挤出120cm，如图16-592所示。

图16-591　　　　　　　　图16-592

03 继续使用"内部挤压"工具⬛ 内部挤压向内分别挤出30cm、40cm和30cm，如图16-593所示。

图16-593

04 选中图16-594所示的多边形，然后使用"挤压"工具⬛ 挤压向下挤出-60cm，如图16-595所示。

图16-594　　　　　　　　图16-595

05 在"点"模式⬛中选中图16-596所示的点，然后向下移动一段距离，如图16-597所示。

图16-596　　　　　　　　图16-597

06 使用"立方体"工具在场景中创建一个小立方体，具体参数设置如图16-598所示。

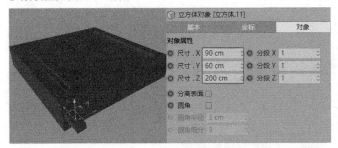

图16-598

07 将上一步创建的小立方体转换为可编辑对象，使用"循环/路径切割"工具在模型上添加4条分段线，如图16-599所示。

图16-599

08 在"多边形"模式中选中图16-600所示的多边形，然后使用挤压工具向内挤出-8cm，如图16-601所示。

图16-600   图16-601

09 在"点"模式中调整缝隙间的距离，效果如图16-602所示。

图16-602

10 为小立方体添加"克隆"生成器，设置"模式"为"线性"，"数量"为9，"位置.X"为175cm，如图16-603所示。

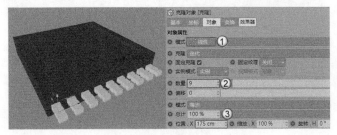

图16-603

11 将克隆的模型复制3份，然后分别摆放在大立方体的四周，如图16-604所示。

12 选中大立方体，然后为其边缘进行倒角，效果如图16-605所示。

图16-604   图16-605

13 使用"立方体"工具在场景中创建一个立方体，具体参数设置如图16-606所示。

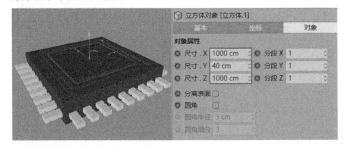

图16-606

14 使用"立方体"工具创建一个小立方体，如图16-607所示。

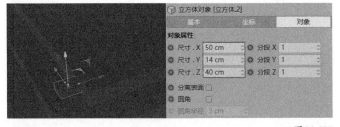

图16-607

15 将小立方体转换为可编辑对象，然后将外侧的边缘倒角，如图16-608所示。

16 将小立方体也进行克隆，围绕在最上方的立方体的四周，效果如图16-609所示。

图16-608   图16-609

> **技巧与提示**
> 克隆的方法与之前克隆的类似，这里不再赘述。

17 使用"立方体"工具 在上方创建一个立方体模型,具体参数设置如图16-610所示。

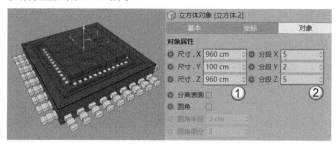

图16-610

18 将上一步创建的立方体转换为可编辑对象,在"多边形"模式 中选中侧边的多边形,如图16-611所示。

图16-611

19 使用"内部挤压"工具 将选中的多边形向内收缩10cm,然后使用"挤压"工具 向内挤出-15cm,如图16-612和图16-613所示。

图16-612　　　　　　　　图16-613

光带模型

01 使用"立方体"工具 创建一个立方体模型,具体参数设置如图16-614所示。

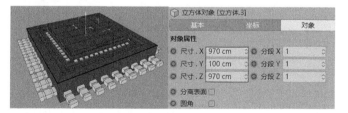

图16-614

02 为上一步创建的立方体添加"晶格"生成器 ,设置"圆柱半径"和"球体半径"都为2cm,如图16-615所示。

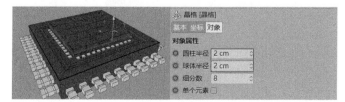

图16-615

03 使用"样条画笔"工具 在芯片模型的四周绘制光带的路径,如图16-616所示。

04 使用"矩形"工具 在场景中绘制一个"宽度"为10cm,"高度"为1cm的矩形样条,然后使用"扫描"生成器 将其扫描为光带模型,如图16-617所示。

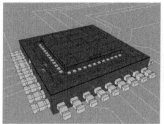
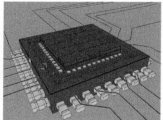

图16-616　　　　　　　　图16-617

配件模型

01 使用"立方体"工具 在场景中创建一个立方体模型,具体参数设置如图16-618所示。

图16-618

02 将立方体转换为可编辑对象,然后选中所有的多边形,使用"内部挤压"工具 向内挤出8cm,如图16-619所示。

03 保持选中的多边形不变,然后使用"挤压"工具 向内挤出-8cm,如图16-620所示。

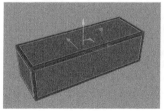

图16-619　　　　　　　　图16-620

04 为立方体添加"克隆"生成器 ,设置"模式"为"网格排列","数量"分别为5、1和5,"尺寸"分别为1000cm、200cm和1000cm,如图16-621所示。

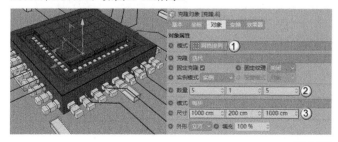

图16-621

05 为"克隆"生成器添加"随机"效果器 随机，设置P.X为500cm，P.Z为800cm，勾选"等比缩放"，设置"缩放"为0.5，如图16-622所示。

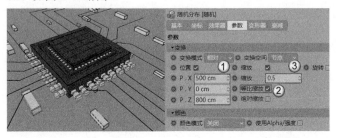

图16-622

06 使用"立方体"工具 在场景中创建大小不等的立方体，放在场景的空隙位置，如图16-623所示。

07 使用"平面"工具 平面 在场景中创建一个平面模型，位置如图16-624所示。

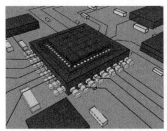 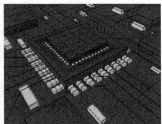

图16-623   图16-624

08 使用"立方体"工具 在场景中创建一个立方体模型，具体参数设置如图16-625所示。

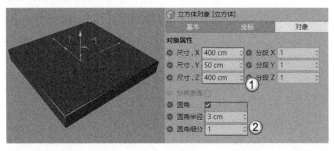

图16-625

09 为模型添加"克隆"生成器 ，设置"模式"为"网格排列"，其他参数设置如图16-626所示。

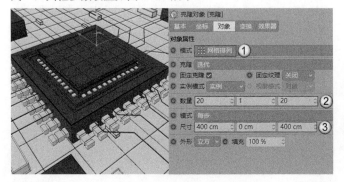

图16-626

10 为克隆的模型添加"随机"效果器 随机，如图16-627所示。

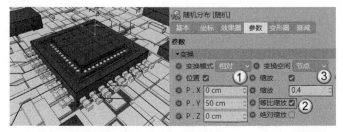

图16-627

16.9.2 环境创建

01 使用"天空"工具 天空 在场景中创建天空模型，然后按Shift+F8组合键打开"内容浏览器"，在"预置>Prime>Presets>Light Setups>HDRI"中选中Photo Studio文件，然后将其赋予天空模型，如图16-628所示。

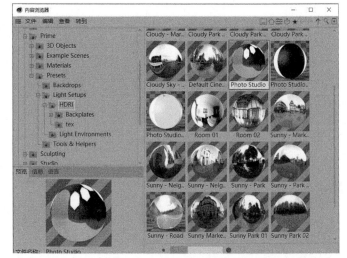

图16-628

02 在"对象"面板选中"天空"，为其添加"合成"标签 合成，然后取消勾选"摄像机可见"，如图16-629所示。

03 在"渲染设置"面板中调用测试渲染的参数，然后按Ctrl+R组合键预览渲染效果，如图16-630所示。

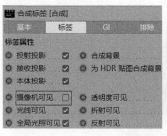 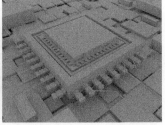

图16-629   图16-630

16.9.3 材质制作

本案例的材质很简单，只有磨砂塑料、金属和自发光3种。

☞ 磨砂塑料

01 新建一个默认材质，设置"颜色"为（R:51，G:51，B:51），如图16-631所示。

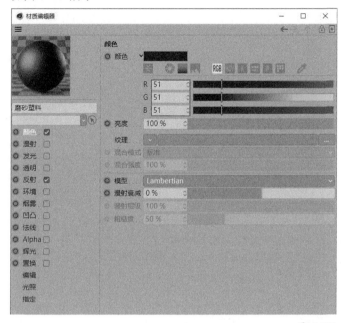

图16-631

02 在"反射"中添加GGX，设置"粗糙度"为40%，"反射强度"为70%，"菲涅耳"为"绝缘体"，"预置"为"聚酯"，如图16-632所示。材质效果如图16-633所示。

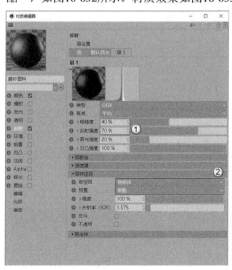

图16-632 图16-633

☞ 金属材质

01 新建一个默认材质，设置"颜色"为（R:83，G:97，B:112），如图16-634所示。

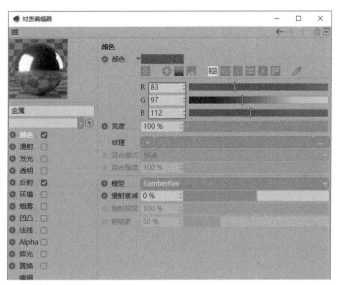

图16-634

02 在"反射"中添加GGX，设置"粗糙度"为10%，"菲涅耳"为"导体"，"预置"为"钢"，如图16-635所示。材质效果如图16-636所示。

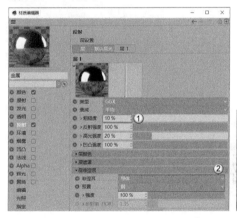

图16-635 图16-636

☞ 自发光材质

01 新建一个默认材质，在"发光"中设置"颜色"为（R:103，G:76，B:255），"亮度"为200%，如图16-637所示。

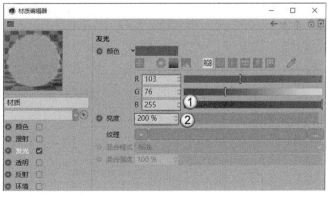

图16-637

02 勾选"辉光"选项，设置"内部强度"为0%，"外部强度"为80%，"半径"为10cm，"随机"为50%，如图16-638所示。材质效果如图16-639所示。

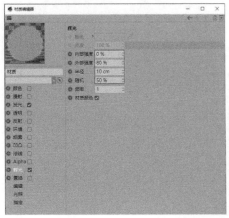 

图16-638　　　　　　图16-639

03 将材质赋予场景中的模型，效果如图16-640所示。

图16-640

16.9.4 渲染输出

01 按Ctrl+B组合键打开"渲染设置"面板，在"输出"中设置"宽度"为1200像素，"高度"为900像素，如图16-641所示。

图16-641

02 切换到"抗锯齿"，设置"抗锯齿"为"最佳"，"最小级别"为2×2，"最大级别"为4×4，"过滤"为Mitchell，如图16-642所示。

图16-642

03 单击"效果"按钮 效果 ，添加"全局光照"，设置"首次反弹算法"和"二次反弹算法"都为"准蒙特卡洛（QMC）"，如图16-643所示。

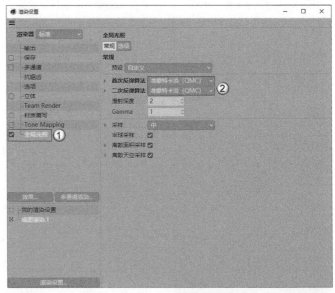

图16-643

04 按Shift+R组合键渲染场景，效果如图16-644所示。

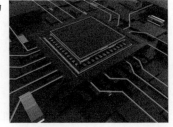

图16-644

16.9.5 后期处理

01 打开Photoshop，然后打开渲染好的图片，如图16-645所示。

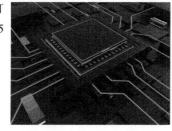

图16-645

02 添加"色阶"调整图层，参数设置及效果如图16-646和图16-647所示。

图16-646

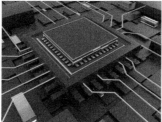

图16-647

03 添加"色彩平衡"调整图层，参数设置如图16-648所示。效果如图16-649所示。

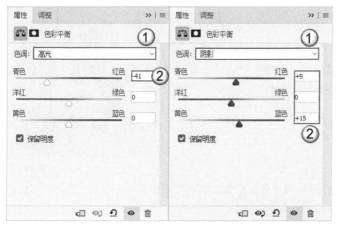

图16-648

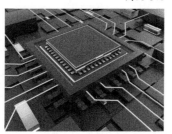

图16-649

04 添加"渐变映射"调整图层，设置渐变颜色为"黑-白"，如图16-650所示。设置"渐变映射"调整图层的图层混合模式为"叠加"，"不透明度"为32%，如图16-651所示。效果如图16-652所示。

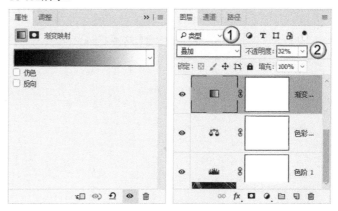

图16-650　　　　　　　　图16-651

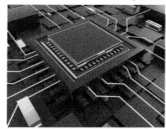

图16-652

05 添加"亮度/对比度"调整图层，参数设置如图16-653所示。效果如图16-654所示。

图16-653　　　　　　　　图16-654

06 添加"可选颜色"调整图层，参数设置如图16-655所示。案例最终效果如图16-656所示。

图16-655　　　　　　　　图16-656

16.10

综合实例：

流水线风格：工厂流水线

流水线风格的模型看似相对简单，但因数量较多，制作起来也较为烦琐。本案例制作一个相对简单的工厂流水线，如图16-657所示。

◎ 场景位置 » 无

◎ 实例位置 » 实例文件>CH16>流水线风格：工厂流水线.c4d

◎ 视频名称 » 流水线风格：工厂流水线.mp4

◎ 难易指数 » ★★★★★

◎ 技术掌握 » 掌握流水线风格场景的制作方法

Factory
Assembly
Line
Cinema 4D R21

Designed by
Zurako

图16-657

16.10.1 模型制作

本案例根据模型装置分别进行制作。案例中的参数仅供参考，读者可在此基础上自由发挥。

👉 装置1

01 使用"立方体"工具▣在场景中创建一个立方体模型，具体参数设置如图16-658所示。

图16-658

02 将立方体转换为可编辑对象，然后在"边"模式▣中使用"循环/路径切割"▣循环/路径切割 工具添加两条边，如图16-659所示。

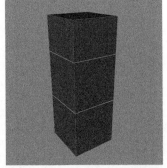

图16-659

03 在"多边形"模式▣中选中图16-660所示的多边形，然后使用"挤压"工具▣挤压 向外挤出200cm，如图16-661所示。

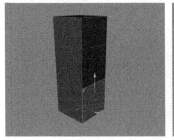

图16-660

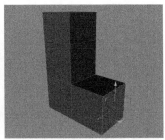

图16-661

04 在"边"模式▣中选中外侧的轮廓边，然后使用"倒角"工具▣倒角进行倒角，效果如图16-662所示。

图16-662

05 使用"管道"工具▣管道在模型顶端创建一个管道模型，具体参数设置如图16-663所示。

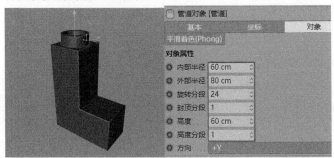

图16-663

06 将管道模型向上复制一个，然后修改其参数，如图16-664所示。

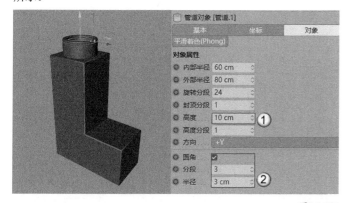

图16-664

07 使用"圆锥"工具 △ 圆锥 在管道模型上方创建一个圆锥模型，具体参数设置如图16-665所示。

图16-665

08 将上一步创建的圆锥模型转换为可编辑对象，在"多边形"模式 中选中图16-666所示的多边形，然后使用"内部挤压"工具 内部挤压 向内挤出10cm，如图16-667所示。

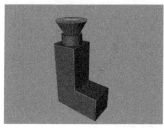

图16-666　　　　　　　图16-667

09 使用"挤压"工具 挤压 将多边形向下挤出-170cm，然后使用"缩放"工具 将其缩小，如图16-668所示。

10 选中圆锥模型边缘的边，然后使用"倒角"工具 倒角 为其倒角，如图16-669所示。

图16-668　　　　　　　图16-669

11 使用"立方体"工具 在场景中创建一个小立方体模型，然后摆放在画面的左侧，如图16-670所示。

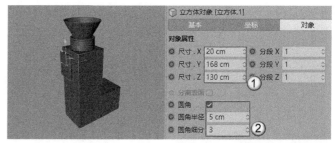

图16-670

12 将立方体向下复制一份并缩小，效果如图16-671所示。

图16-671

13 使用"矩形"工具 矩形 在场景中创建一个"宽度"和"高度"都为100cm，"半径"为10cm的矩形样条，如图16-672所示。

图16-672

14 使用"圆环"工具 圆环 创建一个"半径"为2cm的圆环，然后使用"扫描"生成器 扫描 将其生成模型，如图16-673所示。

图16-673

15 使用"圆环"工具 圆环 创建一个圆环模型，具体参数设置如图16-674所示。

图16-674

16▶ 将圆环模型复制一个，放在另一端，如图16-675所示。

17▶ 将矩形和圆环模型成组，然后向下复制两份，效果如图16-676所示。

图16-675　　　　　　　　　　图16-676

18▶ 使用"文本"工具 创建文本模型，具体参数设置如图16-677所示。模型效果如图16-678所示。

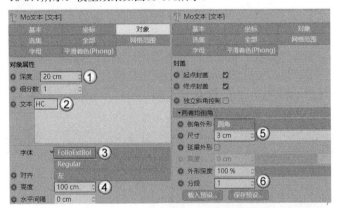

图16-677

图16-678

19▶ 使用"矩形"工具 在模型下方创建一个矩形样条，具体参数设置如图16-679所示。

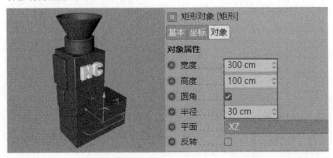

图16-679

20▶ 使用"圆环"工具 创建一个"半径"为20cm的圆环样条，然后用"扫描"生成器 与矩形进行扫描，模型效果如图16-680所示。

21▶ 复制两个圆环模型并适当放大，放在上一步生成模型的两端，如图16-681所示。

图16-680　　　　　　　　　　图16-681

22▶ 使用"球体"工具 创建一些小的半球体，放在模型表面作为装饰，效果如图16-682所示。

图16-682

👉 装置2 -------------------

01▶ 使用"立方体"工具 在装置1模型的右侧创建一个立方体模型，具体参数设置如图16-683所示。

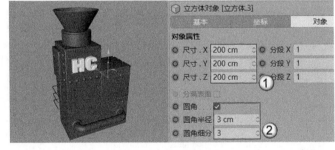

图16-683

02▶ 将立方体模型向上复制一份并调整参数，如图16-684所示。

图16-684

技巧与提示 ✐

利用相似的模型进行修改，可以提高制作效率。

03 将半球体模型复制4个，然后放在上一步制作模型的前端，如图16-685所示。

图16-685

04 使用"矩形"工具 矩形 在模型前侧创建一个矩形样条，具体参数设置如图16-686所示。

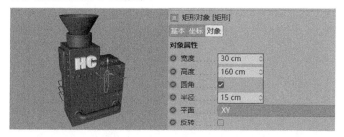

图16-686

05 继续使用"矩形"工具 矩形 创建一个小的矩形样条，然后用"扫描"生成器 扫描 与之前创建的矩形进行扫描，效果如图16-687所示。

06 使用"圆柱"工具 圆柱 和"球体"工具 球体 制作一个手柄模型，如图16-688所示。

图16-687　　　　　　　　　　图16-688

╶ 技巧与提示 ✍

手柄模型非常简单，这里就不列举具体参数，读者可自行发挥。

07 将手柄模型和扫描的矩形复制一份，放在右侧，并适当调整，如图16-689所示。

图16-689

☞ 装置3

01 将装置2的大立方体模型向右复制一份并修改参数，如图16-690所示。

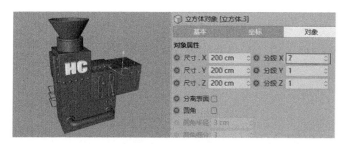

图16-690

02 将立方体转换为可编辑对象，然后在"边"模式 中选中图16-691所示的边。

03 使用"缩放"工具 将选中的边向内收缩，效果如图16-692所示。

图16-691　　　　　　　　　　图16-692

04 为模型添加"细分曲面"生成器 ，发现模型过于圆滑，失去了很多的细节，如图16-693所示。

05 返回"边"模式 ，使用"循环/路径切割"工具 循环/路径切割 为模型添加循环分段线，可使模型既有圆滑效果，又保留很多细节，如图16-694所示。

图16-693　　　　　　　　　　图16-694

╶ 技术专题 ✪ 细分曲面与模型边距的关系

添加"细分曲面"生成器之后模型的效果与模型的边距有很大的关系。

图16-695所示的立方体边距距离大，添加"细分曲面"生成器之后，模型变得更加圆滑，如图16-696所示。

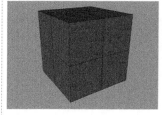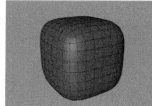

图16-695　　　　　　　　　　图16-696

图16-697所示的立方体边距距离小，添加"细分曲面"生成器之后，模型边缘圆滑，但整体的样式没有产生太大的变化，如图16-698所示。

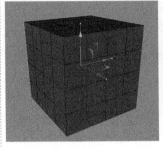
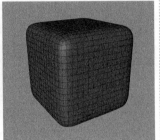

图16-697　　　　　　　　　　　图16-698

👉 装置4

01 使用"立方体"工具 🗔 在右侧创建一个立方体模型，具体参数设置如图16-699所示。

图16-699

02 将立方体转换为可编辑对象，然后在"边"模式 📐 中使用"循环/路径切割"工具 🔲 循环/路径切割 添加一条分段线，如图16-700所示。

图16-700

03 在"多边形"模式 📄 中选中图16-701所示的多边形，然后使用"挤压"工具 🔲 挤压 向下挤出200cm，如图16-702所示。

图16-701　　　　　　　　　　　图16-702

04 继续使用"循环/路径切割"工具 🔲 循环/路径切割 在挤出的模型上添加一条分段线，如图16-703所示。

图16-703

05 选中图16-704所示的多边形，然后使用"挤压"工具 🔲 挤压 向左挤出140cm，如图16-705所示。

图16-704　　　　　　　　　　　图16-705

06 在"边"模式 📐 中选中模型的外轮廓，然后使用"倒角"工具 🔲 倒角 进行倒角，效果如图16-706所示。

07 使用"立方体"工具 🗔 在场景中创建一些小立方体模型，摆放在装置模型表面，如图16-707所示。

图16-706　　　　　　　　　　　图16-707

08 使用"立方体"工具 🗔 创建一些长条模型，摆放在装置模型的表面，如图16-708所示。

09 将装置1中的矩形模型复制到装置4模型上，并修改其大小，如图16-709所示。

图16-708　　　　　　　　　　　图16-709

10» 使用"样条画笔"工具 在装置前端绘制一段弯曲的样条，如图16-710所示。

11» 使用"圆环"工具 创建一个"半径"为35cm的圆环，然后使用"扫描"生成器 与上一步绘制的样条进行扫描，模型效果如图16-711所示。

图16-710   图16-711

12» 将装置1中的圆环模型复制一份放在管道模型的底部并调整大小，如图16-712所示。

13» 在管道内创建3个大小不等的球体，然后使用"融球"生成器 生成粘连的液体模型，如图16-713所示。

图16-712   图16-713

技巧与提示 📎

"融球"生成器 的"编辑器细分"数值切忌设置得太小，否则场景中的模型太多后会导致软件卡顿甚至崩溃退出。

👉 装置5

01» 使用"圆柱"工具 创建一个圆柱模型，具体参数设置如图16-714所示。

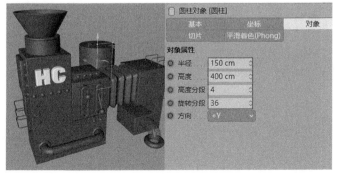

图16-714

02» 将圆柱模型转换为可编辑对象，然后为圆柱模型的顶部进行倒角，效果如图16-715所示。

图16-715

技巧与提示 📎

如果在倒角后发现模型出现破面或分离现象，需要在"点"模式 中选中模型所有的点进行"优化" 后再进行倒角。Cinema 4D R21版本不会出现此问题，在低版本的软件中会出现。

03» 使用"圆柱"工具 在装置4和装置5的模型之间创建一个圆柱模型，如图16-716所示。

04» 使用"圆柱"工具 在装置5模型上创建一个小圆柱体，如图16-717所示。

图16-716   图16-717

05» 将装置5模型复制一份，与装置1模型相连接，如图16-718所示。

06» 使用"样条画笔"工具 在两个罐体模型上绘制一条管道路径，如图16-719所示。

图16-718   图16-719

07» 使用"圆环"工具 绘制一个"半径"为10cm的圆环，然后使用"扫描"生成器 与上一步绘制的样条进行扫描，模型效果如图16-720所示。

08» 根据整体模型的效果，对模型的细节进行优化。至此，模型制作完成，如图16-721所示。

图16-720　　　　　　　　　图16-721

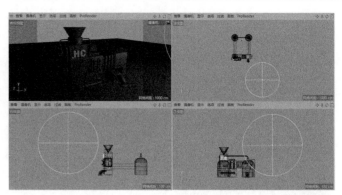

图16-723

--- 技术专题 ⑯ 场景自动保存

在制作案例时，一定要养成随时保存的习惯，否则一旦软件崩溃退出，有可能找不回原有的自动保存文件，会浪费大量的时间和精力。为了避免这种情况的发生，可以在软件中设置"自动保存"。

按Ctrl+E组合键打开"设置"面板，在"文件"中勾选"保存"选项，即可激活自动保存功能，如图16-722所示。

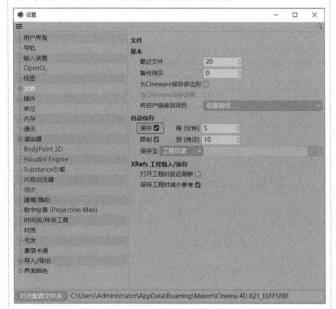

图16-722

在自动保存中可以设置每次保存的时间，默认为5分钟，建议设置时间稍微长一些，以免自动保存时产生软件卡顿而影响制作。同时还可以设置自动保存文件的保存路径，默认为"工程目录"。

如果制作的场景中模型面数太多，或计算机配置较低，都可能在保存时产生卡顿或短暂停滞的情况，且自动保存会比较占用内存。建议还是养成手动保存的良好习惯。

16.10.2 灯光与环境创建

本案例需要为场景创建一盏灯光和环境光源。

☞ 灯光

01 使用"灯光"工具 在场景中创建一盏灯光，位置如图16-723所示。

02 选中创建的灯光，在"常规"选项卡中设置"投影"为"区域"，如图16-724所示。

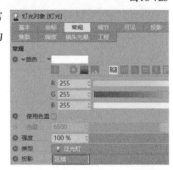

图16-724

03 在"细节"选项卡中设置"衰减"为"平方倒数（物理精度）"，"半径衰减"为732.054cm，如图16-725所示。

04 按Shift+R组合键渲染场景，效果如图16-726所示。

图16-725　　　　　　　　图16-726

☞ 环境光源

01 使用"天空"工具 在场景中创建天空模型，为天空模型添加"合成"标签 ，然后取消勾选"摄像机可见"选项，如图16-727所示。

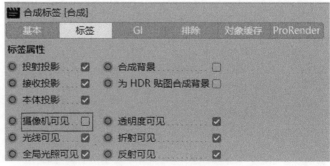

图16-727

02 按Shift+F8组合键打开"内容浏览器"，在"预置>Prime>Presets>Light Setups>HDRI"中选中Sunny - Neighborhood 02文件，然后将其赋予天空模型，如图16-728所示。

03 按Ctrl+R组合键渲染灯光效果，如图16-729所示。

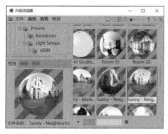

图16-728　　　　　　图16-729

16.10.3 材质制作

01 在"材质"面板创建一个默认材质，设置"颜色"为（R:177，G:212，B:224），如图16-730所示。

图16-730

02 在"反射"中添加GGX，设置"粗糙度"为25%，"反射强度"为80%，"菲涅耳"为"绝缘体"，如图16-731所示。材质效果如图16-732所示。

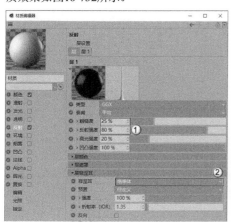

图16-731　　　　　　图16-732

03 在"材质"面板将蓝色材质复制一份，修改"颜色"为（R:245，G:221，B:201），如图16-733所示。材质效果如图16-734所示。

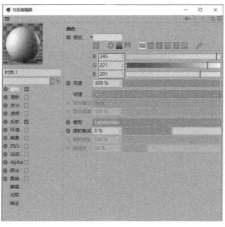

图16-733　　　　　　图16-734

04 在"材质"面板将蓝色材质复制一份，修改"颜色"为（R:245，G:174，B:175），如图16-735所示。材质效果如图16-736所示。

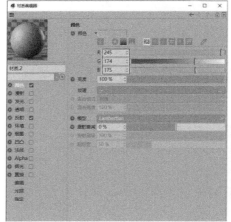

图16-735　　　　　　图16-736

05 在"材质"面板将蓝色材质复制一份，修改"颜色"为（R:255，G:201，B:94），如图16-737所示。材质效果如图16-738所示。

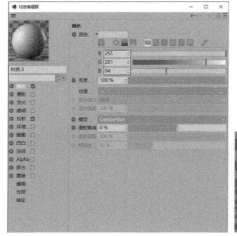

图16-737　　　　　　图16-738

06 在"材质"面板将蓝色材质复制一份，修改"颜色"为（R:209，G:173，B:142），如图16-739所示。材质效果如图16-740所示。

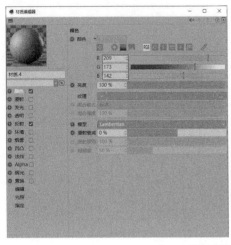

图16-739　　　　图16-740

07 在"材质"面板将蓝色材质复制一份，修改"颜色"为（R:230，G:230，B:230），如图16-741所示。材质效果如图16-742所示。

图16-741　　　　图16-742

08 在"材质"面板将蓝色材质复制一份，修改"颜色"为（R:194，G:204，B:209），如图16-743所示。材质效果如图16-744所示。

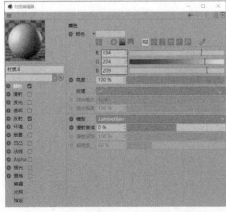 

图16-743　　　　图16-744

09 在"材质"面板新建一个默认材质，然后勾选"透明"，设置"折射率预设"为"玻璃"，如图16-745所示。

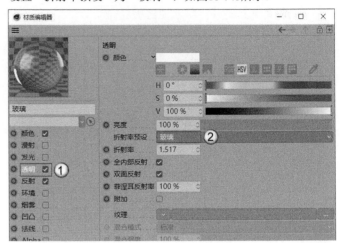

图16-745

10 在"反射"中添加GGX，设置"粗糙度"为1%，"菲涅耳"为"绝缘体"，"预置"为"玻璃"，如图16-746所示。材质效果如图16-747所示。

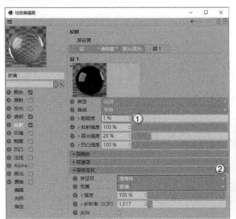

图16-746　　　　图16-747

11 将材质赋予场景中的模型，效果如图16-748所示。

图16-748

16.10.4 渲染输出

01 按Ctrl+B组合键打开"渲染设置"面板，在"输出"中设置"宽度"为1200像素，"高度"为900像素，如图16-749所示。

388

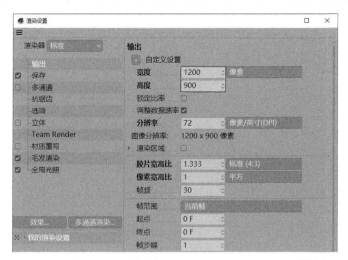

图16-749

02 切换到"抗锯齿",设置"抗锯齿"为"最佳","最小级别"为2×2,"最大级别"为4×4,"过滤"为Mitchell,如图16-750所示。

图16-750

03 单击"效果"按钮 效果... ,添加"全局光照",设置"首次反弹算法"和"二次反弹算法"都为"准蒙特卡洛(QMC)",如图16-751所示。

图16-751

04 按Shift+R组合键渲染场景,效果如图16-752所示。

图16-752

16.10.5 后期处理

01 打开Photoshop,然后打开渲染好的图片,如图16-753所示。

图16-753

02 添加"色阶"调整图层,参数设置及效果如图16-754和图16-755所示。

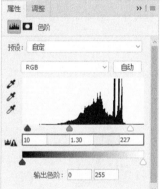

图16-754　　　　　图16-755

03 添加"亮度/对比度"调整图层,参数设置如图16-756所示。效果如图16-757所示。

图16-756　　　　　图16-757

389

04 添加"可选颜色"调整图层,参数设置如图16-758所示。效果如图16-759所示。

图16-758

图16-759

05 按Ctrl+Shift+Alt+E组合键盖印可见图层,生成"图层1",如图16-760所示。

06 执行"选择>色彩范围"菜单命令,选择地面部分,如图16-761所示。

图16-760

图16-761

07 单击"确定"按钮 确定 后,在视图中形成选区,如图16-762所示。

08 按Ctrl+J组合键将选区新建为一个单独的图层,如图16-763所示。

图16-762

图16-763

09 为新建的"图层2"添加"自然饱和度"调整图层,参数设置如图16-764所示。效果如图16-765所示。

图16-764

图16-765

10 新建一个图层,并填充黑色,然后执行"滤镜>渲染>镜头光晕"菜单命令,在弹出的对话框中设置镜头光晕的参数,如图16-766所示。

图16-766

11 单击"确定"按钮 确定 后的效果如图16-767所示。设置图层的混合模式为"滤色","不透明度"为40%,效果如图16-768所示。

图16-767

图16-768

12 在背景添加一些文字和装饰元素,案例最终效果如图16-769所示。

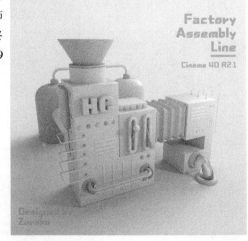

图16-769

附录A Octane for Cinema 4D渲染技术

Octane渲染器可以完成材质的制作和编辑、灯光制作、效果制作（雾），以及渲染输出等工作。与Cinema 4D自带的渲染器不同，Octane渲染器是一款GPU渲染器，即利用GPU（显卡）进行渲染，既降低了渲染成本，又提高了渲染效率。

Octane真实的光线照明系统、SSS次表面散射、置换功能和自发光材质都非常出色，加上简单明了的材质节点编辑方式，都使这款渲染器广受青睐。

1. 计算机参考配置

下面简单列举一套安装Octane渲染器所需要的计算机配置参数。读者可按照这套参数选择合适的软件版本和硬件版本。

Octane是基于Nvidia的CUDA技术运行的，所以要使用Octane，计算机的显卡必须是Nvidia系列。

Octane V3.0显卡推荐

硬件/软件	型号
Cinema 4D	R17/R18/R19
GPU	GTX系列（GTX1060/GTX1660Ti/GTX1070Ti/GTX 1080 Ti）
内存	8G
操作系统	Win7/win8/win10

Octane V4.0显卡推荐

硬件/软件	型号
Cinema 4D	R20/R21
GPU	RTX系列（RTX2060/RTX2070/RTX2080/RTX2080Ti）
内存	8G
操作系统	win10

附录中采用Cinema 4D R19和Octane V3.07版本进行讲解，由于Octane的核心技术不变，读者也可以使用Octane V4.0版本的渲染器进行学习。

2. Octane渲染设置

Octane渲染器的渲染设置参数较多，不仅需要读者了解常用参数的含义，还需要读者保存一套适合自己使用的渲染参数。

Octane渲染设置面板

在Octane渲染设置面板中，可以设置渲染的模式以及具体参数，如图A-1所示的渲染设置面板。

- Directlighting（直接照明）

"Directlighting（直接照明）"模式通常用于快速预览渲染效果。这种模式不是无偏差的，也不会产生具有真实感的渲染效果，但可以提高场景的渲染速度，如图A-2所示。

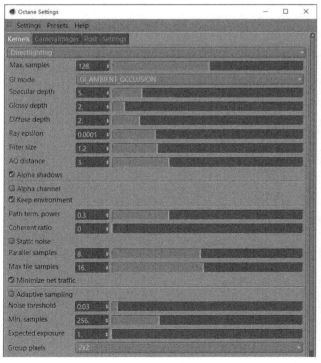

图A-1

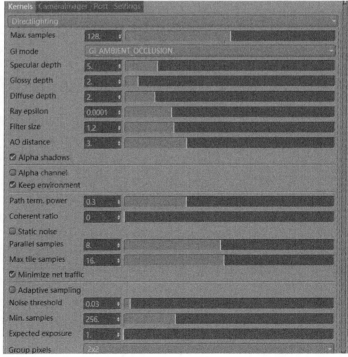

图A-2

重要参数讲解

Max.samples（最大细分）：该数值越小，渲染效果中就会产生非常多的噪点；该数值越大，渲染效果就会越清晰、细腻，如图A-3和图A-4所示。注意，渲染速度也会受参数设置的影响，读者可以在测试的时候进行对比。

Max.samples（最大细分）:50
图A-3

Max.samples（最大细分）:500
图A-4

GI mode（GI模式）：在下拉菜单中包含3种GI模式，主要用于控制光线照射模型表面所产生的光子反弹效果，对比效果如图A-5~图A-7所示。

GI_NONE
图A-5

GI_AMBIENT_OCCLUSION
图A-6

GI_DIFFUSE
图A-7

Specular depth（折射深度）：用于控制光线对模型的撞击次数，数值越大，玻璃的通透性越好，如图A-8和图A-9所示。

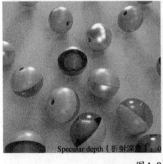
Specular depth（折射深度）:0
图A-8

Specular depth（折射深度）:1
图A-9

Glossy depth（反射深度）：用于控制光线或HDRI（外部环境）对物体表面产生的反射强度，数值越大，物体表面的反射效果越强，如图A-10和图A-11所示。

Glossy depth（反射深度）:2
图A-10

Glossy depth（反射深度）:4
图A-11

Ray epsilon（光线偏移）：用于计算光线与物体之间的偏移距离。当值较大时，光线在物体表面的偏差越大；当值较小时，光线计算会更加准确，通常情况下保持默认即可，如图A-12和图A-13所示。

Ray epsilon（光线偏移）:0.0001
图A-12

Ray epsilon（光线偏移）:0.01
图A-13

Filter size（过滤尺寸）：用于控制渲染时渲染像素格的大小。该参数可以适当减少噪点，但是值越大，图像越容易产生模糊效果。

AO distance（AO距离）：AO又称环境吸收，主要用于对物体的边缘进行黑色描边效果的处理，能够从视觉上使物体的轮廓更加清晰、立体。该数值越大，AO的效果越明显。

Alpha shadows（Alpha阴影）：必须与材质中的"透明度"参数配合使用才能生效，让光线穿透镂空物体，显现正确的阴影效果，而不是出现物体整体轮廓阴影。

Alpha channel（Alpha通道）：在渲染输出效果时，如果使用太阳光、HDRI环境天空作为场景灯光时，会出现真实的环镜或天空背景，读者可以使用"Alpha channel（Alpha通道）"控制渲染效果是否包含背景。

Keep environment（保持环境）：通常与"Alpha channel（Alpha通道）"搭配使用，默认情况下保持勾选状态。

Adaptive sampling（自适应细分）：在"直接照明"模式下，勾选"自适应细分"选项，可以对渲染进行一定的提速，其他的保持默认状态即可。

• **Pathtracting（路径追踪）**

"Pathtracting（路径追踪）"模式是更好的"无偏"渲染模式，它可以获得具有物理准确性的逼真图像。当然，这种模式会比"Directlighting（直接照明）"需要更多的渲染时间，如图A-14所示。相比"Directlighting（直接照明）"模式，"Pathtracting（路径追踪）"会添加3个新的选项。

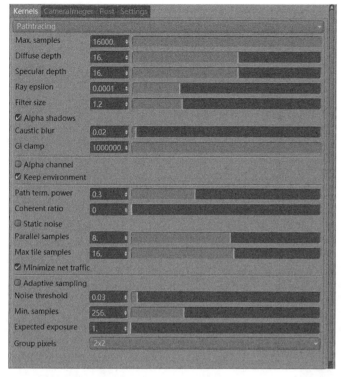

图A-14

重要参数讲解

　　Caustic blur（焦散模糊）：当该数值较小时，焦散（透光）效果会很锐利、清晰；当该数值较大时，焦散（透光）效果会很柔和、模糊，如图A-15和图A-16所示。

图A-15	图A-16

　　GI clamp（GI修剪）：该选项可以有效地降低画面中的噪点，保持参数值在1~3，可以移除画面中大量的噪点，如图A-17和图A-18所示。

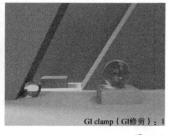

图A-17	图A-18

- **PMC**

　　PMC模式可以创建更加精确的照明和焦散效果，真实度会高于"Pathtracting（路径追踪）"模式，一般用于渲染更高质量的效果。当然，这种模式会消耗更多的时间。其参数面板如图A-19所示。

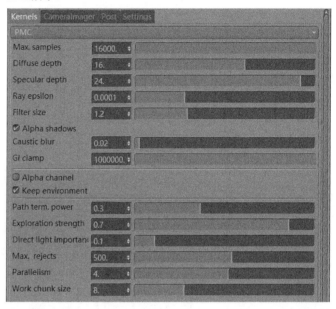

图A-19

- **Infochannels（信息通道）**

　　"Infochannels（信息通道）"可以让渲染结果显示更多的图像通道信息，例如法线、材质ID、景深、环境吸收、灯光ID、反射等，这些通道可以用于后期合成，如图A-20所示。

图A-20

Octane渲染预设

在渲染时，设计师都有自己的一套渲染参数，且每一套渲染参数都会有非常多的参数需要设置。如果每次渲染之前都要调整好这些参数，就会非常浪费时间。因此，读者可以设置一套渲染参数，将其保存下来，每次直接调用即可，这样就免去了不断设置参数这一烦琐的工作。

下面为读者列举一组适合多数情况的渲染参数，在实际应用时，根据具体需要可适当调整个别参数。

- **Kernels（核心）**

这里以"Pathtracting（路径追踪）"模式为渲染模式。设置"Max.samples（最大细分）"为1000，"GI clamp（GI修剪）"为1，勾选"Adaptive sampling（自适应细分）"，设置"Noise threshold（噪波阈值）"为0.02，如图A-21所示。

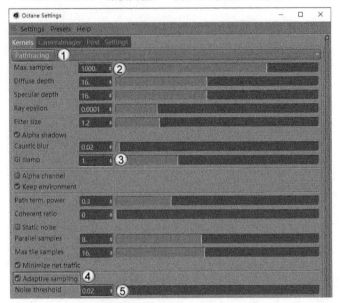

图A-21

- **CameraImager（摄像机成像）**

切换到"CameraImager（摄像机成像）"选项卡，设置"Gamma（伽马）"为2.2，"Response（镜头）"为"Linear（线性倍增）"，勾选"Natural response（中性镜头）"，然后设置"Hotpixel removal（噪点移除）"为0.8，如图A-22所示。

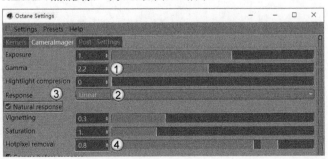

图A-22

- **保存预设**

执行"Presets>Add new preset"菜单命令，如图A-23所示。然后在对话框中设置预设名，例如New preset，并单击"Add Preset（新增预设）"按钮，将预设添加到预设库中，如图A-24所示。

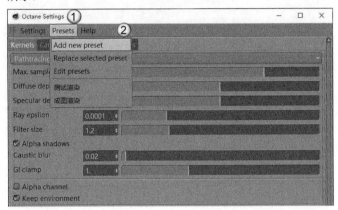

图A-23

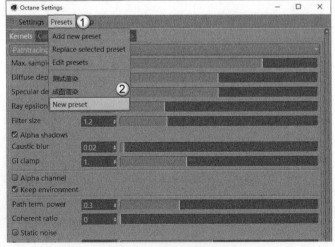

图A-24

- **加载预设**

每次打开Cinema 4D时，在Octane Settings对话框中执行"Presets>New preset"菜单命令，即可让Octane使用前面设置的渲染参数渲染场景，如图A-25所示。

图A-25

Octane的渲染界面

当在软件中安装好Octane渲染器后，会在菜单栏中显示Octane菜单，如图A-26所示。

图A-26

单击Octane菜单，在弹出的下拉菜单中选择"Live Viewer Window（实时查看窗口）"选项，如图A-27所示，此时系统会弹出"Live Viewer（实时查看）"的窗口界面，如图A-28所示。

图A-27

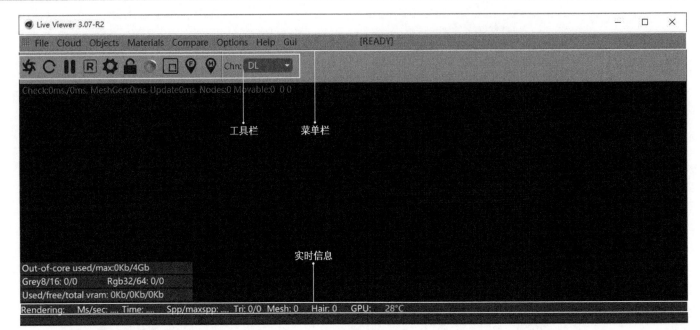

图A-28

重要参数讲解

菜单栏：包含了Octane渲染器的大部分命令。

工具栏：包含控制实时渲染的相关工具。

实时信息：用于查看当前渲染工作的状态和进度。

• **File（文件）**

"File（文件）"菜单中可以对渲染的图形进行保存和导出，如图A-29所示。一般来说，用Octane渲染器所渲染的图像是在Cinema 4D自带的图片查看器中进行保存，因此这个菜单使用的频率不高。

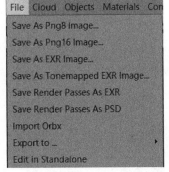

图A-29

• **Objects（对象）**

"Objects（对象）"菜单中包括摄像机、HDRI环镜光、太阳光、区域光和IES灯光等对象的创建命令，如图A-31所示。

图A-31

• **Cloud（云端）**

"Cloud（云端）"菜单中的命令可以将场景与其他软件进行链接。"Send Scene（发送场景）"命令可以将场景导出为ORBX、ABC格式的文件，这样就可以在其他三维软件中进行二次创作，如图A-30所示。

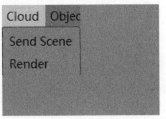

图A-30

• **Materials（材质）**

"Materials（材质）"菜单中包含了创建和编辑材质的相关命令，如图A-32所示。

图A-32

重要参数讲解

Open LiveDB（打开LiveDB）：执行该菜单命令，会打开"File
（文件）"窗口，在窗口中会显示预设文件中的材质。如果读者没
有下载预设文件，则库为空，如图A-33所示。

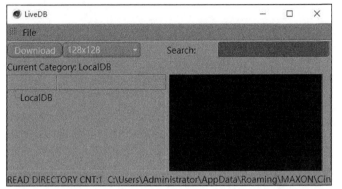

图A-33

Octane Node Editor（Octane节点编辑器）：该编辑器主要用于
管理复杂材质的编辑，利用节点思维逻辑，让材质创建工作能更高
效地完成，如图A-34所示。

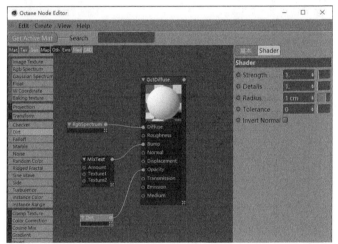

图A-34

Octane Diffuse Material（Octane漫射材质）：制作漫反射和自发
光的材质。

Octane Glossy Material（Octane光泽材质）：制作带高光和光滑
的材质。

Octane Specular Material（Octane透明材质）：制作带透明效果
的材质。

Octane Mix Material（Octane混合材质）：将两种材质进行混
合，形成新的材质效果。

Convert Materials（材质转换）：将Cinema 4D的默认材质球转
换为Octane材质。

Remove Unused Materials（删除未使用材质）：删除"材质"
面板中未使用的材质。

Remove Duplicated Material（删除重复材质）：删除"材质"
面板中重复使用的材质。

- Compare（比较）

在实时渲染中，需要进行灯光或材质的细微调节，读者可
以通过使用"Enable A/B comparison（启
用A/B对比）"命令直观地查看到编辑
前后的渲染效果，如图A-35所示。

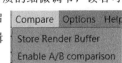

图A-35

- 工具栏

"工具栏"中包含了实时预览窗口的基本设置、Octane核心
渲染设置和景深距离等设置工具，如图A-36所示。

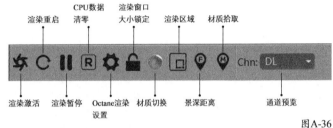

图A-36

重要参数讲解

渲染激活：单击此按钮开始渲染。

渲染重启：暂停渲染后，单击此按钮，会重新渲染。

渲染暂停：在渲染时单击此按钮，会暂停渲染。

Octane渲染设置：单击此按钮，会弹出"Octane Settings
（Octane渲染设置）"面板，如图A-37所示。

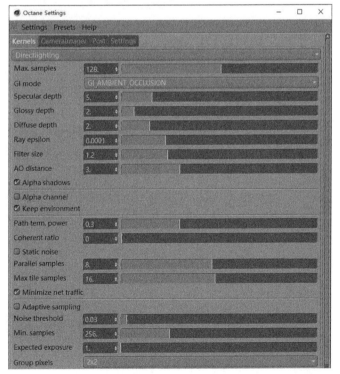

图A-37

渲染区域：单击此按钮后，可以在渲染界面中划分渲染区域。

景深距离：单击此按钮，在渲染效果中单击景深焦点的位置，
其余部分会自动形成景深效果。

3. Octane灯光系统

Octane渲染器拥有自身的灯光系统，虽然与Cinema 4D中自带的灯光工具不兼容，但在使用方法上比较相似。

Octane日光

Octane拥有一个非常强大的太阳光，适合进行室外渲染，与现实世界一样，不同的太阳高度可以让整个照明呈现不同的效果，例如清晨、傍晚等效果。而且它也可以与HDRI配合使用。

执行"Objects（对象）>Octane Daylight（Octane日光）"菜单命令，即可在场景中创建一盏太阳光，如图A-38所示。其参数面板如图A-39所示。

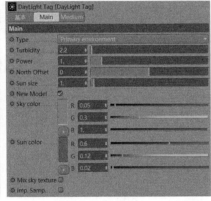

图A-38   图A-39

重要参数讲解

Turbidity（浑浊度）：当该参数低于2.2时，空间会产生尖锐的阴影（如晴朗的天空），如图A-40所示；当该参数高于2.2时，空间会产生阴天一样的扩散阴影，如图A-41所示。因此，可以用该参数控制制作一个蔚蓝或阴暗的天空。

图A-40   图A-41

Power（强度）：设置太阳光的强度，默认值为1。对比效果如图A-42和图A-43所示。

图A-42   图A-43

North Offset（向北偏移）：用于调整太阳光的方向。测试效果如图A-44和图A-45所示。

图A-44   图A-45

Sun size（太阳大小）：设置太阳的半径。值越大，太阳半径越大，阴影则越虚，如图A-46所示；反之，太阳半径越小，阴影则越实，如图A-47所示。

图A-46   图A-47

New Model（新建模式）：默认为勾选状态，可以让日光与场景之间出现地平线，如图A-48所示；如果不勾选，日光将作为环境存在，如图A-49所示。

图A-48   图A-49

Mix sky texture（混合天空纹理）：勾选该选项后，可以将日光与HDRI环境混合在一起使用，为天空增加更多的信息。

Octane环境光

Octane的另一种环境照明系统是"Octane HDRI环境"，它可以让渲染效果接近真实照片的水准，不仅能给场景带来真实的光源，还可以增加更多的明暗对比细节，弥补日光产生渐变色的不足。在Octane环境光中，有"Texture Environment（纹理环境）"和"Hdri Environment（HDRI环境）"两种，如图A-50所示。其参数面板如图A-51和图A-52所示。

图A-50

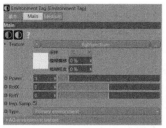 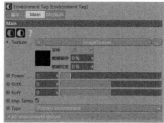

图A-51　　　　　　　　　　图A-52

相信有读者应该能发现"Texture Environment（纹理环境）"和"Hdri Environment（HDRI环境）"除了"Texture（纹理）"参数不一样，其他参数都是一样的。另外，无论使用"Texture Environment（纹理环境）"工具，还是使用"Hdri Environment（HDRI环境）"工具创建的环境光系统，灯光的属性面板都是"Environment Tag（环境标签）"，且可以通过单击面板中的"Texture Environment（纹理环境）"图标和"Hdri Environment（HDRI环境）"图标在两种环境系统之间来回切换。下面为读者介绍两者的区别。

• Texture Environment（纹理环境）

这种环境系统的"Texture（纹理）"为"RgbSpectrum（RGB颜色）"，可以通过它为场景选择需要的色彩信息，如图A-53所示。

图A-53

• Hdri Environment（HDRI环境）

这种环境系统的"Texture（纹理）"为"ImageTexture（贴图纹理）"，可以通过它为场景添加HDRI贴图，从而产生更加丰富的环境效果，如图A-54所示。

图A-54

重要参数讲解

Power（强度）：可以调整场景的整体亮度。该参数值越大，场景的整体亮度越大；反之，则越小，如图A-55和图A-56所示。

图A-55　　　　　　　　　图A-56

RotX（旋转X）/RotY（旋转Y）：当加载的HDRI贴图角度不合适时，使用这两个参数可以旋转HDRI贴图的方向。

Type（类型）：包含"Primary environment（主要环境）"和"Visible environment（可见环境）"两种类型，如图A-57所示。

Primary environment
Visible environment

图A-57

Primary environment（主要环境）：表示当前灯光系统为场景的环境灯光系统。

Visible environment（可见环境）：额外的灯光系统，主要用于为场景添加其他灯光效果。

Octane区域光

Octane区域光常用于模拟人工光源，执行"Objects（对象）>Octane Arealight（Octane区域光）"菜单命令，可以在场景中创建一盏区域光，如图A-58所示。其参数面板如图A-59所示。

图A-58　　　　　　　　　图A-59

重要参数讲解

Type（类型）：设置灯光的类型，有"Blackbody（黑体）"和"Texture（纹理）"两种类型，如图A-60和图A-61所示。

图A-60　　　　　　　　　图A-61

Power（强度）：设置灯光的强度，默认数值为100。对比效果如图A-62和图A-63所示。

图A-62

Power（强度）：40   Power（强度）：80

图A-63

Temperature（色温）：设置灯光的颜色，单位为K（开尔文）。对比效果如图A-64和图A-65所示。

Temperature（色温）：3000   Temperature（色温）：8500

图A-64   图A-65

Texture（纹理）：在通道中加载贴图，通过贴图的颜色进行照明。

Distribution（分配）：在通道中加载黑白贴图，从而控制灯光的投影效果，如图A-66所示。

图A-66

Surface brightness（表面亮度）：搭配灯光的尺寸来对灯光亮度进行控制。当灯光的尺寸越大时，灯光的亮度也会越大，如图A-67和图A-68所示。

图A-67   图A-68

Double sided（双面）：勾选该选项后，灯光采用双面照射效果，如图A-69所示。

图A-69

Normalize（标准化）：默认勾选该选项。此参数会随着灯光的色温变化而产生亮度变化。

Cast shadows（产生阴影）：默认勾选该选项，表示灯光会对照射的物体产生投影效果。对比效果如图A-70和图A-71所示。

勾选   不勾选

图A-70   图A-71

Use light color（使用灯光颜色）：勾选后可以在Cinema 4D灯光属性中的"常规"参数面板的"颜色"选项中直接改变Octane灯光颜色，如图A-72所示。

图A-72

Camera visiblity（摄像机可见）：设置灯光是否会被摄像机拍摄。勾选"摄像机可见"选项时，灯光实体将会被渲染出来，如图A-73所示（左上角白色灯光）；当取消勾选"摄像机可见"选项时，灯光实体不会被渲染出来，如图A-74所示。

图A-73   图A-74

Shadow visibility（阴影可见）：可以控制当前灯光遮挡其他灯光时，是否会产生遮挡阴影，如图A-75和图A-76所示。

图A-75   图A-76

Octane IES灯光

Octane IES灯光常用于模拟射灯、筒灯等带方向性的人工光源。执行"Objects（对象）>Octane Ies Light（Octane IES灯光）"菜单命令，可以在场景中创建一盏IES灯光，如图A-77所示。其参数面板如图A-78所示。

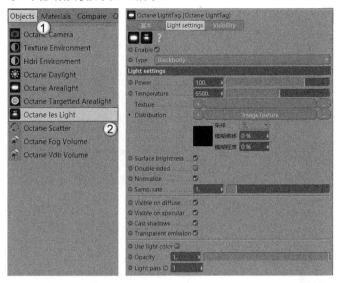

图A-77　　　　　　　　　　　　图A-78

IES灯光的参数面板与区域光的面板基本相同，在使用上的区别是在"Distribution（分配）"的通道中加载IES灯光文件，通过灯光文件的信息控制灯光的样式和基本强度，如图A-79所示。灯光效果如图A-80所示。

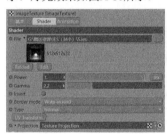 

图A-79　　　　　　　　　图A-80

自发光对象

自发光对象是通过Octane Diffuse Material（Octane漫射材质）的发光属性进行表现的。自发光可以分为Blackbody emission（黑体发光）和Texture emission（纹理发光）两种模式。

- **Blackbody emission（黑体发光）**

执行"Materials（材质）> Octane Diffuse Material（Octane 漫射材质）"菜单命令，可以在"材质"面板新建一个Octane漫射材质，如图A-81所示。

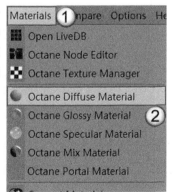

图A-81

双击材质球，打开"材质"面板，切换到"Emission（发光）"选项，如图A-82所示。其中显示了两种发光模式。

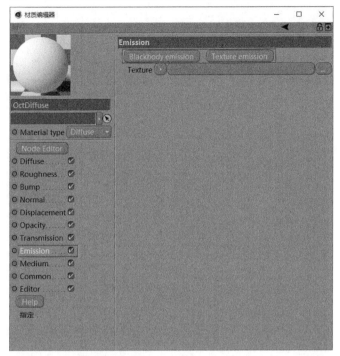

图A-82

单击"Blackbody emission（黑体发光）"按钮，"材质"面板会切换到相应的参数面板，如图A-83所示。

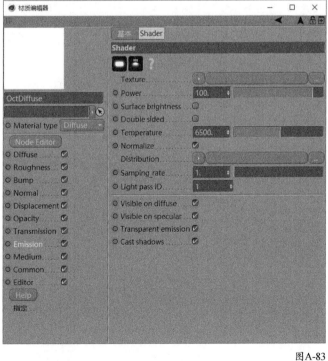

图A-83

重要参数讲解

Power（强度）：设置材质发光的强度，如图A-84和图A-85所示。

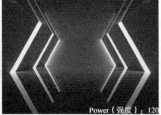

图A-84　　　　　　　　　　　图A-85

Surface brightness（表面亮度）：勾选后会呈现材质表面发光的效果，如图A-86和图A-87所示。

图A-86　　　　　　　　　　　图A-87

Temperature（色温）：设置材质发光的色温，如图A-88和图A-89所示。

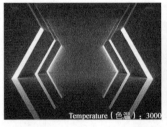
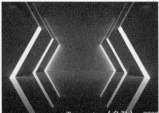

图A-88　　　　　　　　　　　图A-89

- **Texture emission（纹理发光）**

Texture emission（纹理发光）的创建方法与Blackbody emission（黑体发光）相似，需要在"Texture（纹理）"通道中加载贴图，从而产生发光的效果，如图A-90所示。

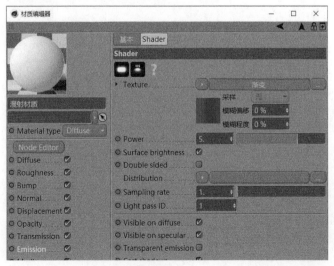

图A-90

使用"Texture emission（纹理发光）"时需要降低"Power（强度）"的数值，并且勾选"Surface brightness（表面亮度）"，以避免产生灯光曝光的效果，如图A-91和图A-92所示。

图A-91　　　　　　　　　　　图A-92

4. Octane材质系统

材质是渲染器的核心知识之一，Octane渲染器拥有自己独立的一套材质系统，与Cinema 4D自带的材质不兼容，但使用方法比较接近。读者需要掌握相关材质参数的设置原理。

Octane Diffuse Material（Octane漫射材质）

Octane漫射材质是所有材质类型中比较简单的，其创建方法有两种。

第1种：在"Live Viewer（实时查看）"窗口中执行"Materials（材质）> Octane Diffuse Material（Octane漫射材质）"菜单命令，如图A-93所示。

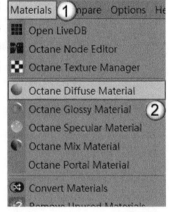

图A-93

第2种：在Cinema 4D的"材质"面板中执行"创建>着色器>C4dOCtane>Octane Material"菜单命令，如图A-94所示。

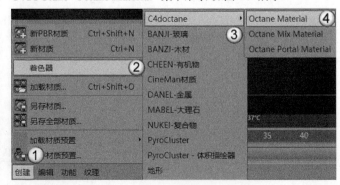

图A-94

双击材质窗口中的材质球，可以打开"材质编辑器"面板，如图A-95所示。

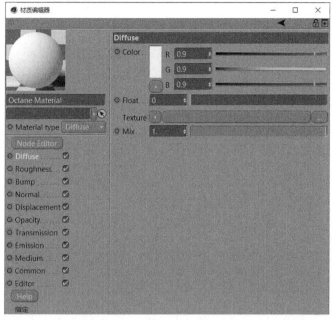

图A-95

重要参数讲解

Material type（材质类型）：在下拉菜单中可以选择材质的类型，包括Diffuse（漫射）、Glossy（光泽）和Specular（透明）3种类型的材质，用户可以在这3种类型中快速切换，如图A-96所示。

图A-96

Node Editor（节点编辑器）：单击此按钮，会打开节点编辑器的界面。节点编辑替代了传统的层级编辑方式，对于复杂的材质，节点编辑可以清晰地展示材质的各项参数。

Diffuse（漫射）：在通道中设置材质的漫射颜色、浮点和加载贴图等功能。

Color（颜色）：单击色块，可以快速设置所需要的颜色，如图A-97所示。

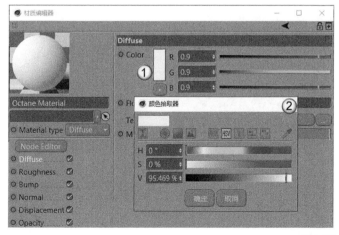

图A-97

Float（浮点）：用于设置一个灰度值。当颜色为黑色时，设置浮点为1，则显示为白色；当设置浮点为0.5，则显示为灰色。

Texture（纹理）：在通道中添加贴图成为材质的漫射纹理。

Mix（混合）：该数值可以使颜色与加载的贴图进行混合。当数值为0时，材质表现为颜色效果；当数值为1时，材质表现为贴图纹理效果；当数值为0.5时，颜色和贴图纹理各混合一半，如图A-98~图A-100所示。

图A-98

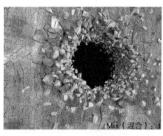 

图A-99　　　　　　　　　图A-100

Roughness（粗糙度）：控制高光和反射在材质表面的情况，主要通过Float（浮点）进行控制。对比效果如图A-101和图A-102所示。

图A-101　　　　　　　　　图A-102

Bump（凹凸）：在纹理通道中加载贴图可以控制材质的凹凸效果，如图A-103所示。

Normal（法线）：使用法线贴图在模型表面能够模拟出详细的凹凸痕迹，法线表现的表面细节会强于"凹凸"通道，如图A-104所示。

图A-103　　　　　　　　　图A-104

Displacement（置换）：通道中使用的是黑白图像，主要用于在模型表面创建真实的凹凸效果，且可以改变模型的表面结构。与"凹凸"和法线通道不同，"置换"通道对贴图的质量有一定的要求，即质量越高，"置换"产生的效果越细致。

　　Texture（纹理）：在通道中加载贴图模拟置换纹理。

　　Amount（数量）：调整位移的高度值，如图A-105和图A-106所示。

图A-105　　　　　　　　　图A-106

　　Level of details（细节等级）：定义贴图的质量，通常根据位图自身的分辨率大小来进行调整。分辨率越高，细节就会越好，但GPU的显存也会占据更多，渲染时间就会增加，如图A-107和图A-108所示。

图A-107　　　　　　　　　图A-108

　　Filter type（过滤类型）：可使用"Box（盒子）"或"Gaussian（高斯）"来产生轻微的柔软感，并使用"Filter radius（过滤半径）"设置合适的柔软度。该参数可以让置换的边缘更平滑，同时对消除锯齿有一定的作用，如图A-109和图A-110所示。

图A-109　　　　　　　　　图A-110

　　Opacity（透明度）：设置对象的透明度，读者可以将其理解成Alpha通道。通道中只能使用黑白贴图，黑色使对象透明，白色使对象不透明，即"黑透，白不透"的效果。如果贴图中有在黑色和白色之间的颜色，那么这部分会变成半透明，如图A-111所示。

图A-111

　　Transmission（传输）：可以模拟半透明效果，例如纸张、树叶、透明塑料和织布等。在漫射材质类型中，此通道可以创建虚假的SSS材质。其中，黑色表示不透光，其他颜色表示透光。

· Octane Glossy Material（Octane光泽材质）

　　Octane高光材质主要用于模拟具有反射特性的物体表面，例如金属、树叶、塑料、瓷器和锡纸等。Octane高光材质的创建方法与Octane漫射材质相同，参数面板中很多参数和原理也相同，如图A-112所示。因此，本节主要介绍独有的材质参数。

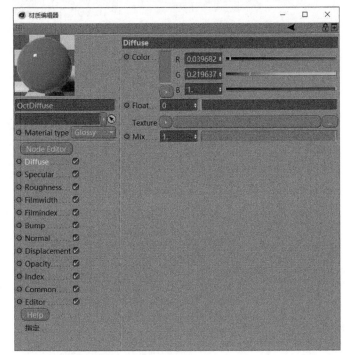

图A-112

重要参数讲解

　　Specular（透明）：调整材质表面的反射信息，在一些汉化版本中也叫作"镜面"。

　　Color（颜色）：设置反射的色彩，默认颜色为黑色，表示反射效果中不产生任何有色信息，即反射的结果为白色。图A-113和图A-114所示是不同颜色的对比效果。

图A-113　　　　　　　　　图A-114

　　Float（浮点）：控制反射的强度，取值范围0~1。当数值为0时，没有反射效果；当数值为1时，反射效果最强，如图A-115和图A-116所示。

图A-115　　　　　　　　　　　　图A-116

Filmwidth（薄膜宽度）：控制材质表面的彩虹色，通过"颜色"自定义色彩，也可调整浮点的大小来得到效果，如图A-117和图A-118所示。

图A-117　　　　　　　　　　　　图A-118

Filmindex（薄膜指数）：控制薄膜的明显度。值越小，薄膜的颜色越明显，如图A-119和图A-120所示。

图A-119　　　　　　　　　　　　图A-120

Index（折射率）：以控制表面的反射强度（某些汉化版本翻译为"索引"）。当数值等于1时，表面呈现全面反射，即镜面金属效果；当数值大于1时，反射越来越强，并产生菲涅耳效应，如图A-121和图A-122所示。

图A-121　　　　　　　　　　　　图A-122

Octane Specular Material（Octane透明材质）

Octane透明材质主要用于模拟透明的物体，例如玻璃、河水和硅胶等。在一些汉化版本中又被翻译为"镜面材质"或"高光材质"，其参数面板如图A-123所示。

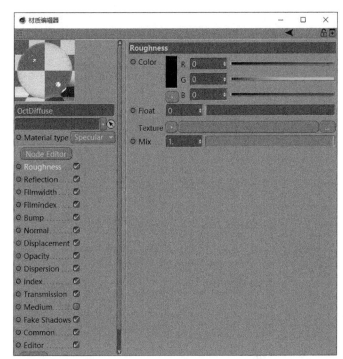

图A-123

重要参数讲解

Reflection（反射）：控制镜面上的反射强度，同时让表面具有透射性。

Color（颜色）：设置反射色彩，默认颜色为黑色，表示不产生任何有色信息，那么反射的结果为白色。图A-124和图A-125所示是不同颜色的对比效果。

图A-124　　　　　　　　　　　　图A-125

Float（浮点）：该数值同样可以设置反射的强度，如图A-126和图A-127所示。

图A-126　　　　　　　　　　　　图A-127

Dispersion（色散）：用于制作灯光照射到材质表面，材质产生的色彩分离效果，如图A-128和图A-129所示。

图A-128   图A-129

Index（折射率）：设置材质的物理折射率，如图A-130和图A-131所示。这个参数虽然与Octane高光材质的参数相同，但概念完全不同。

图A-130   图A-131

Transmission（传输）：以控制光线通过透明对象的方式。

Color（颜色）：设置透明对象的颜色。图A-132和图A-133所示是不同颜色的对比效果。

图A-132   图A-133

Float（浮点）：当颜色为黑色时，可以使用"浮点"的值来控制对象的透光性。

Texture（纹理）：通过加载的黑白贴图控制光线穿透的细节。白色产生透明，黑色不产生透明，同时支持彩色纹理，如图A-134所示。

图A-134

Medium（介质）：包含"吸收介质"和"散射介质"两种介质方式，主要用于模拟复杂的半透明材质，当光线进入"介质"后，会产生吸收或散射现象。

Absorption medium（吸收介质）：当光线射入半透明的物体或介质时，光会携带一种能量转移到该介质上，射入光线也将转化成热能而损失掉，这种过程就叫作吸收。介质吸收所表现的颜色是设定颜色的互补色，如图A-135和图A-136所示。默认情况下，系统会自动勾选"Invert absorption（反转吸收）"选项，渲染的效果与设置的颜色相同。

黄色   紫色

图A-135   图A-136

Scattering medium（散射介质）：散射是指次表面散射。当光穿透到半透明的表面时，会向不同的方向进行散射，然后又从表面的不同区域出来，这个过程被称为次表面散射，如图A-137所示。

图A-137

Octane Mix Material（Octane混合材质）

Octane混合材质可以在材质制作中，通过材质组合来降低复杂材质的制作难度，其参数面板如图A-138所示。

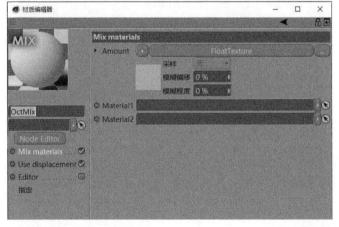

图A-138

重要参数讲解

Mix materials（混合材质）：设置需要混合材质的属性。

Amount（数量）：浮点贴图中的浮点参数控制两种混合材质的量，0代表只包含材质2中的材质，1表示只包含材质1中的材质，0.5表示两种材质各占一半，如图A-139~图A-141所示。

浮点：0

图A-139

图A-140　　　　　　　　　　图A-141

Material 1/Material 2：添加需要混合的两个材质。

Use displacement（使用置换）：可以在Octane混合材质中使用黑白图像或程序纹理设置置换效果，如图A-142所示。

图A-142

5. Octane节点编辑系统

材质节点编辑系统对于较传统的层级编辑而言，在操作性和逻辑性上都更清晰和强大，这也使得材质节点编辑系统让材质制作的总体效率提高不少。

Octane节点编辑器

在Octane中，节点编辑器的打开方式有3种。

第1种：创建Octane的材质球，然后在"材质编辑器"中单击"Node Editor（节点编辑器）"按钮 Node Editor ，如图A-143所示。

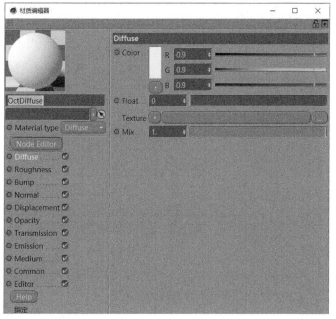

图A-143

第2种：在Live Viewer（实时查看）中执行"Materials（材质）>Octane Node Editor（Octane节点编辑器）"菜单命令，如图A-144所示。

图A-144

第3种：在Live Viewer（实时查看）的实时渲染效果中单击鼠标右键，选择"Node Editor（节点编辑器）"命令，如图A-145所示。

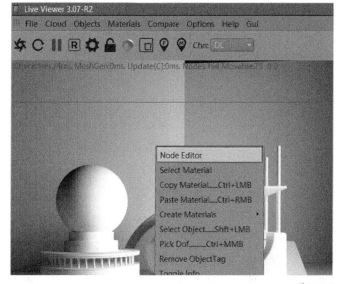

图A-145

打开的节点编辑器界面如图A-146所示。

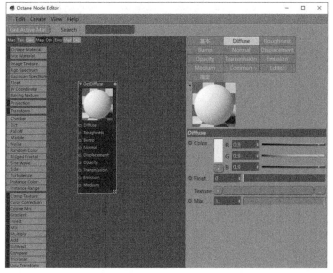

图A-146

• 节点过滤器

Octane使用8种不同的节点颜色来进行节点功能分类，默认为全部打开的状态，所以在界面上可以看到所有的节点信息。这8种类型分别是Mat（材质）、Tex（纹理）、Gen（生成）、Map（贴图）、Oth（其他）、Ems（发光）、Med（介质）和C4D，如图A-147~图A-154所示。

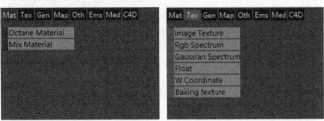

图A-147　　　　　　图A-148

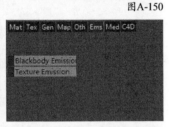

图A-149　　　　　　图A-150

图A-151　　　　　　图A-152

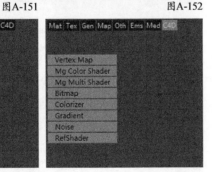

图A-153　　　　　　图A-154

• 节点编辑浏览

每个节点都有输入端口与输出端口，读者需要通过"节点编辑浏览"来显示每个节点数据的传输情况，以便观察和修改，如图A-155所示。

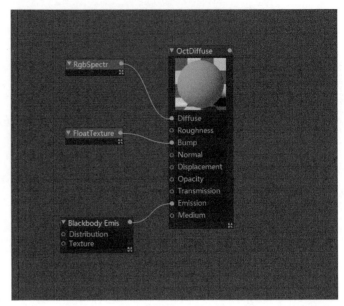

图A-155

• 节点属性

每个节点并非只是一个端口，输入和输出都应有自己的属性，这样节点的功能性才会更加完善，图A-156所示是Blackbody Emission（黑体发光）的属性面板。

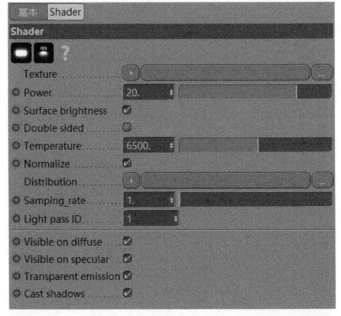

图A-156

材质节点

要想熟练掌握Octane材质节点，则必须要了解每个节点的含义与功能。下面介绍重要节点，材质节点的类型共有两种，分别为"Octane Materials（Octane材质）"和"Mix Materials（混合材质）"。

• Octane Material（Octane材质）

默认类型为"Diffuse（漫射）"，可以在"Material type

（材质类型）"中选择类型，例如"Glossy（高光）"或者
"Specular（透明）"，如图A-157所示。

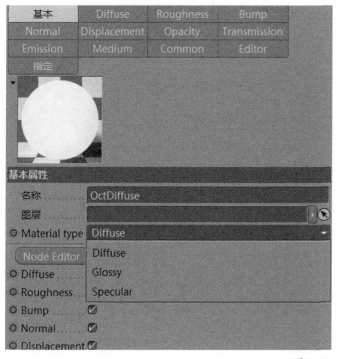

图A-157

- **Mix Material（混合材质）**

混合材质可以将其他材质拖曳到节点编辑面板中进行直接
链接，如图A-158所示。

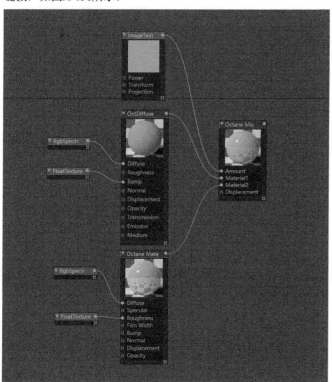

图A-158

纹理节点

"纹理"节点共有6种，分别为"Image Texture（图像纹
理）""Rgb Spectrum（RGB颜色）""Gaussian Spectrum
（高斯光谱）""Float（浮点）""W Coordinate（世界坐
标）""Baking texture（烘焙纹理）"，下面依次介绍。

- **Image Texture（图像纹理）**

该节点适用于任何纹理通道中，可以载入外部贴图，使用
率非常高，其参数面板如图A-159所示。

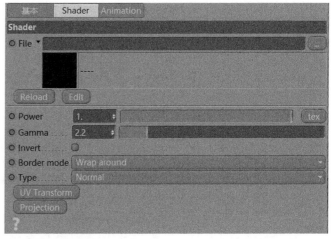

图A-159

重要参数讲解

File（文件）：载入外部文件。

Power（强度）：设置贴图的明亮度。

Gamma（伽马）：控制贴图的深浅。

Invert（反转）：反转贴图颜色值，连接于Alpha、反射、粗糙
通道。

Border mode（边框模式）：当纹理贴图没有完全覆盖模型时，
可以使用不同的模式来进行覆盖。

Type（类型）：纹理贴图非常消耗计算机的显存，也就是
GPU，如果大量使用纹理贴图渲染就容易崩溃，所以需要通过3种
类型来进行优化。漫射通道载入的是RGB图像，请使用"Normal
（正常）"；粗糙和反射等通道使用的是灰度图像，如果依然使用
"Normal（正常）"类型，会极大地消耗显存，请使用"Float（浮
点）"类型，可以节约显存，该类型也可在漫射通道中将RGB图
像转成灰度图像；如在Alpha通道中使用黑白贴图，请使用Alpha类
型，可以释放更多的GPU空间。

UV Transform（UV变换与投射）：在Octane中可以改变UV形态。

- **Rgb Spectrum（RGB颜色）**

Rgb Spectrum（RGB颜色）
可以为通道设置想要的颜色，其
参数面板如图A-160所示。

图A-160

- Gaussian Spectrum（高斯光谱）

"Gaussian Spectrum（高斯光谱）"其实与"Rgb Spectrum（RGB颜色）"非常相似，"Rgb Spectrum（RGB颜色）"使用颜色拾取器HSV来获得色彩信息，"Gaussian Spectrum（高斯光谱）"使用波长、宽度和强度来获得色彩信息，其参数面板如图A-161所示。

图A-161

重要参数讲解

Wavelength（波长）：以nm（纳米）为单位进行计算（可见光范围是380nm~720nm），可以用0~1内设置不同的颜色，0代表蓝色，1代表红色。

Width（宽度）：设置颜色的饱和度，0代表黑色，1代表白色，中间值才可以决定饱和度。

Power（强度）：代表颜色的功率，也就是明暗度，0代表黑色，1代表白色。

- Float（浮点）

这是一个非常强大的节点，拥有很高的实用性，可以通过它来驱动任何通道及参数，其参数面板如图A-162所示。"Float（浮点）"主要用来控制图像纹理的强度。浮点值越低，强度越弱；浮点值越高，强度越强。

图A-162

- W Coordinate（世界坐标）

它专门用于毛发渲染的节点，主要用于设置毛根的颜色与发梢的颜色，从而创造出渐变的效果。在使用该纹理贴图时，需要借助Gradient（渐变）贴图进行设置。要将W Coordinate（世界坐标）链接到Gradient（渐变）的输入端，将Gradient（渐变）的输出端链接到材质的Diffuse（漫射），如图A-163所示。

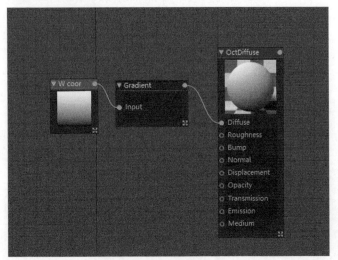

图A-163

- Baking texture（烘焙纹理）

该节点主要用于将程序纹理烘焙成"图像纹理"。Octane的程序纹理是无法识别"置换"的，但"图像纹理"可以完美识别。图A-164所示中将噪波贴图通过烘焙纹理进行转换后，添加到置换中。

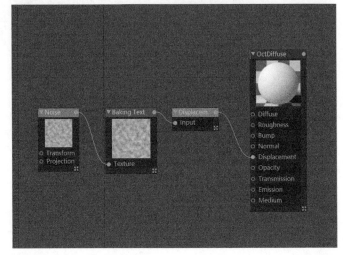

图A-164

UV投射

UV投射的节点类型共有两种，分别为"Projection（纹理投射）"和"Transform（UVW变换）"。

- Projection（纹理投射）

只要材质使用贴图，就一定会有UV和投射问题，此节点用于调整纹理的UV映射类型与Cinema 4D默认的投射功能相同，其参数面板如图A-165所示。

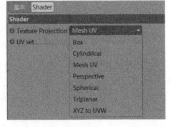

图A-165

重要参数讲解

Box（盒子）：以立方体形状进行投射，这也是最好的一种投射方式，但是它会根据模型的不同产生图案接缝，如图A-166所示。

Cylindrical（圆柱）：以圆柱形状进行投射，圆柱投影提供了一种快速的方法来将纹理映射在粗略的圆柱形状的表面上，但是它会根据模型的不同产生图案接缝，如图A-167所示。

图A-166　　　　图A-167

Mesh UV（UV网格）：UV投射节点使用模型自带的UV，将纹理投射到表面，这是这个节点的默认方式。如果模型自带的UV是错误的，那么它投射的结果也会出现错误，要想获得正确的UV，就需要手动拓展UV，如图A-168所示。

Perspective（透视）：采用世界空间坐标，并将x和y坐标除以z坐标，类似Cinema 4D的相机映射，可以通过它来摸拟投影仪效果。

Spherical（球体）：以球面u和v坐标执行经度与纬度方向上的投射，如图A-169所示。

图A-168　　　　　　　　图A-169

Triplanar（三角面）：从x、y、z这3个方向对纹理进行映射，需要与"三平面"节点进行配合使用。

XYZ to UVW（XYZ到UVW）：被称为平面投影或平面映射，图像纹理沿z轴投影的平面映射，会根据世界坐标或对象坐标来决定适配物体造型的最佳贴图形式。

• Transform（UVW变换）

设置好UV投射类型后，可以通过UVW变换中的旋转、缩放或移动来进行UV投射的二次更正，所以在修改UV时，应该共同应用投射节点和变换节点，如图A-170所示。

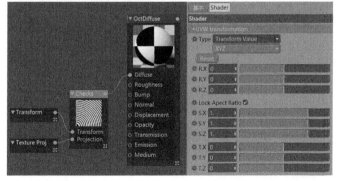

图A-170

重要参数讲解

Type（类型）：共包含5种UVW变换类型，如图A-171所示。

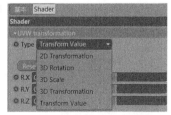

图A-171

2D Transformation（2D变换）：指在二维变换参数下，旋转的X和Y是禁用的，只能通过Z来进行旋转，缩放与移动可通过X和Y进行改变，而Z是被禁用。

3D Rotation（3D旋转）：指在三维旋转参数下，只提供了单独的旋转选项，即通过Z来改变旋转方向。

3D Scale（3D缩放）：指三维比例参数下，只提供了单独的缩放的选项，即通过X和Y来缩放图像比例。

3D Transformation（3D变换）：指三维变换参数下，提供所有x、y、z轴上的旋转、缩放和移动参数。

Transformation Value（变换数值）：通过调整节点数值进行改变，类似于3D变换。

R.X/R.Y/R.Z：调整纹理的旋转角度。

S.X/S.Y/S.Z：调整纹理的缩放比例。

T.X/T.Y/T.Z：调整纹理的移动位置。

纹理生成器

"Gen（生成）"中包含12种纹理生成器节点，分别为"Checker（棋盘格）""Dirt（污垢）""Falloff（衰减）""Marble（大理石）""Noise（噪波）""Random Color（随机颜色）""Ridged Fractal（脊椎分形）""Sine Wave（正弦波）""Side（侧面）""Turbulence（湍流）""Instance Color（实例颜色）""Instance Range（实例范围）"。

• Checker（棋盘格）

棋盘格纯粹是为了创建棋盘的图案，可以应用于任何通道。因为是以黑白色组成的，所以"棋盘格"节点没有任何参数可以调节，需要配合"投射"或"变换"来设置棋盘的样式，其参数面板如图A-172所示。效果如图A-173所示。

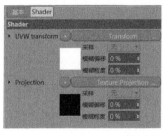 

图A-172　　　　　　　　图A-173

• Dirt（污垢）

多边形模型的凹凸越明显或越接近彼此，就会在多边形夹缝之间出现黑色，而多边形表面较为平坦或存在较少夹缝时，会出现白色。使用"污垢"可以根据模型的结构来计算黑白之间的差异，其参数面板如图A-174所示。效果如图A-175所示。

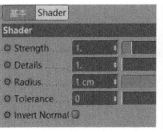 

图A-174　　　　　　　　图A-175

重要参数讲解

Strength（强度）：强度为0.1时，代表污垢效果完全消失；强度为10时，代表污垢效果会出现非常强烈的黑白对比，如图A-176和图A-177所示。

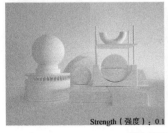

图A-176 　　　　　　　　　　　　　　图A-177

Details（细节）：如果想在模型上显示更多的细节，需要增加该值。它会在模型的平坦区域呈现出更多的污垢细节，但这种细节是以网格的方式进行表现的，如图A-178和图A-179所示。

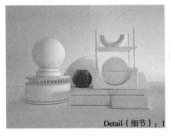

图A-178 　　　　　　　　　　　　　　图A-179

Radius（半径）：可以让污垢产生蔓延的效果，值设置为0，白色会进行蔓延并且覆盖黑色；值大于0时，黑色会进行蔓延并且覆盖白色。"半径"的值越高，模型更多的面积就会被污垢所影响，如图A-180和图A-181所示。

图A-180 　　　　　　　　　　　　　　图A-181

Tolerance（公差）：增大该数值，可以让污垢的线条产生粗细之分，解散污垢固有的均匀性，从而提升良好的分布效果，如图A-182和图A-183所示。

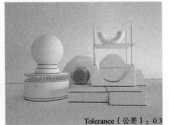

图A-182 　　　　　　　　　　　　　　图A-183

Invert Normal（反转法线）：将污垢的黑白色进行转换，如图A-184和图A-185所示。

未勾选 　　　　　　　　　　　　　　勾选
图A-184 　　　　　　　　　　　　　　图A-185

- **Falloff（衰减）**

用于根据摄像机视角产生的衰减效果，即摄像机角度改变时，衰减会一直跟随，类似菲涅耳效应，其参数面板如图A-186所示。

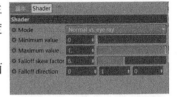

图A-186

重要参数讲解

Mode（模式）：包含3种类型，效果分别如图A-187~图A-189所示。

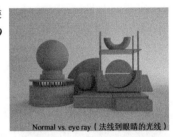

Normal vs. eye ray（法线到眼睛的光线）
图A-187

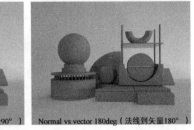

Normal vs.vector 90deg（法线到矢量90°） 　　 Normal vs.vector 180deg（法线到矢量180°）
图A-188 　　　　　　　　　　　　　　图A-189

Minimum value（最小数值）：数值为0时，会出现黑色；数值为1时，会出现白色；数值为0~1时，则出现灰色。

Maximum value（最大数值）：原理与"最小数值"相同。

Falloff skew factor（衰减歪斜因子）：数值大于6时，白色会远离摄像机；数值小于6时，白色会接近摄像机。

Falloff direction（衰减方向）：常用于"法线到矢量"的模式下，主要用于实现方向的改变。

- **Marble（大理石）**

这是Octane自带的程序纹理贴图，后面的"噪波""脊椎分形""湍流"等都是同种风格的节点，只是所创建出的纹理图案类型有所不同，其参数面板如图A-190所示。

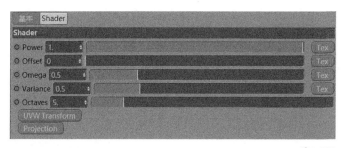

图A-190

重要参数讲解

Power（强度）：当数值为0时，代表没有任何强度（黑色）；当数值为最大值1时，代表大理石正常的强度。如果让数值大于1时，需要单击功率后面的"Tex（纹理）"按钮。

Offset（偏移）：控制纹理图案的偏移走向，可以根据模型自身的UV来决定是横向偏移还是垂直偏移。

Omega：控制多层级噪波的融合效果，需要与"Octaves（细节尺寸）"配合使用。

Variance（差异化）：数值为0时，会出现黑白的间隔线条；数值大于0时，黑白内部会出现类似湍流的噪波图案。

Octaves（细节尺寸）：指噪波的层次数量，层次越高，噪波的细节就会越大，从而Omega才可以获得最佳的融合效果。

• Noise（噪波）

Noise（噪波）是所有程序纹理节点中比较强大的节点，使用率也是特别高的，其参数面板如图A-191所示。

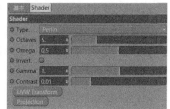

图A-191

重要参数讲解

Type（类型）：包含4种噪波类型，效果分别如图A-192~图A-195所示。

图A-192 · Perlin（柏林）

图A-193 · Turbulence（湍流）

Circular（循环）

Chips（碎片）

图A-194

图A-195

Invert（反转）：勾选该选项后会反转黑白纹理，如图A-196和图A-197所示。

未勾选

勾选

图A-196

图A-197

• Random Color（随机颜色）

Random Color（随机颜色）常用于克隆（仅支持克隆实例），可以在克隆模式下显示不同的随机颜色，在黑白之间产生淡入淡出效果，是一个非常强大的节点，效果如图A-198所示。

图A-198

默认的Random Color（随机颜色）是灰度颜色，如果需要将其设置为彩色，需要为其添加渐变贴图，在渐变贴图中设置渐变颜色，如图A-199所示。效果如图A-200所示。

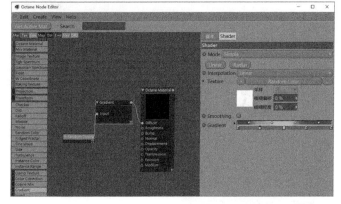

图A-199

图A-200

• Sine Wave（正弦波）

Sine Wave（正弦波）显示为"单一波纹"，共分为"Sine Wave（正弦波）""Triangle（三角波纹）""Sawwave（锯齿波纹）"3种类型，如图A-201~图A-203所示。

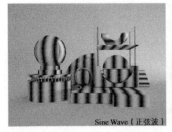

Sine Wave（正弦波）

图A-201

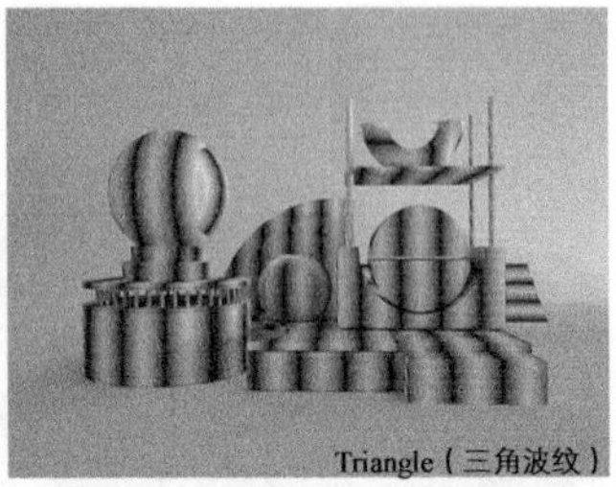

Triangle（三角波纹）

图A-202

Sawwave（锯齿波纹）

图A-203

• Side（侧面）

使用Side（侧面）可以基于多边形法线方向分配出黑白颜色值，这是一个非常重要的节点，可以在多边形内外面、正反面设置不同的色彩信息，如图A-204和图A-205所示。

未添加

图A-204

添加

图A-205

• Instance Color（实例颜色）

"实例颜色"用于保存图像的每一个像素，使每一个纹理像素等于每个实例ID，并将像素精确地分配到每个实例ID上，其参数面板如图A-206所示。效果如图A-207所示。

图A-206

图A-207

重要参数讲解

Power（强度）：调整纹理明暗度。

Gamma：调整纹理色彩饱和度。

Invert（反转）：勾选该选项后，加载图片的颜色会被反转，如图A-208所示。

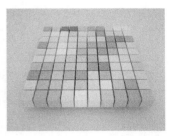

图A-208

需要注意的是，加载的贴图像尺寸需要与克隆的对象数量相同。例如，图中克隆的立方体是10×10个，那么加载的图片尺寸也必须是10×10，否则将无法被渲染。

• Instance Range（实例范围）

使用Instance Range（实例范围）可以根据颜色范围（0~最大ID）将颜色映射到几何实例ID上，其参数面板如图A-209所示。所建立的模型ID要和材质中的ID数相同。

图A-209

贴图节点

"Map（贴图）"主要用于对现有纹理进行二次修改，下面主要介绍"Clamp Texture（修剪纹理）""Color Correction（颜色校正）""Cosine Mix（余弦混合）""Gradient（渐变）""Invert（反向）""Multiply（相乘）""Add（添加）""Subtract（减去）""Compare（比较）""Triplanar（三平面）""Uvw Transform（UVW变换）"。

• Clamp Texture（修剪纹理）

Clamp Texture（修剪纹理）主要用于修剪固有纹理的最小和最大值，即用于设置纹理的对比程度。如图A-210所示。

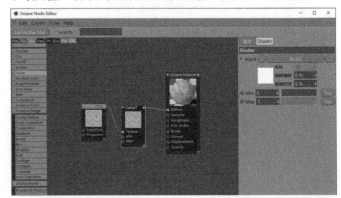

图A-210

重要参数讲解

Input（输入）：载入程序纹理或外部贴图。

Min（最小）：最小值为1，会将纹理修剪成纯白色，如图A-211和图A-212所示。

图A-211 图A-212

Max（最大）：最大值为0，会将纹理修剪成纯黑色，如图A-213和图A-214所示。

图A-213 图A-214

- Color Correction（颜色校正）

Color Correction（颜色校正）节点主要用于校正固有纹理的色彩信息，例如亮度、色调、饱和度和对比度等，如图A-215所示。

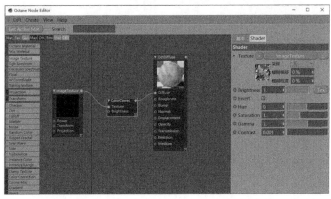

图A-215

重要参数讲解

Texture（纹理）：载入程序纹理或外部贴图。

Brightness（亮度）：控制纹理整体的亮度与暗部。

Invert（反转）：反转加载纹理或贴图的颜色。

Hue（色相）：改变加载纹理或贴图的颜色，如图A-216和图A-217所示。

图A-216 图A-217

Saturation（饱和度）：改变加载纹理颜色的饱和度，如图A-218和图A-219所示。

图A-218 图A-219

- Cosine Mix（余弦混合）

使用Cosine Mix（余弦混合）节点可以将两个纹理以余弦波的形式混合在一起。它与Mix（混合）节点的功能非常相似，区别在于后者是以线性的形式混合，如图A-220所示。

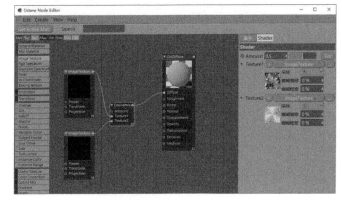

图A-220

Amount（数量）参数控制两种贴图的混合量，当为0时显示纹理1的效果，当为1时显示纹理2的效果，当为0.5时显示两种纹理的混合效果，如图A-221~图A-223所示。

图A-221

 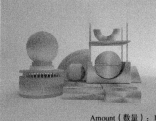

图A-222 图A-223

- Gradient（渐变）

Gradient（渐变）节点有着非常强大的功能，主要用于渐变映射出多重颜色，其参数面板如图A-224所示。

图A-224

重要参数讲解

Linear（线性）：渐变以"线性"模式进行完美映射，单击"Linear（线性）"会自动生成正弦波（单一波纹）纹理映射，参数面板如图A-225所示。效果如图A-226所示。

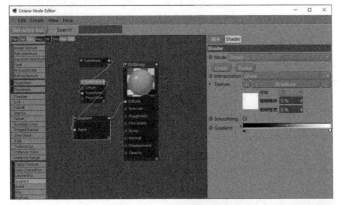

图A-225

图A-226

Radial（径向）：渐变以球体或圆形模式进行完美映射，单击"Radial（径向）"会自动生成正弦波（单一波纹）纹理映射，参数面板如图A-227所示。效果如图A-228所示。

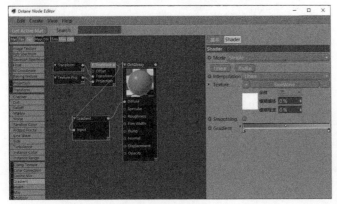

图A-227

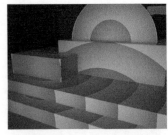

图A-228

Interpolation（插值）：用于控制渐变色的过渡效果，拥有"Constant（常数）""Linear（线性）""Cubic（立方）"3种类型，如图A-229~图A-231所示。

Constant（常数）

图A-229

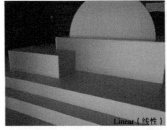

Linear（线性）

图A-230

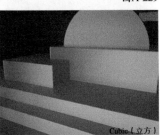

Cubic（立方）

图A-231

- **Invert（反向）**

使用"Invert（反向）"可以将图像纹理进行反转，如图A-232所示。效果如图A-233和图A-234所示。

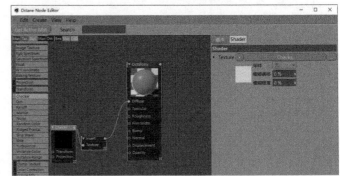

图A-232

反转前

图A-233

反转后

图A-234

- Multiply（相乘）

Multiply（相乘）是一种变暗的混合模式，与Photoshop中的"正片叠底"在原理上相同，如图A-235所示。效果如图A-236所示。

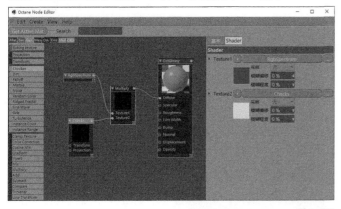

图A-235

图A-236

- Add（添加）

Add（添加）是一种变亮的混合模式，与Photoshop中的"滤色"在原理上相同，如图A-237所示。效果如图A-238所示。

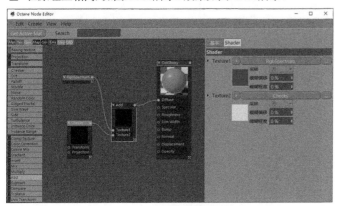

图A-237

图A-238

- Subtract（减去）

Subtract（减去）是一种类似布尔运算中的"A减B"或"B减A"的减法处理，如图A-239所示。效果如图A-240所示。

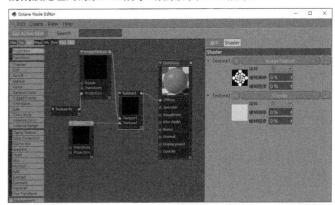

图A-239

图A-240

- Triplanar（三平面）

Triplanar（三平面）节点可以将"图像纹理"或"RGB颜色"快速映射到正负x、y、z6个方向，如图A-241所示。效果如图A-242所示。

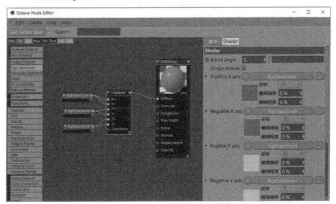

图A-241

图A-242

重要参数讲解

Blend angle（混合角度）：用于软化三平面的接缝。

Single texture（单一纹理）：仅使用+*x*单一轴向的纹理或颜色。

6．Octane雾体积

使用"Octane Fog Volume（Octane雾体积）"可以制作真实的体积烟或雾效果，主要用于表现真实的深度、细节和散射效果。在Octane Live Viewer（实时查看）中执行"Objects（对象）> Octane Fog Volume（Octane雾体积）"菜单命令，即可创建"Octane Fog Volume（Octane雾体积）"，如图A-243所示。

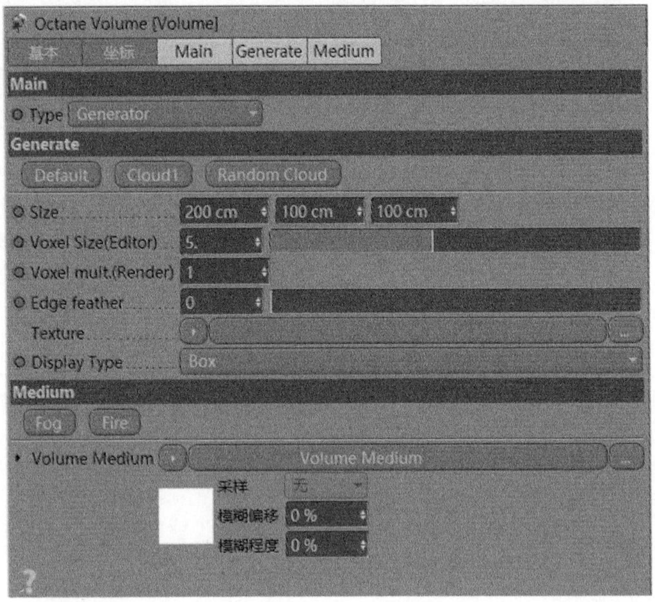

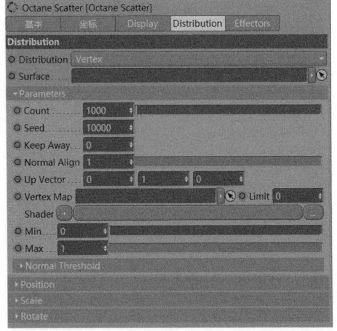

图A-243

重要参数讲解

Type（类型）：系统提供两种类型的雾，分别为"Generator（生成器）"和"VDB loader（VDB加载）"，如图A-244所示。它们的区别在于"Generator（生成器）"会自动生成雾，"VDB loader（VDB加载）"需要加载VDB外部文件才可以产生雾。

图A-244

类型：自动生成的雾为一个立方体，也可以选择"Cloud（云朵）"或"Random Cloud（随机云朵）"两种形式。

Size（尺寸）：设置雾体积的尺寸。

Voxel Size（Editor）（体素尺寸）：雾是以体积元素组成的，也就是在视图中的小方格。该数值越大，模拟出的烟雾精细度就会越低，计算机运行速度会更快。

Voxel mult.（Render）（体素相乘）：渲染出更高分辨率的雾。该值越大，越可以获得更多渲染细节。

Edge feather（羽化边缘）：在雾体积容器边缘产生羽化和柔和的效果。

Texture（纹理）：可以添加外部纹理或程序纹理。

Display Type（显示类型）：雾体积容器内部的显示效果，默认是Box（盒子）。读者可以根据喜好设置其他类型。

Volume Medium（体积介质）：有两种"体积介质"的预设类型："Fog（雾）"和"Fire（燃烧）"。另外，读者也可以直接进入体积介质的参数面板，修改更加准确的"深度""吸收""散射"参数。

7．Octane分布

"Octane Scatter（Octane分布）"与Cinema 4D中的"克隆"在原理上是相同的。但由于计算方法不同，使用"克隆"计算数百万个面，计算机会直接奔溃，所以"克隆"的计算数量是有限的；使用"Octane Scatter（Octane分布）"计算数百万个面是非常轻松的事。在执行"Objects（对象）> Octane Scatter（Octane分布）"菜单命令，即可创建"Octane Scatter（Octane分布）"，其参数面板如图A-245所示。

图A-245

重要参数讲解

Distribution（分配）：用于控制对象的克隆或实例分布效果，包含"Vertex（顶点）""Surface（表面）""Use SDV File（使用SDV文件）"这3种类型。

Vertex（顶点）：该类型可以根据"Surface（表面）"中的对象物体的分段数量来进行克隆，如图A-246所示。分段越高，则顶点越多，克隆的数量也就越多。

Surface（表面）：将对象随机克隆在"Surface（表面）"对

象上，克隆的数量由下方的"Count（计数）"参数来决定，如图A-247所示。"Count（计数）"的数值越大，克隆数量越多；"Count（计数）"的数值越小，克隆数量越少。

图A-249　　　　　　　　　　　图A-250

图A-246　　　　　　　　　　　图A-247

Keep Away（保持距离）：使用"Keep Away（保持距离）"能够控制立方体周围的空间。数值越大，可以更好地避免立方体之间产生相互交叉的情况，如图A-248所示。

图A-248

Normal Align（法线对齐）：可以根据"Surface（表面）"对象的法线方向改变对象的分布角度。0表示不改变角度，1表示改变角度，如图A-249和图A-250所示。

Shader（着色器）：利用贴图来控制对象在"表面"对象中的克隆范围，如图A-251所示。

Position（位置）：调整克隆分布的表面位置，多使用灰度图来控制区域位置。

Scale（比例）：可以实现两种功能：其一，使用灰度图进行修剪；其二，使用灰度图控制克隆对象分布到"表面"对象上的比例，如图A-252所示。

图A-251　　　　　　　　　　　图A-252

附录B　Cinema 4D快捷键索引

1. 文件

操作	快捷键
新建	Ctrl + N
合并	Shift+Ctrl+O
打开	Ctrl + O
关闭全部	Shift + Ctrl + F4
另存为	Shift + Ctrl + S
保存	Ctrl + S
退出	Alt+F4

2. 时间线

操作	快捷键
转到开始	Shift + F
转到上一关键帧	Ctrl + F
转到上一帧	F
向前播放	F8
转到下一帧	G
转到下一关键帧	Ctrl + G
转到结束	Shift + G
记录活动对象	F9
自动关键帧	Ctrl + F9
向后播放	F6
停止	F7

3. 编辑

操作	快捷键
撤销	Ctrl + Z
重做	Ctrl + Y
剪切	Ctrl + X
复制	Ctrl + C
粘贴	Ctrl + V
删除	Delete
全部选择	Ctrl + A
取消选择	Ctrl + Shift + A
工程设置	Ctrl + D
设置	Ctrl + E

4. 选择

操作	快捷键
实时选择	9
框选	0
套索选择	8
循环选择	U + L
环状选择	U + B
轮廓选择	U + Q
填充选择	U + F
路径选择	U + M
反选	U + I
扩展选区	U + Y
收缩选区	U + K

5. 工具

操作	快捷键
转为可编辑对象	C
启用轴心	L
启用捕捉	Shift + S
x轴	X
y轴	Y
z轴	Z
坐标系统	W
锁定工作平面	Shift + X
移动	E
缩放	T
旋转	R
启用量化	Shift + Q
渲染活动视图	Ctrl + R
渲染到图片查看器	Shift + R
编辑渲染设置	Ctrl + B

6. 窗口

操作	快捷键
控制台	Shift + F10
脚本管理器	Shift + F11
自定义命令	Shift + F12
全屏显示模式	Ctrl+Tab
全屏（组）模式	Shift + Ctrl+Tab
内容浏览器	Shift + F8
对象管理器	Shift + F1
材质管理器	Shift + F2
时间线（摄影表）	Shift + F3
时间线（函数曲线）	Shift + Alt + F3
属性管理器	Shift + F5

操作	快捷键
坐标管理器	Shift + F7
层管理器	Shift + F4
构造管理器	Shift + F9
图片查看器	Shift + F6

7. 材质

操作	快捷键
新材质	Ctrl + N
加载材质	Ctrl + Shift + O

8. 建模

操作	快捷键
建模设置	Shift+M
断开连接	U + D
分裂	U + P
坍塌	U + C
连接点/边	M + M
融解	U + Z
消除	M + N
细分	U + S
优化	U + O
创建点	M + A
多边形画笔	M + E
切割边	M + F
线性切割	M + K
平面切割	M + J
循环/路径切割	M + L
倒角	M + S
桥接	M + B
焊接	M + Q
缝合	M + P
封闭多边形孔洞	M + D
挤压	D
内部挤压	I
矩阵挤压	M + X
偏移	M + Y

附录C 常见材质参数设置表

1. 玻璃材质

材质名称	示例图	贴图	参数设置	
普通玻璃材质			透明	折射率预设：玻璃
			反射	类型：GGX 粗糙度：0~3 菲涅耳：绝缘体 预置：玻璃
彩色玻璃材质			透明	折射率预设：玻璃 吸收颜色：紫色 吸收距离：30cm
			反射	类型：GGX 粗糙度：0~3 菲涅耳：绝缘体 预置：玻璃

材质名称	示例图	贴图	参数设置	
磨砂玻璃材质			透明	折射率预设：玻璃 模糊：5%~30%
			反射	类型：GGX 粗糙度：0~3 菲涅耳：绝缘体 预置：玻璃
龟裂缝玻璃材质			透明	折射率预设：玻璃 模糊：5%~30%
			反射	类型：GGX 粗糙度：0~3 菲涅耳：绝缘体 预置：玻璃
			凹凸	强度：30% 纹理：贴图
镜子材质			反射	类型：GGX 粗糙度：0
钻石材质			透明	折射率预设：钻石
			反射	类型：GGX 粗糙度：0~3 菲涅耳：绝缘体 预置：钻石

2．金属材质

材质名称	示例图	贴图	参数设置	
亮面不锈钢材质			反射	类型：GGX 粗糙度：0~5 菲涅耳：导体 预置：钢
亚光不锈钢材质			反射	类型：GGX 粗糙度：15~40 菲涅耳：导体 预置：钢
拉丝不锈钢材质			反射	类型：GGX 粗糙度：10~20 菲涅耳：导体 预置：钢
			凹凸	强度：15%~30% 纹理：贴图

材质名称	示例图	贴图	参数设置	
银材质		反射	类型：GGX 粗糙度：10~40 菲涅耳：导体 预置：银	
黄金材质		反射	类型：GGX 粗糙度：10~40 菲涅耳：导体 预置：金	
铜材质		反射	类型：GGX 粗糙度：10~40 菲涅耳：导体 预置：铜	
铝材质		反射	类型：GGX 粗糙度：20~40 菲涅耳：导体 预置：铝	
黑色不锈钢材质		颜色	黑色	
		反射	类型：GGX 粗糙度：5~40 反射强度：100%~300% 层颜色：灰色 菲涅耳：导体 预置：钢	
有色金属		反射	类型：GGX 粗糙度：5~40 反射强度：100%~300% 层颜色：紫色 菲涅耳：导体 预置：钢	

3. 布料材质

材质名称	示例图	贴图	参数设置	
绒布材质		颜色	纹理：贴图	
		反射	类型：GGX 粗糙度：30~40 反射强度：100%~150% 层颜色：菲涅耳贴图 菲涅耳：绝缘体 预置：自定义	

材质名称	示例图	贴图	参数设置	
单色花纹绒布材质			颜色	纹理：贴图
			反射	类型：GGX 粗糙度：30~40 菲涅耳：绝缘体 预置：自定义
			凹凸	强度：10%~30% 纹理：贴图
麻布材质			颜色	纹理：贴图
			反射	类型：GGX 粗糙度：30~40 菲涅耳：绝缘体 预置：自定义
			凹凸	强度：10%~30% 纹理：贴图
抱枕材质			颜色	纹理：贴图
			反射	类型：GGX 粗糙度：30~40 菲涅耳：绝缘体 预置：自定义
			凹凸	强度：10%~30% 纹理：贴图
毛巾材质			颜色	颜色：红:252，绿:247，蓝:227
			反射	类型：GGX 粗糙度：30~40 菲涅耳：绝缘体 预置：自定义
			凹凸	强度：10%~30% 纹理：贴图
半透明窗纱材质			颜色	颜色：红:240，绿:250，蓝:255
			透明	折射率：1.001 纹理：菲涅耳贴图
			反射	类型：GGX 粗糙度：30~40 菲涅耳：绝缘体 预置：自定义
普通地毯			颜色	纹理：贴图
			反射	类型：GGX 粗糙度：30~40 菲涅耳：绝缘体 预置：自定义
			凹凸	强度：100%~500% 纹理：贴图
普通花纹地毯			颜色	纹理：贴图
			反射	类型：GGX 粗糙度：30~40 菲涅耳：绝缘体 预置：自定义

4．木纹材质

材质名称	示例图	贴图	参数设置	
亮光木纹材质			颜色	纹理：贴图
			反射	类型：GGX 粗糙度：3~5 菲涅耳：绝缘体 预置：自定义 折射率（IOR）：1.35
亚光木纹材质			颜色	纹理：贴图
			反射	类型：GGX 粗糙度：20~30 菲涅耳：绝缘体 预置：自定义 折射率（IOR）：1.35
木地板材质			颜色	纹理：贴图
			反射	类型：GGX 粗糙度：10~20 菲涅耳：绝缘体 预置：自定义 折射率（IOR）：1.35
			凹凸	强度：50%~80% 纹理：贴图

5．石材材质

材质名称	示例图	贴图	参数设置	
大理石地面材质			颜色	纹理：贴图
			反射	类型：GGX 粗糙度：3~10 菲涅耳：绝缘体 预置：自定义 折射率（IOR）：1.35
人造石台面材质			颜色	纹理：贴图
			反射	类型：GGX 粗糙度：8~20 菲涅耳：绝缘体 预置：自定义 折射率（IOR）：1.35
拼花石材材质			颜色	纹理：贴图
			反射	类型：GGX 粗糙度：8~15 菲涅耳：绝缘体 预置：自定义 折射率（IOR）：1.35
仿旧石材材质			颜色	纹理：贴图
			反射	类型：GGX 粗糙度：15~30 菲涅耳：绝缘体 预置：自定义 折射率（IOR）：1.35
			凹凸	强度：30%~60% 纹理：贴图

材质名称	示例图	贴图	参数设置	
文化石材质			颜色	纹理：贴图
			反射	类型：GGX 粗糙度：15~30 菲涅耳：绝缘体 预置：自定义 折射率（IOR）：1.35
			凹凸	强度：30%~60% 纹理：贴图
砖墙材质			颜色	纹理：贴图
			反射	类型：GGX 粗糙度：15~30 反射强度：60%~80% 菲涅耳：绝缘体 预置：自定义 折射率（IOR）：1.35
			凹凸	强度：30%~60% 纹理：贴图
玉石材质			颜色	颜色：深绿色
			透明	折射率预设：翡翠 纹理：菲涅耳贴图 吸收颜色：浅绿色 吸收距离：100cm
			反射	类型：GGX 粗糙度：3~10 反射强度：100%~150% 菲涅耳：绝缘体 预置：翡翠

6. 陶瓷材质

材质名称	示例图	贴图	参数设置	
白陶瓷材质			颜色	颜色：白色
			反射	类型：GGX 粗糙度：3~10 反射强度：100%~150% 菲涅耳：绝缘体 预置：自定义 折射率（IOR）：1.6
青花瓷材质			颜色	纹理：贴图
			反射	类型：GGX 粗糙度：3~10 反射强度：100%~150% 菲涅耳：绝缘体 预置：自定义 折射率（IOR）：1.6
马赛克材质			颜色	纹理：贴图
			反射	类型：GGX 粗糙度：3~10 反射强度：100%~150% 菲涅耳：绝缘体 预置：自定义 折射率（IOR）：1.6
			凹凸	强度：30%~80% 纹理：贴图

7. 漆类材质

材质名称	示例图	贴图	参数设置	
白色乳胶漆材质			颜色	颜色：白色
			反射	类型：GGX 粗糙度：10~20 反射强度：80%~120% 菲涅耳：绝缘体 预置：沥青

材质名称	示例图	贴图	参数设置	
彩色乳胶漆材质			颜色	颜色：自定义
			反射	类型：GGX 粗糙度：10~20 反射强度：80%~120% 菲涅耳：绝缘体 预置：沥青
烤漆材质			颜色	颜色：黑色
			反射	类型：GGX 粗糙度：10~20 反射强度：100%~150% 菲涅耳：绝缘体 预置：沥青

8. 皮革材质

材质名称	示例图	贴图	参数设置	
亮光皮革材质			颜色	纹理：贴图
			反射	类型：GGX 粗糙度：10~20 反射强度：100%~150% 菲涅耳：绝缘体 预置：自定义 折射率（IOR）：1.3
亚光皮革材质			颜色	纹理：贴图
			反射	类型：GGX 粗糙度：20~40 反射强度：80%~100% 菲涅耳：绝缘体 预置：自定义 折射率（IOR）：1.3

9. 壁纸材质

材质名称	示例图	贴图	参数设置	
壁纸材质			颜色	纹理：贴图
			反射	类型：GGX 粗糙度：30%~40% 反射强度：60%~80% 菲涅耳：绝缘体 预置：自定义 折射率（IOR）：1.3

10. 塑料材质

材质名称	示例图	贴图	参数设置	
普通塑料材质			颜色	颜色：自定义
			反射	类型：GGX 粗糙度：10%~20% 反射强度：80%~120% 菲涅耳：绝缘体 预置：聚酯

材质名称	示例图	贴图	参数设置	
半透明塑料材质			颜色	颜色：自定义
			透明	亮度：80%~95% 折射率预设：塑料（PET）
			反射	类型：GGX 粗糙度：10%~20% 反射强度：80%~120% 菲涅耳：绝缘体 预置：聚酯
塑钢材质			颜色	颜色：自定义
			反射	类型：GGX 粗糙度：10%~20% 反射强度：100%~200% 菲涅耳：绝缘体 预置：自定义 折射率（IOR）：1.5~2

11．液体材质

材质名称	示例图	贴图	参数设置	
清水材质			透明	折射率预设：水
			反射	类型：GGX 粗糙度：0%~3% 反射强度：100% 菲涅耳：绝缘体 预置：水
			凹凸	强度：30%~80% 纹理：噪波贴图
游泳池水材质			透明	折射率预设：水 吸收颜色：浅绿色 吸收距离：30cm
			反射	类型：GGX 粗糙度：0%~3% 反射强度：100% 菲涅耳：绝缘体 预置：水
			凹凸	强度：30%~80% 纹理：噪波贴图
红酒材质			透明	折射率预设：水 吸收颜色：酒红色 吸收距离：30cm
			反射	类型：GGX 粗糙度：0%~3% 反射强度：100% 菲涅耳：绝缘体 预置：水
			凹凸	强度：30%~80% 纹理：噪波贴图

12．自发光材质

材质名称	示例图	贴图	参数设置	
灯管材质			发光	颜色：白色 亮度：100%~200%
			辉光	内部强度：0 外部强度：150%~200% 半径：10cm 随机：50%
电脑屏幕材质			发光	纹理：贴图 亮度：100%~200%
			辉光	内部强度：0 外部强度：150%~200% 半径：10cm 随机：50%

材质名称	示例图	贴图	参数设置	
灯带材质			发光	颜色：黄色 亮度：100%~200%
			辉光	内部强度：0 外部强度：150%~200% 半径：10cm 随机：50%
环境材质			发光	纹理：贴图 亮度：100%~200%
			辉光	内部强度：0 外部强度：150%~200% 半径：10cm 随机：50%

13. 其他材质

材质名称	示例图	贴图	参数设置	
叶片材质			颜色	纹理：叶片贴图
			反射	粗糙度：20%~30% 菲涅耳：绝缘体 预置：自定义 折射率（IOR）：1.3
			凹凸	强度：20%~40% 纹理：叶片贴图
			Alpha	纹理：叶片黑白贴图
水果材质			颜色	纹理：水果贴图
			反射	粗糙度：20%~30% 菲涅耳：绝缘体 预置：自定义 折射率（IOR）：1.3
			凹凸	强度：20%~40% 纹理：水果贴图
草地材质			颜色	纹理：草地贴图
			反射	粗糙度：30%~60% 菲涅耳：绝缘体 预置：自定义 折射率（IOR）：1.3
			凹凸	强度：50%~100% 纹理：草地贴图
镂空藤条材质			颜色	纹理：藤条贴图
			反射	粗糙度：15%~30% 菲涅耳：绝缘体 预置：自定义 折射率（IOR）：1.3
			凹凸	强度：50%~100% 纹理：藤条黑白贴图
			Alpha	纹理：藤条黑白贴图

续表

材质名称	示例图	贴图	参数设置	
沙盘楼体材质			透明	折射率预设：塑料（PET）
			反射	粗糙度：5%~10% 菲涅耳：绝缘体 预置：聚酯
书本材质			颜色	纹理：书本贴图
			反射	粗糙度：10%~20% 菲涅耳：绝缘体 预置：自定义 折射率（IOR）：1.2
画材质			颜色	纹理：贴图

附录D 三维制作速查表

1. 光源色温对照表

墙面尺寸

人造光源	色温（K）
家用白灯	2500~3000
60W充气钨丝灯	2800
100W钨丝灯	2950
500W投影灯	2865
500W钨丝灯	3175
琥珀闪光信号灯	3200
R32反射镜泛光灯	3200
暖白色荧光灯	3500
冷色白荧光灯	4500

自然光源

光源	色温（K）
正午日光	5400
直射太阳光	5800
阴天光线	6800~7000

2. 计算机配置参考

计算机基础配置

配置	型号
CPU	Inter 酷睿i5 4590
内存	8G
显卡	Nvidia 1060
硬盘	1TB
电源	500W

计算机高级配置

配置	型号
CPU	Inter 酷睿i7 8086
内存	16G及其以上
显卡	Nvidia 1080Ti或20系列
硬盘	1TB
电源	600W

3. 常用物体折射率

材质折射率

物体	折射率
空气	1.0003
水（20℃）	1.333
普通酒精	1.360
熔化的石英	1.460
玻璃	1.500
翡翠	1.570
二硫化碳	1.630
红宝石	1.770
钻石	2.417
非晶硒	2.920
冰	1.309
面粉	1.434
聚苯乙烯	1.550
二碘甲烷	1.740
液体二氧化碳	1.200
丙酮	1.360
酒精	1.329
Calspar2	1.486
氯化钠	1.530
天青石	1.610
石英	1.540
蓝宝石	1.770
氧化铬	2.705
碘晶体	3.340
30% 的糖溶液	1.380
80% 的糖溶液	1.490
黄晶	1.610
水晶	2.000

晶体折射率

物体	分子式	最小折射率	最大折射率
冰	H_2O	1.309	1.313
氟化镁	MgF_2	1.378	1.390
石英	SiO_2	1.544	1.553
氯化镁	$MgCl_2$	1.559	1.580
锆石	$ZrO_2 \cdot SiO_2$	1.923	1.968
硫化锌	ZnS	2.356	2.378
方解石	$CaCO_3$	1.486	1.658
钙黄长石	$2CaO \cdot Al_2O_3 \cdot SiO_2$	1.658	1.669
菱镁矿	$MgCO_3$	1.509	1.700
刚石	Al_2O_3	1.760	1.768
淡红银矿	$3Ag_2S \cdot As_2S_3$	2.711	2.979

液体折射率

物体	分子式	密度（g/ml）	温度（℃）	折射率
甲醇	CH_3OH	0.794	20	1.3290
乙醇	C_2H_5OH	0.800	20	1.3618
丙酮	C_3H_6O	0.791	20	1.3593
苯	C_6H_6	1.880	20	1.5012
二硫化碳	CS_2	1.263	20	1.6276
四氯化碳	CCl_4	1.591	20	1.4607
三氯甲烷	$CHCl_3$	1.489	20	1.4467
乙醚	$C_2H_5O \cdot C_2H_5$	0.715	20	1.3538
甘油	$C_3H_8O_3$	1.260	20	1.4730
松节油	—	0.87	20.7	1.4721
橄榄油	—	0.92	0	1.4763
水	H_2O	1.00	20	1.3330

4. 常用家具尺寸

单位：mm

家具	长度	宽度	高度	深度	直径
衣橱		700（推拉门）	400~650（衣橱门）	600~650	
推拉门		750~1500	1900~2400		
矮柜		300~600（柜门）		350~450	
电视柜			600~700	450~600	
单人床	1800、1806、2000、2100	900、1050、1200			
双人床	1800、1806、2000、2100	1350、1500、1800			
圆床					>1800
室内门		800~950、1200（医院）	1900、2000、2100、2200、2400		
卫生间、厨房门		800、900	1900、2000、2100		
窗帘盒			120~180	120（单层布）、160~180（双层布）	
单人式沙发	800~95		350~420（坐垫）、700~900（背高）	850~900	
双人式沙发	1260~1500			800~900	
三人式沙发	1750~1960			800~900	
四人式沙发	2320~2520			800~900	
小型长方形茶几	600~750	450~600	380~500（380最佳）		
中型长方形茶几	1200~1350	380~500或600~750			
正方形茶几	750~900	430~500			
大型长方形茶几	1500~1800	600~800	330~420（330最佳）		
圆形茶几			330~420		750、900、1050、1200
方形茶几		900、1050、1200、1350、1500	330~420		
固定式书桌			750	450~700（600最佳）	
活动式书桌			750~780	650~800	
餐桌		1200、900、750（方桌）	75~780（中式）、680~720（西式）		
长方桌	1500、1650、1800、2100、2400	800、900，1050、1200			
圆桌					900、1200、1350、1500、1800
书架	600~1200	800~900		250~400（每格）	